レイティング・ランキングの数理

Who's #1? : The Science of Rating and Ranking

No.1は誰か？

Amy N. Langville, Carl D. Meyer 著

岩野和生・中村英史・清水咲里 訳

共立出版

WHO'S #1?: The Science of Rating of Ranking
by Amy N. Langville & Carl D. Meyer

Copyright© 2012 by Princeton University Press

Japanese translation published by arrangement with Princeton University Press through The English Agency (Japan) Ltd. All rights reserved.

No Part of this book may be reproduced or transmitted in any form or by any means, electronic or mechanical, including photocopying, recording or by any information storage and retrieval system, without permission in writing from the Publisher

Japanese edition published by KYORITSU SHUPPAN CO., LTD.

John へ,

過去,現在,未来において,
アルゴリズムなんか
なくてもわかる,
私の#1.

そして

Bethany へ,

レイティング = 10 点(満点),ランキング順位 = 1 位.

まえがき

"Always the beautiful answer who asks a more beautiful question."—e.e. cummings[1]

目的

　私たちは，以前の著書である *Google's PageRank and Beyond: The Science of Search Engine Rankings* [49][2] を執筆中に，レイティングとランキングの手法が持つ力に興味を抱くようになった．"Google book" と呼ばれるこの本を書くうちに，レイティングとランキングの分野がいかに豊かな（かつ歴史のある）分野であるか，そして，ウェブ検索の域を超えて広がるものかがわかった．しかし，数多くの手法や応用分野を1つにきちんとまとめた便利な資料が無かった．このテーマの色々な側面を学ぶことは面倒であった．本書はそれゆえに生まれたのである．いくつもの個別の記事，ウェブサイト，その他の情報源に渡って散らばった関連情報を1ヶ所にまとめると共に，これまで公開されたことが無い，レイティングとランキングに関連する私たち著者自身の新しいアイデアも提示する．ここでの目標は，レイティングとランキングの一般的な技術に対する認識を確立するための十分な背景情報と多様性で読者を武装し，本書で触れているもの以外の技法や応用分野についても研究する準備を整えてもらうことである．

対象読者

　第1章の終わりにある7ページのリストが示すようにランキングの応用分野は非常に数が多く多様である．その結果様々な読者が，このテーマ，そして本書に興味を示すだろう．例えば熱狂的なスポーツファン，社会的選択理論学者，数学者，コンピューター科学者，エンジニア，線形代数や最適化，数学モデル，グラフ理論，特別講義などを受け持つ大学や高校の先生のほかにも，何でも賭けの対象にしてしまうような人達も読者となりえる．

前提知識

　本書のほとんどは読者が入門的な線形代数を勉強したことを想定しており，また，いくつかの章は，最適化について多少の知識があることを想定している．もしこれらの勉強を

---

[1] 訳注：Virginia の Maggie の blog (http://beautifulquestion.com/tag/e-e-cummings/) によると，美しい質問をどうにかして問うものは，その人自身が，美しい答えであるか，そうなる，とのこと．つまり，美しい問いも美しい答えも深い全人的なものとの解釈である．

[2] 訳注：共立出版より『Google PageRank の数理―最強検索エンジンのランキング手法を求めて―』の訳本あり．

していないのであれば，以下を推奨する．

1. いずれにせよ本書を一読するとよい．本書で書かれている線形代数をベースとした手法は，結局のところその分野の2つの基本的な要素のどちらかにたどり着く．すなわち連立一次方程式を解くか，固有ベクトルを計算するかのどちらかである．これらの2つの要素を理解できていなくても，手法の実装は可能である．例えば，連立一次方程式を解いたり固有ベクトルを計算してくれるソフトウェアが，無料でも有料でも存在する．つまり，ただ単に，入力としてどのようなデータが必要で，出力をどのように解釈すれば良いのかを理解すれば良いのである．ソフトウェアが内部的にどのようなことをやっているのかを理解する必要は無い．
2. もちろん，これらのテーマについて正しく理解することは，記載されている手法を具体的な目的のために実装し，改変し，適合させる能力を向上させるので，オンラインのチュートリアルや有名な本で独学するのも良いだろう．お薦めの線形代数学の本は [54, 76, 40] だが，本当に初心者であれば，オンラインの初歩チュートリアル（いくつか存在する）を探すと良い．最適化についての本でいくつかお薦めするのは，専門性が深くなる順番で [82, 60, 10, 84, 85] である．
3. 最終的には，そして理想としては，まず線形代数入門のクラスを受講し，もし時間とお金に余裕があれば，最適化のクラスを受講することをお薦めする．

本書を使った講義

大学や高校の先生は，本書を使って，講義1～2回，または，特別講義や数学モデリングの講義全体を行えるだろう．前者の場合，短い講義のための資料を本書から抽出するのは簡単である．実際，そのような状況を考慮して，資料を「モジュール化」，つまり，なるべく依存関係が無い形に作ったのである．個々の章をどの順番で説明しても良いようになっている．例えば線形代数の先生であれば，連立一次方程式の応用として講義をしても良いだろう．その場合，本書で一番簡単でわかりやすい連立一次方程式である，第3章の Colley の手法が適切だろう．同様に，固有値や固有ベクトルの理論の講義の後に，第4章を使って固有システムの応用について講義をしても良いだろう．第6章はマルコフ連鎖について述べており，これは線形代数のクラスの終わりのほうでよく取り上げられるテーマである．

謝辞

- **The College of Charleston**. Luke Ingram と John McConnell の二人は当時大学院生で，2006年春のバスケットボールのトーナメントである March Madness に参戦したチームのランキングをする課題を仕上げた．Luke Ingram はこの課題をさらに広げて，いくつかの興味深いランキングのアイデアが含まれたすばらしい修士論文

を書き上げた．そして 2008 年春，二人の数学専攻の学部生である Neil Goodson と Colin Stephenson が同じ課題に挑戦し，その年の March Madness トーナメントの試合を予測した．Neil と Colin は本書の草案を使い，本書で述べられているいくつかのランキングモデルを試した．彼らは 2008 年トーナメントの試合の予測においてあまりにも良い成果を収めたため，全国紙で驚くほど盛んに取り上げられた．180 ページと 252 ページの余談を参照して欲しい．Kathryn Pedings は数学の学位を持っており，修士課程において線形順序をテーマにした論文に取り組んでいる．彼女は非常勤の助手として，いくつかの余談のためのデータを収集したり，ブレインストーミングなどの議論に参加した．彼女の成果のほとんどが第 8 章と第 15 章で取り上げられている．最後に College of Charleston の Ranking and Clustering（ランキングとクラスタリング）研究グループの全生徒が，本書を作り上げるのに役に立った毎週の研究議論に参加した．したがって，第一著者は Emmie Douglas, Ibai Basabe, Barbara Ball, Clare Rodgers, Ryan Parker, そして Patrick Moran の名前も挙げておきたい．

- **North Carolina State University**．Anjela Govan（アンジェラ・ゴーヴァン）は，彼女の論文 *Ranking Theory with Applications to Popular Sports* [34] の一部において，OD 手法と行列バランス法に関する Sinkhorn-Knopp 理論との関連を確立し形式化することで攻撃力-守備力 (Offense-Defense) レイティング理論の開発に貢献した [35]．さらに，彼女のウェブスクレイピングとデータ収集の成果は，本書でもいくつか触れている，多様なレイティングとランキング手法についての数多くの実験の基盤となるものであった．うまく機能しない技法を評価するのは，うまく機能するものを解明するのと同じくらい重要なことである．本書では重要な利点がある手法だけに留めているため，Anjela の顕著な貢献は見て取ることができないかもしれないが，本書は彼女の業績のお陰ではるかに良いものとなった．Charles D. (Chuck) Wessell（チャールズ・D・ウェッセル），は本書が書かれていた当初 North Carolina State University の大学院生で，現在はペンシルバニア州 Gettysburg の Gettysburg College の数学の教員である．Chuck はいくつもの有益な助言をしてくれて，彼のワシのように鋭い視点には恩義がある．彼が注意深く原稿を読み，注意深くデータ（とくに NFL のデータ）を精査してくれたお陰で，いくつかの間違いが印刷されずに済んだ．さらに，Chuck は学部のクラスを本書の内容を使って教え，彼の講義での体験が，本書の説明に磨きをかけた．
- **同僚**．David Gleich（デービッド・グライヒ）が College of Charleston に来訪した際にやった議論は第 14 章と第 16 章に影響を及ぼした．Davidson College の Timothy Chartier（ティモシー・シャルティエ）は第一著者と定期的に連絡を取り合い，Tim が彼の生徒である Erich Kreutzer（エリック・クロイツァー）と行ったプロジェクトと，本書の初期のドラフトに対するフィードバックは洞察に満ちていた．とくに，第 11 章の議論はこの協業から生じたものである．Carson-Newman College の Kenneth

Massey（ケネス・マッセイ）は膨大な量のデータウェアハウスとスポーツランキング専門のウェブサイトを提供している．本書のほとんどすべてのスポーツに関する例は Massey 博士と彼のデータの賜物である．彼の寛大さ，立ち居振る舞い，知見，そしてコンピューターの専門知識に感謝する．

- **支援**．第一著者の研究は一部 National Science Foundation CAREER プログラムのアワード CCF-0546622 の支援を受けており，出張と短期のサバティカルリーブ[3]の資金となった．さらに，第一著者は College of Charleston の支援と成長を促す環境に感謝している．大学も学部，学科も，初日から彼女を歓迎し，そのキャリアと研究を支援してくれた．とくに前学科長の Deanna Caveny（ディアナ・キャヴェニー）と現学科長の Bob Mignone（ボブ・ミノン），そして前学部長の Noonan（ヌーナン）の創造的なリーダーシップと暖かい支援に感謝している．

- **写真**．4 ページの K. Arrow（アロー）の写真は，The National Science and Technology Medals Foundation と Ryan K. Morris（ライアン・K・モリス）によって許諾された．9 ページの K. Massey（マッセイ）の写真は Kenneth Massey（ケネス・マッセイ）の厚意により，61 ページの J. Keener（キーナー）の写真は James Keener（ジェームス・キーナー）の厚意により掲載された．112 ページの J. Kleinberg（クラインバーグ）の写真は Michael Okoniewski（マイケル・オコニウスキー）によるものである．113 ページの Anjela Govan の写真は Anjela Govan 本人の厚意によって掲載された．181 ページの Neil Goodson（ニール・グッドソン）と Colin Stephenson（コリン・スティーブンソン）の写真は College of Charleston の厚意により掲載された．182 ページの Kathryn Pedings（キャスリン・ペディングス）と Yoshitsugu Yamamoto（山本芳嗣）の写真は Kathryn Pedings と Yoshitsugu Yamamoto の厚意により掲載された．

---

[3] 訳注：大学教授に与えられる長期有給休暇または特別研究期間．

目 次

まえがき v
 目的 v
 対象読者 v
 前提知識 v
 本書を使った講義 vi
 謝辞 vi

第1章 ランキング入門 1
 社会的選択と Arrow の不可能性定理 4
 Arrow の不可能性定理 4
 「いつもの例」とは 5

第2章 Massey の手法 9
 最初の Massey のレイティング手法 9
 Massey の主な考え 10
 Massey のレイティング手法を使ったいつもの例 11
 Massey のレイティング手法の高度な機能 12
 いつもの例：高度な Massey のレイティング手法 13
 Massey のレイティング手法のまとめ 14

第3章 Colley の手法 23
 いつもの例 25
 Colley のレイティング手法のまとめ 26
 Massey の手法と Colley の手法の関連性 27

第4章 Keener の手法 33
 強さとレイティングの規則 33
 強さの属性を選ぶ 33
 Laplace の継起の法則 35
 歪ませるべきか歪ませざるべきか？ 36
 正規化 37
 鶏と卵，どちらが先？ 38

レイティング	38
強さ	39
要めの式	40
制約条件	41
Perron-Frobenius	42
重要な性質	43
レイティングベクトルを計算する	43
既約性と原始性を持たせる	45
要約	46
2009-2010 の NFL シーズン	49
Jim Keener 対 Bill James	53
バック・トゥ・ザ・フューチャー	57
Keener はあなたを金持ちにできるだろうか？	58
結論	60

第 5 章　Elo のシステム　63

エレガントな知恵	65
K 因子	66
ロジスティックスのパラメーター ξ	66
定数和	67
NFL での Elo	68
後知恵予想の正確さ	70
先見力による予測の正確さ	70
試合の得点を加味する	71
$\xi = 1000$, $K = 32$, $H = 15$ のときの後知恵予測と先見力による予測	72
可変の K 因子を NFL の得点と使用する	72
得点と可変 K 因子を用いた後知恵予測と先見力による予測	74
試合ごとの分析	74
結論	76

第 6 章　Markov の手法　79

Markov の手法	79
負けへの投票	80
敗者が得点差を投票する	82
勝者も敗者も失点を投票する	83
試合の得点以外	84
無敗チームの取り扱い	86

Markov のレイティング手法のまとめ ………………………………………… 88
　　　Markov の手法と Massey の手法の関係 ………………………………………… 90

第 7 章　攻撃力・守備力レイティング手法 ………………………………………… 95
　　　OD 手法の目的 ………………………………………………………………… 95
　　　OD 手法の前提 ………………………………………………………………… 96
　　　さて，どちらが先か？ ………………………………………………………… 97
　　　交互精緻化プロセス …………………………………………………………… 97
　　　分離 …………………………………………………………………………… 99
　　　攻撃力・守備力レイティングの組み合わせ ………………………………… 99
　　　いつもの例 ……………………………………………………………………… 99
　　　得点とヤード数 ………………………………………………………………… 100
　　　2009-2010 年シーズンの NFL の OD レイティング ………………………… 102
　　　OD レイティング手法の数学的解析 ………………………………………… 105
　　　対角成分 ……………………………………………………………………… 106
　　　Sinkhorn-Knopp ……………………………………………………………… 107
　　　OD 行列 ……………………………………………………………………… 108
　　　OD レイティングと Sinkhorn-Knopp の定理 ………………………………… 108
　　　ちょっとだけズルをする ……………………………………………………… 110

第 8 章　再順序化によるランキング ………………………………………………… 117
　　　ランキング差分 ………………………………………………………………… 117
　　　いつもの例 ……………………………………………………………………… 120
　　　最適化問題を解く ……………………………………………………………… 121
　　　条件を緩めた問題 ……………………………………………………………… 123
　　　進化的アルゴリズム …………………………………………………………… 124
　　　高度なランキング差分モデル ………………………………………………… 127
　　　ランキング差分法のまとめ …………………………………………………… 128
　　　ランキング差分行列の性質 …………………………………………………… 128
　　　レイティング差分 ……………………………………………………………… 129
　　　いつもの例 ……………………………………………………………………… 131
　　　再順序化問題を解く …………………………………………………………… 132
　　　レイティング差分法のまとめ ………………………………………………… 133

第 9 章　ポイントスプレッド ………………………………………………………… 135
　　　ポイントスプレッドが意味する所と意味しない所 ………………………… 135
　　　手数料（あるいは，暴利） …………………………………………………… 136

なぜ，オッズのみを提示しないのか？ 136
スプレッド賭博は，どのように行なわれるのか？ 137
オーバーアンダー賭け 138
なぜ，レイティングで，スプレッドを予測するのが難しいのか？ 139
（スプレッドを予測するための）レイティングを作るためにスプレッドを使う ... 140
NFL 2009-2010 シーズンのスプレッドレイティング 144
いくつかのレイティングシステムの比較 146
他の対の比較 149
結論 150

第 10 章　ユーザープレファレンスのレイティング 153
直接比較 155
直接比較，プレファレンスグラフ，Markov 連鎖 157
重心と Markov 連鎖 159
結論 160

第 11 章　引分けの扱い 161
入力引分けと，出力引分け 162
引分けを取り込む 162
Colley の手法 163
Massey の手法 164
Markov の手法 164
OD, Keener, Elo の手法 165
摂動解析からの理論的結果 166
実データセットからの結果 168
映画のランキング 168
NHL のホッケーチームのランキング 169
引分けの導入 170
まとめ 172

第 12 章　重み付けを組み込む 175
4 つの基本的な重み付けのスキーム 176
重み付き Massey の手法 178
重み付き Colley の手法 178
重み付き Keener の手法 179
重み付き Elo の手法 179
重み付き Markov の手法 179

重み付き OD の手法 ………………………………………………………… 179
　　　重み付き差分法 ……………………………………………………………… 180

第13章　「もしも」シナリオと感応度 …………………………………………… 183
　　　階数 1 の更新の効果 ………………………………………………………… 183
　　　感応度 ………………………………………………………………………… 184

第14章　ランキング集約—その 1 ………………………………………………… 189
　　　Arrow の基準を再び ………………………………………………………… 190
　　　ランキング集約方法 ………………………………………………………… 194
　　　Borda カウント ……………………………………………………………… 196
　　　平均ランキング ……………………………………………………………… 198
　　　模擬試合データ ……………………………………………………………… 200
　　　ランキング集約のグラフ理論法 …………………………………………… 204
　　　ランキング集約後の改良処置 ……………………………………………… 206
　　　レイティング集約 …………………………………………………………… 209
　　　レイティング集約行列からレイティングベクトルを生成する ………… 212
　　　集約手法の要約 ……………………………………………………………… 214

第15章　ランキング集約—その 2 ………………………………………………… 217
　　　いつもの例 …………………………………………………………………… 220
　　　BILP を解く ………………………………………………………………… 221
　　　当該 BILP の多重最適解 …………………………………………………… 222
　　　BILP の線形計画緩和法 …………………………………………………… 224
　　　制約条件緩和法 ……………………………………………………………… 226
　　　感応度解析 …………………………………………………………………… 227
　　　限定技法 ……………………………………………………………………… 228
　　　（最適化による）ランキング集約方法の要約 …………………………… 229
　　　レイティング差手法, 再び ………………………………………………… 231
　　　レイティング差分手法とランキング集約手法 …………………………… 231
　　　いつもの例 …………………………………………………………………… 233

第16章　比較の方法 ………………………………………………………………… 237
　　　2 つのランキングされたリストの定性的偏差 …………………………… 237
　　　Kendall の τ ……………………………………………………………… 239
　　　完全リストにおける Kendall の τ ……………………………………… 240
　　　部分リストにおける Kendall の τ ……………………………………… 241

完全リストについての Spearman の重み付け物差し ……………………… 244
　　　部分リストについての Spearman の重み付け物差し ……………………… 245
　　　長さの違う部分リスト ……………………………………………………… 249
　　　評価指標：既知の基準との比較 …………………………………………… 250
　　　評価指標：集約されたリストとの比較 …………………………………… 250
　　　回顧的スコアリング ………………………………………………………… 251
　　　未来の予測 …………………………………………………………………… 252
　　　学習曲線 ……………………………………………………………………… 253
　　　丘形状までの距離 …………………………………………………………… 254

第17章　データ　257
　　　Massey のスポーツデータサーバー ………………………………………… 257
　　　Pomeroy の大学バスケットボールのデータ ……………………………… 259
　　　独自のデータをスクレイピングする ……………………………………… 259
　　　対の比較行列の作成 ………………………………………………………… 260

第18章　エピローグ　265
　　　階層分析法 …………………………………………………………………… 265
　　　Redmond の手法 …………………………………………………………… 266
　　　Park-Newman の手法 ……………………………………………………… 266
　　　ロジスティック回帰/Markov 連鎖法 (LRMC) …………………………… 266
　　　Hochbaum の手法 …………………………………………………………… 267
　　　モンテカルロシミュレーション …………………………………………… 267
　　　筋金入りの統計分析 ………………………………………………………… 268
　　　その他いろいろ ……………………………………………………………… 268

用 語 集　273

参考文献　279

付表：NFL チームの本拠地　283

訳者あとがき　285

索　引　287

第1章　ランキング入門

　私たちが最初にランキングの分野に関わるようになったのは，ちょうど西暦2000年を迎える前後の頃だった．今では大きな影響力を誇る1998年の論文 *Anatomy of a Search Engine*[1] の中で，私たちのお気に入りの数学的手法である Markov（マルコフ）連鎖をウェブページランキングに使っていたのだった．これは，ほとんど無名の2人の大学院生たちが検索エンジンのランキングを向上するために Markov 連鎖を使ったものだが，この手法がとても成功し，創業したばかりの彼らの会社の基礎となって，その後すぐにあの非常に有名な検索エンジンの Google となったわけである．ランキングについて読めば読むほど，私たちはこの分野にどんどんのめりこむようになった．それ以降，私たちはランキングについて *Google's PageRank and Beyond: The Science of Search Engine Rankings* という本を一冊と論文を何十本か書いてきた．2009年には米国南東部で毎年開催される学術会議である Ranking and Clustering Conference の第1回目を開催するに至った．

　私たちがランキングの科学に惹かれるのは応用数学者として当然のことだが，同時に私たちはランキングの魅力は次の理由から普遍的であると考えている．

- ランキング問題というのは「あるグループの要素を重要度順に並べよ」という上品なくらいシンプルでありながら，その解決法は複雑でパラドックスや難問に溢れている．このような好奇心をかき立てる複雑さについて，本章の後半，そして本書全体を通して紹介する．
- ランキング問題に関しては，少なくとも13世紀まで遡るほどの長くて壮大な伝統がある．ランキング分野の様々な著名人については，本書の色々なところに挟んである余談で紹介する．
- 近頃では，ランキング問題の進歩が，その活動や関心という観点でピークに達しつつある．そのような関心の高まりの理由の1つは，今日のデータ収集能力にある．不動産や株式からスポーツ，政治，教育，心理学など，想像できる限りのありとあらゆる分野において，興味深いリアルなデータセットにこと欠かないのである．ランキング分野への関心が高まっているもう1つの理由は，多くの先進工業国で見られるようになった文化的なトレンドにある．とくに米国では評価に重点を置くが，すなわちそれは，ランキングと評価の密接な関係を考えると，ランキング重視であるというこ

---

[1]　訳注：文献 [14] のことと思われる．

とになる．人々は日々の生活の中で，いくつものランキングに接しているだろう．たとえば朝ラジオからトップテンの歌が流れてくる．その日の午前中に上司や先生から四半期の成績を知らされる（上位5パーセントの成績だと知らされて嬉しい気分になる）．お昼休みには新聞のスポーツ欄を見て，好きなチームが今何位にいるかチェックする．午後の休憩時間にはネットワークにログインして自分が作ったバーチャルなスポーツチームが今何位にいるかチェックする．一方その頃自宅の郵便受けにはNetflix[2]から新しい映画が届いているわけだが，これは郵便制度と Netflix の高度なランキングアルゴリズムのお陰だ．最後に，これが一番頻繁に起きていることだが，情報を探したり買い物をしたりファイルをダウンロードしたりするために，日に何度も使っている検索エンジンだ．これらのバーチャルマシンを使うたびに，高度なランキング技術に頼ることになる．ランキングは世の中に相当まん延していて，最近のxkcd[3]の漫画にまで出てきた．

図 1.1 ランキングについての xkcd の漫画[4]．

本書のいくつかの章は，今日のいくつかの一般的テクノロジーの基本となる，よく活用されるランキング手法のうちの十数個について説明する．ただし，私たちが説明するランキング手法は，主に私たちの専門分野である行列分析や最適化を基礎とするものであることを特筆しておく．もちろん，統計学やゲーム理論，経済学など他の分野におけるランキング手法はいくつも存在する．

- 前述のオンライン映画レンタルの会社である Netflix は，ユーザーのために正確な映画のランキングをする能力を持つことを非常に重要視しており，2007 年にはこの資本主義の時代において最高額となった賞金を賭けたコンテストを開催した．Netflix Prize は彼らのリコメンデーションを 10% 向上した個人またはグループに 100 万ド

---

[2] 訳注：北米，南米，欧州の一部の視聴者に向けた，インターネットの映像ストリーミング配信事業および米国内のオンライン DVD レンタル事業（DVD は郵送される）を展開する会社．日本では，2015 年 9 月にサービスが開始された．

[3] 訳注：Randall Munroe（ランドール・マンロー）による人気のウェブコミックサイト．棒人間で描かれたキャラクターが特徴．

[4] 訳注：「僕の趣味：大学院生と議論をして，僕が実はその分野の専門家でないことがバレるのに何分かかるか計ること」．3 コマ目「社会学 (sociology)：ああ，僕の最近の研究は人を良い人から悪い人までランキングすることなんだよね（4 分でバレる）」にランキングが登場する．

ルの賞金を授与するというものだった．このコンテストは他の人たち同様，私たちをとりこにした．実際，私たちはこのコンテストの精神を賞賛した．なぜなら，このコンテストはずっと昔にあった，王室や教会からの委託を彷彿とさせるものだからである．イタリアにおける最高の芸術のいくつかは，賞金付きのコンテストで他者をしのいで優勝した提案を提示した芸術家に委託されたものだった．例えば，フィレンツェの大聖堂のあの有名な洗礼堂の扉は，1401年にウールの商人ギルドによって主催されたコンテストにおいて優勝したLorenzo Ghiberti（ロレンゾ・ギベルティ）によって描かれた．ランキングという数学の問題が，慎ましくも熱意のある科学者が競い合い，勝つ可能性がある機会を得られるコンテストの再来を引き起こしていることは好ましいことである．結局Netflix PrizeはBellKor（160ページ参照）の一流の科学者チームに授与された．Netflixについては，本書の余談で述べていく．

- 人間は心理的に比較するようにできているようで，比較はランキングの基本となることから，科学者でない者でも，生まれつきランキングと関わりがあるものだと言える．人間が5個以上の物事をランクづけするのが難しいことはよく知られていることだ．一方で，2つの物事を比較するのは非常にうまいものである．Malcolm Gladwell（マルコム・グラッドウェル）はベストセラーの著書である*Blink*[5]の中で，まばたき一回の間で行う即座の判断が，しばしば生死を分けるものだと論じている．進化の過程でもこの傾向が見られ，素早い判断ができるものが有利となった．実際，このような比較は，自分と他者（もしくは以前の自分自身）を比べる，という形で私たちの一日の中で何度も起きる．私は彼女よりも若く見える．彼女は私より背が高い．ジムはビルより速い．今日はいつもよりスリムな気がする．このような2者間の比較は本書の真髄である．なぜならすべてのランキング手法は2者間の比較データから始まるからである．

- 最後に，この事実はあまり大勢の人の興味をひかないかもしれないが，今ではスポーツのランキングを研究することで博士号を取得することができるのである．実際，私たちの生徒であるAngela Govanは，最近まさにそれを実行し，*Ranking Theory with Application to Popular Sports*（「人気スポーツに適用したランキング理論」）という論文でNorth Carolina State Universityから博士号を取得したのである．まあ実際のところは，彼女はフットボールチームのランキングに活用したいくつかのアルゴリズムの数学的解析の利点について述べて最後の口述試験で合格したわけだが，このことはデータや科学を愛するのと同じくらいスポーツを愛する熱狂的なスポーツ愛好家にとっても道を開くものとなる．

---

[5] 訳注：光文社より『第1感「最初の2秒」の「なんとなく」が正しい』の訳本あり．

社会的選択とArrowの不可能性定理

本書は物事のランキングを扱っており，物事の種類はスポーツチーム，ウェブページ，選挙の立候補者など多岐に渡る．そしてこの最後に挙げたものが，政治の投票制度を研究する社会的選択の分野の探索に私たちを誘うのである．歴史を振り返れば人は投票制度に心を奪われてきた．ギリシャなど初期の民主主義においては，それぞれの投票者が唯一の票を一番良いと思う人に入れる，標準的な最多得票制 (plurality voting system) の投票制度が使われた．この単純で標準的な方法の利点と欠点についてはそれ以降議論されてきた．実際，フランスの数学者である Jean-Charles de Borda（ジャン＝シャルル・ド・ボルダ）と Marie Jean Antoine Nicolas Caritat,marquis de Condorcet（コンドルセ侯爵マリー・ジャン・アントワーヌ・ニコラ・ド・カリタ）は二人共，多数決の投票について異議を主張し，それぞれが新しい手法を提唱した．これらの手法については，本書で後ほど，とくに 18 ページの BCS ランキングについての余談と 196 ページの解説で述べる．

多数決は選好投票制度 (preference list voting) と対比される．選好投票制度では，それぞれの投票者が立候補者をランキングした**選好リスト** (*preference list*) を提出する．この場合，それぞれの投票者が立候補者に順位を付けたリストを作るのである．これらのランキングされたリストは何らかの手法で集計され（ランキングの集計については第 14 章と第 15 章を参照），最終的な勝者を決定する．選好投票はオーストラリアなどいくつかの国で実践されている．

民主主義社会は長い間完璧な投票方式を探求してきた．しかし前世紀になってようやく数学者であり経済学者である Kenneth Arrow（ケネス・アロー）がその探求の焦点を変えることを考えついた．Arrow は「完璧な投票方式とは何か？」とは問わずに，「完璧な投票方式は存在するのか？」と問うたのである．

Arrowの不可能性定理

本節のタイトルはその質問への答えをほのめかすものである．Arrow は完璧な投票方式の存在についての彼の質問への答えが否定的なものであることを見つけた．1951 年，彼の博士論文の一部として，Kenneth Arrow はどのような投票方式でも本質的に持っている制限を説明した，彼の不可能性定理 (Impossibility Theorem) と呼ばれるものを証明した．この興味をそそる定理は，3 人以上の候補が存在する投票はどのような投票方式でも次の 4 つの非常に常識的な条件を同時に満たすことはできない，としている [5]．

K. Arrow

1. 投票方式についての Arrow の最初の条件は，すべての投票者は，候補者を望みのままの順番でランクづけできなければならない，としている．例えば，現職候補が自動的に上位 5 位にランクインするのは不公平になる．この条件は**定義域の非限**

定性 (*unrestricted domain*) の条件と呼ばれる．

2. Arrow の 2 つ目の条件は候補者の部分集合に関係するものである．この候補者の部分集合の中で，投票者達がつねに候補者 B 氏よりも候補者 A 氏を上にランクづけすると仮定しよう．この場合，対象を候補者全員の集合に拡大したときにもこのランク順は保持されているべきである．つまり，部分集合の外の候補者の順番の変化は，A 氏と B 氏の相対的なランキングに影響を及ぼしてはいけないのである．この条件は**無関係な選択肢からの独立性** (*independence of irrelevant alternatives*) と呼ばれる．

3. Arrow の 3 つ目の条件はパレート原則 (*Pareto principle*) と呼ばれ，すべての投票者が B 氏よりも A 氏を選ぶのであれば，適切な投票方式はつねに B 氏よりも A 氏を上にランクづけする，というものである．

4. **非独裁性** (*non-dictatorship*) と呼ばれる 4 つ目であり最後の条件は，投票者は誰一人として選挙について不相応な権限を持ってはならない，としているものである．正確には，投票者は誰一人としてランキングを左右するような権限を持ってはいけない，というものである．

この Arrow の定理と，付随する 1951 年の博士論文は非常に価値があるものと判断され，1972 年に Ken[6] Arrow はノーベル経済学賞を授与された．Arrow の 4 つの条件は当たり前または自明であるように見えるが，彼が出した結論はそうではなかった．彼はどのような投票制度でもこの 4 つの条件を同時に満たすことは不可能であると証明している．もちろんそれは既存のすべての投票制度にも，今後提案されるいかなる優れた新しい制度にも適用される．その結果不可能性定理は私たちが投票制度に対して現実的な期待値を持たざるを得ないようにしており，それは本書で解説しているランキング方式も含まれる．後ほど，Arrow の条件のいくつかは特定のランキングの状況においては比較的関連性が薄く，そのためそのような状況においては Arrow の条件に反しても，ランキング設定には実質問題にならないことについて論じる．

「いつもの例」とは

本書では集合の中の要素をランキングするいくつかの手法を紹介する．本書を通じて，通常その要素はスポーツチームである．しかし本書の中のそれぞれのアイデアはランキングを必要とするどのような要素の集合にも通用する．それは，それぞれの章の余談や例示の節に出てくる，多くの興味深いスポーツ以外への適用例で明らかになるだろう．ランキング手法を解説するために私たちはある小さな例を繰り返し使用する．スポーツ関連のデータは非常に多くて入手しやすいため，その繰り返し出てくる小さな例は 2005 年の NCAA フットボールシーズンのデータを使用する．具体的には，例では Atlantic Coast

---

[6] 訳注：Kenneth の愛称．

Conference のチームの中から，ある孤立したグループの集合のデータを使う．すべてのチームはそれぞれのチームと相互に対戦しているので，勝敗記録と得点差による簡単で伝統的なランキングが可能となる．表 1.1 はその 5 チームのそれらの情報を表している．表 1.1 に表されていない対戦は無視される．

表 1.1 5 チームの小さな例の試合の得点データ．

	Duke	Miami	UNC	UVA	VT	勝敗記録	得点差
Duke		7-52	21-24	7-38	0-45	0-4	-124
Miami	52-7		34-16	25-17	27-7	4-0	91
UNC	24-21	16-34		7-5	3-30	2-2	-40
UVA	38-7	17-25	5-7		14-52	1-3	-17
VT	45-0	7-27	30-3	52-14		3-1	90

さらにこの小さな例は私たちの言葉のこだわりについても最初から強調させてくれる．私たちは**ランキング** (*ranking*) と**レイティング** (*rating*) を区別する．これらの単語は区別しないで使われることが多いが，本書の中ではこれらの単語を注意深くはっきり分けて使う．**ランキング**とはチームをランク順に並べたリストのことを示し，**レイティング**とはそれぞれのチームが 1 つずつ持つ数値の得点のリストのことを示す．例えば，勝敗記録から初歩的なランキング手法を使って，表 1.1 から次のようなランキングリストを作ることができる．

$$\begin{matrix} \text{Duke} \\ \text{Miami} \\ \text{UNC} \\ \text{UVA} \\ \text{VT} \end{matrix} \begin{pmatrix} 5 \\ 1 \\ 3 \\ 4 \\ 2 \end{pmatrix}$$

このリストは，Duke が 5 位で Miami が 1 位などであることを意味している．一方，表 1.1 の得点差を使って，これらの 5 チームについて次のようなレイティングリストを作ることができる．

$$\begin{matrix} \text{Duke} \\ \text{Miami} \\ \text{UNC} \\ \text{UVA} \\ \text{VT} \end{matrix} \begin{pmatrix} -124 \\ 91 \\ -40 \\ -17 \\ 90 \end{pmatrix}$$

レイティングリストをソートするとランキングリストができる．したがって，得点差にもとづいたランキングリストは以下のようになる．

$$\begin{matrix} \text{Duke} \\ \text{Miami} \\ \text{UNC} \\ \text{UVA} \\ \text{VT} \end{matrix} \begin{pmatrix} 5 \\ 1 \\ 4 \\ 3 \\ 2 \end{pmatrix}$$

このリストと勝敗記録によって作られたランキングリストは若干違うだけである．これら

2つのリストがどれくらい違うか，というのは微妙な問題であり，本書のずっと後の方で検討することにする．実際，この2つのランキングリストの違いについては第16章全部を費やす．

まとめとして，すべてのレイティングリストはランキングリストを作成するが，その逆は無いということを特筆する．さらに，長さnのランキングリストは，1からnの整数の順列であるのに対し，レイティングリストは実数（または複素数）を含むものである．

ランキング対レイティング

要素のランキングは要素のランク順に並べたリストである．つまり，ランキングベクトルは1からnの整数の順列である．

要素のレイティングはそれぞれの要素に数値得点を与えたものである．レイティングリストをソートするとランキングリストを作れる．

余談：有名なランキングの順不同のリスト

本書には様々な場面と適用分野における例が散りばめられている．これらの例では，レイティング，したがってランキングを集めて，いくつかの有名で標準的なリストと比較する．このランキングの本を順不同なリストから始めるのはちょっとした皮肉とも言える．とにもかくにも，とくに順序は気にせず列挙した次のリストは，本書でよく見かけることになるいくつかの標準的なリストについての簡単な紹介である．この順不同なリストは，ランキングが役に立つ場面の幅の広さをも示している．

- PageRank：ウェブページをランクづけするためのPageRankアルゴリズムを使って得た成功で，Googleはこのランキングを有名にした [15, 49]．この有名なランキングについては第6章でさらに詳しく述べる．
- HITS：ウェブページをランキングするこのアルゴリズム [45, 49] はPageRankアルゴリズムとほぼ同時期に発明された．このアルゴリズムは現在検索エンジンのAsk.comの一部となっている．第7章で説明している私たちの攻撃力-守備力（またはOD）法は，HITSの中核のコンセプトが動機となったものである．
- BCS：大学のフットボールチームはBCSレイティングによってランクづけされる．BCS（Bowl Championship Series）レイティングはどのチームがどのボウルゲームに出場できるか決定するのを助けるものである．第2章と第3章でBCSで使われているレイティング手法について説明する[7]．
- RPI：大学のバスケットボールチームはRPI（Rating Percentage Index）によってランクづけされ，これによってどのチームがMarch Madness（マーチマッドネス）トーナメント[8]に出場できるか決定される．
- NetflixとIMDb：映画の愛好者はレンタルする映画を選ぶのに，史上最高の映画をランキング

---

[7] 訳注：Bowl Championship Seriesは1998年から2013年まで実施された．21ページの余談で触れるように，数々の問題を抱えたシステムでもあった．2014年のシーズンからはBowl Championship Seriesではなく，College Football Playoffでトップを決めることになった．

[8] 訳注：全米大学体育協会(NCAA)が主催する男子バスケットボール大会．3月(March)から4月にかけて開催される．全米のバスケットボールファンが熱狂(madness)するイベント．

したリストを参考にすることができる．オンラインで映画をレンタルするための，郵便を使った新しいシステムである Netflix と，Internet Movie Database（IMDb，インターネットムービーデータベース）[9] は両方とも，評価の最も高い映画のランキングリストを提供している．28 ページと 114 ページの余談では，映画をランキングするために Netflix Prize のデータセットを使っている．

- 人間開発指数：国連は各国を人間開発指数 (Human Development Index，HDI) でランキングしている．これは平均需要，読み書きの能力，教育，そして生活水準を相対的に測定するものである．HDI は低開発国への支援に関する決定を行うときに使われている．
- 大学ランキング：*US News*[10] は米国の単科大学と総合大学のランキングを毎年発行している．92 ページの余談でこれらのランキングとその計算方法について述べる．
- チェスプレイヤー：国際チェス連盟 FIDE は世界中の何百何千ものチェスプレイヤーをランキングするのに第 5 章の Elo（イーロ）の手法を使っている．
- 食物連鎖：動物界ではある種は別の種を常食にし，また，別の種の常食にもなる．したがって異なる種の間の支配関係を示す有向グラフを作ることができる．そしてそのグラフは，例えばどの種が食物連鎖の頂点にいるか，とか，どの種がすべての食物連鎖の要（かなめ）なのか，などという質問の答えを得るために分析することができる．
- 考古学：229 ページの余談では，複数の場所での採掘深度を元に出土品を相対的な順番に並べるために，ランキング手法がどのように使われているかについて述べる．
- 判例：1 つの訴訟から別の訴訟へ，そしてまた別の訴訟へと判例の引用が行われたときに，その足跡は判例のランキングを可能にする貴重な情報を残す．実際，現在の法律用検索エンジンはこの技術を使って，特定のトピックについてのパラリーガル[11]のクエリに答えて，判例のランキングを返す．
- ソーシャルネットワーク：Facebook などのソーシャルネットワークにおけるリンク構造は，メンバーを人気度でランキングするのに使える．この場合，第 6 章および第 7 章の Markov または OD ランキング手法はとくに良い選択肢になる．しかし，Facebook はもしかしたら第 5 章の Elo のレイティングシステムを起源としているかもしれない（詳細は 76 ページの余談で述べる）．もちろん，（米国で 2001 年 9 月 11 日に起こった）同時多発テロ事件を企てたテロリストの間のつながりなど，いくつかのネットワークではもっと深刻なコミュニケーションが交わされている．Facebook で一番人気のメンバーを見つける技術と同じものが，これらのネットワークの中での重要な人物，または，中心のハブを識別するために使うことができるのである．

数字の豆知識—

$50{,}000{,}000 = $ 2010 年の大学アメフトの試合の観客動員数

—**The Line Makers** より

---

9) 訳注：映画，テレビ番組およびビデオゲームの情報を保持するオンラインのデータベース．キャストや製作スタッフ，キャラクター，あらすじ，豆知識など幅広い情報が入っている．
10) 訳注：米国の主要メディアの 1 つ．発行している大学のランキングや病院のランキングが有名．
11) 訳注：法律事務所などにおいて法律事務を専門的に行う職務．

第2章　Masseyの手法

　Bowl Championship Series (BCS) とは全米大学体育協会 (NCAA) 大学フットボールのレイティングシステムで，どのチームがどのボウルゲームに出場できるか決定するために作られたものだ．BCS は NCAA の各チームについて生成するレイティングで有名に，かつ，悪名高くなった．これらのレイティングは人間とコンピューターという2つの情報源から作られる．人間からの入力はコーチとメディアの意見によってもたらされる．そしてコンピューターからのインプットは6つのコンピューターモデルと数学モデルからもたらされる（詳細は18ページの余談で解説する）．2001年と2003年のシーズンの BCS レイティングは，スポーツファンと評論家の間でとくに物議を醸し出したものとして知られている．トーナメント式のプレイオフ[1]と比較した場合の BCS の選択システムの欠陥は，米国大統領を含め（21ページの余談参照）多くの人に知られている．

最初の Masseyのレイティング手法

　1997年に，当時 Bluefield College の学部生であった Kenneth Massey（ケネス・マッセイ）が，大学フットボールチームをランキングする手法を作った．彼は最小二乗法という数学理論を使ったこの手法について卒業論文を書いた [52]．Ken[2] Massey による手法は実際には他にもいくつかあるが，本書ではこの手法のことを Massey の手法と呼ぶことにする．Massey はその後 Carson-Newman College の数学教授となり，現在もスポーツのランキングモデルを改善し続けている．Massey 教授は様々なレイティング手法をつくり，その中の1つが NCAA フットボールの対戦組み合わせを選ぶ際に，Bowl Championship Series (BCS) に使われている（18ページの余談参照）．次の章で説明する Colley の手法も BCS で使われている6つのコンピューターによるレイティングシステムの1つだ．BCS で使われている Massey の手法の詳細がはっきりしていないため，Massey の手法については完全な詳細がわかっている彼の論文 [52] を

K. Massey

---

[1] 訳注：引分けのときなどの優勝決定の再試合や，レギュラーシーズン終了後に行われる成績上位チームによる優勝決定戦のこと．
[2] 訳注：Kenneth の愛称．

もとに解説する．Masseyのもっと新しい，BCSに実装されたモデルについて興味のある読者は彼のスポーツランキングのウェブサイト (masseyratings.com) で詳細な情報を得られる．

Masseyの主な考え

Masseyの最小二乗法による手法の根本的な原理は次の1つの理想化された数式によってまとめられる．

$$r_i - r_j = y_k$$

ここでy_kは試合kにおける「得点差(margin of victory)」を示し，r_iとr_jはそれぞれチームiとjのレイティングを示す．つまり2つのチームのr_iとr_jの差は，それらの2つのチームの間の試合における得点差を，理想的に予測するものである．

いかなるレイティングシステムも，その目標は，これまで全部でm個のリーグ試合を行ったn個のチームが所属するスポーツリーグの中で，それぞれのチームのレイティングを行うことである．もちろんそれらのチームのr_iはわからないのだが，誰と誰が対戦したか，ということと，得点差はわかっている．したがって，それぞれの試合kにおいて上記の数式に沿った方程式があり，それは次のように記述できるm本の式からなるn元一次連立方程式となる．

$$\mathbf{Xr} = \mathbf{y}$$

係数行列$\mathbf{X}$のそれぞれの行は，i列目の1とj列目の-1をのぞいてほとんどすべてが0であり，それはチームiがチームjにその試合で勝ったことを意味する．したがって$\mathbf{X}_{m \times n}$は非常に疎な行列(sparse matrix)となる．ベクトル$\mathbf{y}_{m \times 1}$は得点差の右辺ベクトルであり，$\mathbf{r}_{n \times 1}$はまだ不明のレイティングのベクトルである．通常は$m \gg n$である．つまりこの線形システムが優決定系(overdetermined)であり不能(inconsistent)であること意味している．しかし希望がすべて絶たれたわけではなく，正規方程式(*normal equations*) $\mathbf{X}^\mathbf{T}\mathbf{Xr} = \mathbf{X}^\mathbf{T}\mathbf{y}$から最小二乗法による解法が得られるのである．最小二乗ベクトル，つまりこの正規方程式の解は，もともとの方程式$\mathbf{Xr} = \mathbf{y}$のレイティングのベクトルである$\mathbf{r}$にとって，(分散(variance)を最小化させるという観点では)最良な線形不偏推定値(linear unbiased estimate)である [54]．

Masseyは$\mathbf{X}$の構造上，上記の正規方程式の係数行列である$\mathbf{M} = \mathbf{X}^\mathbf{T}\mathbf{X}$を使うことが何より有利であることを発見した．実際，$\mathbf{M}$の計算は必要ではない．対角要素$\mathbf{M}_{ii}$はチームiが競技した試合の数の合計であり，$i \neq j$であるときの非対角要素$\mathbf{M}_{ij}$はチームiがチームjと戦った試合の数に-1を掛けたものである，という事実から，単純に作成することができるのである．同様の便利さで，正規方程式の右辺$\mathbf{X}^\mathbf{T}\mathbf{y}$も得点差を合計することで作成することができる．右辺のベクトル$\mathbf{X}^\mathbf{T}\mathbf{y}$の$i$番目の要素はそのシーズン中

にチーム i が行った全試合の得点差の合計であることから，$\mathbf{p} = \mathbf{X}^\mathbf{T}\mathbf{y}$ とする．したがって，Massey の最小二乗法の式は

$$\mathbf{Mr} = \mathbf{p}$$

となる．このとき，$\mathbf{M}_{n \times n}$ は上述の Massey の行列であり，$\mathbf{r}_{n \times 1}$ は未知のレイティングのベクトルであり，$\mathbf{p}_{n \times 1}$ は上述の得点差の累積の右辺ベクトルである．

Massey の行列 $\mathbf{M}$ はいくつかの注目に値する特徴がある．まず，$\mathbf{M}$ の大きさは $\mathbf{X}$ よりもずっと小さい．実際，$\mathbf{M}$ は n 次の対称正方行列 (square symmetric matrix) である．2番目に，$\mathbf{M}$ は対角優位 (diagonally dominant) な M-行列である[3]．3番目に，$\mathbf{M}$ の任意の行の合計は 0 になる．その結果，$\mathbf{M}$ の列は線形従属 (linearly dependent) となる．このことは若干の問題を生じさせる．なぜなら $rank(\mathbf{M}) < n$ であり，線形系 $\mathbf{Mr} = \mathbf{p}$ は一意の解を持たないからである．この問題に対する Massey の回避策は，$\mathbf{M}$ の任意の行 (Massey は最後の行を選んでいる) をすべての値が 1 である行で入れ替え[4]，また，対応する $\mathbf{p}$ の項目を 0 に置き換える，というものである．このことはこの線形系に，レイティングの合計は 0 になる[5]，という制限を追加し，その結果フルランクの係数行列が得られる．同様の技は，Markov 連鎖の定常ベクトル (stationary vector) を計算するための直接的な解法 (direct solution technique) に使われている．[75] の第 3 章を参照して欲しい．行が調節された新しい系は $\bar{\mathbf{M}}\mathbf{r} = \bar{\mathbf{p}}$ で表される．

Massey のレイティング手法を使ったいつもの例

それでは 6 ページの 5 チームの例で Massey のレイティングを作ってみよう．それぞれのチームは他のチームと 1 回だけ対戦したので，行列 $\mathbf{M}$ の非対角要素は -1 で，対角要素は 4 である．ただし，行列 $\mathbf{M}$ がフルランクであること (したがって唯一の最小二乗法の解があること) を確かなものにするために，[52] で Massey が提案している技を使い，最後の行を，すべてのランクの和が 0 になることを強制する制限で置き換える．よって，Massey の最小 2 乗の系 $\bar{\mathbf{M}}\mathbf{r} = \bar{\mathbf{p}}$ は

$$\begin{pmatrix} 4 & -1 & -1 & -1 & -1 \\ -1 & 4 & -1 & -1 & -1 \\ -1 & -1 & 4 & -1 & -1 \\ -1 & -1 & -1 & 4 & -1 \\ 1 & 1 & 1 & 1 & 1 \end{pmatrix} \begin{pmatrix} r_1 \\ r_2 \\ r_3 \\ r_4 \\ r_5 \end{pmatrix} = \begin{pmatrix} -124 \\ 91 \\ -40 \\ -17 \\ 0 \end{pmatrix}$$

となり，次の表で表される Massey のレイティングとランキングのリストを作り出す．

---

[3] 訳注：この M-行列は Massey 行列の M とは異なる．M-行列は，正則な実行列で対角要素がすべて正，非対角要素がすべて非正で，逆行列が，非負行列であるもの．
[4] 訳注：どの行を置き換えても，得られるレイティングベクトルは同じである．
[5] 訳注：置き換えた行が生成する方程式は，$r_1 + r_2 + \cdots + r_n = 0$ となるので，レイティングの総和が 0 を意味する．

チーム	レイティング r	順位
Duke	-24.8	5 位
Miami	18.2	1 位
UNC	-8.0	4 位
UVA	-3.4	3 位
VT	18.0	2 位

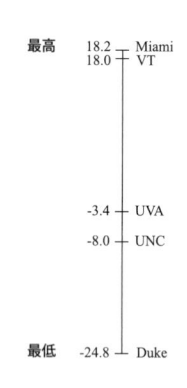

レイティングとランキングの値を表で表現したものは役に立つが，ときには上図の右側で示した数直線 (number line representation) で表現したもののほうが良いときもある．数直線で表現するとチーム間の相対的な差分が明確になる．そのようにして追加された情報については 209 ページのレイティングの集約でさらに探る．

Massey のレイティング手法の高度な機能

以上のような結果はこの小さなデータセットについては妥当なものといえるが，Massey の手法にはまだ先がある [52]．実は，追加の 2 つのベクトルがあるのである．Massey は，総合的なレイティングベクトル $\mathbf{r}$ から，攻撃のレイティングベクトル $\mathbf{o}$ と守備のレイティングベクトル $\mathbf{d}$ を作った．Massey は，チーム i の総合的なレイティングは攻撃と守備のレイティングの和，つまり $r_i = o_i + d_i$ であると仮定した．Massey は代数学を巧みに駆使して $\mathbf{o}$ と $\mathbf{d}$ から $\mathbf{r}$ を算出したのである．しかしその代数学を理解するには，いくつかの表記を追加しないといけない．右辺のベクトル $\mathbf{p}$ は，i 番目の要素である p_i がチーム i のシーズン中のすべての試合についての累積得点差を保持するものであり，$\mathbf{p} = \mathbf{f} - \mathbf{a}$ という形に分解される．ベクトル $\mathbf{f}$ は「得点 (points for)」ベクトルであり，シーズン中にそのチームが獲得した点数の合計を保持するものである．ベクトル $\mathbf{a}$ は「失点 (points against)」ベクトルであり，シーズン中にそのチームが相手チームに献上した点数の合計を保持するものである．そして，$\mathbf{o}$ と $\mathbf{d}$ を見つけるための Massey の手法を理解するためには，もう 1 つ別の分解が必要である．Massey の係数行列 $\mathbf{M}$ は $\mathbf{M} = \mathbf{T} - \mathbf{P}$ という形に分解できる．ここで，$\mathbf{T}$ はそれぞれのチームがシーズン中に参加した試合の総数を保持する対角行列で，$\mathbf{P}$ はシーズン中のチーム間の対戦数を保持する非対角行列 (off-diagonal matrix)[6] である．まず Massey の最初の最小二乗方程式である $\mathbf{Mr} = \mathbf{p}$ から始めて，一連の置換をすることで新しいレイティング行列である $\mathbf{o}$ と $\mathbf{d}$ がどのように導出されるか見せよう．

---

[6] 訳注：通常は非対角行列とは言わないが，ここでは 0 でない非対角成分がある行列の意．実際，ここでは $\mathbf{P}$ の対角成分は 0 である．

$$Mr = p$$
$$(T - P)r = p$$
$$(T - P)(o + d) = p$$
$$To - Po + Td - Pd = p$$
$$To - Po + Td - Pd = f - a$$

この上記の最後の方程式は2つの別個の方程式に分けることができる．

$$To - Pd = f \quad と \quad Po - Td = a$$

左側の方程式 $To - Pd = f$ は，シーズン中にチームが獲得した点数の総数が，そのチームの攻撃のレイティングスコアに参加した試合の総数をかけたものから，対戦相手の守備のレイティングスコアの和[7]を引くことで計算できる，と言っている．左側の方程式に取り組むことで，2つの新しいレイティングベクトルである o と d の解法に近づく．

$$To - Pd = f$$
$$T(r - d) - Pd = f$$
$$(T + P)d = Tr - f$$

上記の最後の行にある右辺の $Tr - f$ は，r がすでに計算されているので，定数ベクトルであるということに気づいて欲しい．よって，（r が与えられているとき）d を得るための Massey の線形系は次のようになる．

$$(T + P)d = Tr - f$$

そして最後に，r と d があれば，r = o + d であることから，o を計算することができる．

いつもの例：高度な Massey のレイティング手法

　Massey が考案し利用した o と d は，スポーツランキングモデルの研究に興味深い道を開いた．それはすなわち，点数の結果の推測，または少なくとも，得点差の推測である．よって，ここでいつもの例に Massey の手法を当てはめてみることにする．Massey はこの2つの新しいレイティングベクトル o と d を未来の試合の得点の予測に使っている．彼は o_i を「平均的な守備に対してチーム i が獲得すると予期される点数」と仮定している．このことと，すでに存在する守備のレイティングを組み合わせて，Massey は点数の結果の推測をしている．具体的には，もしチーム i とチーム j が試合をするとすれば，チーム i がチーム j に対して獲得する得点の予測は $o_i - d_j$ で表される．同様に，チーム

---

[7] 訳注：正確には，相手の守備のレイティングスコアにそのチームとの対戦数をかけたものをすべての対戦チームの分を足したもの．ここでの記述は「いつもの例」のようにすべての対戦は1回だけ行われたと仮定している．

j がチーム i に対して獲得する得点の予測は $o_j - d_i$ で表される．表 2.1 は完全な Massey の手法の 3 つのレイティングベクトルすべてを示している．この手法では VT 対 Duke の試合結果を $20.7 - (-26.8) = 47.5$ 対 $2.0 - (-2.7) = 4.7$，または，だいたい 48 対 5 と予測していることに注目して欲しい．これは 2005 年のデータによる実際の試合結果にかなり近い．この年 VT は 45 対 0 で Duke に勝っているのである．高度な Massey のモデルのギャンブルにおける可能性に興奮し過ぎてしまう前に，すべての結果がこれ程良かったわけではないことに注意しよう．例えば，このモデルは Miami が VT に 25 対 24 で勝つと予測しているが[8]，実際の試合結果は 2005 年のデータによると 25 対 7 で，相当はずれている．これらの予測の成功が不安定であることの一部は，データがとても少ない（5 チームのみ）ことに起因する．得点差は，とくに賭け事をするスポーツ愛好者達の興味を引く問題なので，得点差と最適な「スプレッドレイティング (spread rating)」について第 9 章の 135 ページで詳しく言及する．

表 2.1 Massey のレイティングとランキングのベクトルの完全なリスト．

チーム	r	r によるランキング	o	攻撃ランキング	d	守備ランキング
Duke	-24.8	5 位	2.0	4 位	-26.8	5 位
Miami	18.2	1 位	22.0	1 位	-3.8	2 位
UNC	-8.0	4 位	1.4	5 位	-9.4	3 位
UVA	-3.4	3 位	7.8	3 位	-11.2	4 位
VT	18.0	2 位	20.7	2 位	-2.7	1 位

Massey のレイティング手法のまとめ

下にスポーツチームをランキングする Massey の手法を説明するのに使われるラベル表記を示す．

n リーグ内のチームの数 = 行列 $\mathbf{T}$，$\mathbf{P}$，$\mathbf{M}$ の次数

m 試合数

$\mathbf{X}_{m \times n}$ 試合とチームの行列
   $\mathbf{X}_{ki} = 1$ は，試合 k においてチーム i が勝利した場合 1，負けた場合は -1，それ以外は 0．

$\mathbf{T}_{n \times n}$ すべての試合の値を持っている対角行列
   $\mathbf{T}_{ii} =$ シーズン中チーム i が参加した試合の総数

$\mathbf{P}_{n \times n}$ 対戦の値を持っている非対角行列
   $\mathbf{P}_{ij} =$ チーム i とチーム j が対戦相手（ペア）となった試合の総数

---

[8] 実際は，$\mathrm{O}_{\mathrm{miami}} - d_{\mathrm{VT}} = 22 + 2.7 = 24.7$，$\mathrm{O}_{\mathrm{VT}} - d_{\mathrm{miami}} = 20.7 + 3.8 = 24.5$ なので，ほぼ引分けと予測していることになる．

$\mathbf{M}_{n \times n}$ **Massey** 行列と呼ばれる正方対称行列である M 行列
$$\mathbf{M} = \mathbf{T} - \mathbf{P}$$

$\bar{\mathbf{M}}_{n \times n}$ 行列 $\mathbf{M}$ のある 1 行を，$\mathbf{e}^T$（すべての要素が 1 であるベクトル）で置き換えることによって得られる**調整済み Massey 行列** (*adjusted Massey Matrix*)

$\mathbf{f}_{n \times 1}$ 累積**得点**ベクトル
$f_i =$ シーズン中にチーム i が獲得した全点数

$\mathbf{a}_{n \times 1}$ 累積**失点**ベクトル
$a_i =$ シーズン中にチーム i が獲得された全点数

$\mathbf{p}_{n \times 1}$ 累積**得点差**ベクトル
$p_i = f_i - a_i$; シーズン中のチーム i の累積得点差

$\bar{\mathbf{p}}_{n \times 1}$ $\mathbf{p}$ の 1 つの要素を 0 で置き換えることによって得られる**調整済み得点差** (*adjusted point differential*) ベクトル

$\mathbf{r}_{n \times 1}$ Massey の最小二乗方程式によって得られる一般的なレイティングベクトル

$\mathbf{o}_{n \times 1}$ Massey の最小二乗方程式によって得られる攻撃レイティングベクトル

$\mathbf{d}_{n \times 1}$ Massey の最小二乗方程式によって得られる守備レイティングベクトル

Massey の最小二乗アルゴリズム

1. 系 $\bar{\mathbf{M}}\mathbf{r} = \bar{\mathbf{p}}$ を解いて，一般的な Massey のレイティングベクトル $\mathbf{r}$ を得る．
2. 系 $(\mathbf{T} + \mathbf{P})\mathbf{d} = \mathbf{T}\mathbf{r} - \mathbf{f}$ を解いて，守備レイティングベクトル $\mathbf{d}$ を得る．
3. 攻撃ベクトル $\mathbf{o} = \mathbf{r} - \mathbf{d}$ を計算する．

Massey の手法の特徴をいくつか下に示す．

- Massey の手法はチームのレイティングに点数を使う．しかし，他の試合の統計データを使うこともできる．さらに，他の状況においては，物事を対で比較しているデータであればどのようなものでも使うことができる．例えば国の貿易力のレイティングをするには，輸出の総額を使うことができる．（おそらく人口を考慮して正規化した）輸出量の多い国が架空の試合に勝つ，ということになるだろう．8 ページに記載の国連の人間開発指数はこのような形で補強し改良することができる．

- Massey の手法は，一般的なレイティングベクトル $\mathbf{r}$，攻撃レイティングベクトル $\mathbf{o}$，および守備レイティングベクトル $\mathbf{d}$ という 3 つのベクトルを作る．$\mathbf{o}$ と $\mathbf{d}$ を賢く合わせることで，得点差を推測することができる（135 ページの第 9 章参照）．

余談：Masseyの手法のウェブページランキングへの応用

この余談ではMasseyの手法をウェブページに適用して，この手法がどのような物事の集合のランキングにでも使えることを強調する．（実は少し考えれば，本書に書かれているすべての手法について同じことが言えるのだが）．ウェブページはユーザーのクエリーに応答してランクづけされた順番で表示されるため，ウェブページのランキングはすべての検索エンジンに欠かせないものである．例えば図2.1はGoogleを使って「Massey ranking（Masseyのランキング）」というフレーズで検索をかけた結果の，1番目から10番目のランキングのウェブページを示している．

Masseyの手法をウェブページに適用する際のコツは，ウェブページに対して試合もしくは対戦の考え方を定義することである．これには無数の可能性がある．例えば，Alexaの検索エンジンにウェブページのトラフィックの統計データがあるとすれば [78, 49]，t_i と t_j がウェブページのトラフィック数を表す場合，$t_i > t_j$ のときウェブページ i はウェブページ j に勝利した，と言える．この場合 $t_i - t_j$ は「得点」差を表す．かの有名な，ウェブページ i に対してのPageRank [15] の値 π_i は，対戦の情報を導き出すのに使うことができるもう1つの基準である．この場合，もし $\pi_i > \pi_j$ ならば，ウェブページ i はウェブページ j に $\pi_i - \pi_j$ の点差で勝っているということになる．Masseyのウェブランキング手法は同様の基礎的で理想的な式で始まる．

$$r_i - r_j = y_k$$

ただし試合 k における得点差 y_k は使われるデータによって修正される．例えば，架空の対戦の勝者を決定するためにトラフィック量が使われていれば $y_k = t_i - t_j$ となり，PageRankの値が使われている場合は $y_k = \pi_i - \pi_j$ となる．

その後のMasseyの手法を使ったウェブランクの計算は通常通りである．そして，Masseyの手法が，攻撃ベクトルと守備ベクトルという2つのレイティングベクトルを作るために使うことができるため，それぞれのウェブページは二重のレイティングを持つ．これらの二重のレイティングは，ウェブランキングの世界では非常によく知られている二重のランキングであるハブ (hub)[9]とオーソリティー (authority)[10]に通じるものがある [45, 49]．スポーツのランキングを背景にしたハブとオーソリティーについては第7章で述べている．

第12章ではMasseyのモデルに時間の重みをかけた改良版を提示するが，これもまたウェブへのMasseyの手法の適用へのワクワクするような可能性を持っている．この改良版はランキングに時間を組み込む自然なやり方を提供するものである．ウェブに関して言えば，このことは，ウェブページを更新した直近のタイムスタンプなどの時間データを使える，ということを意味する．

スパム (spam)[11]は今日の多くの検索エンジンにとってますます高まる懸念の1つだが，Masseyの手法のようなランキング手法のほうが，現存の多くのウェブページランキング手法よりもスパムの影響をはるかに受けにくいのだ．なぜなら，この手法はサイトのトラフィック量のようなウェブページの所有者があまり制御できない数値をもとに作ることができるからである．このことは，今日のほとんどすべてのメジャーな検索エンジンのランキングが使っている，リンクをもとにした値とは対照的である．ウェブページの所有者は，当然外向きのリンクを制御することができるし，内向きのリンクに影響を与えることができるいくつかの賢いやり方も学んでいるのである [49]．私達は，最もスパムに耐久性のあるランキングは，第6章と第14章で詳しく説明している集約手法で，ウェブページの値の組み合わせを使うことによって作られると考えている．

この余談では，ここまでウェブページのランキングへのMasseyの手法の適用性について，非常に前途有望である様を描いてきた．ここで，手法の成否を左右する問題であり，実用上非常に問題になるスケーラビリティ (scalability) という最後の問題に目を向けよう．どんなに素晴らしい手法であっても，ウェブページのランキングにとっては，何十億ものノードを持つインターネットサイズのグラフにスケールアップできないのであれば使い物にならない．幸い，Masseyの手法にはウェブ対応に活用できる構造がいくつか含まれている．ウェブ上のハイパーリンク構造からMasseyの線形系を直接構築

---

[9] 訳注：ハブとは，オーソリティーへリンクを張っているページ．優良なハブは多くの優良なオーソリティーへリンクを張っている．

[10] 訳注：オーソリティーとは，重要な情報を持つページ．優良なオーソリティーは多くの優良なハブからリンクが張られている．

[11] 訳注：ここでのスパム (spam) とは，検索エンジン攻略の目的で行われるスパム行為のこと．

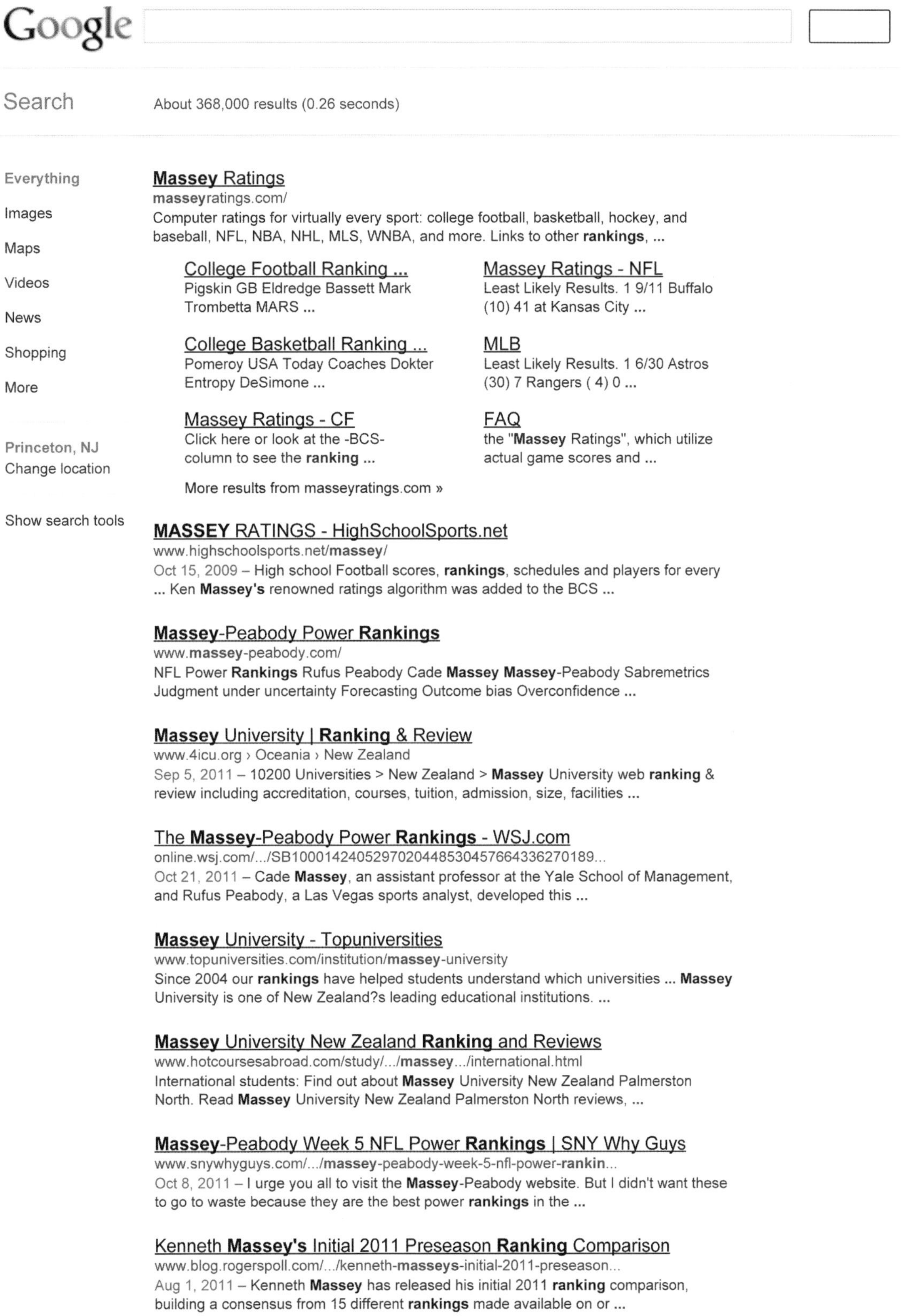

図 2.1　Google 上の「Massey のランキング (Massey ranking)」の検索結果.

する．1つの考え得るシナリオを説明しよう．このハイパーリンクデータは，現行のほとんどすべての検索エンジンが活用している基礎データなので，すぐに入手できるものである．さらに洗練されたモデルは，上記のトラフィックやページランクの値のようなさらに洗練されたデータを使うだろう．しかし今のところは，Masseyの手法をウェブの規模に拡張させるスケーラビリティを実証するために，基本的なハイパーリンクデータを使うことにする．

$\mathbf{W}$をウェブの重みつき隣接行列 (weighted adjacency matrix) とする．すなわち，w_{ij}はウェブページiからjへの有向のハイパーリンクの重みである．よって，ウェブページiとjの間にハイパーリンクが存在しなければ，$w_{ij} = 0$である．このウェブに対するMasseyの手法の実装においては，$\mathbf{W}$は，$w_{ij} > 0$であることがウェブページiがウェブページjへリンクを張っていることを意味するような「得点」差情報を保持する．nがウェブページの数としたとき，Massey行列$\mathbf{M}$はn行n列である．m_{ij}はウェブページiとjが「対戦」する回数に-1を掛けたものであることから，$w_{ij} > 0$のとき，$m_{ij} = m_{ji} = -1$となる．よって，もし重みつき隣接行列が手に入るのであれば，ウェブについてのMasseyの系はほんの数行コードを追加することで構築することができる．ここではMATLAB方式で記述する．

```
A = W' > 0;% A は重みつき隣接行列 W の転置行列から作られた 2 値隣接行列である
M = -A - A' + diag(Ae) + diag(A'e);   % ウェブについての Massey 行列 M
```

Masseyの線形系$Mr = p$の最後の構成要素は右辺のベクトル$\mathbf{p}$である．$\mathbf{M}$同様，$\mathbf{p}$も簡単に作ることができる．p_iと記述される$\mathbf{p}$のi番目の要素は，ページiへ張られたすべてのリンクの合計（またはすべてのリンクの重みの合計）から，ページiから張られているすべてのリンクの合計を引いたものである．よって，ウェブについてのMasseyの系では以下の式が成立する．

```
p = W'e - We
```

解かなければいけない線形系$\bar{\mathbf{M}}r = \bar{\mathbf{p}}$は膨大ではあるものの，PageRankやHITSのような現行のランキングシステムも同じようなものである [49]．実際，Jacobi，SOR，GMRESなどの反復的方法を使えば効率的に（記憶装置に）格納して解くことができる [32, 75, 74, 66]．

余談：BCS レイティング

Bowl Championship Series (BCS) レイティングは，大学フットボールのレギュラーシーズン終了後の，高額賞金を賭けたボウルゲームに，どのチームが出場できるかを決めるものである[12]．ではこの重要なレイティングはどのようにして決められるのだろうか？　このレイティングは3つの同じ重みづけをされた要素から構成される．このうち2つの要素は人による投票（Harris Interactive College Football Poll[13]と *USA Today* Coaches Poll[14]）（コーチ投票）で，3つ目はJeff Anderson（ジェフ・アンダーソン），Chris Hester（クリス・ヘスター），Richard Billingsley（リチャード・ビリングスリー），Wesley Colley（ウェスリー・コリー），Kenneth Massey，Jeff Sagarin（ジェフ・サガリン），Peter Wolfe（ピーター・ウルフ）の6人によって提供された6種類のコンピューターランキングの集約である．

これらのレイティングを統合するために**ボルダ方式** (*Borda count*) と呼ばれる投票方式が使われている．ボルダ方式の詳細な説明は196ページに記載されている．BCSでは次のような仕組みになっている．人による投票（10月から12月の間毎週行われる）では，投票者は投票用紙に上位25チームのレイティングを記入する．それぞれのチームには，そのチームの順位の逆順で，$1 \leq r \leq 25$の間のレイティングが与えられる．つまり，それぞれの投票用紙で，1位のチームは$r = 25$のレイティングを受け，2位のチームは$r = 24$のレイティングを受け，最下位のチームが$r = 1$のレイティングを受けるまで繰り返す．同様のスコアリング方式がコンピューターのランキングにも適用される．それぞれの人による投票において，チームの評価はそのレイティングの合計で評価される．つまり，すべての投票

---
[12] 訳注：7ページの訳注参照．
[13] 訳注：マーケットリサーチの会社であるHarris Interactiveがレギュラーシーズン中に毎週公開する大学フットボールランキング．
[14] 訳注：USA Todayがレギュラーシーズン中に毎週公開する大学フットボールランキング．

用紙におけるレイティングの合計である．投票者の数にはばらつきがあるが，その数はそれぞれのチームの満点のパーセンテージとして定義される「BCS 比 (BCS quotient)」によって説明される．このことは次の例で明らかにしよう．

- Harris Interactive College Football Poll で特定のシーズンにおいて 113 人の投票メンバーがいるならば，1 つのチームが得られる最大の合計レイティングは $113 \times 25 = 2{,}825$ となる．これは，113 人すべてのメンバーがそのチームに $r = 25$ のレイティングを与えた場合，つまり，全員がそのチームを 1 位にランクづけした場合にのみ実現する．同様に，1 つのチームが得られる最低レイティングは全員がそのチームに $r = 1$ のレイティングを与えた場合（つまり全員がそのチームを 25 位にランクづけした場合）に得られる 113 である．したがって，i 番目の投票者があるチーム（例えば North Carolina State University）に与えた Harris レイティングを r_i とすると，以下の式が成り立つ．

$$\text{North Carolina State University の Harris BCS 比} = \frac{1}{2825} \sum_{i=1}^{113} r_i$$

- USA Today コーチ投票で特定のシーズンにおいて 59 人の投票メンバーがいるならば，最大のレイティングは $59 \times 25 = 1{,}475$ となる．その結果，i 番目の投票者が North Carolina State University に与える USA Today コーチ投票レイティングを r_i とすると，以下の式が成り立つ．

$$\text{North Carolina State University の USA Today コーチ投票 BCS 比} = \frac{1}{1475} \sum_{i=1}^{59} r_i$$

- 6 つのコンピューターモデルは人間同様，上位 25 チームに数値のレイティングを与える．つまり，最上位にランクづけするチームには $r = 25$，2 位にランクづけするチームには $r = 24$，などである．しかし，コンピューターがそれぞれにチームのレイティングの総計を計算する前に，それぞれのチームのレイティングの最大値と最小値が除かれる．その結果，それぞれにチームのコンピューターによるレイティングは 4 つだけとなる．これらの 4 つのレイティングが合計されてそれぞれのチームの合計レイティングになる．よって，コンピューターレイティングの合計の最大値は $4 \times 25 = 100$ となる．例えば，North Carolina State University についての 6 つのコンピューターモデルのレイティングが $r_1 \geq r_2 \geq r_3 \geq r_4 \geq r_5 \geq r_6$ であるとき，以下の数式が成り立つ．

$$\text{North Carolina State University のコンピューターによる BCS 比}$$
$$= \frac{1}{100}(r_2 + r_3 + r_4 + r_5).$$

すべてのまとめ． それぞれの投票期間の終わりの BCS レイティングとランキングは，単純に上記で定義された BCS 比を足して決められる．ランキングには影響を及ぼさないが，ときには，3 つの BCS 比を足した和ではなく，それらの平均が公開されることもある．なぜなら平均値はすべての最終レイティングが $(0, 1]$ の区間に含まれることを余儀なくするからである．つまり以下の式が成り立つ．

$$\text{最終的な BCS レイティング}$$
$$= \frac{\text{Harris の比} + \text{Coaches Poll の比} + \text{コンピューターによる比}}{3}.$$

最近の BCS コンピューターモデル． BCS コンピューターランキングに最近使用されたコンピューターモデルの中には以下の人達によって作られたものが含まれる．しかし，彼らの手法の詳細は通常は手に入れることができない．多くの開発者は，彼らの秘薬の詳細を完全には明らかにしたくなく，彼らの手法についてほのめかす程度に留めている．

1. Jeff Anderson と Chris Hester (www.andersonsports.com) は詳細についてはほとんど公開していないが，強い相手を倒したチームに報いること，得点差は考慮しないこと，彼らのレイティングが勝敗記録だけでなく，カンファレンス (conference) の強さ[15]にも依存していることのみ公開している．
2. Richard Billingsley (www.cfrc.com) は何も公開していない．彼の公式を構成する主な要素は，

---

15) 訳注：カンファレンス (conference) とはアメリカの大学スポーツにおける，いくつかのチームで構成されるリーグのことである．

勝敗記録，記録をもとにした対戦相手の強さ，レイティング，（最近の実績を非常に重視した）ランキング，そして試合の開催地と守備実績に対する若干の考慮であると推測されている．

3. Wesley Colley (www.colleyrankings.com) の手法については 23 ページの第 3 章で詳細に解説する．

4. Kenneth Massey の初期の手法については 9 ページで説明しているが，彼は現在改良した（しかし完全には公開していない）手法を使っているとのことである．masseyratings.com を参照してほしい．

5. Jeff Sagarin (www.usatoday.com/sports/sagarin.htm) は彼のモデルには主に 63 ページの第 5 章で説明している Elo（イーロ）の手法を活用していると言っている．

6. Peter Wolfe (prwolfe.bol.ucla.edu/cfootball/ratings.htm) は，彼の手法は，[13] の Bradley（ブラッドリー）と Terry（テリー）の手法を改変したものであると言っている．彼によると，これは，チーム i とチーム j が対戦する際の期待される結果を予測するために，チーム i のレイティングが π_i であるとき，チーム i がチーム j に勝つ尤度は $\pi_i/(\pi_i + \pi_j)$ であるとする最尤法 (maximum likelihood scheme) である．すべて実際に起きた通りの結果になる確率 P は，それぞれの試合から導かれる個々の確率をすべて掛け合わせて得られる．レイティングの値は P の値が最大になるように選択される．同様の手法が James Keener（ジェームス・キーナー）によって論述されている [42]．

余談：疑いの余地の無いチャンピオン

BCS レイティングは，NCAA 第一部 (Division I) のボウルサブディビジョン (FBS, 旧 Division I-A) のチームを，BCS National Championship Game において対戦する 2 チームに絞り込む．American Football Coaches Association（アメリカンフットボールコーチ協会）で投票権を持つ会員は，この試合の勝者を「BCS ナショナルチャンピオン」として投票することが，契約上義務付けられている．さらに，それぞれのカンファレンスで交わされる契約では，この試合の勝者を「正式な唯一のチャンピオン」であると認めることを義務付けており，これによって競合するレイティング組織によって複数のチャンピオンができてしまう可能性を排除している．

余談：Notre Dame ルール

BCS レイティングはどの大学にレギュラーシーズン終了後のボウルゲームへの出場権が与えられるかを決めるために使われているが，そのレイティングは，様々なアスレチックリーグや歴史的に影響力を持っている制度を保護するために作られた，複雑に入り組んだルールによって調整されている．その中でもおそらく一番奇抜な例は，University of Notre Dame が上位 8 位以内でレギュラーシーズンを終了した場合，自動的にボウルゲームへの出場権が与えられる，という「Notre Dame ルール」だろう．しかも奇妙なのはそれだけではない．University of Notre Dame は，シーズン中の勝敗記録にかかわらず，ボウルゲームへの出場資格の有無にもかかわらず，BCS ボウルの純収入の 1/66 といわれている個別の支払いを別途受けているのである！ ファイティングアイリッシュ[16] は 2009 年，6 勝 6 敗の記録しか出せず，コーチの Charlie Weis（チャーリー・ワイス）を解雇したその年に，およそ 170 万ドルの支払いを受けたと報道された．仮にその年にボウルゲームに出場できていたとしたら，およそ 600 万ドルの支払いを受けていたと推測される．

Notre Dame ルールは現在進行中の論議である．FBS (Football Bowl Subdivision) のほぼ半数のチームが現実的には BCS チャンピオンシップに勝つことも戦うこともままならない一方で，University of Notre Dame には独自の優位性と機会が与えられていることは，多くのファンにとって気にくわないことなのである．

---

16) 訳注：University of Notre Dame のチーム名．

余談：Obama と司法省[17]

2008 年の大統領選挙戦中に，当時次期大統領となる Obama が Monday Night Football（マンデーナイトフットボール）[18]に出演した．ESPN のスポーツキャスター，Chris Berman（クリス・バーマン）に，スポーツにおいて何かをチェンジするとしたら，と聞かれた Obama は，ボウルゲームの出場者を決めるのに BCS レイティングシステムが使われることに対する嫌悪感について述べた．多くのファン同様，Obama はこの全国的選手権の勝者を決めるための手法として 8 チームによるプレイオフ形式を支持した．多くのファンは，大統領がこの意見に署名して法律として成立してくれることを願っている．

2009 年，ユタ州の Orrin Hatch（オリン・ハッチ）上院議員は，BCS の適法性について，独占禁止法に違反している可能性があるかどうか審査するように司法省に求めた．Hatch のこの動きの動機となったのは，2008 年，University of Utah が無敗であったにも関わらず，BCS システムの特殊性のためにボウルゲームに出場する権利が認められなかったことである．Hatch らは BCS がいくつかのカンファレンスを優遇していることを挙げて，「とんでもない不平等 (tremendous inequities)」の核心にある独占禁止問題 (antitrust) について言及した．例えば BCS の規則によると，6 つのカンファレンスのチャンピオンは自動的にトップクラスのボウルゲームに出場できる．

Atlantic Coast Conference（アトランティックコーストカンファレンス）
　　　　　　　　　　　　　　　　　　　　⟶ Orange Bowl（オレンジボウル）
Big 12 Conference（ビッグ 12 カンファレンス）⟶ Fiesta Bowl（フィエスタボウル）
Big East Conference（ビッグイーストカンファレンス）⟶ 該当なし
Big Ten Conference（ビッグテンカンファレンス）⟶ Rose Bowl（ローズボウル）
Pacific-12 Conference（パシフィック 12 カンファレンス）⟶ Rose Bowl（ローズボウル）
Southeastern Conference（サウスイースタンカンファレンス）⟶ Sugar Bowl（シュガーボウル）

さらに，これらの 6 つのカンファレンスは他のカンファレンスよりも，出場によって得られる金額が多いのである．ただしこれらは現在流動的であり，本書が出版される頃にはいくつかの変更がされているかもしれない．

2011 年 5 月時点において，BCS は司法省による検査を通告されている[19]．報道によると，同省における独占禁止法部門のリーダーである Christine Varney（クリスティーン・ヴァーニー）司法次官補は，Mark Emmert（マーク・エマート）（当時の NCAA 会長）に対して，「現行の Bowl Championship Series (BCS) の仕組みは，連邦独占禁止法によって定められている競争の原則に則って実施されていない可能性を示唆する，深刻な疑問が提議されている」と述べた 2 ページにわたる書状を送ったとされている．

---

17) 訳注：7 ページの訳注参照．
18) 訳注：フットボールシーズン（9 月-12 月）の間，月曜日のプライムタイムに放送されている NFL 中継番組．
19) 訳注：本書翻訳時点では 7 ページの訳注にあるように，BCS は 2013 年で終わっている．

数字の豆知識—

$21,200,000 = 2012 年に BCS カンファレンスがそれぞれ受け取った金額.

$6,000,000 = SEC (Southeastern Conference) と Big Ten に追加で支払われた金額

— illegalshift.com

第3章　Colleyの手法

　2001年，天体物理学を専攻したWesley Colley（ウェスリー・コリー）博士は，スポーツチームをランクづけする新しい手法についての論文を執筆した [22]．彼のこの課外活動は大きな成功を収め，Masseyのモデル同様，今ではNCAAカレッジフットボールのチームをランキングするBCS手法に組み込まれている．Colleyのレイティング手法は，最も単純で最古のレイティングシステムの1つである勝率を使ったレイティングシステムを改良したものである．勝率 (winning percentage) を使ったチーム i のレイティングの値 r_i は次のルールによって得られる．

$$r_i = \frac{w_i}{t_i}$$

このとき w_i と t_i はそれぞれ，チーム i が勝利した試合の数と，参戦した試合の合計数である．勝率を使った手法はアマチュアのリーグやトーナメントでは世界中で浸透している手法である．実際のところは，ほとんどのプロのリーグでも使われている．簡潔で使い方も簡単な手法ではあるが，このレイティングシステムはいくつかのあきらかな欠陥も持っている．まず，ほとんどのチームが同じ対戦相手の集合と同じ試合数をこなすような，例えばフットボールのようなスポーツの場合，レイティングが引分けになるケースが頻繁に発生する．第二に，対戦相手の強さが分析にまったく考慮されていない．リーグで最も弱いチームに勝利しても，最も強いチームに勝利するのと同じだけレイティングの値が上がるのである．これが不公平であることはまず間違いない．第三に，勝率を使ったレイティングがときに異常な結果をもたらすことがある．例えば，シーズンの最初にはすべてのチームのシーズン前のレイティングが $\frac{0}{0}$ となり，さらに，シーズンが進むにつれて，勝ち星の無いチームはレイティングが0になる．このような欠陥のいくつかを改善するために，Wesley Colleyは，私たちがColleyの手法と呼ぶ，スポーツチームのランキングをするための手法を提案した．

Wesley Colley

Colleyの手法の背景にある主な考え方

Colleyの手法は，従来の勝率の式に若干の修正を加え

$$r_i = \frac{1+w_i}{2+t_i} \tag{3.1}$$

としたものから始める．本節ではこの修正の主な利点が，試合日程の強度 (strength of schedule)，つまり対戦相手の強さを考慮しているところにあることを示す．

勝率の公式に対するColleyの修正はクラップステーブルでマーカーを見つけるために使われるLaplace（ラプラス）の「継起の法則 (rule of succession)」[1)][29]に由来している．従来の勝率の式に対するこの修正は一見些細な物に見えるが，従来の式に対していくつかの優れた点がある．シーズン前のレイティングとして$\frac{0}{0}$という無意味な値ではなく，それぞれのチームは均等に$\frac{1}{2}$というレイティングでシーズンを開始する．さらに，シーズン第1週にチームiが負けると，Colleyのレイティングでは$r_i = \frac{1}{3}$となり，彼は，これは$r_i = 0$とするよりも合理的であると論じている．

従来の勝率ではなく，(3.1)のLaplaceの法則を使う次の利点は，試合日程の強度という考え方に関係している．この狙いは，あるチームが強い対戦相手に勝ったときは，弱い対戦相手に勝ったときよりも，見返りが多いべきである，というものである．つまり，チームiのレイティングは対戦相手のレイティングに結びついていないといけないのだ．ラプラスの法則は，表立ってはいないものの，チームiの試合日程を考慮しているものである，とColleyは論じている．式(3.1)において，すべてのチームが$r_i = 1/2$で始まり，シーズンが進むにつれてレイティングがこの開始点から上下にそれる，ということに着目して欲しい．実際，あるチームについて（試合に勝つことで）レイティングが高くなるということは，対戦相手のレイティングが低くなる，ということになるのである．その結果これらのレイティングは相互依存していることになる．このような相互依存性は式(3.1)において明白なわけではなく，注意深く分解することによって明らかになるものである．まずあるチームが勝った試合の数を分解しよう[2)]．

---

1) 訳注：n回の試行で，s回成功したとき，次の回が成功する確率は$\frac{s+1}{n+2}$となる．
2) 訳注：次の式でl_iは初出だが，チームiが負けた試合数である．

$$w_i = \frac{w_i - l_i}{2} + \frac{w_i + l_i}{2}$$
$$= \frac{w_i - l_i}{2} + \frac{t_i}{2}$$
$$= \frac{w_i - l_i}{2} + \sum_{j=1}^{t_i} \frac{1}{2}$$

シーズン開始の時点ですべてのチームが $r_j = 1/2$ で始まるため，O_i をチーム i の対戦相手の集合とするとき，最初に総和 $\sum_{j=1}^{t_i} \frac{1}{2}$ は $\sum_{j \in O_i} r_j$ となる．シーズンが進むにつれて，$\sum_{j=1}^{t_i} \frac{1}{2}$ は正確には $\sum_{j \in O_i} r_j$ とはならないが，チームの対戦相手のレイティングの累積によって十分近似される（レイティングが $1/2$ のあたりを上下することを思い出して欲しい）．その結果，以下の式が成り立つ．

$$w_i \approx \frac{w_i - l_i}{2} + \sum_{j \in O_i} r_j$$

これを等式とみなして，(3.1) にこの結果を代入すると以下の式が得られる．

$$r_i = \frac{1 + (w_i - l_i)/2 + \sum_{j \in O_i} r_j}{2 + t_i} \tag{3.2}$$

もちろん，これまでの章で説明してきたレイティング手法で見たように，目的は未知の r_i を求めることである．この場合，式 (3.2) は，未知の r_i は他の未知数である r_j に依存することを示している．そして，このことは Colley の手法がチームのレイティングに対戦相手の強さを組み込んでいることを明らかにしているのである．代数をもう少し駆使し，また，行列の表記法の助けを借りれば，r_i が r_j に依存していることは問題にはならないことがわかる．r_i は簡単に計算できるのである．実際，Colley の式 (3.2) は線形系 (linear system) $\mathbf{Cr} = \mathbf{b}$ として簡潔に表記することができる．このとき，$\mathbf{r}_{n \times 1}$ は未知の Colley のレイティングベクトル，$\mathbf{b}_{n \times 1}$ は $b_i = 1 + \frac{1}{2}(w_i - l_i)$ として定義される右辺ベクトル，そして，$\mathbf{C}_{n \times n}$ は，n_{ij} がチーム i と j がお互いと対戦した回数であるときに

$$\mathbf{C}_{ij} = \begin{cases} 2 + t_i & i = j \\ -n_{ij} & i \neq j \end{cases}$$

として定義される Colley の係数行列である．$\mathbf{C}_{n \times n}$ が可逆 (invertible) であるため，Colley の式 $\mathbf{Cr} = \mathbf{b}$ はつねに一意の解を持つことが証明できる．

いつもの例

それでは表 1.1 のデータを使って，いつもの例に Colley の手法を当てはめてみよう．Colley の線形系 $\mathbf{Cr} = \mathbf{b}$ は次の通りである．

表 3.1 5 チームの例における Colley のレイティングの結果.

チーム	r	順位
Duke	.21	5 位
Miami	.79	1 位
UNC	.50	3 位
UVA	.36	4 位
VT	.65	2 位

$$\begin{pmatrix} 6 & -1 & -1 & -1 & -1 \\ -1 & 6 & -1 & -1 & -1 \\ -1 & -1 & 6 & -1 & -1 \\ -1 & -1 & -1 & 6 & -1 \\ -1 & -1 & -1 & -1 & 6 \end{pmatrix} \begin{pmatrix} r_1 \\ r_2 \\ r_3 \\ r_4 \\ r_5 \end{pmatrix} = \begin{pmatrix} -1 \\ 3 \\ 1 \\ 0 \\ 2 \end{pmatrix}$$

C が実対称正定値行列 (real symmetric positive definite matrix) であることに注目して欲しい．これらの属性は，**U** が上三角行列 (upper triangular matrix) であるときに，**C** が **C** = **U**^{T}**U** となるコレスキー分解 (Cholesky decomposition) を持つことを意味する．その結果，もしコレスキー分解があれば，Colley の式 **Cr** = **b** はとくに効率的に解けるのである．しかし多くのスポーツにおいては，系は十分に小さいので，MATLAB のようなソフトウェアパッケージを使って，例えばガウスの消去法 (Gaussian elimination) やクリロフの部分空間法 (Krylov method) などの標準的でよく行われる数値計算ルーチンで高速にレイティングベクトル **r** を計算できる．いつもの例に Colley のレイティング手法を適用することで，表 3.1 に示されるレイティングとそれに伴うランキングが得られる．

　Colley の手法の最も目立った特性は，試合の点数がまったく考慮されていないことである．これは，見方によっては，モデルにとって強みとも弱みとも捉えられる．14 ページの Massey の手法で得られたランキングと比較すると，UNC (University of North Carolina) と UVA (University of Virginia) が入れ替わっていることに注目して欲しい．これは試合の点数を考慮しないことによる興味深い結果である．Massey の手法は，UNC の成績のほうが良かったにも関わらず，UVA のほうが全体の得点差が勝っていたため，UNC よりも UVA に優位に働いた．Colley は，試合の点数を無視することで，彼の手法がバイアスフリー (bias-free) の手法であると論じている．バイアスとは，強いチームが弱いチームに対して得点を多く重ねることで生じる潜在的なレイティングの問題を，彼の手法が回避することについて言及する際に，彼が使う言葉である．Massey の手法のような試合の点数を使う方法はそのようなバイアスにさらされることがあるのだ．

Colley のレイティング手法のまとめ

$\mathbf{C}_{n \times n}$　　Colley 行列と呼ばれる実対称正定値行列

$$\mathbf{C}_{ij} = \begin{cases} 2 + t_i & i = j \\ -n_{ij} & i \neq j \end{cases}$$

t_i 　　チーム i が参戦する試合の総数

n_{ij} 　　チーム i とチーム j がお互いと対戦する試合の総数

$\mathbf{b}_{n \times 1}$ 　　右辺ベクトル $b_i = 1 + \frac{1}{2}(w_i - l_i)$

w_i 　　チーム i が勝った試合の数

l_i 　　チーム i が負けた試合の数

$\mathbf{r}_{n \times 1}$ 　　Colley の手法よって作られる一般的なレイティングベクトル

n 　　リーグに所属するチームの数 $=\mathbf{C}$ の次元数

Colley のアルゴリズム

式 $\mathbf{Cr} = \mathbf{b}$ を解いて Colley のレイティングベクトル $\mathbf{r}$ を求める.

Colley の手法の特徴のいくつかを下に示す.

- Colley の手法の結果は，得点数のデータを使わずに勝敗の情報のみを使って生成される，という意味でバイアスフリー (*bias-free*). したがって，Colley のレイティングは，弱いチームに対して意図的に得点数を重ねるチームの存在に影響を受けない. さらに，いくつかのスポーツやリーグは得点差が大きくなる傾向がある. 例えば，典型的な NBA の試合は NCAA のバスケットボールの試合よりも一般的には得点差が小さいものである. その結果，Colley の手法が適しているかどうかは，対象となるリーグやスポーツ，またはアプリケーションによる.
- Colley の手法はある保存特性 (conservation property) を持っている. それぞれのチームは初期レイティングである $1/2$ からシーズンを始めて，シーズンが進むにつれてチームのレイティングはゲームの結果によってこの中心点の上下を行ったり来たりするのである. しかし全体的にはすべてのレイティング r_i の平均値 $\bar{r}$ （すなわち $\bar{r} = \mathbf{e}^T\mathbf{r}/n$）は $1/2$ のままである. したがって，全レイティングが総合的に保存されていると言える. あるチームのレイティングが上がると，他のチームが下がるわけである.
- Colley の手法は，スポーツ以外でも，得点差に相当するもののデータが存在しないか望ましくない場合に適している.

Massey の手法と Colley の手法の関連性

　Massey の手法と Colley の手法は，一見考え方がまったく違うように見えるものの，顕著な関連性があるのである. 2 つの手法は $\mathbf{C} = 2\mathbf{I} + \mathbf{M}$ という式で関連付いている. その結果，Massey の手法を Colley 化 (Colleyized) したり，その逆をするのは簡単なことであ

表 3.2 5 チームの例に Colley 化された Massey の手法を適用したレイティングの結果.

チーム	r	ランキング
Duke	-17.7	5 位
Miami	13.0	1 位
UNC	-5.7	4 位
UVA	-2.4	3 位
VT	12.9	2 位

る．例えば，$\mathbf{Mr} = \mathbf{p}$ という Massey の手法は以下の式によって Colley 化できる．

$$(2\mathbf{I} + \mathbf{M})\mathbf{r} = \mathbf{p} \quad (\text{つまり } \mathbf{Cr} = \mathbf{p} \text{ でもある})$$

Colley 化された Massey の手法は右辺として，勝敗の情報だけを使う $\mathbf{b}$ ではなく，得点情報を含む $\mathbf{p}$ を使う．さらに，係数行列に $2\mathbf{I}$ を加算することでラプラスの技が追加され，また，系を非特異 (nonsingular) にするので，特異点を除くために Massey が行った「式を置換する」というやり方が必要なくなるのである．Colley 化された Massey の手法 $\mathbf{Cr} = \mathbf{p}$ は $\mathbf{p}$ を使うことによって得点数が含まれるようになったため，もはやバイアスフリーとは言えない．Colley 化された Massey の手法をいつもの例に適用すると，表 3.2 に示すレイティングベクトル $\mathbf{r}$ が生成される．これは標準的な Massey の手法と同じランキング順となるが，数値は 12 ページの表で示されたものとは若干違うものとなる．

同様に，Colley の手法を Massey 化 (Masseyized) して，線形系 $\mathbf{Mr} = \mathbf{b}$ を解くこともできる．

余談：映画ランキング：Colley と Massey が Netflix と出会ったら

Netflix は www.netflix.com という仮想店舗を通じてオンラインで操業しているレンタル映画の会社である．月々の会費を払うことで Netflix の会員は毎月決まった数の映画を選んで借りることができる．選ばれた映画は会員に郵送され，見終わった後は Netflix に郵便で返送される．Netflix は定期的に，レンタルした映画をレイティングするよう会員に依頼する．この会員と映画の関連を示した情報は，将来的に会員にお勧めの映画を提示するために収集され分析される．2007 年に Netflix は現行のレコメンデーションシステムを 10% 向上する方法を考案した個人またはグループに 100 万ドルの賞金を出すコンテストを開催した[3]．以下がコンテストのために公開されたデータの一部である．

$$\mathbf{U} = \begin{array}{c} \\ \text{会員 1} \\ \text{会員 2} \\ \text{会員 3} \\ \text{会員 4} \\ \text{会員 5} \\ \text{会員 6} \end{array} \begin{pmatrix} \text{映画 1} & \text{映画 2} & \text{映画 3} & \text{映画 4} \\ 5 & 4 & 3 & 0 \\ 5 & 5 & 3 & 1 \\ 0 & 0 & 0 & 5 \\ 0 & 0 & 2 & 0 \\ 4 & 0 & 0 & 3 \\ 1 & 0 & 0 & 4 \end{pmatrix}$$

$\mathbf{U}$ はレイティングを含んだ会員と映画の行列である．有効なレイティングは 1 から 5 の整数で，5 が

---

[3] 訳注：このコンテストは Netflix Prize と呼ばれる．第一回目は AT&T の研究組織である AT&T Labs の研究者によって構成された BellKor というチームが優勝した．詳細は 160 ページの数字の豆知識や 262 ページの余談に記載されている．

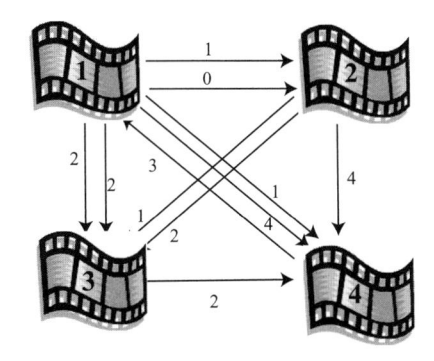

図 3.1 Massey の手法に関連した，映画と映画の間のグラフ．

最高点である．0 は会員がその映画をレイティングしなかったことを意味する．このような行列にスポーツのランキングの考え方を適用するためには，映画同士の対戦として考える必要がある．例えば映画をランキングするために Colley の手法を適用するためには，レイティング行列 **U** から図 3.1 に示す映画間のグラフを作成する．映画 1 と映画 2 の間に 2 つのリンクがあることに着目して欲しい．1 つのリンクでは，会員 1 が映画 2 より映画 1 を 1 点多くレイティングしたため，重みが 1 となっている．同じ 2 つの映画を会員 2 が同じ値でレイティングしたため，もう 1 つのリンクでは重みが 0 になっている．図 3.1 のグラフでは，会員が 2 つの映画をレイティングする度に，1 つの映画がリンクの始点に，もう 1 つの映画がリンクの終点に存在する，映画間のリンクができる．

27 ページで述べたように等式 $\mathbf{C} = 2\mathbf{I} + \mathbf{M}$ を用いて Colley の式 $\mathbf{Cr} = \mathbf{b}$ を Massey 行列で作ることができる．図 3.1 に伴う Massey 行列は以下の通りとなる．

$$\mathbf{M} = \begin{array}{c} \\ 1 \\ 2 \\ 3 \\ 4 \end{array} \begin{pmatrix} 1 & 2 & 3 & 4 \\ 7 & -2 & -2 & -3 \\ -2 & 5 & -2 & -1 \\ -2 & -2 & 5 & -1 \\ -3 & -1 & -1 & 5 \end{pmatrix} \implies \mathbf{C} = 2\mathbf{I} + \mathbf{M} = \begin{array}{c} \\ 1 \\ 2 \\ 3 \\ 4 \end{array} \begin{pmatrix} 1 & 2 & 3 & 4 \\ 9 & -2 & -2 & -3 \\ -2 & 7 & -2 & -1 \\ -2 & -2 & 7 & -1 \\ -3 & -1 & -1 & 7 \end{pmatrix}$$

Colley と Massey の右辺ベクトル **b** と **p** はそれぞれ以下のようになる．

$$\mathbf{b} = \begin{pmatrix} 3 \\ 2 \\ -.5 \\ -.5 \end{pmatrix} \quad \text{および} \quad \mathbf{p} = \begin{pmatrix} 7 \\ 6 \\ -5 \\ -8 \end{pmatrix}$$

表 3.3 はこれら 4 つの映画についての Colley と Massey のレイティングを示す．

表 3.3 4 つの映画の例における Colley と Massey のレイティングとランキングのベクトル．

映画	Colley **r**	Colley の順位	Massey **r**	Massey の順位
1	.67	1 位	0.65	2 位
2	.63	2 位	1.01	1 位
3	.34	4 位	-0.55	3 位
4	.35	3 位	-1.11	4 位

この Netflix のデータセットにおいて，引分け[4] (tie) が問題となる．有効な映画のレイティングが 1 から 5 の整数であるため，2 人の会員が 2 つの映画に同じ点数を付けることは頻繁に起きるだろう．もしそのような対戦が，どの映画が他の映画よりも優位であるか，という点においてとくに何らかの情報をも寄与するものでないと考えれば，単純にデータセットから引分けの情報を排除することができ

---

[4] 訳注：本書では tie を文脈によって「引分け」または「タイ」と訳す．例えば tie break は「タイブレイク」や「タイの解消」と訳す．

表 3.4　4 つの映画の例における Colley と Massey の「引分け無し」のレイティングとランキングのベクトル.

映画	Colley r	Colley の順位	Massey r	Massey の順位
1	.28	2 位	0.60	2 位
2	.33	1 位	1.09	1 位
3	.05	3 位	-0.55	3 位
4	-.39	4 位	-1.13	4 位

表 3.5　Colley と Massey の手法でのランキングによる上位 25 位の映画.

順位	Colley の手法の結果	Massey の手法の結果
1	*Lord of the Rings III: Return of...*	*Lord of the Rings III: Return of...*
2	*Lord of the Rings II: The Two...*	*Lost*: Season 1
3	*Lost*: Season 1	*Lord of the Rings II: The Two...*
4	*Star Wars V: Empire Strikes Back*	*Battlestar Galactica*: Season 1
5	*Battlestar Galactica*: Season 1	*Star Wars V: Empire Strikes Back*
6	*Raiders of the Lost Ark*	*Raiders of the Lost Ark*
7	*Star Wars IV: A New Hope*	*Star Wars IV: A New Hope*
8	*The Shawshank Redemption*	*The Shawshank Redemption*
9	*The Godfather*	*The Godfather*
10	*Star Wars VI: Return of the Jedi*	*Star Wars VI: Return of the Jedi*
11	*The Sopranos*: Season 5	*The Sopranos*: Season 5
12	*Schindler's List*	*GoodFellas*
13	*Lord of the Rings I: Fellowship...*	*Band of Brothers*
14	*Band of Brothers*	*The Simpsons*: Season 5
15	*The Sopranos*: Season 1	*Lord of the Rings I: Fellowship...*
16	*The Simpsons*: Season 5	*Schindler's List*
17	*Gladiator*	*The Sopranos*: Season 1
18	*CSI*: Season 4	*Finding Nemo*
19	*The Sopranos*: Season 2	*The Simpsons*: Season 6
20	*The Sopranos*: Season 4	*Gladiator*
21	*The Simpsons*: Season 6	*The Simpsons*: Season 4
22	*The Simpsons*: Season 4	*The Sopranos*: Season 2
23	*Finding Nemo*	*The Godfather*
24	*Toy Story*	*The Sopranos*: Season 4
25	*The Silence of the Lambs*	*CSI*: Season 4

る．この場合「引分け無し」の行列 **M** および **C** は以下の通りとなる．

$$\mathbf{M} = \begin{pmatrix} & 1 & 2 & 3 & 4 \\ 1 & 6 & -1 & -2 & -3 \\ 2 & -1 & 4 & -2 & -1 \\ 3 & -2 & -2 & 5 & -1 \\ 4 & -3 & -1 & -1 & 5 \end{pmatrix} \quad \text{よって} \quad \mathbf{C} = \begin{pmatrix} & 1 & 2 & 3 & 4 \\ 1 & 8 & -1 & -2 & -3 \\ 2 & -1 & 6 & -2 & -1 \\ 3 & -2 & -2 & 7 & -1 \\ 4 & -3 & -1 & -1 & 7 \end{pmatrix}$$

これらの行列は表 3.4 に示される「引分け無し」のレイティングとランキングを生成する．これら 4 つの映画について Colley のランキングが，引分けの扱いによって変わることに着目して欲しい．このことから，引分けは慎重に扱う必要があることがはっきりする．この問題については第 11 章で取り上げる．

ここまで Netflix Prize コンテストのデータのサンプルに対して Colley と Massey の両方の手法を適用した．このデータのサンプルは Netflix のデータベースの（2007 年時点で）全 17,770 本の映画

の情報を含んでいるが，会員については一部のみとなっている．このサンプルデータは，1000 個以上の映画をランキングした「スーパー会員」13,141 人が抽出されたものである[5]．それぞれの手法で上位 25 位に入った映画を表 3.5 に示す．

Netflix のデータには，会員がいつその映画をレイティングしたかを示すタイムスタンプが入っているため，第 12 章で後述するように時間の重みを組み込むことによる改善が可能である．

---

[5] このデータセットを提供してくれた David Gleich に謝意を示す．

数字の豆知識—

$2,782,275,172 =（2011 年時点で）歴代最高映画興行収入
— アバター（2009 年公開）
$1,843,201,268 =（2011 年時点で）映画興行収入歴代第 2 位
— タイタニック（1997 年公開）

— en.wikipedia.org より

第4章　Keenerの手法

　James P. Keener は，1993年の SIAM Review の記事 [42] で，彼のレイティングの手法を提唱した．Keener の手法は，他の多くのものと同じように，競争者（チーム）間の競技（試合）の結果として得られる非負の統計量を使って，数値的なレイティングを各チームに対して作る．これらは，いくつかのコミュニティーで**パワーレイティング** (*power rating*) と呼ばれている．もちろん，各チームの数値レイティングが決まれば，チームをそれらのレイティングの順にランキングするのは自然な流れである．

　Keener の手法は，与えられたチームに対する**レイティング** (*rating*) をそのチームの**絶対的な強さ** (*absolute strength*) に関連づけている．その絶対的な強さは，同様に，そのチームの**相対的な強さ** (*relative strength*) によっている．つまり，そのチームと戦ったチームの強さと比較したチームの強さである．先に進むにつれてこのことはもっと明らかになる．Keener の手法はすべて，チームの**強さ**と**レイティング**の間の関係を支配している次の2つの規則にもとづいている．

強さとレイティングの規則

1. あるチームの**強さ** (*strength*) は，その対戦者との試合とこれら対戦者の強さによって測られなければならない．
2. 与えられたリーグでの各チームの**レイティング** (*rating*) は，そのチームの強さに一様に比例していなければならない．より正確に言えば，s_i と r_i を，それぞれチーム i に対する強さとレイティングとすれば，$s_i = \lambda r_i$ であるようなある比例定数 λ があり，λ はそのリーグの各チームに対して同じ値を持たなければならない．

強さの属性を選ぶ

　上の2つの規則を，各チームに対する数値的レイティングを計算する仕組みに変えるために，対象となる様々な量にいくつかの変数を割り当てよう．最初に，検討している競技やスポーツの属性や統計量のうち，チームの強さの相対比較にとって良い基礎になると考えられるものを決めて，

$$a_{ij} = \text{チーム } j \text{ との試合でチーム } i \text{ が達成した統計量の値}$$

としよう．

例えば，考えられる最も単純な統計量は，現在の競技シーズン中でのチーム i のチーム j に対する勝ち試合数である．引分けについては，引き分けるごとに各チームに 1/2 の値を割り当てる．言い換えれば，もし，W_{ij} をチーム i がチーム j にシーズン中に勝った試合数で，T_{ij} をチーム i がチーム j と引き分けた試合数とすれば，

$$a_{ij} = W_{ij} + \frac{T_{ij}}{2}$$

となるだろう．

もし，チーム i のチーム j に対する強さについて，より関連性のある属性を i が j に対して獲得した得点数 S_{ij} であると考えれば，

$$a_{ij} = S_{ij}$$

と置くかもしれない．もし，チーム i とチーム j が複数回試合をしていれば，S_{ij} は i の j に対する累積得点数である[1]．

試合の得点数や勝ち試合数のかわりに，別の試合の属性を選んでもよい．例えば，もし，伝統的なアメリカンフットボールのファンが，アメリカンフットボールのチームは，よく走るチームの方がより強いと信じていれば，

$$a_{ij} = \text{チーム } i \text{ がチーム } j \text{ に対して獲得したラッシングヤード数}[2]$$

と設定するかもしれない．同様に，NFL（National Football League，ナショナルフットボールリーグ）の現代の目利きは，すべてはパスであると確信しているかもしれない．その場合は，

$$a_{ij} = \text{チーム } i \text{ がチーム } j \text{ に対して獲得したパッシングヤード数}[3]$$

a_{ij} を定義するのにどの属性を選ぶかにかかわらず，（もちろんそのリーグの全試合が終了後に評価するのでない限り）それらをシーズン中，継続的に更新しなければならない．しかし，a_{ij} を更新するにつれて，そのシーズン最初の属性値に，そのシーズンの終わりに近い属性値と同じくらい影響を持たせるべきかどうかを決めなければならない．—すなわち，その a_{ij} を時間の関数として重みづけたいのかどうかである．

これらの柔軟性にはすべて，多くの詳細をつめる余地や微調整が許されており，これが，レイティングやランキングのモデル構築を楽しいものにしている．もうすでに気がついているように，Keener の手法は微調整の機会がとくに沢山あり，そして，将来もっと

---

[1] 訳注：当たり前だが，$S_{ij} > S_{ji}$ はチーム i とチーム j の対戦において，必ずしもチーム i の方が多く勝っている訳ではないことに注意．

[2] 訳注：ラッシングヤード数 (rushing yard) は，本来，アメリカンフットボールで，一人の選手のラッシングプレイ（パスを受け取るのではなく走って）でフットボールを運び，得られたヤード数のこと．しかし，ここでは，チーム全体が獲得したラッシングヤード数を言っている．http://www.sportingcharts.com/dictionary/nfl/rushing-yards.aspx

[3] 訳注：パッシングヤード数 (passing yard) は，パスプレイで獲得したヤード数のこと．

多くの機会が現れるだろう．

Laplaceの継起の法則

　選択した属性にかかわらず，成功するレイティング技法を作るのに，その属性に関する統計を生の形で使用することは滅多にできない．例えば，スコア S_{ij} を考えよう．もし，チーム i と j のそれぞれが守りは弱いが，攻撃が良ければ，お互いに大きな得点が入りやすいだろう．一方，チーム p と q のそれぞれが守りが強くて攻撃が弱ければ，それらの試合は低い得点になりやすいだろう．結果的に，大きな S_{ij} と S_{ji} は，小さな S_{pq} と S_{qp} と比べて今後議論するどのレイティングシステムにおいても不釣り合いな効果を持ちうる．チーム i と j を比較するとき，

$$a_{ij} = \frac{S_{ij}}{S_{ij} + S_{ji}} \tag{4.1}$$

と置くことによって総得点を考慮する方が良い．他の属性についても，似たようなことが言える—すなわち，ラッシングヤード，パッシングヤード，攻守の入れ替え (turnover) などである．

　(4.1)のような比率を使って生成された a_{ij} の割合は生の値を使うよりよいかもしれない．しかし，Keenerが指摘したように，

$$a_{ij} = \frac{S_{ij} + 1}{S_{ij} + S_{ji} + 2} \tag{4.2}$$

のようなものを実際に使うべきだろう．これに対する動機付けはLaplaceの継起の法則 (Laplace's rule of succession)[29] で，直感的には，もし，

$$p_{ij} = \frac{S_{ij}}{(S_{ij} + S_{ji})}$$

とすると

$$0 \leq p_{ij} \leq 1$$

であり，p_{ij} は，チーム i が将来チーム j に勝つ確率として解釈できる．$X > 0$ とし，チーム i がチーム j に累積得点で X 対 0 で勝ったとすると，チーム i は，いくぶんチーム j より良い（もし，X が小さいときは少し良いか，あるいは，X が大きければはるかに良い）と結論づけるのが合理的になるだろう．しかし，$X > 0$ の値に関係なく以下が成り立つ．

$$p_{ij} = 1 \quad \text{かつ} \quad p_{ji} = 0. \tag{4.3}$$

すると，これはチーム j が将来チーム i に勝つことは決して不可能であることを示しており，あきらかに非現実的である．一方，(4.2)を将来，チーム i がチーム j を負かす確率 p_{ij} と解釈すれば，(4.2)から $0 < p_{ij} < 1$ であることがわかり，もしチーム i がチーム j

を過去に，累積得点で X 対 0 で勝っていれば，

$$p_{ij} = \frac{X+1}{X+2} \to \begin{cases} 1/2 & X \to 0 \text{ につれて} \\ 1 & X \to \infty \text{ につれて} \end{cases}$$

であり，これは (4.3) よりも理にかなっている．さらに，$S_{ij} \approx S_{ji}$ で両方とも大きければ，$p_{ij} \approx 1/2$ だが，$S_{ij} - S_{ji} > 0$ の差が増えるにつれて p_{ij} は 1 に近づき，これは筋が通っている．結論として，(4.2) を使う方が (4.1) を使うよりも望ましい．

歪ませるべきか歪ませざるべきか？

歪ませるかどうかは，強い方のチームが弱い方のチームを自分たちのレイティングをあげるためか，おそらく，ただ「たたきのめす」ために容赦なく得点を重ねるような「ただできたからやったまで」という状況をどのように取り繕うかという課題である．(4.2) が使われれば，Keener は，a_{ij} のそれぞれにその上端と下端の差を減らすように

$$h(x) = \frac{1}{2} + \frac{\operatorname{sgn}\{x - (1/2)\}\sqrt{|2x-1|}}{2} \tag{4.4}$$

のような非線形の歪み関数 (*skewing function*) を適用することを勧めている．言い換えれば，a_{ij} を $h(a_{ij})$ で置き換えるのである．$h(x)$ のグラフは図 4.1 に示されている．図に見られるように，この関数は $h(0) = 0$, $h(1) = 1$, $h(1/2) = 1/2$ という性質を持っている．a_{ij} のかわりに，$h(a_{ij})$ を用いれば，上の方と下の方の範囲の差をいくらか減らす効果も持っていることがわかる．$h(x)$ を使って歪ませれば，また $1/2$ の近くの 2 つのもともとの値の間に人工的な分解を導入することになる．これはほぼ同じ強さを持ったチームを区別するのに役立つだろう．

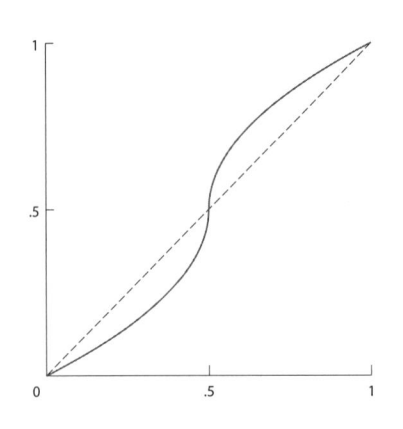

図 4.1 歪み関数 $h(x)$ のグラフ．

いったん (4.4) にある Keener の歪み関数をみて，少しそれをいじってみれば，他にも多くの自分なりの歪み関数を構築できるだろう．例えば，自分自身の歪み関数をカスタマイズして次のようにしたいと思うかもしれない．歪みの程度を $h(x)$ よりもより多くか少

なく誇張したり，あるいは，a_{ij} の上の方の範囲と下の方の範囲で，影響の度合いを変える必要が有るかもしれない．Keener の歪みの着想の価値は，モデル化したい特定の競争に対して，システムを「調整」できる機能である．歪み化は，Keener の手法を操作して微調整する無数の方法の 1 つである．

歪み化はいつも必要なわけではない．例えば，[34, 35, 1] の研究によると歪み化は NFL のランキングに著しい影響は与えていない．これは，おそらく，NFL では対象にしている年ではうまくバランスされているので，微調整の必要性がそれほどなかったためだろう．もちろん，NCAA (National Collegiate Athletic Association，全米大学体育協会) スポーツや他の競技では一般的に事情ははるかに異なり，Keener の歪み化の着想がみくびられるものではない．

正規化

非負の a_{ij} を定義する属性を決めて，$a_{ij} \leftarrow h(a_{ij})$ と再定義してそれらを歪ませたいのかどうかを決めた段階で，最後に a_{ij} を変える（あるいは，正規化 (*normalization*) する）ことが，必ずしもすべてのチームが同じ数の試合をしない場合に必要である．この場合は，

$$a_{ij} \leftarrow \frac{a_{ij}}{n_i} \tag{4.5}$$

という置き換えを行う．ここで，$n_i = $ チーム i が行った試合数 である．これがなぜ必要なのかを理解するために，(4.1) か (4.2) にしたがって a_{ij} を定義するために得点 S_{ij} を用いるとしよう．他のチームより多くの試合を行うチームは，より多くの得点を得る可能性があり，したがって，より大きな a_{ij} の値が導かれることになる．これは，ひいては，最終的にはあなたの a_{ij} から導かれる「強さ (strength)」の任意の尺度に影響を与えることになる．スコア以外の他の統計量に対しても同じことが言える—例えば，獲得したヤード数や成功したパスの回数があなたの統計量とすれば，より多くの試合をやるチームはこれらの統計量のより高い値を累積することができ，これはひいては，これらの統計量が生み出す任意のレイティングに影響を与える．

注意！ 歪み化はある正規化の効果を持っている．そのため，もし歪み関数を用い，試合数にそれほど大きな違いがなければ，(4.5) は必要ないかもしれない—つまり，あなたのデータを「過剰に正規化 (over normalizing)」する危険があるのである．さらに，異なる状況では，異なる正規化の戦略が必要となる．(4.5) を使用することは一番容易いことで，手始めとしては良い．しかし，最適な結果を得るためには，革新的に他の戦略で実験を行う必要があるかもしれない．（つまり，さらなる微調整をおこなうものである．）

鶏と卵，どちらが先？

いったん a_{ij} が定義され，歪み化され，正規化されれば，次の正方行列でそれらを整理する．

$$\mathbf{A} = [a_{ij}]_{m \times m}$$

ここで $m =$ リーグ中のチーム数 である．データをそのように表現することで，「強さ」を定量化し，数値的なレイティングを生み出すために行列理論からのいくつかのきわめて強力なアイデアを適用できる．この時点では明白ではないが，各チームの「強さの値(strength value)」とその「レイティングの値 (ratings value)」の間の微妙な区別を行う必要が出てくる．これは後ほどもっと明白になる．「強さの値」とその「レイティングの値」が等しくないという事実にもかかわらず，それらはもちろん関連しあっている．これは鶏と卵のどちらが先かの状況を提示している．なぜなら，私たちは「強さの値」を測るために「レイティングの値」を用いたいが，各チームの「強さ」は，チームの「レイティング」の値に影響を与えるからである．

レイティング

ここで向こう見ずだがレイティングから開始しよう．現在のプレイシーズン中のある時点 t において（まだ状況を把握していないが）観察された「強さ」にもとづいて m 個のチームそれぞれのレイティングの値を構築したい．

$$r_j(t) = \text{時点 } t \text{ におけるチーム } j \text{ の数値のレイティング}$$

とし，$\mathbf{r}(t)$ をこれらの m 個のレイティングのそれぞれを含む列を表すとしよう．レイティングのベクトル $\mathbf{r}(t)$ の値 $r_j(t)$ は時間がたつと変わることがわかっており，したがって，表記中の時間についての明示的な参照は落とすことができる．すなわち，$r_j(t)$ のかわりに単純に r_j と表記し，

$$\mathbf{r} = \begin{pmatrix} r_1 \\ r_2 \\ \vdots \\ r_m \end{pmatrix} = \text{レイティングのベクトル} \tag{4.6}$$

と置く．たとえ，$\mathbf{r}$ の値がこの時点でわかっていなくても，**それらは存在して，いずれ決定される**という仮定を置いている．

強さ

さて (4.6) のレイティング（この時点では理論上のみで存在しているが）を「強さ」の概念に関連づけよう．Keener の最初の規則は，チームの**強さ** (*strength*) は，そのチームが敵に対してどのくらいよく戦ったかによって測られるべきであるが，これらの敵の強さに引きずられるというものであったことを思い起こされたい．言い換えれば，取るに足らない相手に 10 試合勝つことを，強力な敵相手に 10 試合勝つことと同じに考えてはならないということである．

チーム i がチーム j に対してどのくらいよく戦ったかは，まさにあなたの統計量 a_{ij} が測定すべきものである．チーム j がどのくらい強いか（あるいは，弱いか）はレイティングの値 r_j によって測られるものである．結果的に，次の定義を採用するのは理に適っている．

相対的強さ

チーム i のチーム j と比較した**相対的強さ** (*relative strength*) は，

$$s_{ij} = a_{ij} r_j$$

と定義される．

チーム i の全体的な，あるいは**絶対的な** (*absolute*) 強さは，チーム i のそのリーグに属する他のすべてのチームと比較した相対的強さの合計であると考えるのは自然である．言い換えれば，**絶対的強さ** (*absolute strength*)（あるいは，単に**強さ** (*strength*)）を次のように定義するのは合理的である．

絶対的強さ

チーム i の絶対的強さ (**absolute strength**)（あるいは，単に強さ (**strength**)）は次のように定義される．

$$s_i = \sum_{j=1}^{m} s_{ij} = \sum_{j=1}^{m} a_{ij} r_j, \quad \text{そして} \quad \mathbf{s} = \begin{pmatrix} s_1 \\ s_2 \\ \vdots \\ s_m \end{pmatrix} \text{は強さのベクトル} \tag{4.7}$$

である．強さのベクトル $\mathbf{s}$ は

$$\mathbf{s} = \begin{pmatrix} \sum_j a_{1j} r_j \\ \sum_j a_{2j} r_j \\ \vdots \\ \sum_j a_{mj} r_j \end{pmatrix} = \begin{pmatrix} a_{11} & a_{12} & \cdots & a_{1m} \\ a_{21} & a_{22} & \cdots & a_{2m} \\ \vdots & \vdots & \ddots & \vdots \\ a_{m1} & a_{m2} & \cdots & a_{mm} \end{pmatrix} \begin{pmatrix} r_1 \\ r_2 \\ \vdots \\ r_m \end{pmatrix} = \mathbf{Ar} \tag{4.8}$$

のように表されることに注意せよ．

要めの式

Keener の強さとレイティングの間の関係に関する二番目の規則は，各 i に対して，$s_i = \lambda r_i$ であるような比例定数 λ があるという意味で，各チームの強さはチームのレイティングに一様に比例するというものである．(4.6) と (4.7) のレイティングと強さのベクトル $\mathbf{r}$ と $\mathbf{s}$ について言えば，ある定数 λ について $\mathbf{s} = \lambda \mathbf{r}$ ということである．しかし，(4.8) は $\mathbf{s} = \mathbf{Ar}$ を示しており，したがって，結論はレイティングのベクトル $\mathbf{r}$ は行列 $\mathbf{A}$ の統計量 a_{ij} に，

$$\mathbf{Ar} = \lambda \mathbf{r} \tag{4.9}$$

によって関係しているのである．この式は，**Keener の手法の要め** (*keystone*) である！

線形代数の言葉では，式 (4.9) は，次を意味している．レイティングベクトル $\mathbf{r}$ は**固有ベクトル** (*eigenvector*) でなければならなくて，比例定数 λ は行列 $\mathbf{A}$ の関連する**固有値** (*eigenvalue*) でなければならない．固有ベクトルと固有値に関する情報はインターネット上の多くの場所で見つけることができるが，出版物で推薦できるのは [54, 489 ページ] にある．

一見すると，レイティングベクトル $\mathbf{r}$ を決定する問題は解かれているだけではなく，(4.9) からの解は驚くほど簡単に思える—単にある行列 $\mathbf{A}$ の固有値と固有ベクトルを見つけることである．しかし，$\mathbf{r}$ を決定することが $\mathbf{Ar} = \lambda \mathbf{r}$ という一般的な固有値問題を解く以上に特定化 (narrowed down) できなければ，下記にあるようないろいろな理由で問題になる．

1. 一般的な $m \times m$ 行列 $\mathbf{A}$ に対して，解 (4.9) から m 個もの λ の異なる値が得られる．これは，λ の値を 1 つ選ぶ際にジレンマを生ずる．λ の選択は，ひいては生成されるレイティングベクトル $\mathbf{r}$ に影響を与える．なぜなら，いったん λ が固定されれば，レイティングベクトル $\mathbf{r}$ は方程式 $(\mathbf{A} - \lambda \mathbf{I})\mathbf{r} = \mathbf{0}$ の解としてそれと結びつくからである．

2. 統計量の行列 $\mathbf{A}$ が実数だけを含んでいるという事実にもかかわらず，(4.9) から得

られる λ の一部が（あるいは，すべてでさえも）複素数である可能性があり，それは，関連する固有ベクトル $\mathbf{r}$ が複素数を含むようにさせてしまうことにもなる．そのような $\mathbf{r}$ は何をレイティングやランキングするにしても使えない．例えば，1つのチームに対して $6+5i$ というレイティングを持ち，別のチームのレイティングが $6-5i$ であるのは意味がない．なぜならどちらが大きいかを決定するのにこれらの2つの数字を比較することができないからである．

3. λ の実数値が (4.9) の解から得られるような最良の状況でさえ，それらは負の数であり得る．しかし，正の固有値 λ が出たとして，関連する固有ベクトル $\mathbf{r}$ はいくつかの負の要素を持ち得る（通常は持っている）．負のレイティングを持つのは複素数のレイティングを持つほど悪くはないけれど，それでもやはり最適なことではない．

4. 最後に，$\mathbf{r}$ を取り出すために，あなたの行列の固有値と固有ベクトルを実際にどのように計算するのかという課題に取り組まなければならない．巨大なサイズの一般的な正方行列 $\mathbf{A}$ に対して $\mathbf{Ar} = \lambda \mathbf{r}$ を解くのに必要なプログラミングと計算の複雑度によって，ほとんどの人は本格的な固有値の計算の為に設計されたソフトウェアパッケージを買うか使えるようにしなければならない．ほとんどのそのようなパッケージは高価で金ぴかの箱に入って出荷されているに違いない．

制約条件

Keener は，上記の障害を避けるために，チーム間のやり取り (interaction) の量や結果としての $\mathbf{A}_{m \times m}$ のなかの統計量 a_{ij} に3つの緩やかな制限を導入した．

I. **非負性 (Nonnegativity)**. 統計量 a_{ij} を決定するためにどんな属性を使い，そしてそれらを操作して，歪ませたり，正規化したりしようとも，最終的には，各統計量 a_{ij} が非負の値であることを保証しなければならない．すなわち，$\mathbf{A} = [a_{ij}] \geq \mathbf{0}$ は非負行列である．

II. **既約性 (Irreducibility)**. たとえあるチーム同士がお互いに試合をしていなかったとしても，どのチーム対も比較できることが保証されるように，あなたのリーグでは過去に十分に試合が行われていなければならない．もっと正確に言えば，チーム i と j がそのリーグでの異なる2つのチームであるとすれば，それら2つのチームは，過去に他のチーム $\{k_1, k_2, \ldots, k_p\}$ と行った一連の試合

$$i \leftrightarrow k_1 \leftrightarrow k_2 \leftrightarrow \ldots \leftrightarrow k_p \leftrightarrow j \tag{4.10}$$

によってつながっている．ここで，

$$a_{ik_1} > 0,\ a_{k_1 k_2} > 0,\ \ldots,\ a_{k_p j} > 0$$

である．

この制約条件を技術的に言えば，競技（あるいは，行列 **A**）は，**既約** (irreducible) であるという．

III. **原始性** (**Primitivity**). これは II の既約性の条件のより厳格なものであり，今度は，チームの各対は**一様な** (*uniform*) 数の試合によってつながっていることが求められる．言い換えれば，チーム i と j の間の (4.10) でのつながりは，正の統計量をもった p 個の一連の試合からなっている．他の異なるチームの対に対しては，II は，ただつながっていることを要求するだけである．しかし，$p \neq q$ である正の統計量を持った q 個の一連の試合でつながっているかもしれない．**原始性** (**Primitivity**) は，すべてのチームが同じ数の試合でつながっていることを要求している．つまり，(4.10) がすべての i と j に対して成り立つようなある 1 つの値 p が存在しなくてはならないのである．原始性の条件は，あるベキ数 p に対して，$\mathbf{A}^p > \mathbf{0}$ であることを主張するのと同等である．原始性を要求する理由は，レイティングベクトル **r** の最終的な計算を簡単にするからである．

Perron-Frobenius

上記の I と II の制約条件を導入することで，強力な Perron-Frobenius の定理によって，Keener の要となる式 $\mathbf{Ar} = \lambda \mathbf{r}$ から一意 (unique) なレイティングベクトルを取り出すことが可能になる．完全な理論を提示するのにはもっとかかる（多分，必要以上だが）が，その本質は下記に示されている．完全な理論は [54, page 661] に与えられている．

Perron-Frobenius の定理

もし，$\mathbf{A}_{m \times m} \geq \mathbf{0}$ が既約ならば，次の各項目は真である．

$\mathbf{A}\mathbf{x}_i = \lambda_i \mathbf{x}_i$ を満たすすべての λ_i の値と関連するベクトル $\mathbf{x}_i \neq \mathbf{0}$ の中に，$\mathbf{A}\mathbf{x} = \lambda \mathbf{x}$ であるある値 λ とベクトル $\mathbf{x}$ があり，それらは，次を満たす．

▷ λ は実数である． ▷ $\lambda > 0$．
▷ すべての i に対して，$\lambda \geq |\lambda_i|$． ▷ $\mathbf{x} > \mathbf{0}$．

固有値 λ_i に関係なく，**x** の正の倍数をのぞき，**A** に対する他の非負の固有ベクトル $\mathbf{x}_i$ はない．

次を満たす一意のベクトル **r**（すなわち，$\mathbf{r} = \mathbf{x}/\sum_j x_j$）がある．

$$\mathbf{Ar} = \lambda \mathbf{r}, \quad \mathbf{r} > \mathbf{0}, \quad \text{かつ} \quad \sum_{j=1}^{m} r_j = 1. \quad (4.11)$$

値 λ とベクトル **r** はそれぞれ **Perron 値** (**Perron value**) と **Perron ベクトル**

> (**Perron vector**) と呼ばれる．私たちにとっては，Perron 値 λ は (4.9) の比例定数であり，一意の Perron ベクトルは，私たちの**レイティングベクトル**になる．

重要な性質

$\mathbf{A}$ に対する Perron ベクトルによって定義されるおかげで，レイティングベクトル $\mathbf{r}$ が $\mathbf{A}$ の統計量 a_{ij} によって一意に決定されるばかりでなく，$\mathbf{r}$ もまた，各チームのレイティングが

$$0 < r_i < 1 \quad \text{かつ} \quad \sum_{i=1}^{m} r_i = 1$$

であるという性質を持っている．これは重要である．つまり，強さの解釈を百分率で行うことが可能になるので，すべてを公平な競争の場に置くことができる．例えば，きれいな円グラフでリーグの他のチームと比べた 1 つのチームの強さを表すことができる．レイティングの合計を 1 にすることで，特定のチームのレイティングが増えるたびに，1 つ，あるいは他のチームのレイティングが減少する必要があり，したがって，与えられた試合のシーズン中か年々か異なるシーズンにまたがって，バランスが保たれる．さらに，このバランスは 2 つの異なる属性から派生したレイティングの公平な比較を可能にする．例えば，得点 S_{ij} にもとづいて Keener のレイティングの 1 セットを構築し，勝ち数 W_{ij}（と引分け数）にもとづいた Keener のレイティングの別のセットを構築したとすれば，これらの 2 つのレイティングと結果としてのランキングは，比較され，調整され，ときおりレイティングやランキングの**合意** (*consensus*)（あるいは，**アンサンブル** (*ensemble*)）と呼ばれるものを生み出すために集約 (aggregate) されることさえある．ランキングの集約の技法は第 14 章で詳しく議論しよう．

レイティングベクトルを計算する

すべての統計量 a_{ij} が非負（すなわち，$\mathbf{A} \geq 0$）であると保証されているとしたら，最初にすることは，制約条件 II に記述された既約性の条件が満たされていることを調べることである．既約であると仮定しよう．もし，そうでなければ，これを直しておかないといけない．可能な対策は 45 ページに紹介されている．いったん，$\mathbf{A}$ が既約であることが確かであれば，$\mathbf{r}$ を計算する 2 つの選択肢がある．

力づく法 (**Brute Force**)．固有値と固有ベクトルの計算機能を持ったある種金ぴかの数値ソフトウエアにアクセスできるなら，単に行列 $\mathbf{A}$ をそのソフトウエアに入れ，全ての固有値と固有ベクトルを返すように要求するだけでよい．

1. 返された固有値のリストをソートし，正の実数で，他の全てのものよりも大きいものを特定する．Perron-Frobenius の理論はそのような値があることを保証しており，これが Perron の根 (Perron root) であり，私たちが探している λ の値である．

2. 次に，そのソフトウエアに λ に関連する固有ベクトル $\mathbf{x}$ を計算させよう．これは**必ずしもレイティングベクトル $\mathbf{r}$ ではない**．あなたが使うソフトウエアによって，このベクトル $\mathbf{x} = (x_1, x_2, \ldots, x_m)$ は，すべて負の数，あるいは，すべて正の数（しかし，0 の要素はない．もしそうでなければ，なにかがおかしい）のベクトルとして返されるかもしれない．もし，$\mathbf{x} > \mathbf{0}$ であっても，その成分はおそらく足して 1 にならないだろう．そのため，一般的には

$$\mathbf{r} = \frac{\mathbf{x}}{\sum_{i=1}^{m} x_i}$$

と置き，このことを強制的に実現しなければならない．これが Perron ベクトルで，結果的には $\mathbf{r}$ が求めるレイティングベクトルである．

ベキ乗法 (Power Method)．III の原始性の条件が満たされれば，$\mathbf{r}$ を計算する比較的簡単な方法がある．これはプログラミングのスキルも計算機の能力もほんの少ししか必要としない．この方法は**ベキ乗法** (power method) と呼ばれる．なぜなら，この手法は，k が増えるにつれて，任意の正ベクトル $\mathbf{x}_0$ に適用された $\mathbf{A}$ のベキ乗 $\mathbf{A}^k$ が，積 $\mathbf{A}^k \mathbf{x}_0$ を Perron ベクトルの方向に送るという事実に依存するからである．もし，その理由に興味があれば，[54, 533 ページ] を見よ．結果的に，$\mathbf{A}^k \mathbf{x}_0$ をその要素の合計によってスケールし，$k \to \infty$ と置くことで，Perron ベクトル（すなわち，レイティングベクトル）$\mathbf{r}$ が

$$\mathbf{r} = \lim_{k \to \infty} \frac{\mathbf{A}^k \mathbf{x}_0}{\sum_{i=1}^{m} (A^k \mathbf{x}_0)_i}$$

として得られる．乗法による $\mathbf{r}$ の計算は次の通りである．

1. このプロセスを始める初期の正のベクトル $\mathbf{x}_0$ を選ぶ．通常，一様ベクトル

$$\mathbf{x}_0 = \begin{pmatrix} 1/m \\ 1/m \\ \vdots \\ 1/m \end{pmatrix}$$

が，初期ベクトルとして良い選択である．

2. ベキ乗 $\mathbf{A}^k$ を明示的に計算し，それらを $\mathbf{x}_0$ に適用するかわりに，次の一連の計算によってはるかに少ない算術計算ですますことができる．$k = 0, 1, 2, \ldots$ に対して，

$$\mathbf{y}_k = \mathbf{A} \mathbf{x}_k, \quad \nu_k = \sum_{i=1}^{m} (\mathbf{y}_k)_i, \quad \mathbf{x}_{k+1} = \frac{\mathbf{y}_n}{\nu_k} \qquad (4.12)$$

と置く．この繰り返しが望むべき列を生成することを検証するのは簡単である．

$$\mathbf{x}_1 = \frac{\mathbf{A}\mathbf{x}_0}{\sum_{i=1}^m (\mathbf{A}\mathbf{x}_0)_i}$$
$$\mathbf{x}_2 = \frac{\mathbf{A}\mathbf{x}_1}{\sum_{i=1}^m (\mathbf{A}\mathbf{x}_1)_i} = \frac{\mathbf{A}^2\mathbf{x}_0}{\sum_{i=1}^m (\mathbf{A}^2\mathbf{x}_0)_i}$$
$$\mathbf{x}_3 = \frac{\mathbf{A}\mathbf{x}_2}{\sum_{i=1}^m (\mathbf{A}\mathbf{x}_2)_i} = \frac{\mathbf{A}^3\mathbf{x}_0}{\sum_{i=1}^m (\mathbf{A}^3\mathbf{x}_0)_i}$$
$$\vdots$$

原始性の条件は，$k \to \infty$ につれて，

$$\mathbf{x}_k \to \mathbf{r}$$

を保証している．（数学的な詳細は [54, 674 ページ] にある．）実際には，(4.12) の繰り返しは，$\mathbf{x}_k$ の要素がリーグのなかのチーム間の違いを引き出すのに十分な桁に収束したときに終了される．考慮したいチームが多ければ多いほど，有効桁数は多く必要になる．どのくらい必要になるのかについての感覚を得るために，49 ページの NFL の結果を見よ．ただ過剰に行うことはやめるように．通常ではないほど多くのチームをレイティングしランク付けしようとするのでない限り，有効数字 16 桁への収束はおそらく必要ない．

既約性と原始性を持たせる

　41 ページの制約条件の議論で説明したように，既約性と原始性は対象のチーム間で十分な数の対戦を必要とする条件であり，これらの対戦はレイティングベクトル $\mathbf{r}$ がうまく定義され，ベキ乗法で計算されるのに必要である．これは，「私たちの対象とするリーグ（あるいは，私たちの行列 $\mathbf{A}$）が，このようなつながりを有しているかどうかを，実際にどのように調べるのだろうか？」という自然な問いが生み出される．

　既約性を調べる近道はない．結局のところ，その定義を調べることになるのである．すなわち，リーグ内のチームの各対 (i, j) に対して，それらのチームをつなげる次のような一連の試合がなかったかどうかを検証する必要がある．

$$a_{ik_1} > 0,\ a_{k_1 k_2} > 0,\ \ldots,\ a_{k_p j} > 0$$

で，

$$i \leftrightarrow k_1 \leftrightarrow k_2 \leftrightarrow \ldots \leftrightarrow k_p \leftrightarrow j$$

同様に，原始性に関しては，リーグ内のチームの各対を結ぶ一様な (*uniform*) 数の試合があるかどうかを調べなければならない．これらは面倒くさい仕事である．しかし，チームの数 m が大きすぎない限り，コンピューターがこの仕事を行うことができる．

　しかし，結合性を調べる計算論的側面は一般的に，最大の課題ではない．なぜならほと

んどの競技では，これら両方の結合性が存在することは珍しいからである．これは次の場合，とくに真実である．つまり，競技の最初から継続的に（例えば，週ごとに）レイティング（やランキング）を構築し，競技シーズンを通してそれらを更新する際である．競技シーズン中の早い時期に既約性と原始性を保証する十分な結合性を持つことはとてもありえそうにないし，しばしばこれらの結合性の条件はたとえ競技シーズンの終わりに近づいても，終了時点でも満たされることはない．

そのため，もっと重要な問いは，「どのようにして既約性，あるいは，原始性を持たせるようにできて，もはやそれらを決して調べる必要がないようにできるのだろうか？」というものである．とくに簡単な1つの解決法は，小さな摂動を与えて $\mathbf{A}$ を次のように再定義することである．

$$\mathbf{A} \leftarrow \mathbf{A} + \mathbf{E} \quad \text{ここで} \quad \mathbf{E} = \epsilon \mathbf{e}\mathbf{e}^T = \begin{pmatrix} \epsilon & \epsilon & \cdots & \epsilon & \epsilon \\ \epsilon & \epsilon & \cdots & \epsilon & \epsilon \\ \vdots & \vdots & \ddots & \vdots & \vdots \\ \epsilon & \epsilon & \cdots & \epsilon & \epsilon \\ \epsilon & \epsilon & \cdots & \epsilon & \epsilon \end{pmatrix}$$

ここで，$\mathbf{e}$ はすべて1からなる列で，$\epsilon > 0$ は，摂動が施されていない行列 $\mathbf{A}$ での最小の非零の要素と比べると小さい数字である．その効果はチームの各対の間で人工的な試合を導入するというものだ．その人工的な試合の統計量は現実の試合が私たちに伝えようとしているストーリーに悪影響を与えないように十分小さいものである．この摂動された競技では，各チームは今，他のすべてのチームに（正の統計量で）**直接的につながっている**こと，そのため既約性と原始性の両方が保証されることに注意されたい[4]．

もし，既約性を保証するぐらい十分に試合が行われたことがわかっていれば，原始性を保証するのに，もっと厳しくない摂動が使える．もし競技（あるいは行列 $\mathbf{A}$）が既約であれば，$\mathbf{A}$ の対角成分の任意の1つに任意の値 $\epsilon > 0$ を足せば原始性を生み出す．別の言葉で言えば，あるチームとそれ自身の間に無視できるぐらい小さな試合の統計量で人工的な試合を加えれば，あるいは，同等に $\mathbf{A}$ を以下のように再定義すれば，

$\mathbf{A} \leftarrow \mathbf{A} + \mathbf{E}$ において原始性が生み出される [54, 678 ページ][5]．ここで $\mathbf{E} = \epsilon \mathbf{e}_i \mathbf{e}_i^T$，$\mathbf{e}_i^T = (0, 0, \ldots, 1, 0, \ldots, 0)$ である．

要約

これでパズルの全てのピースが揃ったので，それらをつなぎ合わせよう．Keener による Perron-Frobenius の定理の応用からレイティングとランキングのシステムをどのよう

---

[4] もし，各チームが自分自身と戦うという人工の試合が気になるのであれば，$\mathbf{E}$ の対角成分をゼロにするのは可能である．
[5] 訳注：今，チーム k が自分自身と戦うように摂動が与えられたとすると，任意のチーム i と j に対して，$i \leftrightarrow \cdots \leftrightarrow k \leftrightarrow \cdots \leftrightarrow k \cdots \leftrightarrow j$ として，何回か k 自身と戦うことによって，任意の2チーム間のつながりを一定にできる．すなわち，原始性が成り立つ．

に構築するのかの要約は以下の通りである.

1. 他のチームと比べて各チームの強さの比較ができる良い基本になると考えられる,競技かスポーツの1つの特定の属性を選ぶことから始める.例えば,チーム i のチーム j に対する勝ち数（あるいは,引き分けた数）,チーム i がチーム j に対して獲得した点数などである.

   — 与えられた競技に対して,もっと具体的な特徴を考慮することによって,1つ以上の方式を構築できる.例えば,アメリカンフットボールの1チームがもう1つのチームに対して達成したラッシングヤード数（あるいは,パッシングヤード数）,あるいは,バスケットボールチームの1チームがもう1つのチームに対して達成したスリーポイントゴール数,あるいは,フリースローの数である.守備の属性でさえ使える.例えば,アメリカンフットボールチームの1チームがもう1つのチームに対してインターセプトしたパスの数,あるいは,チーム i がチーム j とのバスケットボールの試合の際にブロックしたシュートの数である.

   — 競技のより細かな側面を使って得られた様々なレイティング（とランキング）は,**合意** (*consensus*)（**アンサンブル** (*ensemble*)）レイティング（あるいは,ランキング）を構成するために集約することができる.例えば,攻撃的属性にもとづいて1つ,または,複数のKeenerの方式を,そして,守備的属性にもとづいて他のものを構成できる.そして,1つのマスターとなるレイティングやランキングのリストに結果としてのレイティングをまとめる.どのようにこれを達成するのかの詳細は,第14章で紹介している.ランクの集納 (rank aggregation) に話をそらす前に,最初に,1つの特定の属性にもとづくしっかりとしたシステムに着目しよう.

2. どんな属性が選ばれようとも過去の試合から統計量を集めて,

   a_{ij} = チーム i がチーム j に対して戦ったときに達成した統計量の値

   と置く.各 a_{ij} が非負の数値であることは絶対に必要である！

3. ステップ2のそもそもの統計量 a_{ij} を,特異な場合を考慮して改変する.例えば,

   $a_{ij} = S_{ij}$ = チーム i がチーム j に対して達成した得点

   だとすれば,35ページで説明したように,a_{ij} を次のように再定義しなければならない.すべての i と j に対して,

   $$a_{ij} = \frac{S_{ij} + 1}{S_{ij} + S_{ji} + 2}$$

   である.

4. データを改変したあと,ある a_{ij} が本来あるべきよりはるかに大きい（あるいは,小さい）という意味で不釣り合いがある（おそらく,あるチームが弱い相手に不自

然に統計量を積み重ねるなどによる）と感じたならば，

$$h(x) = \frac{1}{2} + \frac{\operatorname{sgn}\{x - (1/2)\}\sqrt{|2x-1|}}{2}$$

によって与えられる 36 ページの議論にあるような歪み関数を構築し，$a_{ij} \leftarrow h(a_{ij})$ の置き換えを行い均衡を再構築する．

5. もし，すべてのチームが同じ試合数を行わなかったとすれば，ステップ4の a_{ij} を次のように置き換えて正規化してこのこと考慮する．

$$a_{ij} \leftarrow \frac{a_{ij}}{n_i}$$

ここで，

$$n_i = \text{チーム } i \text{ によって行われた試合数}$$

である．そして，これらの数字を非負行列 $\mathbf{A} = [a_{ij}] \geq \mathbf{0}$ に整理する．

6. 競技（あるいは行列 $\mathbf{A}$）が，41 ページで定義された既約性と原始性の条件を満たすことを保証するようにあなたのリーグで十分な試合が行われたかどうかを調べるか，46 ページで記述されたように，これらの条件を強いるために無視できるくらいの統計量を持つ人工的な試合をいくつか加え $\mathbf{A}$ を摂動させる．

　— 制約条件の I と II が満たされているかどうかが確かでなければ（あるいは，ただ調べたくなければ），$\mathbf{A} \leftarrow \mathbf{A} + \epsilon \mathbf{e}\mathbf{e}^T$ という置き換えによって，既約性と原始性の両方をともに強いることができる．ここで，$\mathbf{e}$ はすべて 1 の列で $\epsilon > 0$ は摂動されていない $\mathbf{A}$ で最小の正数 a_{ij} に比べて小さい．

　— もし，既約性が既に満たされていれば，—すなわち，チームの各対 i と j に対して，ある p があって（これは考慮している対 (i, j) によって変わりうる）次の一連の試合が

$$i \leftrightarrow k_1 \leftrightarrow k_2 \leftrightarrow \ldots \leftrightarrow k_p \leftrightarrow j$$

行われた．すなわち，

$$a_{ik_1} > 0,\ a_{k_1 k_2} > 0,\ \ldots,\ a_{k_p j} > 0$$

である．—そのとき，そのリーグ（あるいは，行列 $\mathbf{A}$）は，単に $\mathbf{A}$ の対角成分の任意の 1 つに $\epsilon > 0$ を足すことによって原始性を持たせることができる（すなわち，全ての対 (i, j) に対して成り立つ一様な p を持たせるのである）．これはあるチームとそれ自身の間で，無視できるぐらいの統計量を持つ人工的な試合を作り，これは $\mathbf{A} \leftarrow \mathbf{A} + \epsilon \mathbf{e}_i \mathbf{e}_i^T$ という置き換えを行う．ここで，$\epsilon > 0$ で，ある i に対して，$\mathbf{e}_i^T = (0, 0, \ldots, 1, 0, \ldots, 0)$ である．

7. 44 ページに記述されたベキ乗法でレイティングベクトル $\mathbf{r}$ を計算する．上のステップ 6 に要約されたように既約性か原始性を持たせるならば，44 ページのベキ乗

法の繰り返し (4.12) を次のように少し修正する.
— 摂動された行列 $\mathbf{A} + \epsilon \mathbf{e}\mathbf{e}^T$ に対して，次のようにベキ乗法を実行する.
- 最初に $\mathbf{r} \leftarrow (1/m)\mathbf{e}$ とおく．ここで $\mathbf{e}$ はすべてが 1 からなる列である．
- $\mathbf{r}$ の成分が所定の有効桁数に収束するまで次のステップを繰り返す.
  BEGIN
  1. $\sigma \leftarrow \epsilon \sum_{j=1}^{m} r_j, \quad (= \epsilon \mathbf{e}^T \mathbf{r})$
  2. $\mathbf{r} \leftarrow \mathbf{A}\mathbf{r} + \sigma \mathbf{e}, \quad (= [\mathbf{A} + \epsilon \mathbf{e}\mathbf{e}^T]\mathbf{r})$
  3. $\nu \leftarrow \sum_{j=1}^{m} r_j, \quad v(= \mathbf{e}^T [\mathbf{A} + \epsilon \mathbf{e}\mathbf{e}^T]\mathbf{r})$
  4. $\mathbf{r} \leftarrow \mathbf{r}/\nu, \quad (= [\mathbf{A} + \epsilon \mathbf{e}\mathbf{e}^T]\mathbf{r}/\mathbf{e}^T[\mathbf{A} + \epsilon \mathbf{e}\mathbf{e}^T]\mathbf{r})$
  REPEAT

— 摂動された行列 $\mathbf{A} + \epsilon \mathbf{e}_i \mathbf{e}_i^T$ が使われるときは，ベキ乗法は少し変わる.
- 最初に $\mathbf{r} \leftarrow (1/m)\mathbf{e}$ を設定する．ここで $\mathbf{e}$ は全て 1 からなる列である．
- $\mathbf{r}$ の成分が所定の有効桁数に収束するまで次のステップを繰り返す.
  BEGIN
  1. $\sigma \leftarrow \epsilon r_i, \quad (= \epsilon \mathbf{e}_i^T \mathbf{r})$
  2. $\mathbf{r} \leftarrow \mathbf{A}\mathbf{r} + \sigma \mathbf{e}_i, \quad (= [\mathbf{A} + \epsilon \mathbf{e}_i \mathbf{e}_i^T]\mathbf{r})$
  3. $\nu \leftarrow \sum_{j=1}^{m} r_j, \quad (= \mathbf{e}^T [\mathbf{A} + \epsilon \mathbf{e}_i \mathbf{e}_i^T]\mathbf{r})$
  4. $\mathbf{r} \leftarrow \mathbf{r}/\nu, \quad (= [\mathbf{A} + \epsilon \mathbf{e}\mathbf{e}^T]\mathbf{r}/\mathbf{e}^T[\mathbf{A} + \epsilon \mathbf{e}_i \mathbf{e}_i^T]\mathbf{r})$
  REPEAT

— これらのステップはスプレッドシートの良いものだったら何を使っても手作業でできるくらい十分に単純である.

2009-2010 の NFL シーズン

本章のアイデアを説明するために，2009-2010 の NFL の 17 週間のレギュラーシーズンに対するスコアを使って，Keener のレイティングとランキングを構築した．チームは次の表にあるようにアルファベット順に並べられている.

第 4 章 Keener の手法

順番	チーム名	順番	チーム名
1.	BEARS	17.	JETS
2.	BENGALS	18.	LIONS
3.	BILLS	19.	NINERS
4.	BRONCOS	20.	PACKERS
5.	BROWNS	21.	PANTHERS
6.	BUCS	22.	PATRIOTS
7.	CARDINALS	23.	RAIDERS
8.	CHARGERS	24.	RAMS
9.	CHIEFS	25.	RAVENS
10.	COLTS	26.	REDSKINS
11.	COWBOYS	27.	SAINTS
12.	DOLPHINS	28.	SEAHAWKS
13.	EAGLES	29.	STEELERS
14.	FALCONS	30.	TEXANS
15.	GIANTS	31.	TITANS
16.	JAGUARS	32.	VIKINGS

この順番を使って，レギュラーシーズン中の試合での

$$S_{ij} = \text{チーム } i \text{ のチーム } j \text{ に対する累計得点}$$

と置いた．上記の順番を用いた生の得点を含む行列は以下に示してある．例えば，次の行列で $S_{12} = 10$ はこのレギュラーシーズンの間に BEARS が BENGALS に対して 10 点を挙げ，$S_{21} = 45$ は，BENGALS が BEAS に対して 45 点を挙げたことを示している．

$$\begin{pmatrix}
 & 1 & 2 & 3 & 4 & 5 & 6 & 7 & 8 & 9 & 10 & 11 & 12 & 13 & 14 & 15 & 16 & 17 & 18 & 19 & 20 & 21 & 22 & 23 & 24 & 25 & 26 & 27 & 28 & 29 & 30 & 31 & 32 \\
1 & 0 & 10 & 0 & 0 & 30 & 0 & 21 & 0 & 0 & 0 & 0 & 0 & 20 & 14 & 0 & 0 & 0 & 85 & 6 & 29 & 0 & 0 & 0 & 17 & 7 & 0 & 0 & 25 & 17 & 0 & 0 & 46 \\
2 & 45 & 0 & 0 & 7 & 39 & 0 & 0 & 24 & 17 & 0 & 0 & 0 & 0 & 0 & 0 & 0 & 23 & 0 & 31 & 0 & 0 & 17 & 0 & 34 & 0 & 0 & 0 & 41 & 17 & 0 & 10 \\
3 & 0 & 0 & 0 & 0 & 3 & 33 & 0 & 0 & 16 & 30 & 0 & 41 & 0 & 3 & 0 & 15 & 29 & 0 & 0 & 0 & 20 & 34 & 0 & 0 & 0 & 7 & 0 & 0 & 10 & 17 & 0 \\
4 & 0 & 12 & 0 & 0 & 27 & 0 & 0 & 37 & 68 & 16 & 17 & 0 & 27 & 0 & 0 & 26 & 0 & 0 & 0 & 0 & 0 & 20 & 42 & 0 & 7 & 17 & 0 & 0 & 10 & 0 & 0 & 0 \\
5 & 6 & 27 & 6 & 0 & 0 & 0 & 0 & 23 & 41 & 0 & 0 & 0 & 0 & 0 & 0 & 23 & 0 & 37 & 0 & 3 & 0 & 0 & 23 & 0 & 3 & 0 & 0 & 27 & 0 & 0 & 20 \\
6 & 0 & 0 & 20 & 0 & 0 & 0 & 0 & 0 & 0 & 21 & 23 & 14 & 0 & 27 & 0 & 0 & 3 & 0 & 0 & 38 & 27 & 7 & 0 & 0 & 0 & 13 & 27 & 24 & 0 & 0 & 0 \\
7 & 41 & 0 & 0 & 0 & 0 & 0 & 0 & 0 & 0 & 10 & 0 & 0 & 0 & 0 & 24 & 31 & 0 & 31 & 25 & 7 & 21 & 0 & 0 & 52 & 0 & 0 & 0 & 58 & 0 & 28 & 17 & 30 \\
8 & 0 & 27 & 0 & 55 & 30 & 0 & 0 & 0 & 80 & 0 & 20 & 23 & 31 & 0 & 21 & 0 & 0 & 0 & 0 & 0 & 0 & 0 & 0 & 48 & 0 & 26 & 23 & 0 & 0 & 28 & 0 & 42 & 0 \\
9 & 0 & 10 & 10 & 57 & 34 & 0 & 0 & 21 & 0 & 0 & 20 & 0 & 14 & 0 & 16 & 21 & 0 & 0 & 0 & 0 & 0 & 0 & 0 & 0 & 26 & 0 & 24 & 14 & 0 & 27 & 0 & 0 \\
10 & 0 & 0 & 7 & 28 & 0 & 0 & 31 & 0 & 0 & 0 & 0 & 27 & 0 & 0 & 0 & 49 & 15 & 0 & 18 & 0 & 0 & 0 & 35 & 0 & 42 & 17 & 0 & 0 & 34 & 0 & 55 & 58 & 0 \\
11 & 0 & 0 & 0 & 10 & 0 & 34 & 0 & 17 & 26 & 0 & 0 & 44 & 37 & 55 & 0 & 0 & 0 & 0 & 0 & 7 & 0 & 21 & 0 & 24 & 0 & 0 & 24 & 24 & 38 & 0 & 0 & 0 \\
12 & 0 & 0 & 52 & 0 & 0 & 25 & 0 & 13 & 0 & 23 & 0 & 0 & 0 & 0 & 7 & 0 & 14 & 61 & 0 & 0 & 0 & 0 & 24 & 39 & 0 & 0 & 0 & 0 & 34 & 0 & 24 & 20 & 24 & 0 \\
13 & 24 & 0 & 0 & 30 & 0 & 33 & 0 & 23 & 34 & 0 & 16 & 0 & 0 & 34 & 85 & 0 & 0 & 0 & 27 & 0 & 38 & 0 & 9 & 0 & 0 & 54 & 22 & 0 & 0 & 0 & 0 & 0 \\
14 & 21 & 0 & 31 & 0 & 0 & 40 & 0 & 0 & 0 & 0 & 21 & 19 & 7 & 0 & 31 & 0 & 10 & 0 & 45 & 0 & 47 & 10 & 0 & 0 & 0 & 31 & 50 & 0 & 0 & 0 & 0 & 0 \\
15 & 0 & 0 & 0 & 6 & 0 & 24 & 17 & 20 & 27 & 0 & 64 & 0 & 55 & 34 & 0 & 0 & 0 & 0 & 0 & 0 & 9 & 0 & 44 & 0 & 0 & 68 & 27 & 0 & 0 & 0 & 0 & 7 \\
16 & 0 & 0 & 18 & 0 & 17 & 0 & 17 & 0 & 24 & 43 & 0 & 10 & 0 & 0 & 0 & 0 & 24 & 0 & 3 & 0 & 0 & 7 & 0 & 23 & 0 & 0 & 0 & 0 & 54 & 50 & 0 \\
17 & 0 & 37 & 32 & 0 & 0 & 0 & 26 & 0 & 0 & 0 & 29 & 0 & 52 & 0 & 7 & 0 & 22 & 0 & 0 & 0 & 0 & 17 & 30 & 38 & 0 & 0 & 0 & 0 & 0 & 24 & 24 & 0 \\
18 & 47 & 13 & 0 & 0 & 38 & 0 & 24 & 0 & 0 & 0 & 0 & 0 & 0 & 0 & 0 & 0 & 6 & 12 & 0 & 0 & 0 & 10 & 3 & 19 & 27 & 20 & 20 & 0 & 0 & 23 \\
19 & 10 & 0 & 0 & 0 & 0 & 0 & 44 & 0 & 0 & 14 & 0 & 0 & 13 & 10 & 0 & 20 & 0 & 20 & 0 & 24 & 0 & 0 & 63 & 0 & 0 & 40 & 0 & 21 & 27 & 24 \\
20 & 42 & 24 & 0 & 0 & 31 & 28 & 33 & 0 & 0 & 0 & 17 & 0 & 0 & 0 & 0 & 0 & 0 & 60 & 30 & 0 & 0 & 36 & 27 & 0 & 0 & 48 & 36 & 0 & 0 & 49 \\
21 & 0 & 0 & 9 & 0 & 0 & 44 & 34 & 0 & 0 & 0 & 7 & 17 & 10 & 48 & 41 & 0 & 6 & 0 & 0 & 0 & 0 & 0 & 0 & 20 & 43 & 0 & 0 & 0 & 0 & 26 \\
22 & 0 & 0 & 42 & 17 & 0 & 35 & 0 & 0 & 34 & 0 & 48 & 0 & 26 & 0 & 35 & 40 & 0 & 0 & 20 & 0 & 0 & 0 & 27 & 0 & 17 & 0 & 0 & 27 & 59 & 0 \\
23 & 0 & 20 & 0 & 23 & 9 & 0 & 0 & 36 & 23 & 0 & 7 & 0 & 13 & 0 & 7 & 0 & 0 & 0 & 0 & 0 & 0 & 13 & 13 & 0 & 0 & 27 & 6 & 0 & 0 \\
24 & 9 & 0 & 0 & 0 & 0 & 0 & 23 & 0 & 0 & 6 & 0 & 0 & 0 & 0 & 20 & 0 & 17 & 6 & 17 & 0 & 0 & 0 & 0 & 7 & 23 & 17 & 0 & 13 & 7 & 10 \\
25 & 31 & 21 & 0 & 30 & 50 & 0 & 0 & 31 & 38 & 15 & 0 & 0 & 0 & 0 & 0 & 0 & 48 & 0 & 14 & 0 & 21 & 21 & 0 & 0 & 0 & 0 & 40 & 0 & 0 & 31 \\
26 & 0 & 0 & 0 & 27 & 0 & 16 & 0 & 20 & 6 & 0 & 6 & 0 & 41 & 17 & 29 & 0 & 0 & 14 & 0 & 17 & 0 & 34 & 9 & 0 & 30 & 0 & 0 & 0 & 0 & 0 \\
27 & 0 & 0 & 27 & 0 & 0 & 55 & 0 & 0 & 0 & 17 & 46 & 48 & 61 & 48 & 0 & 24 & 45 & 0 & 0 & 40 & 38 & 0 & 28 & 0 & 33 & 0 & 0 & 0 & 0 & 0 \\
28 & 19 & 0 & 0 & 0 & 0 & 7 & 23 & 0 & 0 & 17 & 17 & 0 & 0 & 0 & 41 & 0 & 32 & 30 & 10 & 0 & 0 & 55 & 0 & 0 & 0 & 0 & 0 & 7 & 13 & 9 \\
29 & 14 & 32 & 0 & 28 & 33 & 0 & 0 & 38 & 24 & 0 & 0 & 30 & 0 & 0 & 0 & 0 & 0 & 28 & 0 & 37 & 0 & 0 & 24 & 0 & 40 & 0 & 0 & 0 & 0 & 13 & 27 \\
30 & 0 & 28 & 31 & 0 & 0 & 0 & 21 & 0 & 0 & 44 & 0 & 27 & 0 & 0 & 0 & 0 & 42 & 7 & 0 & 24 & 0 & 0 & 34 & 29 & 16 & 0 & 0 & 34 & 0 & 0 & 51 & 0 \\
31 & 0 & 0 & 41 & 0 & 0 & 0 & 20 & 17 & 0 & 26 & 0 & 27 & 0 & 0 & 0 & 47 & 17 & 0 & 34 & 0 & 0 & 47 & 0 & 0 & 0 & 17 & 50 & 51 & 0 \\
32 & 66 & 30 & 0 & 0 & 34 & 0 & 17 & 0 & 0 & 0 & 0 & 0 & 0 & 44 & 0 & 0 & 54 & 27 & 68 & 7 & 0 & 38 & 33 & 0 & 0 & 35 & 17 & 0 & 0 & 0
\end{pmatrix}$$

NFL 2009-2010 レギュラーシーズンの得点．

これらの生の得点から 35 ページの (4.2) を使った行列

$$\left[\frac{S_{ij}+1}{S_{ij}+S_{ji}+2}\right]_{32\times 32}$$

を構築し，36 ページの (4.4) にある Keener の歪み関数 $h(x)$ をこの行列の各成分に適用し非負行列

$$\mathbf{A}_{32\times 32} = [a_{ij}] = \left[h\left(\frac{S_{ij}+1}{S_{ij}+S_{ji}+2}\right)\right]$$

を構築する．37 ページに記述された正規化は，全てのチームが同じ数の試合をおこなっている（16 試合で，各チームは 1 週間の休み (bye week) がある）．さらに，$\mathbf{A}^2 > 0$ なので $\mathbf{A}$ は原素的である（したがって，既約的である）．そのため摂動の必要はない．$\mathbf{A}$ に対する Perron 値は $\lambda \approx 15.832$ で，レイティングベクトル $\mathbf{r}$（5 有効桁数まで）は下に示されている．

チーム	レイティング	チーム	レイティング
BEARS	.029410	JETS	.034683
BENGALS	.031483	LIONS	.025595
BILLS	.029066	NINERS	.031876
BRONCOS	.031789	PACKERS	.035722
BROWNS	.027923	PANTHERS	.030785
BUCS	.026194	PATRIOTS	.035051
CARDINALS	.032346	RAIDERS	.026222
CHARGERS	.035026	RAMS	.024881
CHIEFS	.028006	RAVENS	.033821
COLTS	.034817	REDSKINS	.029107
COWBOYS	.034710	SAINTS	.036139
DOLPHINS	.029805	SEAHAWKS	.027262
EAGLES	.033883	STEELERS	.033529
FALCONS	.032690	TEXANS	.033415
GIANTS	.030480	TITANS	.030538
JAGUARS	.028962	VIKINGS	.034783

(4.13)

NFL 2009–2010 の Keener のレイティング．

レイティングが降順にソートされた後，2009–2010 シーズンの NFL チームのランキングが次のように生成される．

ランキング	チーム	レイティング	ランキング	チーム	レイティング
1.	SAINTS	.036139	17.	BENGALS	.031483
2.	PACKERS	.035722	18.	PANTHERS	.030785
3.	PATRIOTS	.035051	19.	TITANS	.030538
4.	CHARGERS	.035026	20.	GIANTS	.030480
5.	COLTS	.034817	21.	DOLPHINS	.029805
6.	VIKINGS	.034783	22.	BEARS	.029410
7.	COWBOYS	.034710	23.	REDSKINS	.029107
8.	JETS	.034683	24.	BILLS	.029066
9.	EAGLES	.033883	25.	JAGUARS	.028962
10.	RAVENS	.033821	26.	CHIEFS	.028006
11.	STEELERS	.033529	27.	BROWNS	.027923
12.	TEXANS	.033415	28.	SEAHAWKS	.027262
13.	FALCONS	.032690	29.	RAIDERS	.026222
14.	CARDINALS	.032346	30.	BUCS	.026194
15.	NINERS	.031876	31.	LIONS	.025595
16.	BRONCOS	.031789	32.	RAMS	.024881

(4.14)

NFL 2009-2010 の Keener のランキング.

　2009-2010 の NFL シーズンになじみのあるほとんどの人はおそらくこのランキング（と関連するレイティング）が，ポストシーズンのプレイオフで起きたことの正確な反映である点でとてもいいように見えることに同意するだろう．SAINTS は #1 にランク付けされ，実際 **SAINTS がスーパーボウルで勝った！** 彼らは COLTS に 31 対 17 の得点で勝った．さらに，73 ページの図 5.2 に示されているように私たちのランキングでトップ 10 のチームは 2009-2010 の間のプレイオフに出た．これだけでも Keener の方式に信頼性を加えている．

　COLTS は，私たちのランキングで #5 だったが，もし，彼らが，スターターを怪我から守るためにシーズン最後の 2 試合を意図的に放棄しなければもっと高くレイティングされただろう．いくつかの（あるいはすべての）チームに対してレギュラーシーズンの最後の 2 試合の得点を削除するか，なんらかの重み付けをし，その結果のレイティングとランキングを上のものと比較するのは興味深く啓発的な演習問題になるだろう．—本書ではこれを行っていないので，もし，あなたがそれを行ったなら，その結果を私たちに知らせて欲しい．

　一方，スーパーボウル XLIV (Super Bowl XLIV) のリプレイを調べた後では，COLTS は実際に SAINTS に対しては #5 のチームのように見え，強い (healthy) PATRIOTS か CHARGERS チームは，COLTS がやったよりももっと厳しい挑戦を SAINTS に与えただろう．もう 1 つ別の興味深いプロジェクトは，シーズンの始まりでの得点とおそらく最後のいくつかがシーズン後半 (midseason) の決定的な時期に近い得点と同じほどには考慮しないように得点の重み付けすることだろう．そしてこれはチームごとになされるだろう．

Jim Keener 対 Bill James

Wayne Winston は，彼の素晴らしい本 [83] を**野球におけるピタゴラスの定理**としばしば呼ばれるものの議論で始めている．これは，野球のデータの解析に多くの時間をさいた有名な作家で，歴史家で統計家の Bill James によって定式化された．James は，1つの野球のチームの1シーズンでの勝率は次のピタゴラスの期待公式で非常によく近似されることを発見した．

$$勝率の \% \approx \frac{得点数^2}{得点数^2 + 失点数^2} = \frac{1}{1+\rho^2}$$

ここで，$\rho = \frac{失点数}{得点数}$ である．これは，量的にスポーツの分析をする世界では広く使われているアイデアである．—これは，地球上のほとんどすべての主だったスポーツに適用されてきた．しかし，それぞれ違ったスポーツでは公式のなかで違った指数を要する．換言すれば，対象とするスポーツを選んだ後，この公式で ρ^2 を ρ^x で置き換えることで変化させなければならない．ここで x の値は取り上げたスポーツに対して最適化される．Winston はこの目的のために**平均絶対偏差** (mean absolute deviation)（あるいは，MAD）を用いることを勧めている．すなわち，もし，

$$\omega_i = チーム i のシーズン中の勝率 \qquad (4.15)$$

そして

$$\rho_i = \frac{チーム i の失点数}{チーム i の得点数} \qquad (4.16)$$

で，リーグに m チームいれば，x の与えられた値に対する平均絶対偏差は

$$\mathrm{MAD}(x) = \frac{1}{m}\sum_{i=1}^{m}\left|\omega_i - \frac{1}{1+\rho_i^x}\right| \qquad (4.17)$$

あるいは，同等だが，ベクトル 1-ノルム [54, 274 ページ] の言葉で言えば，

$$\mathrm{MAD}(x) = \frac{\|\mathbf{w}-\mathbf{p}(x)\|_1}{m}, \quad ここで \begin{cases} \mathbf{w} = (\omega_1, \omega_2, \ldots, \omega_m)^T \\ かつ \\ \mathbf{p}(x) = ((1+\rho_1^x)^{-1}, (1+\rho_2^x)^{-1}, \ldots, (1+\rho_m^x)^{-1})^T \end{cases}$$

である．いったんあるスポーツを選べば，そのスポーツに対して，$\mathrm{MAD}(x)$ を最小にする値 x^* を見つけるのは各自の仕事である．そして，もしあなたが本当に物事をひねりたければ (4.16) の中の「得点 (point)」は，選んだスポーツの他の側面で置き換えることができる．–例えば，アメリカンフットボールでは，

$$\rho_i = \frac{チーム i が献上したヤード数}{チーム i が獲得したヤード数}$$

を使うと，どうなるのかをみるのは興味深い演習問題である．

2009-2010 の NFL シーズンに対して James のピタゴラスのアイデアを試してみよう．言い換えれば，

$$\text{レギュラーシーズン中の勝率の \%} \approx \frac{1}{1+\rho^x}$$

を評価するのである．この式で，

$$\rho = \frac{失点数}{得点数}$$

である．ここで x は 50 ページに与えられた 2009-2010 の NFL の得点データから決定される．そして，これらの結果を (4.13) と (4.14) の Keener のレイティングがどのくらい勝率をうまく評価しているのかと比較しよう．2009-2010 のレギュラーシーズンにおけるの各 NFL チームの勝率は次の表に示されており[6]，これが私たちの目標である．

Team	% Wins	Team	% Wins
BEARS	43.75	JETS	56.25
BENGALS	62.50	LIONS	12.50
BILLS	37.50	NINERS	50.00
BRONCOS	50.00	PACKERS	68.75
BROWNS	31.25	PANTHERS	50.00
BUCS	18.75	PATRIOTS	62.50
CARDINALS	62.50	RAIDERS	31.25
CHARGERS	81.25	RAMS	06.25
CHIEFS	25.00	RAVENS	56.25
COLTS	87.50	REDSKINS	25.00
COWBOYS	68.75	SAINTS	81.25
DOLPHINS	43.75	SEAHAWKS	31.25
EAGLES	68.75	STEELERS	56.25
FALCONS	56.25	TEXANS	56.25
GIANTS	50.00	TITANS	50.00
JAGUARS	43.75	VIKINGS	75.00

(4.18)

NFL の 2009-2010 シーズンに対するレギュラーシーズンの勝率．

(4.17) の指数 x の最適な値 x^* は力づくで決定される．言い換えれば，x の十分多くの異なる値に対して $\text{MAD}(x)$ を計算し，それらの結果にじっと目をこらして最適値 x^* を特定するのである．50 ページにある 2009-2010 の NFL の得点データを使い，1 から 4 の間の等間隔に分かれた 1500 個の値に対して $\text{MAD}(x)$ を計算し，

$$x^* = 2.27 \quad \text{そして} \quad \text{MAD}(x^*) = .0621 \tag{4.19}$$

と評価した．$\text{MAD}(x)$ のグラフは図 4.2 に示されている．

これは，James の一般化されたピタゴラスの式 $1/(1+\rho^{x^*})$ によって作られる予測は，

---

[6] 便宜上，百分率の数字 *% は，小数の値が 100 倍され変換されている．

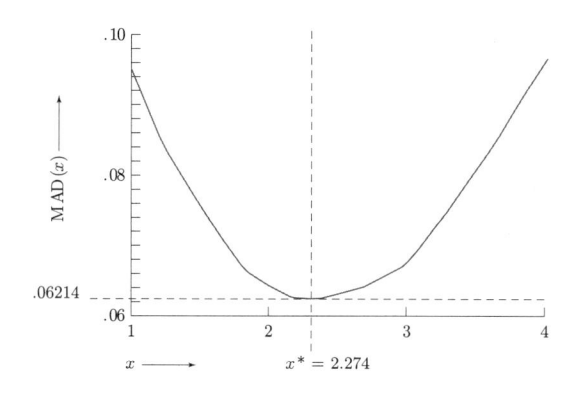

図 4.2 NFL の最適なピタゴラスの指数.

2009-2010 の NFL のシーズンでチームごとに平均 6.21% しか外れていないことを意味している．こんなに簡単な式にしては，悪くない[7]．

Winston は [83] で次のように報告している．Daryl Morey は，ヒューストンロケッツ (the Houston Rockets) のジェネラルマネージャーだが，以前の NFL シーズン（どれかはわからないが）に対して，似た計算を行い，Morey は 2.37 というピタゴラスの指数に行きついた[8]．直感的には最適な x^* は時間とともに変化するに違いない．しかし，Morey の結果を，Winston の計算と私たちの値とともに考えれば，NFL に対する x^* のシーズンでの変化は，とても小さいと結論づけられる．さらに，Winston は 2005-2007 の NFL シーズンでは MAD(2.37) = .061 と報告しており，これは 2009-2010 のシーズンに対する私たちの値 MAD(2.27) = .062 にかなり近い．

さて，51 ページの (4.13) の Keener のレイティング **r** が，同じように良い結果を生み出すことができるかどうかを見よう．Keener のレイティングが，どんな種類の非線形の式でもうまくいくはずのピタゴラスの事例であると，示唆するものはなにもない．しかし，(4.13) のレイティング **r** と (4.18) の勝率 **w** の相関係数は

$$R_{\mathbf{rw}} = (\mathbf{r} - \mu_{\mathbf{r}}\mathbf{e})^T \frac{(\mathbf{w} - \mu_{\mathbf{w}}\mathbf{e})}{\|\mathbf{r} - \mu_{\mathbf{r}}\mathbf{e}\|_2 \|\mathbf{w} - \mu_{\mathbf{w}}\mathbf{e}\|_2} \approx .934, \quad (4.20)$$

ここで，$\mathbf{e} = \begin{pmatrix} 1 \\ 1 \\ \vdots \\ 1 \end{pmatrix}$ で $\mu_\star$ = 平均である．これは **r** と **w** のデータの間の強い線形関係を示している [54, 296 ページ]．したがって，レイティング r_i をピタゴラスのパラダイムに押し込めようとするかわりに，$\alpha + \beta r_i \approx \omega_i$ か，同等な $\alpha\mathbf{e} + \beta\mathbf{r} \approx \mathbf{w}$ の形の最適な線形の推定値を探すべきである．Gauss-Markov の定理 [54, 448 ページ] によれば，α

---

7) 訳注：各チーム 16 試合しかない中で，地区優勝やワイルドカード争いで，最後の一戦で決まるケースもかなりある．すなわち，1/16=6.25% の誤差は死活問題とも言える．そのため，ここの表現は，おかしい．
8) 訳注：ヒューストンロケッツは，NBA のチーム．

と β の「最良の」値は $\|\mathbf{Ax} - \mathbf{w}\|_2^2$ を最小にするものである．ここで，$\mathbf{A} = \begin{pmatrix} 1 & r_1 \\ 1 & r_2 \\ \vdots & \vdots \\ 1 & r_m \end{pmatrix}$，$\mathbf{x} = \begin{pmatrix} \alpha \\ \beta \end{pmatrix}$，$\mathbf{w} = \begin{pmatrix} \omega_1 \\ \omega_2 \\ \vdots \\ \omega_m \end{pmatrix}$ である．α と β を見つけるのは，**正規方程式** (*normal equations*) $\mathbf{A}^T\mathbf{Ax} = \mathbf{A}^T\mathbf{w}$ を解くことに帰着する [54, 226 ページ]．これは，2 つの未知数を持った 2 つの式である．$\mathbf{x}$ に対する正規方程式を解くのは，ほとんどのきちんとした関数電卓やスプレッドシートに組み込まれている単純な計算である．2009-2010 の NFL のデータに対しては，(5 桁の有効数字までの) 解は $\alpha = -1.2983$ と $\beta = 57.545$ である．Keener (Perron-Frobenius) のレイティングにもとづくレギュラーシーズンの勝率についての最小二乗評価は，(5 桁に丸めて)

$$\text{チーム } i \text{ に対する勝率 \% の評価} = \alpha + \beta r_i = -1.2983 + 57.545\, r_i$$

である．次の表は，2009-2010 のレギュラーシーズンにおける各 NFL チームに対する実際の勝率 (3 桁に丸めている)，および，ピタゴラスと Keener の評価である．

チーム	勝率	ピタゴラス	Keener	チーム	勝率	ピタゴラス	Keener
BEARS	43.8	42.2	39.4	JETS	56.3	70.9	69.8
BENGALS	62.5	52.7	51.3	LIONS	12.5	18.9	17.5
BILLS	37.4	36.9	37.5	NINERS	50.0	59.1	53.6
BRONCOS	50.0	50.4	53.1	PACKERS	68.8	73.3	75.7
BROWNS	31.3	27.4	30.9	PANTHERS	50.0	51.3	47.3
BUCS	18.8	24.4	20.9	PATRIOTS	62.5	71.6	71.9
CARDINALS	62.5	58.1	56.3	RAIDERS	31.3	18.2	21.1
CHARGERS	81.3	69.0	71.8	RAMS	6.3	11.0	13.4
CHIEFS	25.0	30.2	31.3	RAVENS	56.3	71.6	64.8
COLTS	87.5	66.7	70.5	REDSKINS	25.0	36.9	37.7
COWBOYS	68.8	69.9	69.9	SAINTS	81.3	71.6	78.1
DOLPHINS	43.8	45.4	41.7	SEAHAWKS	31.3	31.9	27.1
EAGLES	68.8	63.5	65.2	STEELERS	56.3	57.2	63.1
FALCONS	56.3	56.3	58.3	TEXANS	56.3	58.7	62.5
GIANTS	50.0	46.5	45.6	TITANS	50.0	42.8	45.9
JAGUARS	43.8	35.0	36.8	VIKINGS	75.0	71.9	70.3

そして，次が大事なところである．Keener の評価に対する MAD は (有効数字 3 桁で)

$$\text{MAD}_\mathbf{r} = \frac{1}{32} \sum_{i=1}^{32} |(-1.2981 + 57.547\, r_i) - \omega_i| = .0591$$

である．別の言葉で言えば，2009-2010 の NFL シーズンの勝率を予測するのに Keener の評価を使えば，チームごとに平均 5.91% しか外れていない．一方，最適なピタゴラスの評価はチームごとに平均 6.28% 外れていた．Winston が [83] で使っていたので，MAD

を使ったが，誤差の二乗和の平均である**平均二乗誤差** (*mean squared error*)（または，MSE）はもう1つの一般的な尺度である．上記の例では，

$$\text{MSE}_{\text{Pythag}} = .0065$$

そして，

$$\text{MSE}_{\text{Keener}} = .0050$$

である．

- **要点**．2009-2010での対戦に関しては，Keenerの方が（Perron-Frobeniusが本当に）勝っている！

Perron-Frobenius（つまり，James Keener）が，ピタゴラス（つまり，Bill James）と少なくとも同じくらい良いというのは合理的である．なぜなら，後者は，チームが点をいれる難しさや，入れられ易さの度合いを考慮していないからである．一方，前者はそれらを考慮している．Keenerの試合の得点差 (margin of victory) は重要だろうか？ それはあなたが決めることである．もし，興味がそそられるなら，自分自身でもっと実験を行うとよい．そしてあなたが発見したことを知らせてほしい．

バック・トゥ・ザ・フューチャー

今，あなたがマーティ・マクフライ (Marty McFly)[9]と一緒にエメット・ブラウン（通称ドック）(Dr. Emmett Brown) のプルトニウム強化されたデロリアン (DeLorean) に乗って 2009-2010 の NFL シーズンの始めに戻ることができるとしよう．すると，ちょうどビフ・タネン (Biff Tannen) が 2000 年版のグレイのスポーツ年鑑 (*Grays Sports Almanac*) を 1955 年に持って行き財産を築いたように，次のタイムトラベルの前に手のひらに 51 ページの Keener のレイティング (4.13) を書き留めておくことができる．これらのレイティングでいくつの勝者を正しく特定できるだろうか？ もちろん，本当のチャレンジは過去ではなく将来を予測しようとすることであるが，それにもかかわらず，過去を振り返る練習問題はレイティング方式を測り，他のものと比較する価値のある指標である．

後知恵 vs. 先見力

本書を通して，現在のレイティングを用いて過去の試合の勝者を，**後知恵予測** (*hindsight prediction*) として，推定する演習問題を参照する．一方，現在のレイテ

---

[9] 訳注：バック・トゥ・ザ・フューチャー（邦題）は，1985年に大ヒットした米国のSF映画 (Back to the future)．この副節に出てくる名前は全てこの映画の登場人物．

> ィングを用いて将来の試合の勝者を予測するのは**先見力の予測** (*foresight prediction*) である．自然なことに，後知恵の予測の精度は先見力の予測の精度よりも良いことが期待されるだろう．しかし，ちまたのことわざとは違って，後知恵は，とりわけ眼力がすぐれているわけでもない[10]．つまり，各チームに対するどの単一のレイティングもリーグを通して過去の勝敗のすべてを完全に反映することはできない．

ほとんどのレイティングはホームアドバンテージを考慮していないので，後知恵か先見力のどちらかで予想するには通常何らかの方法で「ホームでの試合の要素 (home-field factor)」を加味しなければならない．もし，52 ページの Keener のレイティング (4.14) を 2009-2010 の NFL シーズンの最初にさかのぼって持って行き，2009-2010 の NFL シーズンの全 267 試合から勝者を選ぶことができたとしよう．すると，ホームのチームとアウェイのチームの得点の差の平均はおよそ 2.4 だったという事実を考慮し，Keener のレイティングにホームでのチームに対して .0008 のホームアドバンテージの要素を加味しなければならないだろう[11]．そうすることによって，あなたはおよそ 73.4% の勝率で，267 試合のうち 196 試合を正しく予測するだろう．これが後知恵の精度である．

Keener の後知恵の予想を，シーズンの終わりに，利用可能になっている他のレイティングの 1 つを取ったときに得られる予想と比較するのは興味深いことである．インターネットではレイティングのサイトに困ることはない．しかし，ほとんどのものはそれらのレイティングを決定するのに使われた詳細を明らかにはしていない．2009-2010 の NFL シーズンに対してレイティング業者の多くがどのようにうまくやったのかに興味があれば，www.thepredictiontracker.com/nflresults.php にある Todd Beck の予測追跡のウェブサイトを見るとよい．ここでは，多くの異なるレイティングを行っている者を比較している．

Keener はあなたを金持ちにできるだろうか？

Keener のレイティングは与えられたチームの勝率を推定するのにとてもすぐれている．しかし，もしあなたがギャンブラーだったら，おそらくそのことはあなたの第一義的な関心事ではない．金を儲けるためには，ギャンブラーは賭け屋を出し抜かなければならない．これは通常かれらのポイントスプレッド（135 ページの第 9 章はポイントスプレッドについての完全な議論と最適な「スプレッドレイティング (spread ratings)」を含んでいる）に打ち勝つことに帰着する．これを読んでいる「賭けをする人 (players)」は，間

---

[10] 訳注：後知恵は眼力がすぐれている (Hindsight is 20/20) とは，後知恵は視力 1.0, つまり，なんでもお見通しくらいの意．

[11] これは正確には正しくない．なぜなら「ホームチーム (home team)」はいつも特定できるが，3 つの試合—すなわち，10/25/09 (BUCS-PATRIOTS), 12/3/09 (BILLS-JETS),, 2/7/10 (COLTS-SAINTS)—は，中立な場所で試合が行われた．しかし，これらの差異は決定的な違いを生み出すほど大きなものではない．

違いなく次の質問を発しているだろう．「与えられた対戦に対してどのように Keener のレイティングを使い得点差（スプレッド，spread）を予測するのだろうか？」残念なことに，もしあなたがポイントスプレッドを予測するのに Keener のレイティングを用いれば，あなたはほとんど確実にお金を失うだろう．まず皮切りに，チーム対チームの得点の差は，Keener のレイティングの対応する差とはうまく相関していない．実際，2009-2010 の NFL シーズンからの 264 試合を評価したとき，試合の得点と対応する Keener のレイティングの差の間の相関はほんの .579 くらいである．言い換えれば，これら 2 つの間には線形の関係はそんなにはない．

実際，レイティングの値のどんな 1 つのリストに対してもアメリカンフットボールのポイントスプレッドの正確な予測を作り出すのはほとんど不可能であるとさえ言えるだろう．一般的な理由は 135 ページの第 9 章に詳細を述べている．しかし，Keener のレイティングを考える一方，なぜそれらがとくに正確なスプレッドの予測を与えないのかと問うかもしれない．その答えを理解するためには，数学的記述の背後に何が隠されているかを見る必要がある．要約すれば，Keener の技法は，NFL の 32 チーム上でランダムウォークをしていると定義できる Markov 連鎖と類似しているからである．そして，そのようなレイティングは長い目で見て期待される勝ち試合数についての情報しか与えないからである．Markov の手法は 79 ページの第 6 章で詳細が議論されている．

これを直感的に理解するために，毎週 1 つの NFL の都市から別の都市にずっと旅をする狂信的なファンを考えよう．ここで，次の週にどこに行くかの決定はあなたの統計量を含んでいる行列 $\mathbf{A} = [a_{ij}]$ の要素として決定されるとする．各列の合計が 1 になるように $\mathbf{A}$ の列を正規化するとすれば，35 ページでちょうど示されたように，a_{ij} は，チーム i がチーム j に勝つ確率として考えることができる．しかし，この解釈のかわりに，a_{ij} を

$$a_{ij} = あるファンが現在，都市 j にいるとして，都市 i に旅する確率$$

と解釈することができる．もし，$a_{ij} > a_{kj}$ ならば，チーム j との対戦においては，チーム i はチーム k よりも強い．しかし，旅するファンについて言えば，これは，このファンが都市 j にいた後，都市 k よりも都市 i に人生の多くの割合を過ごすことが運命付けられていることを意味する．この論法を全ての都市 j にわたって適用すると，長期的には，勝っているチームの都市でより多くの時間を使うことになる．勝率が高ければ高いほど，過ごす時間が長いのである．言い換えれば，ファンの動きを追跡して各都市で正確にどの割合過ごしたかを決定できれば，実際には各チームが長い間に積み重ねると期待される勝率を測ることになる．

ファンと Keener のつながり

ランダムウォークするファンが各都市で過ごす時間の割合から得られる「ファンレ

イティング (fan rating)」r_F は，質的には Keener のレイティング r_K と同じである．すなわち，どちらも同じもの—つまり長い期間での勝率を反映している．

直感的には次の通りである．44 ページのベキ乗法 (4.12) で作られた数列 $\mathbf{x}_0, \mathbf{x}_1, \mathbf{x}_2, \ldots$ は，Keener のレイティング r_K に収束する．Keener の行列を，最初に，各列の合計が 1 になるように正規化することで各ステップで繰り返しを正規化する（すなわち，(4.12) で ν_k で割ること）必要はなくなる．ベキ乗法は簡単に

$$k = 0, 1, 2, \ldots \text{に対して}, \mathbf{x}_{k+1} = \mathbf{A}\mathbf{x}_k \quad \text{ここで} \quad \mathbf{x}_0 = \begin{pmatrix} 1/m \\ 1/m \\ \vdots \\ 1/m \end{pmatrix} \quad (4.21)$$

となり，繰り返し $\mathbf{x}_k$ は私たちのファンの経路を評価している．$\mathbf{x}_0$ は，与えられたどの都市からも等確率で彼の経路を始めるように初期化している．マルコフ連鎖の理論 [54, 687 ページ] は，$\mathbf{x}_k$ の成分 i がそのファンが第 k 週に都市 i にいる確率であることを保証している．もし，$\mathbf{x}_k \to \mathbf{r}_F$ ならば，$[\mathbf{r}_F]_i$ は，無限の時間のもとにそのファンが都市 i で過ごす時間の割合の期待値である．異なる正規化の戦略は $\mathbf{r}_K$ と $\mathbf{r}_F$ の間で小さな差を生み出す[12]．しかし，それらの結果は質的には同じである．したがって，Keener のレイティングは，そのファンが各都市にいる時間の期待値を忠実に表現している．それはひいては，Keener が長期にわたる勝率しか反映しないことを意味している．

結論

Keener のレイティングは本質的には長期にわたる勝率を反映する極限を取るプロセスに帰着する．それらはものごとの短期的なものについては何も言っていないし，ポイントスプレッドを予測するのにはほとんど無用のものでる．したがって，いいえ—Keener のアイデアはあなたがポイントスプレッドを破るのを助けあなたを金持ちにすることはない．しかし，それは二人の若者を世界で最も裕福な人たちの仲間入りをさせた中枢のものであった．—もしあなたが興味があれば，次の余談を読むといい．

余談：河のなかの葉っぱ

　　応用数学者としての私たちに魅力的に映る寓話は数学的な着想を知識の木にある葉と考えるものである．数学者の仕事はこの木を揺すって，なんとかこれらの木の葉を時の河のなかに落とすことである．そして，それらが年月の渦のなかで浮かんだり沈んだりして，優雅に流れ漂っている中で，多くの人たちはそれらの美しさに驚愕するだろう．その一方，他のものは完全に忘れ去られる．あるものがそれらを拾い上げて，科学の他の領域から落ちた葉や小枝を紡ぎ，より大きなものをこしらえて，下流の人た

---

12) NFL のデータに対して直感は正しい．なぜなら Keener の $\mathbf{A}$ の列和の変動 (variation) は小さく，したがって，別の正規化の戦略は小さな摂動にしかならないからである．$\mathbf{r}_K$ と $\mathbf{r}_M$ の差は，$\mathbf{A}$ の列の和の差がより大きければより大きくなりうる．

ちの便益や楽しみのために河に戻すのである．

1907 年から 1912 年の間，Oskar（あるいは，Oscar）Perron (1880-1975) と Ferdinand Georg Frobenius (1849-1917) は木を揺すり，非負行列の領域につながった葉をゆるがした．彼らはこれらの葉の何枚かを河のなかに放った．このとき，彼らは，他の人たちがそれらの鮮やかな美しさを愛でられるようにしょうという以外の動機は持っていなかった．ランキングとレイティングは彼らの意識のどこにもなかった．実際，Perron と Frobenius は彼らの葉っぱがどれほど広大なものと混じり合うことになるのか想像できなかった．しかし，名声に関して言えば，彼らの非負行列の理論は，特定の専門家達の間でのみ知られている．

O. Perron　　*F. G. Frobenius*

James Keener が 1993 年に河の中からこの輝く葉っぱを取り上げて彼のレイティングとランキングシステムを開発したのは，おそらく偶然ではない．Keener は生物学的応用を専門とした数学者で，Perron-Frobenius の定理はこの分野の人たちに知られていた．なぜならそれは進化システムの解析や生物学的なダイナミックスの他の観点で自然に発生するからである．しかし，Keener は [42] で，Perron-Frobenius のアイデアをレイティングとランキングに使うのは，彼の独創ではないと指摘している．1952 年の T. H. Wei [81], 1955 年の M. G. Kendall [44], そして再び 1987 年の T. L. Saaty [67] によって投じられたもっと以前からの葉っぱがすでに河の中にに流れていたのである．Keener のレイティングやランキングに対する興味は，彼の真剣な科学からは，少しだけ愉快な回り道以上のものであった．彼の目がこの葉っぱの色鮮やかなきらめきを捉えたとき，彼はそれを河から拾いあげ，一瞬それを愛でて，すぐに河に戻したのだった．

J. Keener

1996-1998 の頃，この葉は，**Google** に流れ込む渦に捉えられた．Stanford 大学の Ph.D. の学生だった Larry Page と Sergey Brin は，ワールドワイドウェブの世界での彼らの共通の興味を軸として協力関係を構築した．当時存在していたサーチエンジン技術を改良するという彼らの目標の中心にあったのは，ウェブページの重要性のレイティングとランキングに対する **PageRank** アルゴリズムの開発であった．再び，葉は河から取り上げられ，Keener に似た形で使われた．Brin と Page が河のよどみの中からどの Perron-Frobenius の色づいた葉を取り出したのかは正確には明らかではないが，PageRank の特許文書と初期の内部の技術レポートから，彼らの論理は Keener や彼以前のものと類似性が

Larry Page　　*Sergey Brin*

あったことは明らかである．PageRank の数学的な側面と Perron-Frobenius 理論との関係は，[49] で述べられている．Brin と Page は Perron ベクトルのレイティングとランキングの能力を十分に引き出し，それをウェブのクローリングソフトウエアと一緒に織り，現在の **Google** という巨大会社という結果に結実させた．彼らは，河から輝く葉をほんの少し拾い上げ，より深い水脈の主要な流れのなかで長く残る巨大な船を建造した．

これらの話は，数学的な葉っぱについての普遍的な真実を強調している．あなたが木から葉っぱを一枚河に揺らして落としたとき，あなたの葉っぱが，すぐ近くの下流で気づかれるなら，あなたはある程度の評判で報われるだろう．しかし，結果として，あなたはものすごく金持ちになることはないだろう．あなたの葉が河をずっと先に流れる前に注意を引くのに失敗すれば，葉の色合いはかすんできて，それは最終的にはそれほどの着目を浴びずに水浸しになり，水面下に消え去ってしまう．しかし，誰か他の人が，最終的には同じ木の枝から同じような葉を揺らして落とし，それが河の別の場所で注意を引くのは確かである．そして最終的にこれらの葉が集められ偉大な価値に紡がれるのである．

要は，この河は，似た色や同じ幹から多くの葉でいっぱいであるが，名声や富は，それらの葉を揺らして落としたものからはすり抜けるのである．Perron-Frobenius, Keener とその先行者，そして Google の創始者達の話は，認知と富がいかに，単純にアイデアを紹介した者には行かずに，そのアイデアを有用なものに適用したものにより行くということを示している．

歴史的な注釈：前のパラグラフでそれとなく言及したように，固有値と固有ベクトルを使い，レイティングとランキングを行うのは長い間使われてきた（少なくとも 60 年間である）．そして，この

分野は豊かな歴史を持っている．ある人たちはこれらの手法を「スペクトラルランキング (spectral ranking)」と呼び，Sebastiano Vigna は最近この話題についてすばらしい歴史的な論説を書いている．スペクトラルランキング周辺の歴史的な詳細にさらに興味のある読者は Vigna の論文 [79] を見られたい．

数字の豆知識―

$\$8,580,000,000 =$ Google の 2011 年第一四半期の売上高．
―あなたのレイティングとランキングへの興味は
ちょっとあがりましたか？

― searchenginewatch.com

第5章 Eloのシステム

Árpád Élö (1903-1992) は，ハンガリー出身でウイスコンシン州ミルウォーキーの Marquette 大学の物理学教授であった．さらに，彼は熱烈な（そして優秀な）チェスのプレイヤーだった．それが彼にチェスのプレイヤーを評価してランク付けする効果的な手法を導きださせた．彼のシステムは 1960 年に米国チェス協会（the United States Chess Federation（USCF））によって，1970 年に国際チェス協会（Fédération Internationale des Échecs（the World Chess Federation，または FIDE））によって認められた．Elo のアイデアは，のちにチェス以外の世界でよく用いられるようになり，他のスポーツや競争的な状況を評価するために，改変され適応された．Elo のシステムは，各チェスプレイヤーの成績が，通常，正規分布しているランダム変数 X で，その平均 μ は，時間とともにほんのゆっくりしか変わらないという根拠にもとづいたものである．言い換えれば，一人のプレイヤーのできは良かったり悪かったりするかもしれないが，μ は短い間では本質的には一定で，それが変わるのには長い時間かかるというものである．

Arpad Elo

そのことから，Elo は，プレイヤーに対するレイティングが一旦確立されば，そのレイティングを変えられるのは，そのプレイヤーが自分の平均よりどの程度上回るか，下回るかだけかによっていると考えたのである[1]．Elo は，プレイヤーの自分自身の平均からの逸脱に比例した単純な線形的な調整を提案した．もっときちんと言えば，プレイヤーの最近の成績（あるいは，スコア）[2]を S とすれば，彼の古いレイティング $r(\text{old})$ は

$$r(\text{new}) = r(\text{old}) + K(S - \mu) \tag{5.1}$$

による新しいレイティングに更新される．ここで，K は定数で，Elo はもともと $K = 10$ と設定した．チェスの統計がより沢山手に入るにつれて，チェスの成績は一般的には正規分布をとっていないことが発見された．そのため，USCF と FIDE は，本来の Elo の仮

---

[1] 成績が正規分布したランダム変数であり，その平均からの逸脱にもとづいてレイティングを定義するという着想は，文献を通して見つけられる．Ashburn と Colvert の論文とその文献リストは，統計学に向いた読者にこの線に沿った情報を提供している [6]．
[2] チェスでは，勝てば 1 が，引き分ければ 1/2 のスコアが与えられる．成績は一回の対戦からのスコアか，トーナメント中に蓄積されたスコアによって測られる．

定を，二人のプレイヤーのスコアの差の期待値は彼らのレイティングの差の対数関数であるという仮定によって置き換えた．（これは，65 ページで詳しく扱われている．）この変更は，式 (5.1) の μ と K の両方に影響を与えるが，そのレイティングはいまだ「Elo のレイティング」として参照されている．

1997 年に Bob Runyan は，国際的なフットボール（米国人はサッカーと呼ぶが）の評価に Elo のシステムを応用した．そして，1985 年から *USA Today*[3] にスポーツのレイティングを提供し続けてきた Jedd Sagarin は，アメリカンフットボールに Elo のシステムの応用を始めた．

現在の形では，Elo のシステムは次のように働く．各競争者についてのレイティングのある初期設定（67 ページを参照されたい）から始めなければならない．—チェス以外の議論のために，競争相手をチームであると考える．チーム i と j が対戦するたびに，それらのそれぞれの事前のレイティング $r_i(\text{old})$ と $r_j(\text{old})$ は，(5.1) に似た式を使って更新され $r_i(\text{new})$ と $r_j(\text{new})$ になる．しかし，今，すべては，(5.1) の S が

$$S_{ij} = \begin{cases} 1 & i \text{ が } j \text{ に勝った場合,} \\ 0 & \text{もし, } i \text{ が } j \text{ に負けた場合,} \\ 1/2 & \text{もし, } i \text{ と } j \text{ が引き分けた場合,} \end{cases} \quad (5.2)$$

になり，μ が

$$\mu_{ij} = \text{チーム } i \text{ がチーム } j \text{ に対して獲得すると期待される得点数}$$

になるという意味で相対的に考えられることになる．新しい仮定は μ_{ij} がチーム i と j がお互いに対戦する前のレイティングの差

$$d_{ij} = r_i(\text{old}) - r_j(\text{old})$$

のロジスティックス関数であるということである．**標準ロジスティックス関数は** $f(x) = 1/(1+\mathrm{e}^{-x})$ と定義されるが，チェスのレイティングは，その**底が 10 の形**

$$L(x) = \frac{1}{1+10^{-x}}$$

になっている．関数 $f(x)$ と $L(x)$ は，$10^{-x} = \mathrm{e}^{-x(\ln 10)}$ なので定性的には同じであり，それらのグラフはどちらも次のような特徴的な s 型をしている．

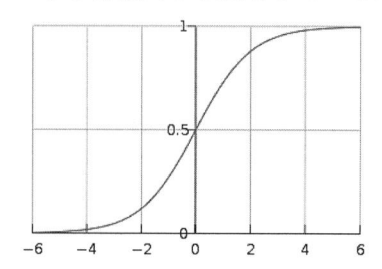

図 5.1 あるロジスティックス関数のグラフ．

---

3) 訳注：*USA Today* は 1982 年に創刊され 2012 年に約 180 万部を誇る全国規模の米国の大衆日刊紙．

Eloのチェスのレイティングに対する μ_{ij} の正確な定義は,

$$\mu_{ij} = L(d_{ij}/400) = \frac{1}{1 + 10^{-d_{ij}/400}} \quad \text{ここで} \quad d_{ij} = r_i(\text{old}) - r_j(\text{old}) \tag{5.3}$$

であり,チーム(あるいはプレイヤー)i と j のレイティングの更新のための式は,それぞれ次の通りである.

Elo のレイティングの式

$$r_i(\text{new}) = r_i(\text{old}) + K(S_{ij} - \mu_{ij}) \quad \text{かつ} \quad r_j(\text{new}) = r_j(\text{old}) + K(S_{ji} - \mu_{ji}),$$

ここで S_{ij} は (5.2) で,μ_{ij} は (5.3) で与えられる.

しかし,あなた達自身のレイティングシステムを構築するためには,これらの式を使う前に,(5.3) での K と 400 の値に対するさらなる理解が必要である.

エレガントな知恵

Elo は本質的には,弱い方のプレイヤーが強い方のプレイヤーに勝ったときに,強い方のプレイヤーが弱い相手に勝ったときよりも大きな度合いで報いている.その意味で,Elo の公式のエレガントとも言える単純明快さの裏には,その英知が潜んでいる.例えば,平均的なチェスのプレイヤーのレイティングが 1500 で,より強いプレイヤーのそれが 1900 ならば,

$$\mu_{avg,str} = \frac{1}{1 + 10^{-(1500-1900)/400}} = \frac{1}{11} \approx .09$$

しかし

$$\mu_{str,avg} = \frac{1}{1 + 10^{-(1900-1500)/400}} = \frac{1}{1.1} \approx .91$$

となる.したがって,平均のプレイヤーがより強いプレイヤーを負かしたときの報酬は,

$$r_{avg}(\text{new}) - r_{avg}(\text{old}) = K(S_{avg,str} - \mu_{avg,str}) = K(1 - .09) = .91K$$

であり,より強いプレイヤーが平均のプレイヤーを負かしたときには,報酬はたったの

$$r_{str}(\text{new}) - r_{str}(\text{old}) = K(S_{str,avg} - \mu_{str,avg}) = K(1 - .91) = .09K$$

である.

K 因子

チェスの分野でそれと知られている「K 因子 (K-factor)」は，いまだ議論の話題であり，異なるチェスの団体で異なる値が使われている．その目的は，実際のスコアと事前のレイティングに対して期待されるスコアの差を適切にバランス化することである．

もし K が大きすぎれば，実際のスコアと期待されるスコアの差にあまりに大きな重みが与えられ，レイティングにあまりの不安定さをもたらせる結果となる．例えば，大きな K であれば，期待よりほんの少し良い成果を出せば，レイティングで大きな変化を生み出すことができるのである．一方，もし K が小さすぎれば，Elo の公式は競技の改善や劣化についての説明能力を失い，レイティングはあまりに変化しないことになる．例えば，小さな K は，あるプレイヤーの著しい改善でさえもレイティングにおいてそれほど変化を起こすことはできない．

チェス：チェスの K 因子はしばしば競技のレベルによって変化させることができる．例えば，FIDE は，

$K = 25$ 認定試合への出場が 30 回以下の新しいプレイヤーに対して

$K = 15$ 認定試合への出場が 30 回より多いが，レイティングが決して 2400 を超えたことがないプレイヤーに対して

$K = 10$ 過去のある時点で少なくとも 2400 に達したことのあるプレイヤーに対して

を採用している．本書の執筆時に FIDE はこれらのそれぞれの K 因子を 30, 30, 20 に変更することを考慮中である．

サッカー：サッカーのレイティング付けをする人の中には試合の重要性にしたがって K の値を増やすことを許している人がいる．例えば，次の K の値が使われていることを表明しているインターネットのサイトは珍しいことではない．

$K = 60$ ワールドカップの決勝戦に対して

$K = 50$ 大陸チャンピォンシップや国際試合に対して

$K = 40$ ワールドカップの出場権を得たチームや主要トーナメントに対して

$K = 30$ 全ての他のトーナメントに対して

$K = 20$ 親善試合に対して

K 因子は，レイティングシステムの構築を楽しいものにするものの 1 つである．なぜなら，それは各レイティングをする人たちにそのシステムを，レイティング対象の特定の競技に順応させ，自分たちの個人的な味付けを施す自由を与えているからである．

ロジスティックスのパラメーター ξ

ロジスティックス関数 (5.3) でのパラメーター $\xi = 400$ はチェスの世界から来ており，レイティングの分散に影響する．r_i と r_j それぞれのレイティングを持つ二人のチェスプ

レイヤーを比較する際に，次のちょっとした代数を行い，これがどのような意味を持つか見よう．

$$\mu_{ij} = \frac{10^{r_i/400}}{10^{r_i/400} + 10^{r_j/400}} \implies \frac{\mu_{ij}}{\mu_{ji}} = \frac{10^{r_i/400}}{10^{r_j/400}} \implies \mu_{ij} = \mu_{ji}\left[10^{(r_i-r_j)/400}\right].$$

μ_{ij} はプレイヤー i のプレイヤー j に対して獲得するスコアの期待値なので，これは，もし $r_i - r_j = 400$ ならば，プレイヤー i はプレイヤー j よりも 10 倍も良いと期待されることを意味する．一般的に，プレイヤー i がプレイヤー j よりも 400 点レイティングのポイントが良ければ，プレイヤー i がプレイヤー j に勝つ確率は，プレイヤー j がプレイヤー i に勝つ確率よりも 10 倍大きいことが期待される．

チェス以外に，(5.3) で 400 を $\xi > 0$ である任意の値に置き換えれば，上記で使われたのと同じ解析で

$$\mu_{ij} = L(d_{ij}/\xi) = \frac{1}{1 + 10^{-d_{ij}/\xi}} = \frac{10^{r_i/\xi}}{10^{r_i/\xi} + 10^{r_j/\xi}} \tag{5.4}$$
$$\implies \frac{\mu_{ij}}{\mu_{ji}} = \frac{10^{r_i/\xi}}{10^{r_j/\xi}} \implies \mu_{ij} = \mu_{ji}\left[10^{(r_i-r_j)/\xi}\right]$$

となる．それで，チーム i がチーム j よりレイティングの点が ξ 多いごとに，チーム i がチーム j に勝つ確率は，チーム j がチーム i に勝つ確率よりも 10 倍大きいことが期待される．ξ をいじるのは，あなたの特定の要求に最適になるようにシステムをチューニングするもう 1 つの方法である．

定数和

スコア S_{ij} が，チェスに対しての (5.2) で記述されたように，勝敗と引分けだけによっているとき，$S_{ij} + S_{ji} = 1$ で，（下に示されているように）これは何回レイティングが更新されるかには関係なく，Elo のレイティングはいつでも足せば定数の値になるようにしている．この定数和の特徴は，S_{ij} が得点数に依存しても $S_{ij} + S_{ji} = 1$ さえ満足する競技に対しても成り立つ．

Elo の合計は定数であり続ける

$S_{ij} + S_{ji} = 1$ である限り，スコア S_{ij} がどのように定義されるかには関係なく，任意の時点 $t > 0$ での Elo のレイティング $r_i(t)$ の合計はいつも最初のレイティング $r_i(0)$ の合計と同じである．言い換えれば，もし m チームあれば，

$$\sum_{k=1}^{m} r_k(0) = \sigma \implies \text{すべての } t > 0 \text{ に対して，} \sum_{k=1}^{m} r_k(t) = \sigma$$

> である．とくに，もし，どの競技者に対しても最初に偏りがなければ，各競技者に $r_i(0) = 0$ の初期レイティングを割り当てることができるだろう．そのようにすれば，それに続く Elo のレイティングの和がつねに 0 になることが保証され，したがって，レイティングの平均はいつも 0 である．
> あきらかに，初期のレイティングを x に設定すれば，任意の時点でのレイティングの平均はつねに x である．

証明．ロジスティックスパラメーター ξ の値にかかわらず，式 (5.4) は

$$\mu_{ij} + \mu_{ji} = 1$$

を保証している．これは $S_{ij} + S_{ji} = 1$ と合わせると，チーム i と j 間の試合の後の古いレイティング $r_i(\text{old})$ と $r_j(\text{old})$ に対する（65 ページからの）それぞれの更新は $K(S_{ij} - \mu_{ij})$ と $K(S_{ji} - \mu_{ji})$ となることを意味する．したがって，

$$K(S_{ij} - \mu_{ij}) + K(S_{ji} - \mu_{ji}) = 0 \tag{5.5}$$

である．つまり，

$$\sum_{k=1}^{m} r_k(\text{new}) = \sum_{k \neq i,j}^{m} r_k(\text{old}) + [r_i(\text{old}) + K(S_{ij} - \mu_{ij})] + [r_j(\text{old}) + K(S_{ji} - \mu_{ji})]$$
$$= \sum_{k=1}^{m} r_k(\text{old})$$

となる．■

注意！ 式 (5.5) は，チーム i に対するレイティングの変化が，ちょうどチーム j に対するものに -1 を掛けたものであると言っているが，これは $r_i(\text{new}) + r_j(\text{new}) = 0$ を意味する訳ではない．

NFL での Elo

Elo がチェス以外の競技でどのように働くのかを見るために，2009-2010 のシーズンでの NFL チームをレイティングしランク付けするのに，勝敗のみによった基本的な Elo の方式を実装した．レギュラーシーズンの 267 試合とプレイオフゲームのすべてを扱い，50 ページの表に示されたチームと同じ順番を用いた．

前年かプレシーズンからの順位を用いることもできたが，初期レイティングを 0 に設定することによってすべてを同じ土俵から始めることにした．結果的にシーズン中の任意の時点のレイティングも，最終のものも，足すと 0 になり，したがって，それらの平均値は 0 である．

64 ページの勝敗スコアの規則 (5.2) とともに，K 因子として $K = 32$（いくつかのインターネット上のゲームサイトで用いられており，チェスコミュニティーのものに即している値）を使った．しかし，最終的なレイティングがよりうまく分散するように，ロジスティックス因子 (logistic factor) を 400 から $\xi = 1000$ に増やした．最終的なランキングは ξ の値に敏感ではなく，ξ を増やすことが最終的なランキングを大きく変化はさせることはなかった．これらは下に示されている．

ランキング	チーム	レイティング	ランキング	チーム	レイティング
1.	SAINTS	173.66	17.	PANTHERS	11.474
2.	COLTS	170.33	18.	NINERS	-1.2844
3.	CHARGERS	127.58	19.	GIANTS	-5.3217
4.	VIKINGS	103.50	20.	BRONCOS	-11.126
5.	COWBOYS	89.128	21.	DOLPHINS	-26.717
6.	EAGLES	69.533	22.	BEARS	-28.142
7.	PACKERS	67.829	23.	JAGUARS	-36.214
8.	CARDINALS	53.227	24.	BILLS	-53.350
9.	JETS	50.143	25.	BROWNS	-74.664
10.	PATRIOTS	39.633	26.	RAIDERS	-83.319
11.	TEXANS	33.902	27.	SEAHAWKS	-88.845
12.	BENGALS	33.012	28.	CHIEFS	-109.28
13.	RAVENS	32.083	29.	REDSKINS	-110.21
14.	FALCONS	28.118	30.	BUCS	-130.10
15.	STEELERS	27.125	31.	LIONS	-170.81
16.	TITANS	13.222	32.	RAMS	-194.12

(5.6)

$\xi = 1000$ と $K = 32$ を使って勝敗のみにもとづいた NFL 2009-2010 の Elo のランキング．

これらの Elo のレイティングは厳密に勝敗にもとづいて計算されたので，54 ページの (4.18) に示されている勝率にうまく相関していなければ驚くべきことである．実際，相関関数 (4.20) は，$R_{\mathrm{rw}} = .9921$ である．56 ページの Keener のレイティングに対して行ったように線形回帰を行うと

$$\text{チーム } i \text{ に対する予想される勝率 \%} = 0.5 + 0.0022268\, r_i$$

を得る．これから

$$\text{MAD} = 0.017958 \quad \text{かつ} \quad \text{MSE} = 0.0006$$

となる．これらは良い結果である一方，重要かどうかは明らかではない．なぜなら，結局，それらは本質的には勝敗の情報を駆使して，勝率を評価していることになるからである．

もっと興味深い質問は，Elo がどのようにうまく NFL の勝者を**予測**するかである．

後知恵予想の正確さ

　Elo が勝率をうまく推定するのは，驚くにあたらない．一方，もし，Elo の最終的なレイティングを，57 ページに記述されているように，過去の時点に持ってきたとすれば，各試合の勝者を後知恵で予測するのに何が期待できるのかは明らかではない．2009-2010 シーズンに行われた NFL の 267 試合の勝者を振り返り，Elo が予測した勝者と比較しよう．すなわち，最終評価が高いチームが勝つと予測するのである．Elo は 201 試合を正確に予測しているので，

$$\text{Elo の後知恵予想の精度} = 75.3\%.$$

である．勝者を予測するのに，ホームアドバンテージ (home-field-advantage)[4] の要素をホームチームに対するレイティングに加える方が合理的なようだが，ホームアドバンテージを加味しても，この例では，後知恵予想の正確さは改良されない．57 ページの Keener の議論で触れたように，「後知恵は目が良い (hindsight is 20-20)」[5] ということわざは，レイティングシステムに対してはあてはまらない．たとえ良いものでも後知恵ですべての試合を正しく予測しないのである．75.3% という Elo の後知恵予測の正確さはとても良い．148 ページの比較表を参照されたい．

先見力による予測の正確さ

　ランキングシステムが，もっと厳しく評価されるのは，試合 j の後に計算されるレイティングベクトル $\mathbf{r}(j)$ がどの程度よく試合 $j+1$ の勝者を予測できるかにある．もちろん，この**先見力による予測** (*foresight*) の正確さは後知恵予測の正確さよりも悪いと思った方が良い．なぜなら後知恵予測は実施されたすべての試合の完全な知識を使えるのに対して，先見力による予測は現在分析する試合より前の情報しか使うことが許されていないからである．

　ホームアドバンテージは，Elo の先見力予測の正確さに対して，後知恵予測の正確さよりも影響を与える．なぜなら，もし，すべての初期レイティングが同じなら（私たちの例のように），最初は，各チームのレイティングを変えるのに十分な試合が行われる前は，ホームでの試合を考慮することが，Elo が 2 チーム間の違いを引き出すことのできる唯一の要素だからである．$H = 15$ のホームアドバンテージをホームのチームのレイティングに加点すれば，$\xi = 1000$ と $K = 32$ を使って試合ごとのレイティングから先見力予想を行えば，Elo は 267 試合中 166 試合の勝者を正しく予想する．したがって，

---

4)　訳注：本拠地で試合を行うチームが相手チームに対してもつ優位性の意味．
5)　訳注：20/20 は，20 フィート離れたところから 1/3 インチの文字が識別できる視力のこと．視力 1.0 に相当する．つまり，目がいいこと．"Hindsight is 20-20." は，「後知恵は視力満点」，「後からだから言えること」のようなことわざ．

Elo の先見力による予測の精度 = 62.2%

である.

試合の得点を加味する

勝敗だけにもとづいてレイティングをする代わりに，チーム i がチーム j に対して各試合であげた得点 P_{ij} を使って Elo をもっと面白いものにしよう．しかし，生のスコアを直接使うよりはむしろ，ページ 35 の (4.2) を導いた理屈を適用して，チーム i がチーム j に対して獲得した「得点 (score)」を次のように再定義しよう．

$$S_{ij} = \frac{P_{ij} + 1}{P_{ij} + P_{ji} + 2}. \tag{5.7}$$

$0 < S_{ij} < 1$ であることに加えて，この定義は $S_{ij} + S_{ji} = 1$ を保証し，S_{ij} はチーム i がチーム j に勝つ確率（引分けは除いていると仮定する）として解釈することができる．さらに，（前の例と同じように）すべての初期のレイティングが 0 ならば，67 ページの議論は，Elo のレイティングがシーズン中に変化する際に，いつも総和は 0 であり，レイティングの平均もいつもゼロであることを意味している．

パラメーター $\xi = 1000$ と $K = 32$（基本的な勝ち負けによる Elo の方式と同じ）が (5.7) の得点とともに使われるならば，Elo は次の修正されたレイティングとランキングを生み出す．

ランキング	チーム	レイティング	ランキング	チーム	レイティング
1.	PACKERS	58.825	17.	BRONCOS	4.1006
2.	VIKINGS	55.217	18.	BENGALS	−.75014
3.	SAINTS	49.495	19.	GIANTS	−3.5097
4.	JETS	47.215	20.	DOLPHINS	−9.3122
5.	COWBOYS	43.074	21.	TITANS	−9.8351
6.	RAVENS	40.357	22.	BEARS	−16.050
7.	CHARGERS	39.974	23.	BILLS	−23.287
8.	COLTS	39.260	24.	REDSKINS	−29.039
9.	PATRIOTS	37.860	25.	CHIEFS	−34.647
10.	NINERS	33.189	26.	SEAHAWKS	−35.150
11.	TEXANS	18.447	27.	JAGUARS	−37.050
12.	FALCONS	18.387	28.	BROWNS	−47.089
13.	EAGLES	13.984	29.	BUCS	−54.373
14.	STEELERS	9.1308	30.	RAIDERS	−62.652
15.	CARDINALS	6.1216	31.	LIONS	−72.800
16.	PANTHERS	5.2596	32.	RAMS	−84.352

(5.8)

$\xi = 1000$ と $K = 32$ を使った NFL 2009-2010 の Elo のランキング.

$\xi = 1000,\ K = 32,\ H = 15$ のときの後知恵予測と先見力による予測

(5.8) のレイティングは以前に記述したのと似た方法で後知恵予想と先見力予測による予想を生み出す．しかし，勝敗のみを考慮して作られた後知恵予測と違って，ホームアドバンテージの因子 H は，得点を考慮に入れるときに意味を持つ．もし，$H=15$（経験的に決定された）が後知恵予測と先見力による予測の両方に使われるとすれば，(5.8) のレイティングはそれぞれ正しく次のように予測する．

$$\text{後知恵予測では，} 194\ \text{試合（あるいは，} 72.7\%）$$

そして，

$$\text{先見力による予測では，} 175\ \text{試合（あるいは，} 65.5\%）$$

である．

可変の K 因子を NFL の得点と使用する

(5.8) でのレイティングは，全ての試合は等しく重要であるという仮定のもとに作られているという欠点を持っている．すなわち，K 因子はすべての試合で同じであるという仮定である．しかし，最終的なランキングを決定する際，NFL のプレイオフの試合はレギュラーシーズンよりも重要であると論ずることができる．さらに，より強いチームは，レギュラーシーズンの最後の 1, 2 試合では，主要なプレイヤーを休ませたり，あからさまにプレイさせなかったりする傾向が，NFL にはある．このことは 2009-2010 シーズンの最後の 2 週間で確かに起きた．

結果的に，より良い方のチームはこの時期には彼らの真の得点能力より低く試合を行い，一方，彼らの敵は，Elo に実際よりも強いチームとして見えることになる．これは，これらの状況では可変の K 因子を用いるべきだということを示唆している．

これを（やや独断で）次のように設定し，解決しよう．

$$K = 32\quad \text{最初の 15 週に対して}$$
$$K = 16\quad \text{最後の 2 週に対して}$$
$$K = 64\quad \text{すべてのプレイオフゲームに対して}$$

（$\xi = 1000$ を保ちながら）そのようにすることで，Elo のレイティングとランキングは下の (5.9) のように変わる．

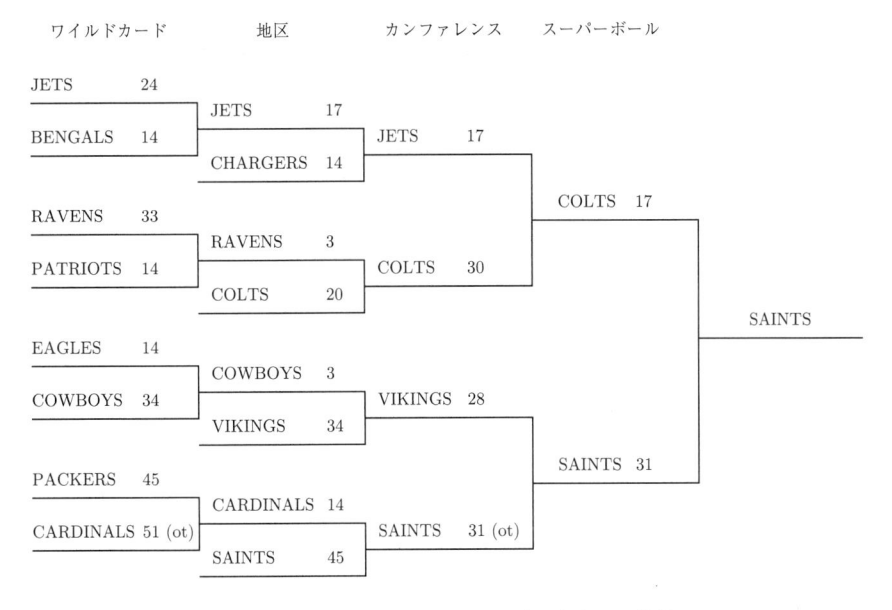

```
                ワイルドカード        地区         カンファレンス    スーパーボール

 JETS      24
                   JETS      17
 BENGALS   14
                                     JETS      17
                   CHARGERS  14
                                                        COLTS    17
 RAVENS    33
                   RAVENS     3
 PATRIOTS  14
                                     COLTS     30
                   COLTS     20
                                                                      SAINTS
 EAGLES    14
                   COWBOYS    3
 COWBOYS   34
                                     VIKINGS   28
                   VIKINGS   34
                                                        SAINTS   31
 PACKERS   45
                   CARDINALS 14
 CARDINALS 51 (ot)
                                     SAINTS    31 (ot)
                   SAINTS    45
```

図 5.2 NFL の 2009-2010 のプレイオフの結果.

ランキング	チーム	レイティング	ランキング	チーム	レイティング
1.	SAINTS	67.672	17.	CARDINALS	1.4959
2.	VIKINGS	63.080	18.	BENGALS	1.4707
3.	COLTS	57.297	19.	PANTHERS	−3.2548
4.	PACKERS	48.227	20.	DOLPHINS	−7.6586
5.	JETS	38.781	21.	TITANS	−7.7187
6.	CHARGERS	35.864	22.	BEARS	−18.565
7.	RAVENS	35.264	23.	REDSKINS	−22.432
8.	PATRIOTS	28.496	24.	BILLS	−22.709
9.	NINERS	26.047	25.	SEAHAWKS	−29.918
10.	COWBOYS	22.742	26.	JAGUARS	−31.326
11.	TEXANS	16.289	27.	CHIEFS	−35.945
12.	EAGLES	14.492	28.	BROWNS	−51.611
13.	FALCONS	10.531	29.	BUCS	−54.044
14.	STEELERS	7.5351	30.	RAIDERS	−58.546
15.	BRONCOS	7.0388	31.	LIONS	−68.265
16.	GIANTS	6.9994	32.	RAMS	−77.329

(5.9)

$\xi = 1000$ と $K = 32, 16, 64$ を使った NFL 2009-2010 の Elo のランキング.

最終的なランキングに関する限り，(5.9) のこれらは，(5.8) のものよりもよく見える．なぜなら (5.9) は，すべてが落ち着いたときに，現実に起きたことをより正確に反映しているからである．SAINTS は (5.9) で，最終的に #1 にランク付けされており，図 5.2 のプレイオフの結果から見て取れるように，SAINTS はスーパーボールに勝った．さらに，プレイオフで，VIKINGS は SAINTS を COLTS よりも苦しめ，これは (5.9) の最終的なレイティングとランキングに現れている．

得点と可変 K 因子を用いた後知恵予測と先見力による予測

(5.9) のレイティングは，(5.8) よりもプレイオフの結果をよりよく反映している．しかし，(5.9) の勝者を予測する能力は，(5.8) のそれよりもほんの少し良いだけである．K 因子を定数の $K = 32$ から可変の $K = 32, 16, 64$ に変えることによってレイティングの値が変わる．したがってホームゲームの利点の因子 H もまた変わらなければならない．最もうまく働くのは，後知恵予測には $H = 0$ を使い，先見力による予測には $H = 9.5$ を使うことである．これらの値で，可変な K の Elo システムは

後知恵予測で 194 試合（あるいは，72.7%）

そして

先見力による予測で 176 試合（あるいは，65.9%）

を正しく予測する．

試合ごとの分析

個別のチームのレイティングを試合ごとにシーズンを通して追跡すれば，最終的なレイティングでは明らかではないかもしれない全体的な強さの感覚を得られる．例えば，プレイオフゲームにより重きをおき，「シーズンの終わりの消化試合 (end-of-season throw-away games)」に重きをおかない Elo のシステムを（5.9 で行ったように）使うとき，あるチームは，プレイオフシーズンで頑張ったチームは，必要以上に高いランキングを与えられてしまうかもしれない可能性がある．例えば，(5.9) で 3 つの最も高くランク付けされたチームに対する試合ごとのレイティングを考えてみよう．次の 3 つのグラフは，SAINTS vs. COLTS, SAINTS vs. VIKINGS, COLTS vs. VIKINGS の試合ごとのレイティングを追跡したものである．

SAINTS は，ほとんどいつも VIKINGS と COLTS の両方より上であることに注意されたい．これは明らかに SAINTS が 2009-2010 のシーズンを通して全体的により強いチームであることを示している．しかし，COLTS と VIKINGS を比較するとどうだろうか？ もし，それぞれのレイティングは全シーズンに渡って積分されれば（すなわち，上のグラフで各チームのグラフの下の部分の面積が計算されれば）COLTS が VIKINGS よりも勝っている．言い換えれば，VIKINGS が最終レイティングでは COLTS よりも高いランキングにあるにもかかわらず，この試合ごとの分析は COLTS は全シーズンを通して VIKINGS よりも全体的に強かったことを示唆している．2009-2010 のシーズン中，COLTS と VIKINGS の両方がプレイする全ての試合を見た偏見を持たないファン（そ

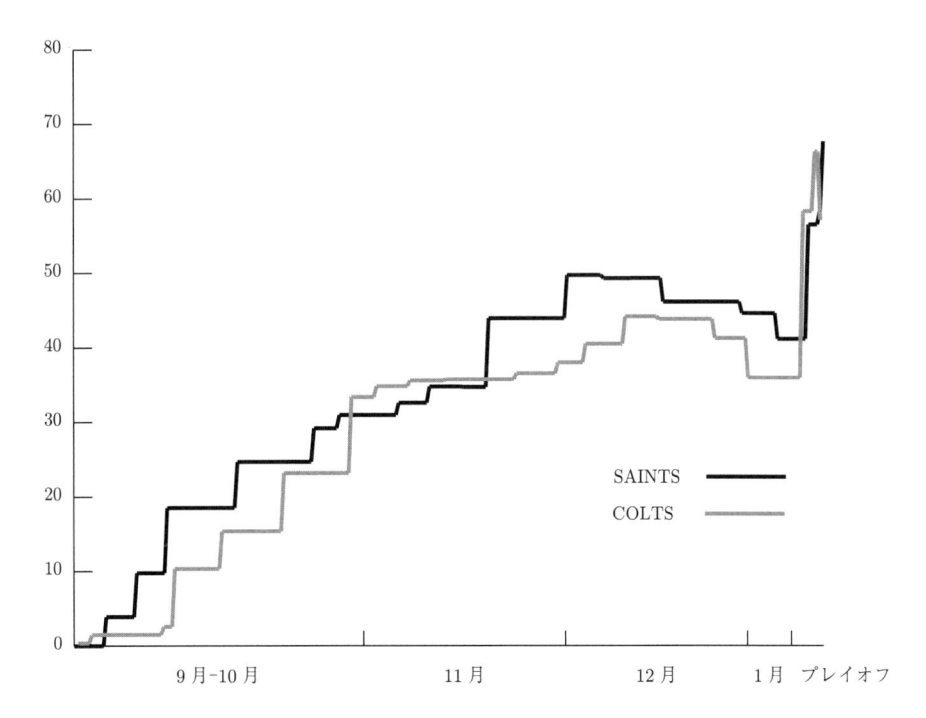

SAINTS vs. COLTS に対する Elo のレイティングの試合ごとの追跡.

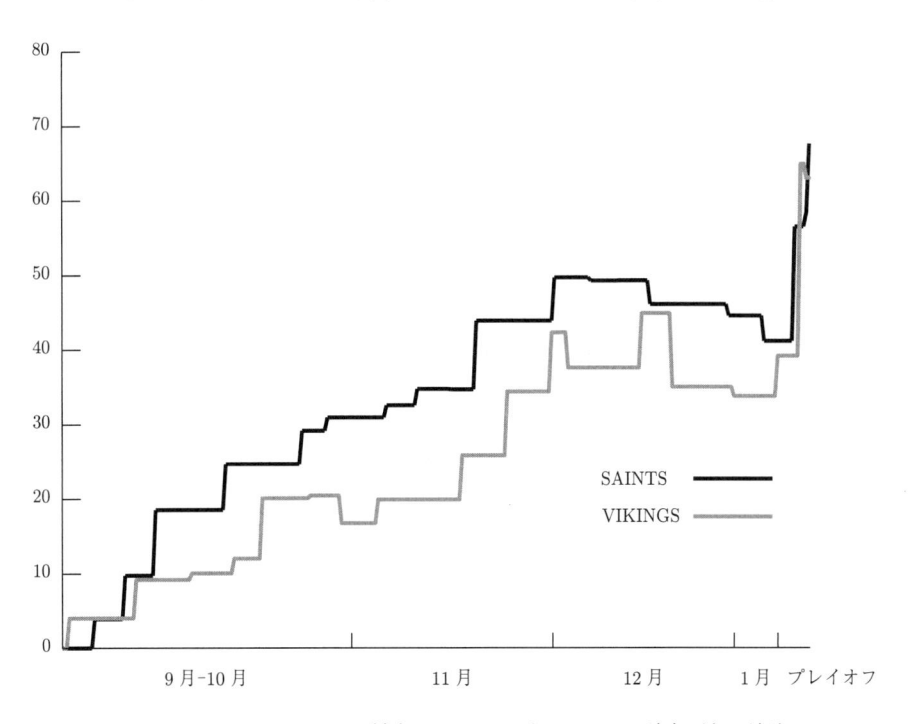

SAINTS vs. VIKINGS に対する Elo のレイティングの試合ごとの追跡.

う，私 [Carl Meyer] は *NFL Sunday Ticket*[6] と DVR[7] を持っている）として，私はこの結論に賛成である．

---

6) 訳注：ローカル局がプログラムする以外の NFL の日曜日の全試合を見られる DIRECTV の放送のこと．
7) 訳注：DVR は Digital Video Recorder の略．

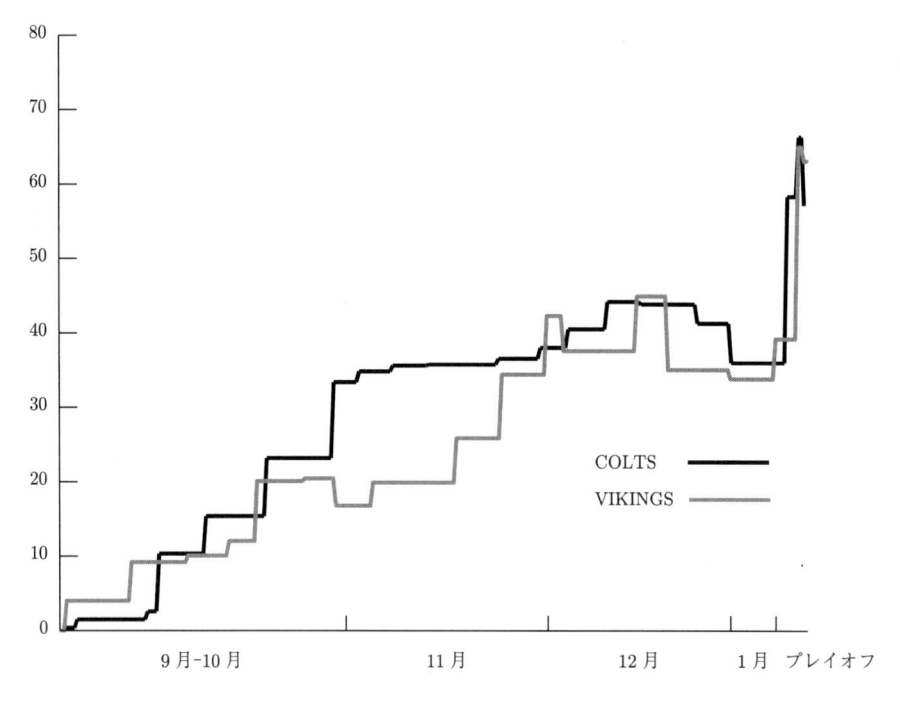

COLTS vs. VIKINGS に対するEloのレイティングの試合ごとの追跡.

結論

　Eloのレイティングシステムは，単純なエレガントさの典型である．さらに，それは，幅広く応用可能である．その底流にあるアイデアと原理は，もしレイティングシステムを一から作ろうとするなら役に立つことだろう．

　EloとFacebookの間に実際の関係があったかどうかにかかわらず，次の余談はEloのレイティングシステムの適応性を強調するものである．

余談：Elo, イケてる女子学生, ソーシャルネットワーク

　Eloが映画に出演した．少なくとも彼のランキング手法がである．映画ソーシャルネットワーク (*The Social Network*) の1つのシーンで，Eduardo Saverin (Facebookの共同創業者) がハーバード大学の学生寮の部屋に入ってくる．ちょうどMark Zuckerberg (もう一人のFacebookの共同創業者) が彼のラップトップで最後のキーをたたいたときである．そして次のような会話が繰り広げられる．
Mark:「できた！　いいところに来た．Eduardoが来た．あいつが鍵となるアイデアを持っているんだよ．」
　(Markのガールフレンドとのトラブルについてのコメントの後)
Eduardo:「(彼女と別れて) 大丈夫？」
Mark:「君が必要だ．」
Eduardo:「いつでも力になるよ．」
Mark:「そうじゃなくて，君がチェスプレイヤーをランク付けするのに使ったアルゴリズムが必要なんだ．」
Eduardo:「大丈夫なのかい？」

Mark: 「女子生徒をランク付けするんだ.」
Eduardo: 「他の学生をってこと？」
Mark: 「そうだよ.」
Eduardo: 「そんなことしていいのかい？」
Mark: 「そのアルゴリズムが必要なんだ. —そのアルゴリズムが必要なんだ！」

Eduardo は，65 ページの Elo の公式 (5.3) を，彼らのハーバードの学生寮の窓に書き始めた．うーん，今一歩である．Eduardo は

$$E_a = \frac{1}{1 + 10^{(R_b - R_a)/400}} = \frac{1}{1 + 10^{-(R_a - R_b)/400}}$$

の代わりに，

$$E_a = \frac{1}{1 + 10(R_b - R_a)/400}$$

と書いたのである．

　私たちは，多分，映画会社を大目に見るべきだろう．なにしろ，Eduardo は窓にクレヨンで書いたのだから．その映画は Elo の手法を，天才オタクしかわからない何か途方もなく込み入ったものとして描いている．もちろん，読者は今ではそうではないことがわかっているだろう．さらに，映画は明示的に Elo の手法が，Facebook の前身である Zuckerberg のウェブサイト Facemash 上で，ハーバードのイケてる女子学生をレイティングする基礎になっていることを示唆している．Zuckerberg が Elo の手法を用いたかもしれないのは理にかなっている．なぜなら Elo は単純な「こちらか，あちらか (this-or-that)」という二者の比較によって物事を評価しランク付けするのにほぼ完璧な手法だからである．しかし，おそらく，Zuckerberg 自身以外は，彼が実際に Elo を使いハーバードの女子学生を評価しランク付けしたかは確実には知らないだろう．もし，あなたが知っていたら，教えてください．

数字の豆知識―

2895 ＝歴史上最高のチェスのレイティング.
— Bobby Fischer（1971 年 10 月）.
2886 ＝歴史上 2 番目のレイティング.
— Gary Kasparov（1993 年 3 月）.
— chessbase.com

第 6 章　Markov の手法

　この新しい，スポーツチームのランキング手法は，Markov（マルコフ）による古い技法を思い起こさせるので，これを Markov の手法と呼ぶことにする[1]．1906 年，Markov は確率過程を記述するある連鎖を発明した．これはのちに Markov 連鎖と名づけられた．Markov が最初にこの手法を適用したのは，Pushkin（プーシキン）の詩「エフゲニー・オネーギン (*Eugene Onegin*)」中の，連続する母音と子音を解析するためであったが，文献 [8, 80] 以降，過度とも言えるほどに適用されている．最近では，筆者たちが所属するそれぞれの大学の大学院生，North Carolina State University の Anjela Govan, Ph.D.（アンジェラ・ゴーヴァン博士，ノースカロライナ州立大学，2008）と College of Charleston の Luke Ingram, M.S.（ルーク・イングラム，チャールストンカレッジ，2007）が Markov 連鎖を使って，NFL のフットボールチームと，NCAA のバスケットボールチームをそれぞれうまくランク付けした．

Markov の手法

> **Markov の方法の背後にある主なアイデア**
>
> 　Markov のレイティング法は一言で言い表すことができる．すなわち，**投票** (*voting*) である．2 チーム間で行なわれるすべての対戦は，弱いチームが強いチームに 1 票を投じる機会なのである．

---

[1] 他に，少なくとも 2 つほど，Markov 連鎖をベースにしたスポーツランキングモデルが存在する．1 つは，Peter Mucha と仲間たちの成果で，ランダムウォークレイティング法と呼ばれている [17]．もう 1 つは，Joel Sokol と Paul Kvam の成果で LRMC と呼ばれている [48].

全チームが票を投ずる際の評価方法は数多く存在する．おそらく，最も簡単な投票方法は勝ちか負けであろう．負けたチームは，自分を負かした各々のチームに1票ずつ投じることになる．より進んだモデルとしては，試合における得点を考えればよい．この場合，負けたチームは，強い相手との対戦において，得点差に等しい票を投じることになる．さらに進んだモデルでは，両チームが，対戦で失った点に等しい票を投じる．最終的に，すべての対戦相手からの得票数が最大であるチームが，最高位にランキングされる．このアイデアは，実は，Googleがウェブページをランキングするのに使われた，かの有名なPageRankアルゴリズムの変形である [49]．マイナーな改良を含めたモデルの数は，84ページの議論にあるように，ほとんど無数である．ここでは，いきなり，それらの拡張に跳ぶ前に，私達のいつもの例で直接試してみよう．

負けへの投票

勝ち・負けのデータのみを使う投票行列 $\mathbf{V}$ は以下のようになる．

$$\mathbf{V} = \begin{array}{c} \\ \text{Duke} \\ \text{Miami} \\ \text{UNC} \\ \text{UVA} \\ \text{VT} \end{array} \begin{pmatrix} \text{Duke} & \text{Miami} & \text{UNC} & \text{UVA} & \text{VT} \\ 0 & 1 & 1 & 1 & 1 \\ 0 & 0 & 0 & 0 & 0 \\ 0 & 1 & 0 & 0 & 1 \\ 0 & 1 & 1 & 0 & 1 \\ 0 & 1 & 0 & 0 & 0 \end{pmatrix}$$

Duke大学はすべての相手に負けているので，等しい重みの票を，他のそれぞれのチームに投じている．この投票行列からランキングベクトルを得るために，$\mathbf{V}$ の各行を正規化した確率行列と言ってもよい行列 $\mathbf{N}$ を作る．

$$\mathbf{N} = \begin{array}{c} \\ \text{Duke} \\ \text{Miami} \\ \text{UNC} \\ \text{UVA} \\ \text{VT} \end{array} \begin{pmatrix} \text{Duke} & \text{Miami} & \text{UNC} & \text{UVA} & \text{VT} \\ 0 & 1/4 & 1/4 & 1/4 & 1/4 \\ 0 & 0 & 0 & 0 & 0 \\ 0 & 1/2 & 0 & 0 & 1/2 \\ 0 & 1/3 & 1/3 & 0 & 1/3 \\ 0 & 1 & 0 & 0 & 0 \end{pmatrix}$$

$\mathbf{N}$ は，Miamiが全く負けないという点において，準確率的 (substochastic) である．これは，ウェブページのランキングを計算する際の「ぶら下がりノード (dangling node)」としてよく知られる問題に似ている [49]．ここでの解決法は，すべての成分が0である行ベクトル $\mathbf{0}^T$ を，すべての成分が $1/n$ である行ベクトル $1/n\,\mathbf{e}^T$ に置き換えることである．こうすることによって，$\mathbf{N}$ は確率行列 (stochastic matrix) $\mathbf{S}$ になる．

$$\mathbf{S} = \begin{array}{c} \\ \text{Duke} \\ \text{Miami} \\ \text{UNC} \\ \text{UVA} \\ \text{VT} \end{array} \begin{pmatrix} \text{Duke} & \text{Miami} & \text{UNC} & \text{UVA} & \text{VT} \\ 0 & 1/4 & 1/4 & 1/4 & 1/4 \\ 1/5 & 1/5 & 1/5 & 1/5 & 1/5 \\ 0 & 1/2 & 0 & 0 & 1/2 \\ 0 & 1/3 & 1/3 & 0 & 1/3 \\ 0 & 1 & 0 & 0 & 0 \end{pmatrix}.$$

ぶら下がりノード（外向きのリンクを持たないウェブページのこと）は，ウェブの世界では広く存在している [51, 26] が，スポーツの全シーズンを通しては，それほどよく起きることではない．そうは言っても，無敗チームを取り扱う方法は，他にもいくつか存在する．これらについては，86 ページで，上で使われた一様行ベクトル（全ての成分が同じ値のベクトル）を使う以外のいくつかの方法を示すことにする．

ここでも，ウェブページの PageRank アルゴリズムと同様のやり方で，この確率行列の定常ベクトルを求める．定常ベクトル $\mathbf{r}$ は，$\mathbf{S}$ の支配的固有ベクトル (dominant eigenvector)[2]のことで，$\mathbf{Sr} = \mathbf{r}$ という固有値問題を解くことで得られる [54]．以下の短いエピソードで，全チームをランキングする手段として定常ベクトルを使う方法を説明しよう．このエピソードの主人公は，しきりに応援チームを変えて，そのときどきの最高のパフォーマンスを発揮しているチームについていく「お天気ファン (fair weather fan)」である．行列 $\mathbf{S}$ は，図 6.1 の様に図示できる．

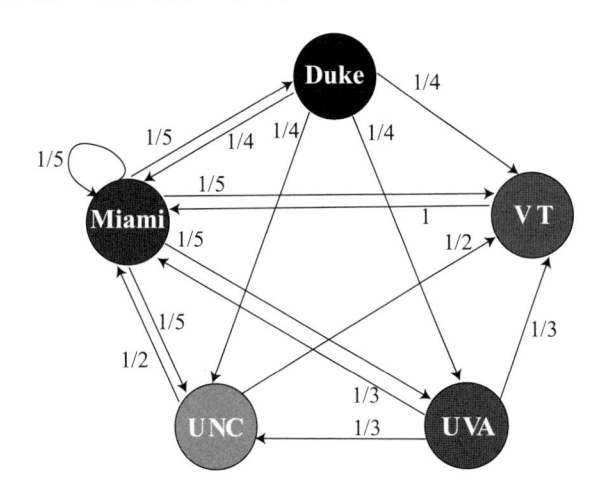

図 6.1 お天気ファンは，この Markov グラフ上をランダムウォークする．

お天気ファンは，このネットワークの任意のノードから出発して，現在のチームから出て行くリンクをベースにして，次に応援するチームをランダムに決める．例えば，このファンが UNC から始めて，UNC に「どのチームがベストですか？」と尋ねて，UNC が「自分を負かしているから Miami か VT」と答えたとしよう．そのファンが，コインを投げ，表が出て VT に行き同じ質問をしたとする．今度は，VT が Miami がベストチームだと答えたので，そのファンは，Miami の勢いに便乗するのである．Miami のキャンプに到着したら，また同じ質問をする．Miami は負け知らずなので，任意のチームにランダムに飛び移ることになる（これは，全ての成分が $1/5$ である $1/5\,\mathbf{e}^T$ である行ベクトルを加えた結果である．しかし，負け知らずのチームを取り扱うために，他にも，性質の良い収束特性を持つ Markov 連鎖を生成する賢明な戦略が存在する．86 ページを見よ）．お天気ファンがこれを次々に実行して，各チームを訪れる時間の割合を見れば，各チームの重要度を測ることができる．お天気ファンが最も頻繁に訪れるチームは，そのチームが他

---
[2] 訳注：支配的固有ベクトルとは，絶対値が最大の固有値に対する固有ベクトルのこと．

の強いチームによって言及されるがゆえに，最高位にランキングされる．数学的には，お天気ファンはMarkov連鎖によって定義されるグラフ上をランダムウォークして，その連鎖の各状態で過ごす時間の長期間にわたる割合が，まさに，このMarkov連鎖の定常ベクトル，または支配的固有ベクトル[3]となる．この5チームの例題の場合，行列 $\mathbf{S}$ の定常レイティングベクトル $\mathbf{r}$ と対応する順位は表6.1のようになる．

表 6.1 Markov：5チームの例における負けによるレイティング結果．

チーム	r	順位
Duke	.087	5位
Miami	.438	1位
UNC	.146	3位
UVA	.110	4位
VT	.219	2位

お天気ファンは，Markov グラフの上をランダムウォークする

Markovのランキングベクトルは，お天気ファンがMarkovグラフ上をランダムウォークして各チームに滞在する時間の長期にわたる割合を与える．

敗者が得点差を投票する

もちろん，どのチームも対戦相手に対して，複数票を投じたいかもしれない．お天気ファンのエピソードを続けよう．すなわち，UNCが，VTには27点差で負けたのにMiamiには18点差だけで負けたという理由で，MiamiよりもVTにより多くの票を投じたいとしよう．このより進んだモデルでは，投票行列と確率行列は

$$\mathbf{V} = \begin{array}{c} \\ \text{Duke} \\ \text{Miami} \\ \text{UNC} \\ \text{UVA} \\ \text{VT} \end{array} \begin{array}{c} \text{Duke Miami UNC UVA VT} \\ \begin{pmatrix} 0 & 45 & 3 & 31 & 45 \\ 0 & 0 & 0 & 0 & 0 \\ 0 & 18 & 0 & 0 & 27 \\ 0 & 8 & 2 & 0 & 38 \\ 0 & 20 & 0 & 0 & 0 \end{pmatrix} \end{array}$$

と

---

[3] 訳注：厳密には，それらのベクトルの各成分．

$$\mathbf{S} = \begin{array}{c} \\ \text{Duke} \\ \text{Miami} \\ \text{UNC} \\ \text{UVA} \\ \text{VT} \end{array} \begin{pmatrix} \text{Duke} & \text{Miami} & \text{UNC} & \text{UVA} & \text{VT} \\ 0 & 45/124 & 3/124 & 31/124 & 45/124 \\ 1/5 & 1/5 & 1/5 & 1/5 & 1/5 \\ 0 & 18/45 & 0 & 0 & 27/45 \\ 0 & 8/48 & 2/48 & 0 & 38/48 \\ 0 & 1 & 0 & 0 & 0 \end{pmatrix}$$

になる．

このモデルは，表 6.2 のようなレイティングとランキングを生成する．得点差の投票結果は，初歩的な投票モデルと比べて，ランキングではちょっとした違い，レイティングでは大きな違いとなる．このような違いは，勝者だけでなくポイントスプレッドを予想したい人にとっては重要であろう．

表 **6.2** Markov：5 チーム例における得点差によるレイティング結果．

チーム	r	順位
Duke	.088	5 位
Miami	.442	1 位
UNC	.095	4 位
UVA	.110	3 位
VT	.265	2 位

2 つのチームが 1 シーズン中に複数回対戦する場合，（レイティングやランキングの）モデルを作る人は，投票行列の各成分に何の値を入れるかを選択する．各成分は，対応する 2 つのチーム間のそのシーズン中のすべての対戦における得点差の累積または平均のどちらかとすることができる．

勝者も敗者も失点を投票する

さらに進んだモデルでは，勝ちチームと負けチームともに失点数を投票させる．このモデルでは，すべての得点情報を使用する[4]．今考えている例では，$\mathbf{V}$ と $\mathbf{S}$ 行列（85 ページの場合と区別するために $\mathbf{V}_{point}$ と $\mathbf{S}_{point}$ と記す）は，以下のように

$$\mathbf{V}_{point} = \begin{array}{c} \\ \text{Duke} \\ \text{Miami} \\ \text{UNC} \\ \text{UVA} \\ \text{VT} \end{array} \begin{pmatrix} \text{Duke} & \text{Miami} & \text{UNC} & \text{UVA} & \text{VT} \\ 0 & 52 & 24 & 38 & 45 \\ 7 & 0 & 16 & 17 & 7 \\ 21 & 34 & 0 & 5 & 30 \\ 7 & 25 & 7 & 0 & 52 \\ 0 & 27 & 3 & 14 & 0 \end{pmatrix}$$

と

---

4) 訳注：実際の各対戦の得点は 6 の表 1.1 を参照．

$$\mathbf{S}_{point} = \begin{array}{c} \\ \text{Duke} \\ \text{Miami} \\ \text{UNC} \\ \text{UVA} \\ \text{VT} \end{array} \begin{array}{c} \text{Duke} \quad \text{Miami} \quad \text{UNC} \quad \text{UVA} \quad \text{VT} \end{array} \left(\begin{array}{ccccc} 0 & 52/159 & 24/159 & 38/159 & 45/159 \\ 7/47 & 0 & 16/47 & 17/47 & 7/47 \\ 21/90 & 34/90 & 0 & 5/90 & 30/90 \\ 7/91 & 25/91 & 7/91 & 0 & 52/91 \\ 0 & 27/44 & 3/44 & 14/44 & 0 \end{array} \right)$$

になる．

この $\mathbf{S}$ の定式化は，無敗チームの問題をかき消してしまうという付加的な価値を持っている．すべての成分が 0 である行は，すべての対戦相手とお互いに得点の無い試合をした，というあり得ない状況においてのみ出現するからである．このモデルによるレイティングとランキングは表 6.3 のようになる．

表 6.3 Markov：5 チームの例における失点によるレイティング結果．

チーム	r	順位
Duke	.095	5 位
Miami	.296	1 位
UNC	.149	4 位
UVA	.216	3 位
VT	.244	2 位

試合の得点以外

スポーツファンは，試合の得点が，競技における数多くの統計量の 1 つに過ぎないことを知っている．例えば，フットボールでは，獲得したヤード数，ターンオーバー数，ボールの支配時間，ラッシングヤード数，パッシングヤード数，などうんざりするほどの統計を取る．得点は，確かに試合結果に直接関係するが，それが，究極的には，唯一予測したいものではない（得点差による予測を考えてみよ）．これらの付加的な統計情報をも取り込んだモデルが，より完璧なモデルであると考えるのは自然なことである．Markov モデルにおいては，それぞれの統計情報に対応した行列を作ることによって，付加的な統計情報を取り込むのが，とても簡単である．例えば，下の表 6.4 にあるヤード数の情報を使って，各チームが失ったヤード数に票を投じるような投票行列を作ることができる．

表 6.4 Markov：5 チームの例における全ヤード数のデータ．

	Duke	Miami	UNC	UVA	VT
Duke		100-557	209-357	207-315	35-362
Miami	557-100		321-188	500-452	304-167
UNC	357-209	188-321		270-199	196-338
UVA	315-207	452-500	199-270		334-552
VT	362-35	167-304	338-196	552-334	

$$\mathbf{V}_{yardage} = \begin{array}{c} \\ \text{Duke} \\ \text{Miami} \\ \text{UNC} \\ \text{UVA} \\ \text{VT} \end{array} \begin{pmatrix} \text{Duke} & \text{Miami} & \text{UNC} & \text{UVA} & \text{VT} \\ 0 & 577 & 357 & 315 & 362 \\ 100 & 0 & 188 & 452 & 167 \\ 209 & 321 & 0 & 199 & 338 \\ 207 & 500 & 270 & 0 & 552 \\ 35 & 304 & 196 & 334 & 0 \end{pmatrix}.$$

(Duke, Miami) に対応する行列要素の 577 は，Duke が Miami に 577 ヤードのゲインを許し，Duke は Miami にこの大きな数字に比例した票を投じたことを意味している．各行を正規化すると，下記の確率行列 $\mathbf{S}_{yardage}$

$$\mathbf{S}_{yardage} = \begin{array}{c} \\ \text{Duke} \\ \text{Miami} \\ \text{UNC} \\ \text{UVA} \\ \text{VT} \end{array} \begin{pmatrix} \text{Duke} & \text{Miami} & \text{UNC} & \text{UVA} & \text{VT} \\ 0 & 577/1611 & 357/1611 & 315/1611 & 362/1611 \\ 100/907 & 0 & 188/907 & 452/907 & 167/907 \\ 209/1067 & 321/1067 & 0 & 199/1067 & 338/1067 \\ 207/1529 & 500/1529 & 270/1529 & 0 & 552/1529 \\ 35/869 & 304/869 & 196/869 & 334/869 & 0 \end{pmatrix}$$

が得られる．$\mathbf{S}_{yardage}$ によって生成されるレイティングとランキングのベクトルは，表 6.5 のようになる．

表 **6.5** Markov：5 チームの例におけるヤード数によるレイティング結果．

チーム	r	順位
Duke	.105	5 位
Miami	.249	2 位
UNC	.170	4 位
UVA	.260	1 位
VT	.216	3 位

もちろん，得点，または，ヤード数は特殊な情報ではなく，他の任意の統計情報を取り込むことが可能である．要は，投票の考え方さえ覚えておけばよいのである．かくして，同様に $\mathbf{S}_{turnover}$ と $\mathbf{S}_{poss}$[5] 行列が以下のようになる．

$$\mathbf{S}_{turnover} = \begin{array}{c} \\ \text{Duke} \\ \text{Miami} \\ \text{UNC} \\ \text{UVA} \\ \text{VT} \end{array} \begin{pmatrix} \text{Duke} & \text{Miami} & \text{UNC} & \text{UVA} & \text{VT} \\ 0 & 1/9 & 3/9 & 4/9 & 1/9 \\ 3/9 & 0 & 4/9 & 1/9 & 1/9 \\ 2/7 & 3/7 & 0 & 1/7 & 1/7 \\ 1/5 & 0 & 1/5 & 0 & 3/5 \\ 1/10 & 6/10 & 2/10 & 1/10 & 0 \end{pmatrix} \text{と}$$

$$\mathbf{S}_{poss} = \begin{array}{c} \\ \text{Duke} \\ \text{Miami} \\ \text{UNC} \\ \text{UVA} \\ \text{VT} \end{array} \begin{pmatrix} \text{Duke} & \text{Miami} & \text{UNC} & \text{UVA} & \text{VT} \\ 0 & 29.7/118.6 & 30.8/118.6 & 28/118.6 & 30.1/118.6 \\ 30.3/123.6 & 0 & 36.3/123.6 & 31/123.6 & 26/123.6 \\ 29.1/111.6 & 23.7/111.6 & 0 & 27.5/111.6 & 31.3/111.6 \\ 32/131.9 & 29/131.9 & 32.5/131.9 & 0 & 38.4/131.9 \\ 29.9/114.2 & 34/114.2 & 28.7/114.2 & 21.6/114.2 & 0 \end{pmatrix}$$

---

5) 訳注：原文 poss は，possession（ボールを支配していた時間，アメフトでは総攻撃時間のこと）の略．対角成分に対して対称な位置にある要素の分子の和が正味の試合時間 60（分）になっている．

である．

次のステップは，それぞれの統計情報に対応する確率行列を組み合わせて，いくつかの確率行列を同時に取り込んだ単一の行列 $\mathbf{S}$ を作ることである．いつものことながら，何通りもの方法が存在する．例えば，各確率行列 $\mathbf{S}_{point}$, $\mathbf{S}_{yardage}$, $\mathbf{S}_{turnover}$, $\mathbf{S}_{poss}$ の凸結合として，唯一の総合的行列 S を

$$\mathbf{S} = \alpha_1 \mathbf{S}_{point} + \alpha_2 \mathbf{S}_{yardage} + \alpha_3 \mathbf{S}_{turnover} + \alpha_4 \mathbf{S}_{poss}$$

ここで，$\alpha_1, \alpha_2, \alpha_3, \alpha_4 \geq 0$ かつ $\alpha_1 + \alpha_2 + \alpha_3 + \alpha_4 = 1$ を満たすように定義することができる．凸結合を使うことにより $\mathbf{S}$ が確率行列であることが保証される．これは，レイティングベクトルの存在にとって重要なことである．重み α_i は，スポーツアナリストによる情報にもとにして，適切に値を決めることができる．ここでは，直ちにモデルを試してみるために，簡単に $\alpha_1 = \alpha_2 = \alpha_3 = \alpha_4 = 1/4$ としよう．すると，次が得られる．

$$\mathbf{S} = \begin{array}{c} \\ \text{Duke} \\ \text{Miami} \\ \text{UNC} \\ \text{UVA} \\ \text{VT} \end{array} \begin{pmatrix} \text{Duke} & \text{Miami} & \text{UNC} & \text{UVA} & \text{VT} \\ 0 & 0.2617 & 0.2414 & 0.2788 & 0.2182 \\ 0.2094 & 0 & 0.3215 & 0.3055 & 0.1636 \\ 0.2439 & 0.3299 & 0 & 0.1578 & 0.2684 \\ 0.1637 & 0.2054 & 0.1750 & 0 & 0.4559 \\ 0.1005 & 0.4653 & 0.1863 & 0.2479 & 0 \end{pmatrix} \quad \text{と} \quad \mathbf{r} = \begin{pmatrix} .15 \\ .24 \\ .19 \\ .20 \\ .21 \end{pmatrix}$$

である．Markov モデルの美しさは，その柔軟性とほとんど無限とも言える調整の可能性である．ほぼ任意の統計情報（ホームアドバンテージ，天気，怪我など）をモデルに追加できる．もちろん，そのときのこつは，各 α_i パラメーターを調整することである．

無敗チームの取り扱い

本章の最初の方で記述された Markov 行列の要素を入力するためのいくつかの方法は，すべての成分が 0 であるような行を持つ可能性が大きい．その場合，Markov 行列は，準確率的となってしまう．この準確率性は，ランキングベクトルを生成するために各行が確率的であるような行列を必要条件とする Markov モデルでは問題を引き起こす．80 ページの例では，無敗チームの Miami に，ウェブページのランキングで使われる標準的なトリック，すなわち，すべての成分が 0 となるような行 $\mathbf{0}^T$ を，すべての成分が $1/n$ となるような行 $1/n \mathbf{e}^T$ で置き換えるを適用した．このトリックは，数学的には問題を解決し，確率行列を作り出すが，他にも，スポーツという背景でより意味があるような無敗チームの取り扱い方法が存在する．

例えば，最強のチームに，自分自身を含めすべてのチームに同数を投票させるのではなく，その最強のチームにのみ投票させてはいけないだろうか？　この場合，各無敗チーム i について，全ての成分が $\mathbf{0}^T$ であるような行を，$\mathbf{e}_i^T$（すなわち単位行列の第 i 行）で置き換えることになる．このようにして作られたデータは，確率行列となり，その結果 Markov 連鎖を生成し，問題は解決したことになる．しかしながら，この修正は別の問題

を引き起こす．実際，これは，すべてのMarkovモデルにおいて，行列の可約性に関係する潜在的な問題であり，本ケースでは確かに問題となる．定常ベクトルが存在し，しかも唯一であるためには，Markov連鎖は既約（かつ，非周期的，これはほとんどの場合満たされる）でなければならない [54]．既約な連鎖とは，すべてのチームから，他のすべてのチームへの経路が存在するような連鎖のことである．無敗チームが皆，自分自身のみに投票したとすると，連鎖は可約，すわなち，これらの無敗チームが連鎖の吸収状態になってしまう．言い換えると，グラフ上をランダムウォークするお天気ファンは，最終的に無敗チームから動けなくなってしまうのである．ここで，再度，ウェブページのランキングからトリックを拝借して，確率化された投票行列にいわゆるテレポーテーション行列 $\mathbf{E}$ を単純に加えてみよう [49]．すると，$0 \leq \beta \leq 1$ として，Markov行列 $\bar{\mathbf{S}}$ は，

$$\bar{\mathbf{S}} = \beta \mathbf{S} + (1-\beta)/n\, \mathbf{E}$$

で与えられる．ここで，$\mathbf{E}$ はすべての要素が1の行列で，n はチーム数である．すべてのチームが，少なくともある程度小さな確率で，直接他のチームとつながるので，$\bar{\mathbf{S}}$ は既約になり，$\bar{\mathbf{S}}$ の定常ベクトルが存在してしかも一意である．レイティングベクトルは，スカラー定数 β に依存する．一般には，β の値が大きいほど，モデルはオリジナルデータに近い．ウェブのデータの場合，$\beta = .85$ が常識的によく使われる値である [15]．一方，スポーツの場合は，より小さな β の値が適切である．経験上，NFLのデータ [34] には $\beta = .6$ が，NCAAバスケットボール [41] には $\beta = .5$ だとうまくいく．しかしながら，β の値の選択は，適用対象，データ，スポーツの種類，さらには季節にさえ依存すると思われる．

　無敗チームを扱う他の方法として，お天気ファンを無敗チームに来る直前のチームに送り返し，そこからランダムウォークを続けさせる，というものがある．この送り返すというアイデアは，ウェブページのレイティングにおいては成功裏に実装された [26, 53, 49, 77]．すなわち，ブラウザーのBACKボタンを使うという自然な反応をうまくモデル化したのである．この送り返しのアイデアは，スポーツのレイティングにおいてはさほど適切では無いかもしれないが，一考に値する．下の図は，無敗チームを扱う3つの方法をまとめたものである[6]．

---

[6] 訳注：本章は，Keenerの手法と同じく，『Google PageRankの数理』に詳しい．

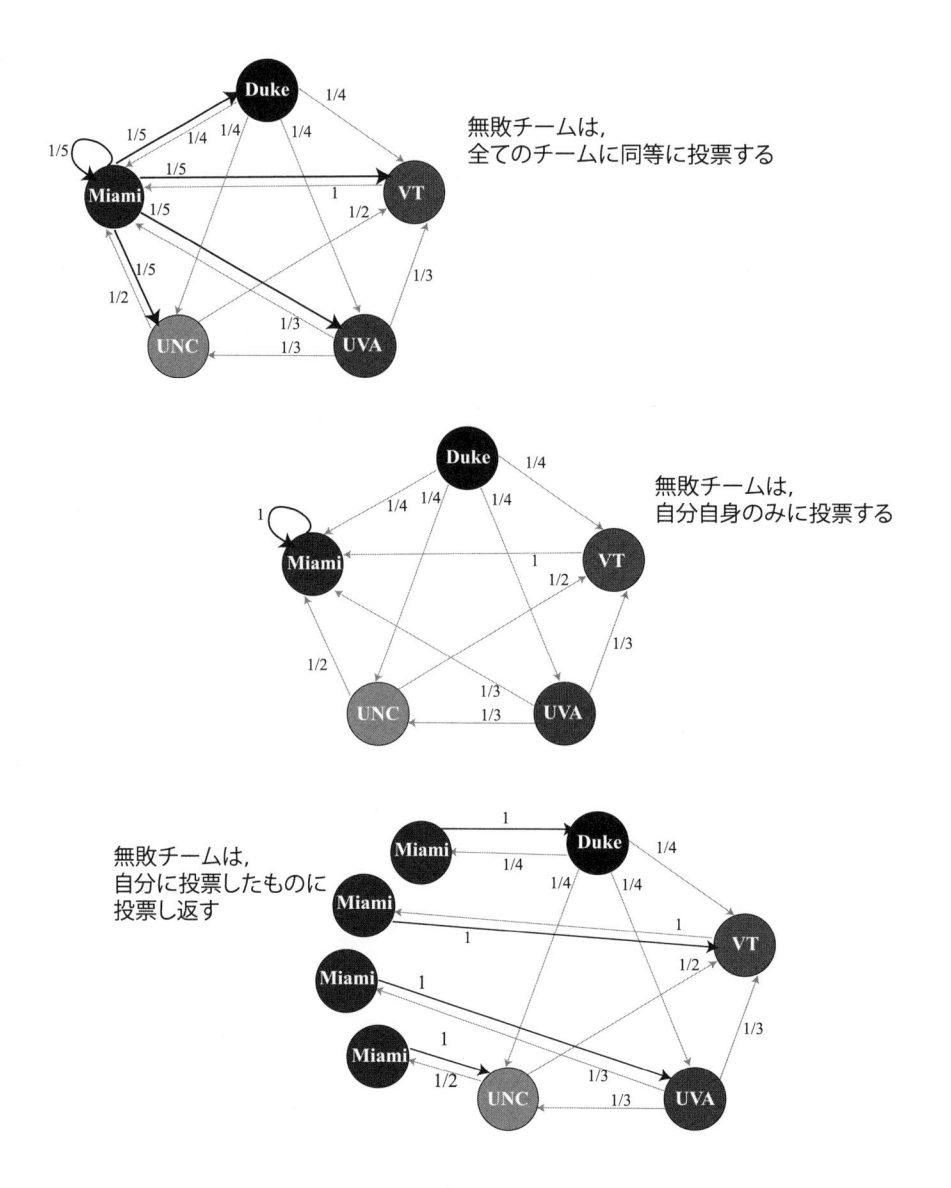

無敗チームは，
全てのチームに同等に投票する

無敗チームは，
自分自身のみに投票する

無敗チームは，
自分に投票したものに
投票し返す

Markovのレイティング手法のまとめ

下の影付けした囲み部分に，Markov方法によるスポーツチームのレイティングを説明するのに採用した表記法を集めた．

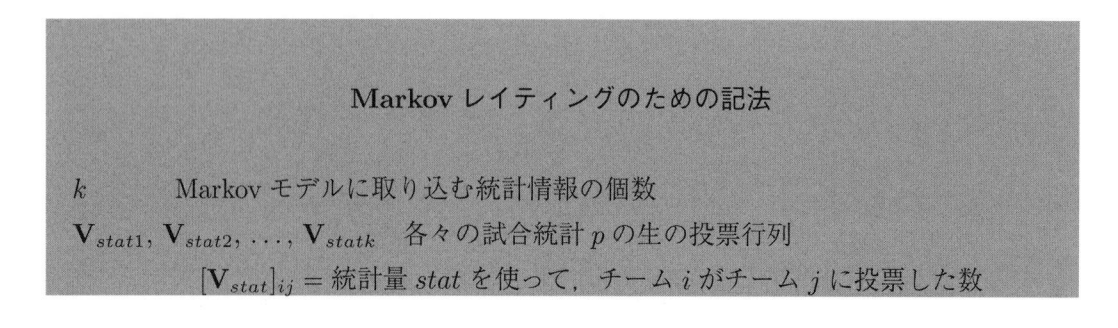

Markovレイティングのための記法

k　　Markovモデルに取り込む統計情報の個数

$\mathbf{V}_{stat1}, \mathbf{V}_{stat2}, \ldots, \mathbf{V}_{statk}$　各々の試合統計 p の生の投票行列

$[\mathbf{V}_{stat}]_{ij} =$ 統計量 $stat$ を使って，チーム i がチーム j に投票した数

$\mathbf{S}_{stat1}, \mathbf{S}_{stat2}, \ldots, \mathbf{S}_{statk}$	投票行列 $\mathbf{V}_{stat1}, \mathbf{V}_{stat2}, \ldots, V_{statp}, \ldots, \mathbf{V}_{statk}$ から構築された，各々対応する確率行列
$\mathbf{S}$	$\mathbf{S}_{stat1}, \mathbf{S}_{stat2}, \ldots, \mathbf{S}_{statk}$ から構築された最終的な確率行列 $$\mathbf{S} = \alpha_1 \mathbf{S}_{stat1} + \alpha_2 \mathbf{S}_{stat2} + \cdots + \alpha_k \mathbf{S}_{statk}$$
α_i	試合の i 番目の統計情報に関する重み；$\sum_{i=1}^{k} \alpha_i = 1$ かつ $\alpha_i \geq 0$.
$\bar{\mathbf{S}}$	既約であることが保証されるような Markov の確率行列； $$\bar{\mathbf{S}} = \beta \mathbf{S} + (1-\beta)/n\, \mathbf{E}, \quad 0 < \beta < 1$$
$\mathbf{r}$	Markov のレイティングベクトル；$\bar{\mathbf{S}}$ の定常ベクトル（または，支配的固有ベクトル）
n	リーグに所属するチーム数 $= \bar{\mathbf{S}}$ の階数

MATLAB や Mathematica のようなほとんどのソフトウェアプログラムは，固有ベクトルを計算する組み込み関数を持っているので，Markov の手法を実施するためのコマンドは簡潔である．

チームをレイティングするための Markov の手法

1. 注目する k 個の試合の統計情報を表す投票行列を使い $\mathbf{S}$ を構築する．

$$\mathbf{S} = \alpha_1 \mathbf{S}_{stat1} + \alpha_2 \mathbf{S}_{stat2} + \ldots + \alpha_k \mathbf{S}_{statk},$$

ただし $\alpha_i \geq 0$ かつ $\sum_{i=1}^{k} \alpha_i = 1$ である

2. $\mathbf{S}$（$\mathbf{S}$ が可約な場合は，代わりに既約な $\bar{\mathbf{S}} = \beta \mathbf{S} + (1-\beta)/n\, \mathbf{E}$ ただし $0 < \beta < 1$ を使う）の定常ベクトル，または支配的固有ベクトル $\mathbf{r}$ を計算する．

Markov 連鎖の諸性質のリストで本節を締めくくろう．

- Markov モデルは，試合についての多くの統計情報を自然なやりかたで融合させる．
- レイティングベクトル $\mathbf{r} > \mathbf{0}$ は，（投票グラフの上をランダムウォークする）お天気ファンが，長期間において，特定のチームに費やす割合という，うまい解釈ができる．
- Markov の手法は，ウェブページのレイティングを行なう有名な PageRank 法 [14] に関係している．
- 無敗チームは，Markov 行列では，すべての成分が 0 である行として表現されるが，このため，行列は準確率的となり問題を引き起こす．レイティングベクトルを生成するためには，準確率的な各行を何とかして確率的にしなければならない．86 ページにおける議論は，これを実行し，無敗チームに投票させるためのいくつかの方法を概

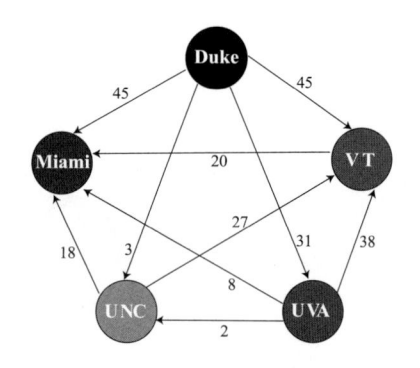

図 **6.2** 得点差の投票行列の Markov グラフ．

説している．

- Markov の手法における定常ベクトルは，PageRank 同様，ベキ乗分布に従うことが示されている．すなわち，少数のチームがレイティングの大半を享受し，大半のチームは，小さな残りレイティングを分け合わなければならない，ということである．1 つの帰結として，Markov の手法は，入力データの小さな変化（とくにベキ乗分布の裾野に位置する低いレイティングのチームが関係するような場合）に非常に敏感であることが言える．スポーツにおいては，番狂わせ（弱小チームが強豪チームに勝つこと）が，レイティングに劇的な，ときには信じられないような効果をもたらす．この現象に関するより詳細な説明は [21] を参照されたい．

Markov の手法と Massey の手法の関係

Markov と Massey の手法の間に共通点は，ほとんどないように見えるが，グラフで表現すると興味深い関連性が明らかになる．本章の最初の方で述べたが，Markov の手法における投票の仕方は何通りもある．Massey の方法は得点差によって構築されているので，得点差に投票する Markov の手法は，Massey の手法に非常に近い関係にある．図 6.2 を考察してみよう．

これは，82 ページの得点差投票行列 **V** による Markov グラフを図示している．このグラフは，実際 Massey の方法で使われたものと全く同じ情報を持っている．Massey の手法における基本方程式を思い出してみよう．すなわち，チーム i とチーム j の間で戦われた試合 k に対して $r_i - r_j = y_k$ という線型方程式が与えられた．これは，その対戦において，チーム i がチーム j を y_k の点差で負かしたという意味である．すなわち，私達の 5 チームの例では，VT は，UNC を 27 点差で負かしたので，$r_{VT} - r_{UNC} = 27$ ということになる．この得点差情報を使ってグラフを作れば，図 6.3 のようなグラフとなる．

これは，Markov のグラフを転置 (transpose) した[7]だけである．両グラフは，得点差をリンクの重みとしているが，リンクの方向が異なっている．Massey のグラフのリンク

---

7) 訳注：グラフに対応する隣接行列が，元のグラフの隣接行列の転置行列になっている．

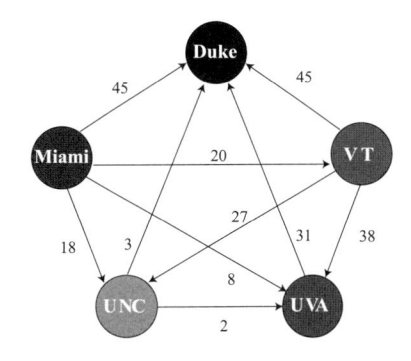

図 6.3　図 6.2 と同じ 5 チームの例の Massey グラフ．

の矢印の方向は，支配関係を表しているが，Markov のグラフでは弱さを表している．

2 つのグラフは本質的に同じだが，その考え方においては全く異なっている．リンクの重みが与えられたとして，両手法とも，各ノードの重みを見つけようとする．Markov の手法は，そのようなノードの重みをランダムウォークによって見つける．このグラフ（正確には，このグラフの確率化されたバージョン）上をランダムウォークするお天気ファンを思い出してみよう．お天気ファンが任意のノード i に留まる時間への，長期間に渡る比例係数が，このノードの重み r_i となる．一方，Massey の手法は，ノードの重みをフィッティングテクニック (fitting technique) で見つける．すなわち，与えられたリンクの重みに最もフィットするノードの重み r_i を見つける．おそらく，次の例えが理解を助けてくれるだろう．

Markov の手法と Massey の手法の例え[8]

Markov の手法は，そのグラフ上の旅行者を動かす．一方，Massey の手法は，最もぴったりと，そのグラフの形状にフィットする洋服を仕立てる．

余談：PageRank とランダムサーファー

本節の Markov の手法は，Google がウェブページをレイティングするために作った Markov 連鎖に従って作られた．Google による Markov 連鎖の定常ベクトルは PageRank ベクトルと呼ばれている．PageRank の意味を説明する 1 つの方法は，私達のモデルのお天気ファンと同様，グラフ上をランダムウォークするランダムサーファーによるものである．www.whydomath.org における SIAM の"WhyDoMath?" プロジェクトの一環として，ウェブサイトが構築され，そこには，PageRank テレポーテーション，ぶら下がりノード，ランク，ハイパーリンク，ランダムサーファーなどの概念を，数学が専門でない視聴者のために説明した 20 分ほどのビデオが掲載されている．

---

[8] 訳注：Massey の手法では，各ノードの重み $\{r_i\}$ を最小二乗法を使って，全体的に一番自分に合うように求めている．ここでは，これを洋服に例えている．

余談：米国の大学のランキング

毎年，US News は，米国の上位大学をリストアップしたレポートを出版している．大学のマーケティング部は注意深くこのリストを見ている．というのも，高いランキングは巨額の収入を意味するからである．多くの最上級の高校生と彼らの親はこのようなランキングにもとづいて最終的な志望大学を決定する．最近，これらのランキングに関して，ある議論が持ち上がった．2007年6月，CNN は，121の私立大学と教養系の単科大学の理事が，彼らの大学をランキングシステムから外すつもりだと報じた．ランキングから身を引いた組織は，ランキングが大学の学長や学部長の主観であるだけでなく自己申告データから構築されているので，ランキングシステムを不健全であると決め付けたのである．

US News の大学ランキングを取り巻く議論を聞いて，私達は，どのようにこのランキングが構築されているのか調査した．まず，参加している単科大学や総合大学は，カーネギー教育振興財団 (Carnegie Foundation for the Advancement of Teaching) によって毎年発行されるカーネギー分類[9]に基づいた特別なカテゴリーに分類される．例えば，カーネギー分類の基礎研究 I 類は，特定の規模の博士号授与を行なう全ての団体に適用される．修士 I 類と修士 II 類[10]の学校に対して，同様なカテゴリーが存在する．各学校は，同じカーネギー分類の中の他の学校とのみ比較される．学校についてデータは，US News, Peterson's, The College Board によって開発された共通データセットで提供されるフォームを使って収集される．このデータのうち大体75%は数値データで，相互評価，学生の維持と卒業（の割合），教員数，学生の選択（学力など），財務，同窓生の寄付，卒業率などの7つの主要なトピックをカバーしている．残りの25%は，同列の組織（同じカーネギー分類に属す学校）による相互評価について質問された学長や学部長の主観的なレイティングから来ている．US News は，これらの数値データと主観的データを，教育研究アナリスト達が決めた重み係数を使った簡単な重み付けによって組み合わせている．

US News が組み込んだランキング手法のあまりの簡単さに驚いた著者達は，US News ランキングと，Markov の手法を使ったより洗練されたランキング手法とを比較しようと思った．あくまで一例としてではあるが，同じカーネギー分類に属する14校をランキングしてみた．次の7つの要因に基づく7つの行列から単一の行列を構築した：学科の学位数，組織からの財政援助の平均，学費，学生数に対する教員数の割合，合格率，新入生の維持率，卒業率．

表6.6 は，14校の2007年8月の US News と Markov の手法によるランキングである．明らかに，2つのランキングは全く異なる．例えば，

表 6.6　US News と Markov の手法による大学のランキング．

大学	US News 順位	Markov 順位
Harvard University	1	5
Yale University	2	4
Stanford University	3	12
Columbia University	4	13
University of Chicago	5	11
Brown University	6	14
Emory University	7	10
Vanderbilt University	8	3
University of California, Berkeley	9	7
University of California, Los Angeles	10	9
Brandeis University	11	2
University of Rochester	12	8
University of California, Santa Barbara	13	6
SUNY, Albany	14	1

SUNY は US News ランキングされたメンバーの中では最低に位置しているが，Markov の手法に

---

[9]　訳注：2015年以降，Indiana University Bloomington's Center for Postsecondary Research に移管された．
[10]　訳注：分野数と修士号の種類で分類している．

よると最高である．どちらのランキングが良いのかを明言するのは難しいので，ここでは，異なる手法が非常に異なったランキングを生成しうる，ということだけを言っておこう．また，多くのこと（つまり，学校の評判とか，収入とか）がランキングに依存しているのであれば，洗練された厳密な手法が望ましいだろう．

第7章 攻撃力・守備力レイティング手法

　レイティング科学の自然なアプローチは，まず，個々のチームや参加者の個々の属性をレイティングして，次に，これらを組み合わせ，総合的な強さを反映しているような単一の数字を生成することである．とくに，ほとんどの競技で成功するには，強力な守備力だけでなく，強力な攻撃力が必要とされる．よって，誰が一番か，という結論を引き出す前に，各々を別々にレイティングすることは道理にかなっている．

　しかしながら，言うは易く行うは難し，である．とくに，攻撃力と守備力をレイティングすることに関しては．問題は，誰にでもわかることだが，弱い守備力を持つチームと対戦すると，最弱な攻撃力でさえも実際よりも強く見えてしまうのである．同様に，あるチームの守備力が優れて見えるかどうかは，対戦相手の攻撃力がどのくらい強いか（あるいは，弱いか）ということの帰結である．換言すると，攻撃力と守備力の間には循環的な関係があり，攻撃力と守備力を個別にレイティングしようとする場合，各々は他を考慮に入れなければならないのである．これをどのように実現するか，が本章のポイントである．

OD手法の目的[1]

　ここでの目的は，各チーム（参加者）に，過去の実践で蓄えられた統計量から作られた，**攻撃力レイティング** (*offensive rating*)（チームiに対して$o_i > 0$）と**守備力レイティング** (*deffensive rating*)（チームiに対して$d_i > 0$）を割り付けることである．任意のスポーツや競技が与えられたとき，一般に，検討すべき統計量は沢山あるが，得点が最も基本的な統計量であり，実際非常にうまく行く．さらに，得点を使って攻撃力と守備力のレイティングを算出するOD手法を理解すれば，得点以外の統計情報を使って，独自のシステムを構築することは容易い．これらの理由によって，ODレイティング手法は，得点を使って解説する．

---

[1] 訳注：以後，原文の offence-deffence rating method（日本語では，攻撃力・守備力レイティング手法）を略してOD手法と呼ぶ．

OD手法の前提

m チーム[2]がレイティングされるものとする．また，主たるパフォーマンスの指標として得点を使うものとする．チーム j は，対戦相手，とくに守備力が高い対戦相手，から多くの得点を上げたら，優秀な攻撃的なチームであると考えられ，高い攻撃力のレイティングを得る．同様に，チーム i は，対戦相手，とくに攻撃力が高い対戦相手，が少ない得点しか上げられなかったら，優秀な守備的なチームと考えられ，高い守備力のレイティングを得る．結果的に，攻撃力と守備力のレイティングは，それぞれの攻撃力のレイティングがすべての守備力のレイティングの，ある関数 f であり，それぞれの守備力のレイティングがすべての攻撃力のレイティングの，ある関数 g である，と言う意味において互いに織り込まれているのである．

このようにして，問題は，関数 f と g をどのように決めるかということに帰着された．得点を主たるパフォーマンスの測定結果とすることになっているので，過去の得点を，**得点行列**(*score matrix*) $\mathbf{A} = [a_{ij}]$ に，各要素 a_{ij} が，チーム j がチーム i から挙げた得点（両チームが複数回対戦した場合は平均，両チームが対戦しなかった場合は 0）となるように，整理して入力する．a_{ij} は，次の意味で二重の解釈ができることに注意しよう．

$$a_{ij} = \begin{cases} \text{チーム } j \text{ が } i \text{ から挙げた得点数（}j\text{ の攻撃力の尺度）} \\ \text{と} \\ \text{チーム } i \text{ が抑えた結果の } j \text{ の得点数（}i\text{ の守備力の尺度）} \end{cases} \tag{7.1}$$

言い換えると，どのように見られるかによって，a_{ij} は，相対的な攻撃と守備の能力を同時に反映しているのである．この二重の解釈を使って，各チームの f と g の定義を次のように定式化しよう．

OD レイティング

任意の守備力のレイティング $\{d_1, d_2, \ldots, d_m\}$，に対して，チーム j の攻撃力レイティングを次のように定義する

$$o_j = \frac{a_{1j}}{d_1} + \frac{a_{2j}}{d_2} + \cdots + \frac{a_{mj}}{d_m} \quad (\text{大きな } o_j \implies \text{強い攻撃力}) \tag{7.2}$$

同様に，任意の攻撃力のレイティング $\{o_1, o_2, \ldots, o_m\}$，に対して，チーム i の守備力レイティングを次のように定義する

---

[2] 訳注：前章ではチーム数は n だったが，本章では m となっている．紛らわしいが，原著に従う．

$$d_i = \frac{a_{i1}}{o_1} + \frac{a_{i2}}{o_2} + \cdots + \frac{a_{im}}{o_m} \quad (\text{大きな } d_i \implies \text{弱い守備力}) \tag{7.3}$$

さしあたりは，この定義をよく反芻して，この定義が次のような理由によって道理にかなっていることを納得しよう．攻撃力のレイティングを理解するため，チーム $\star$ の守備力が弱いとしよう．その結果，$d_\star$ は相対的に大きくなる．もし，チーム j がチーム $\star$ から大量の得点を挙げたとすると，$a_{\star j}$ は大きくなる．しかしながら，この大量得点は，o_j の定義の中に現れる $a_{\star j}/d_\star$ の項の大きな $d_\star$ の値によって抑制される．言い換えると，弱い守備力のチームから大量の得点を挙げても，総合的な攻撃力のレイティングにはさほど貢献しないということになる．一方，もし，チーム $\star$ が強力な守備力を持っている場合は $d_\star$ は相対的に小さくなり，チーム $\star$ から上げた大量の得点は小さな $d_\star$ の値によって軽減されることはない．よって，$a_{\star j}/d_\star$ は，チーム j の攻撃力のレイティングを著しく増加させるのである．

守備力レイティングの背後にある考え方も同様である．強力な攻撃力を低い得点に抑えれば，チーム i の守備力レイティングの $a_{i\star}/o_\star$ の項を減少させる．反対に，弱いチームに大量得点を許してしまうと，$a_{i\star}/o_\star$ の値が大きくなってしまい，チーム i の守備力のレイティングの値を大きくしてしまう．

さて，どちらが先か？

攻撃力・守備力レイティングは循環的なので，他方を知らずに一方を決めることは不可能である．これは，一方のレイティングを任意に初期化し，次々と代わる代わる代入を繰り返して実行し，収束するまで (7.2) と (7.3) を更新することによってのみ，攻撃力・守備力レイティングが計算できるということを意味している．

交互精緻化プロセス

縦ベクトル $\mathbf{d}_0$ を，すべての要素を正にして，守備力レイティングを初期化する．このレイティングの初期値は，任意でよい．すなわち，一般的に以下のようにする．

$$\mathbf{d}_0 = \begin{pmatrix} 1 \\ 1 \\ \vdots \\ 1 \end{pmatrix} = \mathbf{e}.$$

$\mathbf{d}_0$ の値を使い，(7.2) によって攻撃力レイティングの第一次近似を計算して，その結果を縦ベクトル $\mathbf{o}_1$ に格納する．今度は，その値を使って，(7.3) によって守備力レイティングのより精緻化した値を計算して，その結果を縦ベクトル $\mathbf{d}_1$ に格納する．このように，

交互の代入プロセスを繰り返すことによって，2つのベクトル列が生成される．すなわち

$$\{\mathbf{d}_0, \mathbf{d}_1, \mathbf{d}_2, \mathbf{d}_3, \ldots\} \quad \text{と} \quad \{\mathbf{o}_1, \mathbf{o}_2, \mathbf{o}_3, \mathbf{o}_4, \ldots\} \tag{7.4}$$

である．これらのベクトル列が収束する場合は，各々のODレイティングは，次のベクトルの成分となる．すなわち

$$\lim_{k \to \infty} \mathbf{o}_k = \mathbf{o} = \begin{pmatrix} o_1 \\ o_2 \\ \vdots \\ o_m \end{pmatrix} \quad \text{かつ} \quad \lim_{k \to \infty} \mathbf{d}_k = \mathbf{d} = \begin{pmatrix} d_1 \\ d_2 \\ \vdots \\ d_m \end{pmatrix}$$

である．この交互精緻化プロセスをより上手に分析するためには，上記で一連に現れるベクトルを，やや非標準的な記法に従った行列代数を使って記述すると便利である．すべての要素が正であるような縦ベクトル

$$\mathbf{x} = \begin{pmatrix} x_1 \\ x_2 \\ \vdots \\ x_m \end{pmatrix}$$

が与えられたとき，$\mathbf{x}$の各成分の逆数を成分とするベクトル

$$\mathbf{x}^{\div} = \begin{pmatrix} 1/x_1 \\ 1/x_2 \\ \vdots \\ 1/x_m \end{pmatrix}$$

を定義する．$\mathbf{A} = [a_{ij}]$を(7.1)で定義された得点行列とすると，(7.2)と(7.3)の攻撃力・守備力レイティングは，2つの行列方程式

$$\mathbf{o} = \mathbf{A}^T \mathbf{d}^{\div} \tag{7.5}$$

と

$$\mathbf{d} = \mathbf{A} \mathbf{o}^{\div} \tag{7.6}$$

で書くことができる．

その結果，$\mathbf{d}_0 = \mathbf{e}$として，攻撃力・守備力レイティングの列(7.4)の中のベクトルは，交互精緻化プロセスによって以下のように定義される．

$$\mathbf{o}_k = \mathbf{A}^T \mathbf{d}_{k-1}^{\div} \tag{7.7}$$

と

$$\mathbf{d}_k = \mathbf{A} \mathbf{o}_k^{\div} \quad \text{ただし } k = 1, 2, 3, \ldots. \tag{7.8}$$

である．

分離

$\mathbf{o}_k$ と $\mathbf{d}_k$ 間の相互依存関係は，攻撃力・守備力レイティングの間を行ったり来たりして計算する必要が無いように，簡単に分離できる．これは，単に (7.8) を (7.7) に代入して，次の 2 つの独立な反復を作ることで実現される．

$$\mathbf{o}_k = \mathbf{A}^T \left(\mathbf{A}\mathbf{o}_{k-1}^{\div}\right)^{\div} \quad \text{ただし } k = 1, 2, 3, \ldots \tag{7.9}$$

$$\mathbf{d}_k = \mathbf{A} \left(\mathbf{A}^T \mathbf{d}_{k-1}^{\div}\right)^{\div} \quad \text{ただし } k = 1, 2, 3, \ldots \tag{7.10}$$

ただし $\mathbf{o}_0 = \mathbf{e} = \mathbf{d}_0$ である．

しかし，両方の反復は必要ない．どちらか一方のレイティングを計算すれば，他方のレイティングは (7.5) または (7.6) から得られるからである．たとえば，攻撃力の方の反復 (7.5) が $\mathbf{o}$ に収束すれば，それを (7.6) に代入して $\mathbf{d}$ を得る．同様に，(7.10) の反復を計算して，$\mathbf{d}$ に収束すれば，(7.5) によって $\mathbf{o}$ が生成される．

攻撃力・守備力レイティングの組み合わせ

各チームや各参加者に対する，一組の攻撃力・守備力レイティングが決定されたら，次の問題は，この 2 つのレイティングをどのように組み合わせて，各チームに対する単一のレイティングを生成するか，ということである．レイティングのリストを組み合わせたり集約したりする方法は沢山ある．実際，第 14 章と 15 章は，その問題を集中的に取り扱う．しかし，攻撃力・守備力レイティングを考える限りにおいては，最も簡単（かつ，おそらく最も賢明）なことは，チーム i の集約または総合レイティングを以下で定義することである．

$$\text{各 } i \text{ に対して，} \quad r_i = \frac{o_i}{d_i} \tag{7.11}$$

ベクトル表記すれば，総合レイティングベクトルは，$\mathbf{r} = \mathbf{o}/\mathbf{d}$，ただし / は各対応する要素ごとの除算，で表すことができる．強い攻撃力は，o_i の大きな値で，強い守備力は d_i の小さな値で特徴付けられることを思い出せば，攻撃力のレイティングの値を守備力のそれで割ることは道理に適っている．というのも，大きな値が良いという解釈が，ベクトル $\mathbf{r}$ の各成分である総合レイティングについても成り立つからである．

いつもの例

いつもの 5 チームの例の 6 ページに掲載されている表 1.1 の得点を，得点行列

$$\mathbf{A} = \begin{array}{c} \\ \text{DUKE} \\ \text{MIAMI} \\ \text{UNC} \\ \text{UVA} \\ \text{VT} \end{array} \begin{pmatrix} \text{DUKE} & \text{MIAMI} & \text{UNC} & \text{UVA} & \text{VT} \\ 0 & 52 & 24 & 38 & 45 \\ 7 & 0 & 16 & 17 & 7 \\ 21 & 34 & 0 & 5 & 30 \\ 7 & 25 & 7 & 0 & 52 \\ 0 & 27 & 3 & 14 & 0 \end{pmatrix}$$

に代入する．

$\mathbf{d}_0 = \mathbf{e}$ から出発して，(7.8) と (7.7) の交互精緻化スキームを実装すると有効数字4桁の攻撃力・守備力レイティング双方が収束するためには $k = 9$ 回の反復が必要である．結果を次の表に示す．

攻撃力順位	チーム	攻撃力レイティング	守備力順位	チーム	守備力レイティング
1.	MIAMI	151.6	1.	VT	.4104
2.	VT	114.8	2.	MIAMI	.8029
3.	UVA	82.05	3.	UVA	.9675
4.	UNC	48.66	4.	UNC	1.164
5.	DUKE	33.99	5.	DUKE	1.691

5チームの例の OD レイティング．

これらの攻撃力・守備力レイティングとランキングから，UVA，UNC，DUKE がそれぞれ，総合的に3番，4番，5番になるべきなのは明らかである．しかしながら，VT と MIAMI の攻撃力・守備力レイティングは入れ替わっているので，総合的ランキングの位置は不明確である．それでも，(7.11) の攻撃力・守備力レイティングが，これを解決する．総合的レイティングを下に示しておく．

順位	チーム	レイティング (o_i/d_i)
1.	VT	279.8
2.	MIAMI	188.8
3.	UVA	84.8
4.	UNC	41.8
5.	DUKE	20.1

(7.12)

5チームの例の総合レイティング．

得点とヤード数

本章の導入部で，競技のほとんどすべての統計量が得点の代わりに使えると書いた．フットボールの例だと，前出の攻撃力・守備力の手法において得点を獲得（逸失）ヤード数に代えたらどうなるか興味深いところである．Charleston 大学の Luke Ingram は修士論文 [41] の中で，2005年の ACC フットボールの得点とヤード数のデータを使ってこの問題を調べている．これまでに何回も取り上げてきた，私達の小さな5チームの例の中の得点データは，Luke の実験の一部である．Luke による，同じ5チームのヤード数のデータの，同様な部分を使って，**獲得ヤード行列** (*yardage matrix*) を作る．

$$\mathbf{A} = \begin{pmatrix} & \text{DUKE} & \text{MIAMI} & \text{UNC} & \text{UVA} & \text{VT} \\ \text{DUKE} & 0 & 557 & 357 & 315 & 362 \\ \text{MIAMI} & 100 & 0 & 188 & 452 & 167 \\ \text{UNC} & 209 & 321 & 0 & 199 & 338 \\ \text{UVA} & 207 & 500 & 270 & 0 & 552 \\ \text{VT} & 35 & 304 & 196 & 334 & 0 \end{pmatrix}$$

である．ただし

$$a_{ij} = \begin{cases} \text{チーム } j \text{ がチーム } i \text{ を相手に獲得したヤード数} \\ \text{あるいは，同じことだが} \\ \text{チーム } i \text{ がチーム } j \text{ に献上したヤード数} \end{cases}$$

$\mathbf{d}_0 = \mathbf{e}$ から出発して，交互反復スキーム (7.8) と (7.7) を実装すると，ヤード数を使った場合，攻撃力・守備力ベクトル双方が有効数字 4 桁まで収束するには $k = 6$ 回の反復が必要である．結果は以下のようになる．

攻撃力順位	チーム	攻撃力レイティング	守備力順位	チーム	守備力レイティング
1.	MIAMI	1608	1.	VT	.6629
2.	UVA	1537	2.	MIAMI	.7975
3.	VT	1249	3.	UNC	.9886
4.	UNC	1024	4.	DUKE	1.1900
5.	DUKE	537.3	5.	UVA	1.4020

ヤード数を使った場合の 5 チームの例の OD レイティング．

今回は，得点が使われたときほど，物事は明確ではない．ヤード数のデータから得られる総合レイティングは次のようになる．

順位	チーム	レイティング (o_i/d_i)
1.	MIAMI	2016
2.	VT	1885
3.	UVA	1096
4.	UNC	1036
5.	DUKE	451.6

(7.13)

ヤード数を使った場合の 5 チームの例の総合レイティング．

(7.12) の結果は，MIAMI と VT がその位置を変えたこと以外は (7.13) の結果と同様である．様々な試みは，NCAA フットボールの場合，得点データの方がヤード数データよりも（最終的な順位表に即して言えば），やや良い総合的なレイティングを提供する．おそらく，これは，勝者は最も得点を挙げたチームであり，最もヤード数を獲得することは必要でなかったからであろう．しかしながら，ヤード数にもとづいた攻撃力・守備力レイティングは，シーズン中盤の特別な時期における総合レイティングの良い指標となる．もちろん，結果は他のスポーツの諸条件や競技内容によって異なる．

2009-2010年シーズンのNFLのODレイティング

本書の他の場所のいくつかの例の中で，2009-2010年シーズンのNFLのデータを使っているので，読者は2009-2010年NFLシーズンのについてODレイティングがどうなっているのか知りたいと思うだろう．ODレイティングを，すべての試合（プレーオフの試合も含む）の得点データを使って算出してみた．ただし，2つのチームが互いに複数回対戦したときは，得点はそれらの平均である．結果は，下の表のようになる．

順位	チーム	攻撃力レイティング	順位	チーム	攻撃力レイティング
1.	SAINTS	560.99	17.	TITANS	281.58
2.	VIKINGS	442.37	18.	BRONCOS	256.01
3.	CHARGERS	393.23	19.	CHIEFS	255.6
4.	PACKERS	389.08	20.	PANTHERS	249.47
5.	PATRIOTS	375.69	21.	BENGALS	246.77
6.	COLTS	369.65	22.	NINERS	238.4
7.	EAGLES	362.99	23.	BEARS	231.55
8.	TEXANS	332.85	24.	JAGUARS	224.24
9.	FALCONS	322.99	25.	REDSKINS	219.82
10.	CARDINALS	322.05	26.	BUCS	215.16
11.	RAVENS	315.07	27.	BILLS	214.38
12.	GIANTS	306.6	28.	SEAHAWKS	210.83
13.	DOLPHINS	304.32	29.	LIONS	209.09
14.	STEELERS	304.24	30.	BROWNS	190.22
15.	JETS	298.27	31.	RAIDERS	165.21
16.	COWBOYS	297.71	32.	RAMS	135.81

(7.14)

得点を使った場合の2009-2010 NFLシーズンの攻撃力レイティング．

順位	チーム	守備力レイティング	順位	チーム	守備力レイティング
1.	JETS	0.6461	17.	PACKERS	1.0391
2.	RAVENS	0.67875	18.	VIKINGS	1.0526
3.	PATRIOTS	0.75685	19.	GIANTS	1.0552
4.	NINERS	0.79343	20.	BEARS	1.056
5.	COWBOYS	0.80562	21.	BUCS	1.0769
6.	PANTHERS	0.81649	22.	RAMS	1.0815
7.	FALCONS	0.85158	23.	TITANS	1.091
8.	BENGALS	0.85385	24.	CHARGERS	1.1005
9.	BILLS	0.87673	25.	SEAHAWKS	1.1363
10.	BRONCOS	0.87783	26.	BROWNS	1.1395
11.	REDSKINS	0.92174	27.	CARDINALS	1.1414
12.	EAGLES	0.94134	28.	RAIDERS	1.1474
13.	COLTS	0.95219	29.	JAGUARS	1.2207
14.	TEXANS	0.95922	30.	CHIEFS	1.2661
15.	STEELERS	1.0113	31.	SAINTS	1.2665
16.	DOLPHINS	1.0143	32.	LIONS	1.4548

(7.15)

得点を使った場合の2009-2010 NFLシーズンの守備力レイティング．

比 $r_i = o_i/d_i$ が，OD レイティングを集約して，各チームの単一の総合レイティングを生成するのに使われたとすると，2009-2010 年 NFL シーズンの結果は以下の表のようになる．

順位	チーム	$r_i = o_i/d_i$	順位	チーム	$r_i = o_i/d_i$
1.	PATRIOTS	496.39	17.	BRONCOS	291.64
2.	RAVENS	464.2	18.	GIANTS	290.56
3.	JETS	461.64	19.	BENGALS	289.01
4.	SAINTS	442.95	20.	CARDINALS	282.15
5.	VIKINGS	420.25	21.	TITANS	258.09
6.	COLTS	388.21	22.	BILLS	244.52
7.	EAGLES	385.61	23.	REDSKINS	238.48
8.	FALCONS	379.28	24.	BEARS	219.26
9.	PACKERS	374.45	25.	CHIEFS	201.89
10.	COWBOYS	369.54	26.	BUCS	199.8
11.	CHARGERS	357.32	27.	SEAHAWKS	185.53
12.	TEXANS	347	28.	JAGUARS	183.7
13.	PANTHERS	305.53	29.	BROWNS	166.94
14.	STEELERS	300.85	30.	RAIDERS	143.98
15.	NINERS	300.46	31.	LIONS	143.73
16.	DOLPHINS	300.03	32.	RAMS	125.57

(7.16)

比 O/D を使った場合の 2009-2010 NFL シーズンの総合レイティング．

しかし，この簡単な比を使うことが，OD レイティングを集約する唯一の（必ずしも最良の）方法ではない．例えば，この比は，攻撃が守備と同じくらい重要だとみなしている．もし，もう少し複雑な戦略を実験してみたいのであれば，次の回帰モデルを試すとよい．

$$\alpha(o_h - o_a) + \beta(d_h - d_a) = s_h - s_a$$

ただし，o_h, d_h, o_a, d_a は，各々ホームとアウェイのチームの OD レイティングで，s_h と s_a は各々の場合の得点とする．ここで，**注意!** このような考えを弄り回し始めたら，それらが伝染的であることに気がつくだろう．実際，それらは流砂のように底なし (quicksand) であり，日常業務での遂行能力と共に個人的な人間関係があおりを食うことになる．

NFL は，ここまで述べた OD レイティングのご利益を説明する最良の例とは言えない．なぜなら，NFL は，他のスポーツに較べると，非常にバランスが取れているからである．フットボールリーグは，これを保証するためにはどんなことでもする．その結果，弱い攻撃力と強い攻撃力（と守備力）の間の差が，NCAA や他のスポーツほどには断言されえないのである．これは，生の得点の総計を使って（競技のレベルは一切無視して）NFL の攻撃力と守備力の能力を測っても，大外れはしないだろうが，他のスポーツや競技ではそうは行かないかも知れない．例えば，上で示された NFL の OD レイティングを算出するのに使われたのと同じ得点行列 **A** を使い，

$$試合あたりの平均得点数 = \frac{総得点}{試合数}$$

と

$$試合あたりの平均失点数 = \frac{総失点}{試合数}$$

を計算すると，次のような結果が得られる．

順位	チーム	平均得点	順位	チーム	平均得点
1.	SAINTS	33.687	17.	JETS	21.107
2.	PACKERS	30.115	18.	NINERS	19.731
3.	VIKINGS	29.2	19.	BENGALS	19.615
4.	PATRIOTS	27.346	20.	BRONCOS	19.423
5.	EAGLES	27.192	21.	PANTHERS	19.038
6.	CHARGERS	26.893	22.	BEARS	19
7.	RAVENS	25.808	23.	CHIEFS	18.615
8.	COLTS	25.179	24.	JAGUARS	18.042
9.	TEXANS	24.577	25.	REDSKINS	17.538
10.	CARDINALS	24.536	26.	SEAHAWKS	17.385
11.	STEELERS	24.269	27.	LIONS	17
12.	GIANTS	23.731	28.	BUCS	16.958
13.	FALCONS	22.654	29.	BROWNS	16.654
14.	TITANS	22.375	30.	BILLS	15.846
15.	COWBOYS	21.893	31.	RAIDERS	13
16.	DOLPHINS	21.846	32.	RAMS	11.692

(7.17)

2009-2010 NFL シーズンにおける 1 ゲームあたりの平均得点．

順位	チーム	平均失点	順位	チーム	平均失点
1.	JETS	15.346	17.	STEELERS	20.769
2.	RAVENS	16.077	18.	EAGLES	20.846
3.	COWBOYS	17.357	19.	SAINTS	21.25
4.	BENGALS	18.808	20.	BEARS	22.885
5.	VIKINGS	19.133	21.	CARDINALS	23.643
6.	COLTS	19.25	22.	JAGUARS	23.923
7.	NINERS	19.269	23.	BROWNS	24.154
8.	PANTHERS	19.308	24.	DOLPHINS	24.577
9.	TEXANS	19.462	25.	RAIDERS	24.692
10.	BRONCOS	19.731	26.	TITANS	24.808
11.	FALCONS	19.769	27.	RAMS	25.192
12.	PATRIOTS	19.958	28.	BUCS	25.423
13.	BILLS	20.231	29.	CHIEFS	26.038
14.	REDSKINS	20.231	30.	SEAHAWKS	27.708
15.	PACKERS	20.346	31.	GIANTS	28.542
16.	CHARGERS	20.714	32.	LIONS	30.346

(7.18)

2009-2010 NFL シーズンにおける 1 ゲームあたりの平均失点．

(7.14) の攻撃力レイティングを，(7.17) の平均得点とざっと較べて見ると，完全に同じ

ランキングにはならないにしても，多かれ少なかれ，一致している（当然そうあるべき）ことがわかる．もし，そうでなかったら，何かが欠けているのである．というのも，同じデータから両方のレイティングが作られているからである．違いは，(7.14) の攻撃力レイティングは競技のレベルを考慮しているが，(7.17) の生データは考慮していないという点である．同様に，守備力レイティング (7.15) は，(7.18) に示される平均失点に，多かれ少なかれ一致している．すべて予定調和になっているのである．

OD レイティング手法の数学的解析

OD レイティングを計算するアルゴリズムは，とても簡単である—すなわち，98 ページで説明した (7.7) と (7.8) の 2 つの掛け算を交互に繰り返すだけである．本書で議論される，ほとんどすべてのレイティングのスキームの中で，OD 手法は最も簡単に実装できる—すなわち，普通のスプレッドシートなら問題無いし，あるいは，競技者が多くなければ，簡易電卓で，いや，紙と鉛筆でこと足りる．しかし，簡単な実装は，OD アルゴリズムの理論を取り巻く，深い数学的問題をはらんでいる．

主たる，理論的な問題は，OD レイティングの存在に関するものである．OD レイティングを内包するベクトル $\mathbf{o}$ と $\mathbf{d}$ は，次のように極限として定義される

$$\mathbf{o} = \lim_{k \to \infty} \mathbf{o}_k \quad \text{と} \quad \mathbf{d} = \lim_{k \to \infty} \mathbf{d}_k$$

ただし

$$\mathbf{o}_k = \mathbf{A}^T \mathbf{d}_{k-1}^{\div} \quad \text{と} \quad \mathbf{d}_k = \mathbf{A} \mathbf{o}_k^{\div} \quad \text{ここで} \mathbf{d}_0 = \mathbf{e}$$

である．そのため，$\mathbf{o}$ と $\mathbf{d}$ が存在しない可能性もある．実際，これらの数列が収束しない場合は多々存在する．

いつ収束が保証されるのか，不可能なのかを知るための定理が必要である．そのような定理を開発する前に，いくつかの用語，記法，背景となる情報がまず必要である．OD レイティング手法が，データ行列 $\mathbf{A}_{m \times m}$ に対して連続的なスケーリングやバランシングを適用することに密接に関係させられるかどうかに，すべてがかかっている．これを理解するために，まず，$\mathbf{A}$ の列が最初にスケール（またはバランス）されて，すべての列和が 1 になり，次にそのスケールされた行列を行に関してスケールして，すべての行和を 1 にした[3]としよう．これは，$\mathbf{A}$ に対角スケーリング行列 (*diagonal scaling matrix*) $\mathbf{C}_1$ と $\mathbf{R}_1$ を掛ける[4]ことによって表現される．ここで，$\mathbf{AC}_1$ のすべての列和は 1 であり，それに引き続いて積 $\mathbf{R}_1(\mathbf{AC}_1)$ によって，すべての行和が 1 になる．言い換えると，

---

[3] 訳注：行列の列和 (column sum) とは，その列に含まれる行列要素の和，行和 (row sum) とはその行に含まれる行列要素の和のこと．

[4] 訳注：すぐ後の式で示されているような，行和や列和を 1 にするためのスケーリングを行う対角行列の意.

$$\mathbf{C}_1 = \begin{pmatrix} \xi_1 & 0 & \cdots & 0 \\ 0 & \xi_2 & \cdots & 0 \\ \vdots & \vdots & \ddots & \vdots \\ 0 & 0 & \cdots & \xi_n \end{pmatrix} \quad \text{ここで} \quad \xi_i = \frac{1}{[\mathbf{e}^T \mathbf{A}]_i} \quad (i \text{ 番目の列和の逆数})$$

と

$$\mathbf{R}_1 = \begin{pmatrix} \rho_1 & 0 & \cdots & 0 \\ 0 & \rho_2 & \cdots & 0 \\ \vdots & \vdots & \ddots & \vdots \\ 0 & 0 & \cdots & \rho_n \end{pmatrix} \quad \text{ここで} \quad \rho_i = \frac{1}{[(\mathbf{A}\mathbf{C}_1)\mathbf{e}]_i} \quad (i \text{ 番目の行和の逆数})$$

すると

$$\mathbf{R}_1 \mathbf{A} \mathbf{C}_1 \mathbf{e} = \mathbf{e} \quad (\text{つまり,すべての行和は 1 になる})$$

残念ながら,$\mathbf{AC}_1$ の行をスケーリングすると,$\mathbf{A}$ に $\mathbf{C}_1$ を掛けて前ステップで達成された列のバランスは壊れてしまう.すなわち,$\mathbf{R}_1 \mathbf{AC}_1$ の列の和は,一般的には 1 ではない.しかしながら,$\mathbf{R}_1 \mathbf{AC}_1$ の列の和は,$\mathbf{A}$ の列の和よりは,1 に近いことが多い.その結果,同種の交互のスケーリングを次々に実行して,データ(行列)の行だけでなく列和もすべて 1 に等しくなると言う意味での完璧なバランス(あるいは,少なくとも,あるあらかじめ決められた許容範囲で 1 に十分近い状態)が達成される.連続的な列のスケーリングと行のスケーリングは,

$$\mathbf{S}_k = \mathbf{R}_k \cdots \mathbf{R}_2 \mathbf{R}_1 \mathbf{A} \mathbf{C}_1 \mathbf{C}_2 \cdots \mathbf{C}_k \geq \mathbf{0} \quad \text{ここで} \quad \mathbf{S}_k \mathbf{e} = \mathbf{e} \quad (\text{すべての行和は 1 である})$$

となるような対角スケーリング行列の列 $\mathbf{C}_k$ と $\mathbf{R}_k$ を生成する.

正方行列 $\mathbf{S}$ が非負の要素を持ち行和が 1 に等しいとき,**確率行列** (*stochastic matrix*) と呼ぶ.$\mathbf{S}$ の行だけでなく,すべての列和も 1 になっている場合,$\mathbf{S}$ は**二重確率行列** (*doubly stochastic matrix*) と呼ばれる.

このようにして,連続した列と行のスケーリングによって作られた行列 $\mathbf{S}_k = \mathbf{R}_k \cdots \mathbf{R}_2 \mathbf{R}_1 \mathbf{A} \mathbf{C}_1 \mathbf{C}_2 \cdots \mathbf{C}_k$ は,各 $k = 1, 2, 3, \ldots$ に対して確率行列になる.$\mathbf{S} = \lim_{k \to \infty} \mathbf{S}_k$ が存在し,$\mathbf{S}$ が二重確率行列になることが望まれる.残念ながら,いつもそのようにはならないが,どのような場合にそれが起こるのかを正確に論ずる定理があるので,すべてが失われるわけではない.その定理を理解するためには,正方行列の対角成分について知識が必要である.

対角成分

正方行列 $\mathbf{A}$ の主対角成分とは,要素の集合 $\{a_{11}, a_{22}, \ldots a_{mm}\}$ であり,これは誰でも知っているだろう.しかしながら,それほど名を馳せていない $\mathbf{A}$ の他の対角成分が存在する.一般に,$\sigma = (\sigma_1, \sigma_2, \ldots, \sigma_m)$ が整数 $(1, 2, \ldots, m)$ の置換としたとき,$\boldsymbol{\sigma}$ に付随し

た $\mathbf{A}$ の対角成分 (*diagonal of A associated with* σ) を，集合

$$\{a_{1\sigma_1}, a_{2\sigma_2}, \ldots a_{m\sigma_m}\}$$

として定義する．例えば，$\mathbf{A} = \begin{pmatrix} 1 & 2 & 3 \\ 4 & 5 & 6 \\ 7 & 8 & 9 \end{pmatrix}$ の主対角成分 $\{1, 5, 9\}$ は，自然な順序 $(1, 2, 3)$ に対応するが，これと他のすべての対角成分は，下に示される 6 個の置換によって生成される．

置換	対角成分
$(1, 2, 3)$	$\{a_{11}, a_{22}, a_{33}\}$
$(1, 3, 2)$	$\{a_{11}, a_{23}, a_{32}\}$
$(2, 1, 3)$	$\{a_{12}, a_{21}, a_{33}\}$
$(2, 3, 1)$	$\{a_{12}, a_{23}, a_{31}\}$
$(3, 1, 2)$	$\{a_{13}, a_{21}, a_{32}\}$
$(3, 2, 1)$	$\{a_{13}, a_{22}, a_{31}\}$

Sinkhorn-Knopp

1967 年，Richard Sinkhorn と Paul Knopp は，OD 手法に完全に適用できるある定理を証明した [70]．その定理は以下のようである．

Sinkhorn-Knopp の定理

$\mathbf{A}_{m \times m}$ を非負の行列とする．
- $\mathbf{A}$ の列と行を交互にスケーリングする反復操作が二重確率（行列の）極限 $\mathbf{S}$ に収束するための必要十分条件は，$\mathbf{A}$ に少なくとも 1 つの真に正な対角成分[5]が存在することである．この場合，$\mathbf{A}$ は，台 (*support*) を持つと言う．

この命題は，スケーリングのプロセスが，ある二重確率行列に収束することを保証しているが，積 $\mathcal{C}_k = \mathbf{C}_1 \mathbf{C}_2 \cdots \mathbf{C}_k$ と $\mathcal{R}_k = \mathbf{R}_k \cdots \mathbf{R}_2 \mathbf{R}_1$ が収束することは保証しない．例えば，$\mathbf{A} = \begin{pmatrix} 1 & 1 \\ 0 & 1 \end{pmatrix}$ を連続的にスケーリングすると $\mathbf{I}$ （単位行列）に収束するが，$\mathcal{C}_k$ と $\mathcal{R}_k$ は収束しない．
- 対角行列の極限

$$\lim_{k \to \infty} \mathcal{C}_k = \mathbf{C} \quad \text{と} \quad \lim_{k \to \infty} \mathcal{R}_k = \mathbf{R} \tag{7.19}$$

が存在して $\mathbf{RAC} = \mathbf{S}$ が二重確率行列となるための必要十分条件は，$\mathbf{A}$ のすべての正の要素が，ある一つの正の対角成分に含まれていることである．この場合，$\mathbf{A}$ は **完全な台 (*total support*)** を持つと言われる．

---

[5] 訳注：ここでの対角成分とは，直前で定義した置換 σ に付随した対角成分のことである．

OD 行列

100 ページで議論したように，試合での得点以外（フットボールのヤード数など）も OD レイティングを計算するのに使うことができる．この後の OD 手法の話の展開を通じて，$\mathbf{A}_{m\times m}$ は，非負の統計量（得点，ヤード数など）の行列で，そのような行列を **OD 行列**（*OD Matrix*）と呼ぶことにする．主たる結果は，Sinkhorn-Knopp の定理を OD 行列に適用することによって，OD レイティングを反復によって生成することである．これは，次の定理によって展開できる．

OD レイティングと Sinkhorn-Knopp の定理

以下の議論において，縦ベクトル $\mathbf{x}$ を，以下の写像によって，随伴対角行列と同一視する．

$$\mathbf{x} = \begin{pmatrix} x_1 \\ x_2 \\ \vdots \\ x_m \end{pmatrix} \iff \mathrm{diag}\{\mathbf{x}\} = \begin{pmatrix} x_1 & 0 & \cdots & 0 \\ 0 & x_2 & \cdots & 0 \\ \vdots & \vdots & \ddots & \vdots \\ 0 & 0 & \cdots & x_m \end{pmatrix}.$$

$\mathrm{diag}\{\mathbf{x}\}\mathbf{e} = \mathbf{x} = \mathbf{e}^T \mathrm{diag}\{\mathbf{x}\}$ となることに注意しよう．さらに，非零の要素を持つベクトル $\mathbf{v}$ と非零の対角成分を持つ対角行列 $\mathbf{D}$ に対して，

$$\mathrm{diag}\{(\mathbf{Dv})^{\div}\} = \mathbf{D}^{-1}\mathrm{diag}\{\mathbf{v}^{\div}\} \quad \text{と} \quad \mathrm{diag}\{(\mathbf{Dv}^{\div})^{\div}\} = \mathbf{D}^{-1}\mathrm{diag}\{\mathbf{v}\} \tag{7.20}$$

であることを直接計算して確かめられる．ここに至って，OD レイティングベクトルがいつ存在して，いつ存在しないかを主張する主たる OD 定理を証明することができるようになった．

OD 定理

OD 行列 $\mathbf{A}_{m\times m}$ に対し，OD 列

$$\mathbf{o}_k = \mathbf{A}^T \mathbf{d}_{k-1}^{\div} \quad \text{かつ} \quad \mathbf{d}_k = \mathbf{A}\mathbf{o}_k^{\div}, \quad \text{ここで } \mathbf{d}_0 = \mathbf{e} \tag{7.21}$$

が，それぞれ OD レイティングベクトル $\mathbf{o}$ と $\mathbf{d}$ に収束するための必要十分条件は，$\mathbf{A}$ のすべての正の要素が，ある正の対角成分に含まれていること，すなわち $\mathbf{A}$ が完全な台を持つことである．

証明 これまでの議論にあったように，$\mathcal{C}_k$ と $\mathcal{R}_k$ がそれぞれ次のような

$$\mathcal{C}_k = \mathbf{C}_1 \mathbf{C}_2 \cdots \mathbf{C}_k \quad \text{かつ} \quad \mathcal{R}_k = \mathbf{R}_k \cdots \mathbf{R}_2 \mathbf{R}_1$$

Sinkhorn-Knopp 過程によって作り出された対角スケーリング行列の積だとする．要点は，これらの積と (7.21) の OD 列を結び付けることである．このために，Sinkhorn-Knopp 過程の対角スケーリング行列は，以下のように生成されることを思い出そう．

$$\begin{aligned}
\mathbf{C}_1 &= \mathrm{diag}\left\{(\mathbf{A}^T\mathbf{e})^{\div}\right\} & \mathbf{R}_1 &= \mathrm{diag}\left\{(\mathbf{A}\mathbf{C}_1\mathbf{e})^{\div}\right\} \\
\mathbf{C}_2 &= \mathrm{diag}\left\{((\mathbf{R}_1\mathbf{A}\mathbf{C}_1)^T\mathbf{e})^{\div}\right\} & \mathbf{R}_2 &= \mathrm{diag}\left\{(\mathbf{R}_1\mathbf{A}\mathbf{C}_1\mathbf{C}_2\mathbf{e})^{\div}\right\} \\
\mathbf{C}_3 &= \mathrm{diag}\left\{((\mathbf{R}_2\mathbf{R}_1\mathbf{A}\mathbf{C}_1\mathbf{C}_2)^T\mathbf{e})^{\div}\right\} & \mathbf{R}_3 &= \mathrm{diag}\left\{(\mathbf{R}_2\mathbf{R}_1\mathbf{A}\mathbf{C}_1\mathbf{C}_2\mathbf{C}_3\mathbf{e})^{\div}\right\} \\
&\;\;\vdots & &\;\;\vdots
\end{aligned} \quad (7.22)$$

積 $\mathcal{C}_k$ と $\mathcal{R}_k$ は以下のように表されることに注目する

$$k = 1, 2, 3, \ldots \text{ について } \mathcal{C}_k = \mathrm{diag}\{\mathbf{c}_k\} \quad \text{かつ} \quad \mathcal{R}_k = \mathrm{diag}\{\mathbf{r}_k\} \quad (7.23)$$

ただし，$\mathbf{r}_0 = \mathbf{e}$ で

$$k = 1, 2, 3, \ldots \text{ について } \mathbf{c}_k = (\mathbf{A}^T\mathbf{r}_{k-1})^{\div} \quad \text{かつ} \quad \mathbf{r}_k = (\mathbf{A}\mathbf{c}_k)^{\div} \quad (7.24)$$

である．これらは，最初のいくつかの反復を書き出してみれば確かめられる．例えば，$\mathbf{c}_1 = (\mathbf{A}^T\mathbf{e})^{\div}$ であり，(7.22) により，$\mathbf{C}_1 = \mathrm{diag}\{\mathbf{c}_1\}$ かつ $\mathbf{C}_1\mathbf{e} = \mathbf{c}_1$ は明らか[6]で，これより

$$\mathbf{R}_1 = \mathrm{diag}\left\{(\mathbf{A}\mathbf{C}_1\mathbf{e})^{\div}\right\} = \mathrm{diag}\left\{(\mathbf{A}\mathbf{c}_1)^{\div}\right\} = \mathrm{diag}\{\mathbf{r}_1\}$$

も明らかである[7]．これと，(7.20) を使って

$$\begin{aligned}
\mathbf{C}_2 &= \mathrm{diag}\left\{((\mathbf{R}_1\mathbf{A}\mathbf{C}_1)^T\mathbf{e})^{\div}\right\} = \mathrm{diag}\left\{(\mathbf{C}_1\mathbf{A}^T\mathbf{R}_1\mathbf{e})^{\div}\right\} = \mathrm{diag}\left\{(\mathbf{C}_1\mathbf{A}^T\mathbf{r}_1)^{\div}\right\} \\
&= \mathrm{diag}\left\{(\mathbf{C}_1\mathbf{c}_2^{\div})^{\div}\right\} = \mathbf{C}_1^{-1}\mathrm{diag}\{\mathbf{c}_2\}
\end{aligned}$$

を得る．よって，$\mathcal{C}_2 = \mathbf{C}_1\mathbf{C}_2 = \mathrm{diag}\{\mathbf{c}_2\}$ を得る．同様にして，これと (7.20) を使って，

$$\begin{aligned}
\mathbf{R}_2 &= \mathrm{diag}\left\{(\mathbf{R}_1\mathbf{A}\mathbf{C}_1\mathbf{C}_2\mathbf{e})^{\div}\right\} = \mathrm{diag}\left\{(\mathbf{R}_1\mathbf{A}\mathbf{c}_2)^{\div}\right\} \\
&= \mathrm{diag}\left\{(\mathbf{R}_1\mathbf{r}_2^{\div})^{\div}\right\} = \mathbf{R}_1^{-1}\mathrm{diag}\{\mathbf{r}_2\}
\end{aligned}$$

を得る[8]．よって，$\mathcal{R}_2 = \mathbf{R}_2\mathbf{R}_1 = \mathrm{diag}\{\mathbf{r}_2\}$ を得る．帰納的に計算を進めると (7.23) が確立される．ここで，(7.24) の列が，(7.21) の OD 列の単純な逆数であることに注目しよう．言い換えると

$$\mathbf{c}_k = \mathbf{o}_k^{\div} \quad \text{かつ} \quad \mathbf{r}_k = \mathbf{d}_k^{\div} \quad (7.25)$$

---

[6] 訳注：$\mathrm{diag}\{\mathbf{x}\}\mathbf{e} = \mathbf{x}$ なので．
[7] 訳注：最後の等号は r_1 の定義 (7.24) より．
[8] 訳注：最初の等号 $\mathbf{C}_1\mathbf{C}_2\mathbf{e} = \mathrm{diag}\{\mathbf{c}_2\}$ は，直前より $\mathbf{C}_1\mathbf{C}_2\mathbf{e} = \mathrm{diag}\{\mathbf{c}_2\}\mathbf{e} = \mathbf{c}_2$ から．2 番目の等号は $\mathbf{r}_2^{\div} = ((Ac_k)^{\div})^{\div} = Ac_k$ より．

である．これは，また，下記のように最初の数項を書き出して，帰納的に計算を進めれば，簡単に証明できる．

$$\mathbf{c}_1 = (\mathbf{A}^T\mathbf{e})^{\div} \quad \text{かつ} \quad \mathbf{o}_1 = \mathbf{A}^T\mathbf{e}^{\div} = \mathbf{A}^T\mathbf{e} \implies \mathbf{o}_1 = \mathbf{c}_1^{\div}$$

$$\mathbf{r}_1 = (\mathbf{A}\mathbf{c}_1)^{\div} \quad \text{かつ} \quad \mathbf{d}_1 = \mathbf{A}\mathbf{o}_1^{\div} = \mathbf{A}\mathbf{c}_1 \implies \mathbf{d}_1 = \mathbf{r}_1^{\div}$$

$$\mathbf{c}_2 = (\mathbf{A}^T\mathbf{r}_1)^{\div} \quad \text{かつ} \quad \mathbf{o}_2 = \mathbf{A}^T\mathbf{d}_1^{\div} = \mathbf{A}^T\mathbf{r}_1 \implies \mathbf{o}_2 = \mathbf{c}_2^{\div}$$

$$\mathbf{r}_2 = (\mathbf{A}\mathbf{c}_2)^{\div} \quad \text{かつ} \quad \mathbf{d}_2 = \mathbf{A}\mathbf{o}_2^{\div} = \mathbf{A}\mathbf{c}_2 \implies \mathbf{d}_2 = \mathbf{r}_2^{\div}$$

$$\vdots \qquad\qquad \vdots \qquad\qquad \vdots$$

107 ページの Sinkhorn-Knopp の定理によれば，極限

$$\lim_{k\to\infty} \mathcal{C}_k = \mathbf{C} \quad \text{かつ} \quad \lim_{k\to\infty} \mathcal{R}_k = \mathbf{R}$$

が存在する必要十分条件は $\mathbf{A}$ が完全な台を持つことである．よって，(7.23) によれば，上式は

$$\lim_{k\to\infty} \mathbf{c}_k = \lim_{k\to\infty} \mathcal{C}_k\mathbf{e} = \mathbf{C}\mathbf{e} \quad \text{かつ} \quad \lim_{k\to\infty} \mathbf{r}_k = \lim_{k\to\infty} \mathcal{R}_k\mathbf{e} = \mathbf{R}\mathbf{e}$$

が存在する必要十分条件は $\mathbf{A}$ が完全な台を持つことである，ということ意味する．よって (7.25) によれば，上式は

$$\lim_{k\to\infty} \mathbf{o}_k = \lim_{k\to\infty} \mathbf{c}_k^{\div} = \mathbf{C}^{-1}\mathbf{e} \quad \text{かつ} \quad \lim_{k\to\infty} \mathbf{d}_k = \lim_{k\to\infty} \mathbf{r}_k^{\div} = \mathbf{R}^{-1}\mathbf{e}$$

が存在する必要十分条件は $\mathbf{A}$ が完全な台を持つことである，ということを意味する． ∎

ちょっとだけズルをする

すべての OD 行列が完全な台の性質を持つとは限らない．すなわち，すべての正の行列要素が，ある正の対角成分に含まれないかもしれない．完全な台がなければ，OD レイティングベクトルは，それらの定義ベクトルが収束しないので存在しないことになる．というわけで，強制的に収束させるためにズルをしたくなるのは，全く自然なことである．ほんの少しだけズルをする明らかな方法は，単純に，$\mathbf{A}$ のすべての要素に小さな $\epsilon > 0$ を足すことである．これは，以下の差し替えを行なうことである．

$$\mathbf{A} \longleftarrow \mathbf{A} + \epsilon\mathbf{e}\mathbf{e}^T > \mathbf{0}.$$

これは，すべての要素を正の値にする．そのため，完全な台を持つという条件は自動的に満たされ，OD 行列の収束が保証される[9]．もし，$\mathbf{A}$ の主対角成分に何かを足すことによって，各々のチームが自分自身に勝ったことになってしまうのが煩いと感じるのであれ

---

[9] 訳注：すべての要素が正なので，ある特定の要素を対角線上に移動するような置換を行なっても，他の対角成分はやはり必ず正になる．

ば，代わりに次の差し替え

$$\mathbf{A} \longleftarrow \mathbf{A} + \epsilon(\mathbf{ee}^T - \mathbf{I})$$

を行なえばよい．これも，完全な台の存在を保証するからである[10]．

　もし，ϵ が，元の OD 行列の非零の要素に比して十分に小さければ，元のデータの持つ真髄は完全には損なわれないであろう．また，わずかに修正された行列によって作られた OD レイティングは，相対的な攻撃力と守備力をやはり十分よく反映するだろう．しかしながら，「世の中，ただで手に入るものは無い」のたとえ話の通り，このズルには支払われるべき対価がある．

　相対的な攻撃力と守備力の強さは，小さな摂動によって完全に壊れてしまうことはないが，収束の度合いは全く遅くなる可能性がある．直感的に，ϵ が小さくなるほど，成功といえる結果を得るための反復回数は大きくなる．言い換えると，OD レイティングに望まれる質の高さと，それらを生成するために必要な時間を天秤にかけなければならないからである．しかし，使えるレイティングを生成するのに，さほど多くの有効桁数を必要としないかもしれない，ということを心に留めておくべきであろう．

　(7.25) で示したように，OD 列は，(7.24) の Sinkhorn-Knopp 列の逆数以外の何ものでもない．つまり，OD 列の収束の速さは，Sinkhorn-Knopp 過程の収束の速さと全く同じである．Sinkhorn-Knopp の収束の速さについての評価は確立されていたが，決して単純に計算できない．アプリオリ評価[11]ができないのでこの過程の最終結果を知らなければならないこともあるし，オーダーの定数がわからないか計算できない場合にオーダーの評価をしなければならないこともある[12]．収束の性質についての詳細な議論は，本書の主題から大きく外れてしまうし，OD 手法の実践にはほとんど役立たない．技術的な収束の議論は，[30, 46, 72, 73] にある．さらなる情報と，OD 手法を取り入れた適用例は，Govan の研究 [34, 35]．にある．

---

10)　訳注：対角成分以外の要素はすべて正である．その 1 つを対角線上に移動するような置換の中で，対角成分をすべて動かすような置換が必ず存在する．
11)　訳注：数学で，解の存在を仮定した上での式のオーダーなどを評価すること．
12)　訳注：ここでのオーダーは収束の速さのオーダーのこと．

余談：HITS

本書で述べた OD 手法は，リンクされている文書をレイティングするために設計された HITS(Hypertext Induced Topic Search) と呼ばれている Jon Kleinberg のアルゴリズム [45] の非線形版ともいえる．HITS は，最も知られているリンクされた文書，すなわち，ウェブページをレイティングするための転換点となる技術となった．HITS の着想は検索エンジン Ask.com に取り入れられた．HITS は，多くの検索エンジンのモデルと同様，WWW を巨大な有向グラフと見做している．本書の何箇所かで見られるが，競争的なコンテスト間の相互作用も，大きなグラフと見做すことができる．その結果，あるウェブページのレイティングのアルゴリズムは，（他の分野の）レイティングを生成するのに採用できる．逆もまた真であるが．ウェブページをレイティングするための HITS についての詳細な議論は，[45] と [49] にある．ここでは，ごく簡単に，基本的なアイデアを示そう．図 7.1 でノードとして表現されたウェブページには，「ハブのレイティング (hub rating)」と「オーソリティーのレイティング (authority rating)」が与えられる．ハブのレイティングは，ウェブページの出て行くリンクの質と量を反映し，オーソリティーのレイティングは入って来るリンクの質と量を反映している．

J. Kleinberg

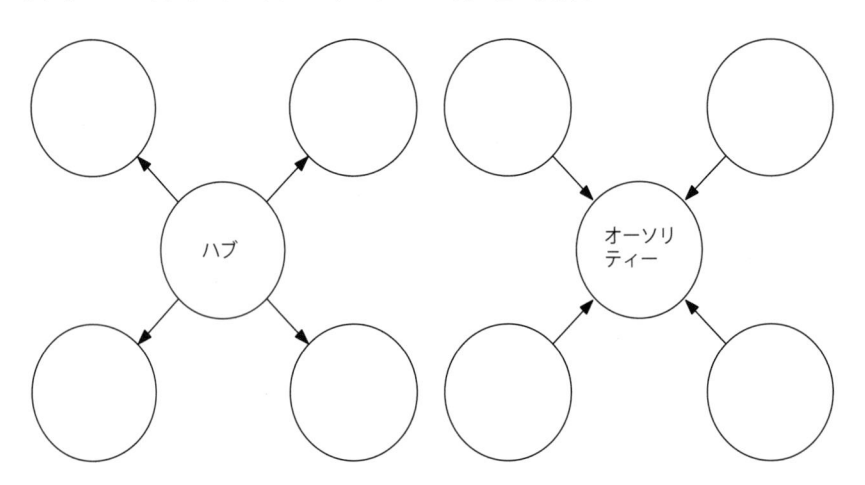

図 **7.1** ハブのページとオーソリティーのページ．

直感的には，ハブページは，ウェブの世界で中心的な点として働き，ユーザーがフォローすべき多くの良質のリンクを提供する．例えば，Yahoo!は，良質のハブページを数多く持っている．オーソリティーのページは，一般的に有益な情報を含み，多くの良質のサイトがそれらのページを指している．たとえば，Wikipedia は，多くの良質のオーソリティーのページを持っている．あるページのハブのレイティングは，そのページがリンクしているページのオーソリティーのレイティングに依存する．同様に，あるページのオーソリティーのレイティングは，それにリンクしているページのハブのレイティングに依存する．Kleinberg は，これを「相互に強化しあう (mutually reinforcing)」レイティングシステムと呼んだ．なぜなら，一方のレイティングが他方のレイティングに依存するからである．ということは，OD レイティングとの類似性に気がついただろうか？ ハブとオーソリティーのレイティングを計算するために，以下で定義される正方隣接行列 **L**

$$\mathbf{L}_{ij} = \begin{cases} 1 & \text{ノード } i \text{ からノード } j \text{ に枝がある} \\ 0 & \text{それ以外} \end{cases}$$

から始めよう．任意のオーソリティーの初期レイティングベクトルを選び（一様ベクトル $\mathbf{a}_0 = \mathbf{e}$ がよく使われる），次の計算をして，連続的にハブとオーソリティーのレイティングの精度を高める．

$$\mathbf{a}_{k+1} = \mathbf{L}^T \mathbf{h}_k \quad \text{かつ} \quad \mathbf{h}_k = \mathbf{L} \mathbf{a}_k \tag{7.26}$$

である．これらの方程式は，オーソリティーとハブのレイティングの間の依存関係を明らかにする．こ

の相互依存関係は，99 ページで述べられたのと全く同じ「分離 (divorce)」戦略によって，切り離される．すなわち，$\mathbf{h}_k$ の表式を $\mathbf{a}_{k+1}$ を定義する方程式に代入して，次を得る．

$$\mathbf{a}_{k+1} = \mathbf{L}^T \mathbf{L} \mathbf{a}_k \quad \text{と} \quad \mathbf{h}_{k+1} = \mathbf{L} \mathbf{L}^T \mathbf{h}_k.$$

これらが収束すれば，その極限は望まれるハブとオーソリティーのレイティングとなる．HITS の実装，コード，拡張の詳細に興味のある読者は，[49] の第 11 章を参照されたい．

余談：OD 手法の誕生

筆者達が，PageRank アルゴリズムに関する *Google's PageRank and Beyond* [49] に取り組んでいたとき，ウェブページのレイティングとランキングのアイデアをスポーツに適用する可能性について，しばしば，考えたものである．結局，検索エンジンのレイティング手法それ自身も，他の分野の基本的な原理（例えば，計量書誌学）を改作したものに過ぎないので，ウェブページをレイティングするのではなく，同じアイデアをスポーツに適用していけないことがあるだろうか？ もちろん，適用できる．第 6 章の 79 ページで議論した Markov の手法は，PageRank のアイデアの直接的な改作である．しかし，他のウェブページのレイティングの技法はどうであろうか？ 2005 年のある日の午後，筆者達が，これらについてあれこれ検討しているとき，Kleinberg の HITS が浮かんできた．上記のように，HITS はエレガントかつ簡潔なアイデアで，容易にスケールアップはできないものの，小さなデータセットには十分に効果的であり，多分，PageRank より優れている．Kleinberg の「ハブとオーソリティー」の概念を「攻撃と守備」のスキームに翻訳するのは自然に思えた．しかしながら，すぐに，ハブとオーソリティーから攻撃と守備への直接的な翻訳がうまく行かないことが明らかになった．そうは言っても，基本的なアイデアは諦めるには余りに惜しく，検討は続いた．ハブとオーソリティーは (7.26) にあるように線形関係にあるが，攻撃力と守備力は本質的に非線形，ある種の逆数の関係になければならないことに気がつくまでには大した時間は掛からなかった．その後，ロジックは滑らかに流れて，OD の手法が誕生したのである．

A. Govan

その少し後に Anjela Govan が大学院生としてデータ解析における Markov の手法を研究するために NC (North Carolina State University) に来た．しかし，世間話をしている中で，彼女はレイティングとランキングに惹きつけられた．フットボールによって動機付けされた学位論文作成に従事するのはいかがわしい，とのアドバイスにも関わらず，彼女は自らの心に従い，OD 手法と Sinkhorn-Knopp 理論との関係を発展させた．それは，105 ページに始まる議論に記述されたように，OD 手法の数学的な性質を解析するための理論的基礎となった．加えて，彼女は，本書で議論されたいくつかの方法と，本書には掲載されなかった他のいくつかの方法を開発・解析するために助力してくれた．さらに，彼女の達人的なプログラミング能力は，様々なウェブページから自動的にデータを集めるための重要かつイノベーティブなウェブスクレイピング (scraping) ソフトウェアを作り出した．これだけでも，重要な業績である．というのも，続けて実施された無数の数値実験は，もし彼女が作ったツールがなかったら，もっと困難であったと思われるからである．

余談：スポーツにおける個人の表彰

シーズンの最後に，数多くのスポーツが個人表彰で，プレーヤーに報いる．たとえば，フットボールリーグは，その権威ある Heisman トロフィーの受賞者を選ぶ．大学とプロのバスケットボールでは，攻撃と守備のそれぞれ最高のチームを選ぶ．このような選出は一般に，コーチ，スポーツ記者，ときによってはファンからの投票を集めて組み合わせて行なわれる．これらの選出は本書の中にあるような科学的なレイティングの方法を加味することによって容易に補完される．しかし，ある特定の賞にとって最適なレイティングの方法を選ぶことは決して自明ではない．賞の適切な目的を達成するためには，注意深い思考と賢明な数学的モデル化が必要である．例えば，第 6 章の Markov のモデルは，最高守備力

のチームを選出するのには良い選択だが，本章の OD 手法は，攻撃と守備の両方の能力を取り込むので，1 年間の最優秀選手賞に最も適している．モデルを変形したり目的に合わせて仕立てたりするためのパラメーターは沢山存在し，将来の研究の道を刺激的なものにしてくれる．

余談：さらなる映画のランキング：OD 手法を Netflix に適用してみる

28 ページの余談「映画のランキング：Colley と Massey の方法を Netflix に適用してみる」で，Nexflix チャレンジを紹介した．Nexfilix は，その現在の推薦システムを改善するために百万ドルの賞金を掛けた．賞は，2009 年 9 月に，"BellKor" という研究者のチームに授与された．前出の Netflix の余談では，Colley と Massey の方法がどのようにして，映画をレイティングしたのかが述べられた．本余談では，OD 手法がどのようにして，映画のレイティングを修正するのに使われたのかを述べよう．実際，この場合の行列は長方形であり，OD の手法は 2 つのレイティングベクトルを与えるので，映画のレイティングベクトル m とユーザーのレイティングベクトル u を考えることにする．以下に，映画のレイティングベクトル m のうち上位 24 個の要素のみを選んで表示しておく．筆者らは，最終的なユーザーのレイティングベクトル u とそれに対応するユーザーには興味が無い．もちろん，そのようなユーザー情報を使ってマーケティング戦略を策定する Netflix のような企業にとっては，u は大いに興味のあるところだ．Nexflix に適用される OD 手法は，映画 i は，良質の（つまりは目の肥えた）ユーザーから高いレイティングを得られたら，良質であり高いレイティング m_i を受けるに値するという理論に始まる．同様に，ユーザー j は，彼または彼女のレイティングが，映画の「真」のレイティングに一致すれば，良質であり高いレイティング u_j を受けるに値する．これらの記述の 1 つの数学的翻訳は，下の MATLAB 風に書かれた反復過程を生成する．「目の肥えたユーザー」という表現を定量化するにはいくつかの方法がある（たとえば，Nexflix チャレンジの受賞者のアプローチのうちのいくつかを参照）が，最も初歩的なアプローチは，ユーザーのレイティングが真のレイティングからどれくらい離れているかを測定するものである．

```
u = e;
for i = 1 : maxiter
    m = A u;
    m = 5 (m-min(m)) / (max(m) -min(m)) ;
    u = 1 / ((R  -(R>0) . * (em' )).^2)e
end
```

このアルゴリズムを Netflix データの部分集合に適用すると，とくに「パワーユーザー」[13]（すなわち，1000 本以上の映画をレイティングした人）のレイティングの結果，上位 24 本の英語のリストは次のようになる．このリストは，29 ページで Colley と Massey の手法によって作られたリストとは全く異なる．

順位	映画	順位	映画
1.	Lord of the Rings III: The Return of the King	13.	Star Wars: Episode VI: Return of the Jedi
2.	Lord of the Rings II: The Two Towers	14.	Finding Nemo
3.	The Shawshank Redemption	15.	The Sixth Sense
4.	Lord of the Rings I: The Fellowship of the King	16.	The Silence of the Lambs
5.	Raiders of the Lost Ark	17.	Million Dollar Baby
6.	Star Wars: Episode V: The Empire Strikes Back	18.	The Incredibles
7.	The Godfather	19.	Hotel Rwanda
8.	Star Wars: Episode IV: A New Hope	20.	Indiana Jones and the Last Crusade
9.	Lost: Season 1	21.	Braveheart
10.	Schindler's List	22.	Saving Private Ryan
11.	The Usual Suspects	23.	The Sopranos: Season 1
12.	Band of Brothers	24.	The Godfather, Part II

Netflix に適用された OD 手法によってランキングされた上位 24 本の映画．

---

[13] Netflix のデータセットの中にどれだけの人数のパワーユーザーがいるかを知ったときには驚いた．1000 本以上の映画をレイティングした人は，何と 13,000 人以上いたのだ．

数字の豆知識―

$3,142,000,000 ＝2010 年にネバダ州においてスポーツに賭けられた総額
— The Line Makers

第8章　再順序化によるランキング

本書におけるこれまでの基本原理は下の図8.1で示されている．ランキングしたい項目についての入力データから始めて，レイティングベクトルを生成するアルゴリズムを実行し，その結果，ランキングベクトルを生成する．

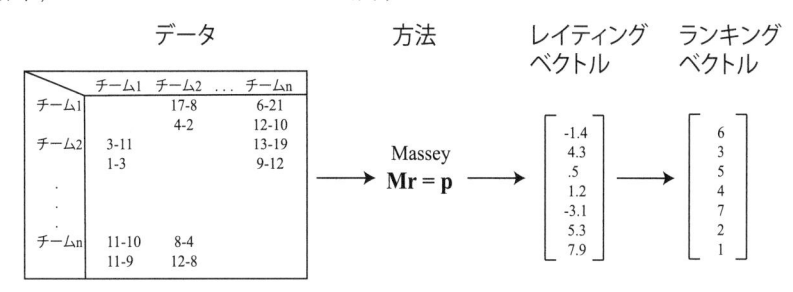

図8.1　第4章-第7章のランキングの方法の基本原理．

図8.1の左から右への移動，すなわち，入力データをランキングベクトルに変換することに焦点を置いてきた．しかし，逆に考えて，これまでとは変わって，最終的な成果物，すなわちランキングベクトルそのものに焦点を置くことにすれば，ある新しいアイデアをいくつか生み出すことができる．そのうちの2つを本章で紹介しよう．これら2つのランキングの方法は，下の図8.2に示される考え方に従っている．それは，すなわち，レイティングベクトルの作成を完璧にバイパスすることである．

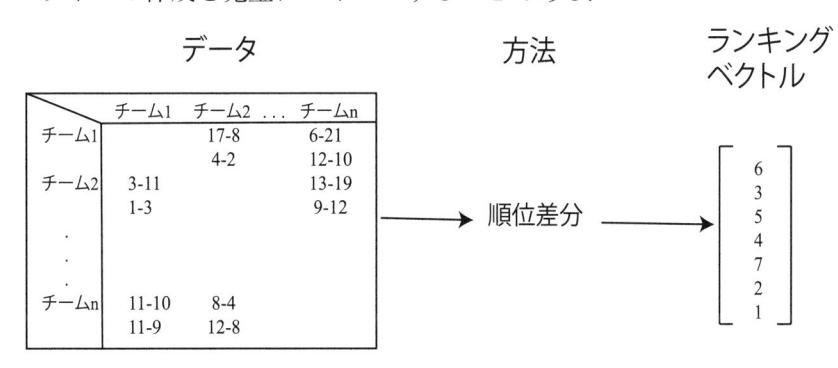

図8.2　本章のランキングの方法の基本原理．

ランキング差分

ランキングベクトルの最も明らかな特徴は，それが**置換** (**permutation**) であるという

ことである．その意味は，すぐに明らかになるが，本章でのキーワードである．すべての，長さ n のランキングベクトルは，ランキングされた位置を各項目に割り付けるための 1 から n までの整数の置換である．たとえば，5 チームの例の場合は，Massey のランキングベクトルは

$$\begin{array}{c} \text{Duke} \\ \text{Miami} \\ \text{UNC} \\ \text{UVA} \\ \text{VT} \end{array} \begin{pmatrix} 5 \\ 1 \\ 4 \\ 3 \\ 2 \end{pmatrix}$$

であるが，これは，Duke を 5 番目のランキング位置に，Miami を 1 番目のランキング位置に，割り当てている．ランキングベクトルは，すべてのチームの線型順序を作り出すが，各対の関係を考えることも可能である．対ごとの関係は，行列によって最もうまく表現される．よって，上記の Massey のランキングベクトルは，下に示される各対の関係の行列を生成する．これを行列 $\mathbf{R}$ と呼ぶことにする．なぜならば，ランキングの差分 (rank differential) についての情報を含んでいるからである．

$$\mathbf{R} = \begin{array}{c} \text{Duke} \\ \text{Miami} \\ \text{UNC} \\ \text{UVA} \\ \text{VT} \end{array} \begin{pmatrix} \text{Duke} & \text{Miami} & \text{UNC} & \text{UVA} & \text{VT} \\ 0 & 0 & 0 & 0 & 0 \\ 4 & 0 & 3 & 2 & 1 \\ 1 & 0 & 0 & 0 & 0 \\ 2 & 0 & 1 & 0 & 0 \\ 3 & 0 & 2 & 1 & 0 \end{pmatrix}.$$

$\mathbf{R}$ の (UVA, Duke) 要素の 2 というのは，Massey のランキングベクトルにおいて UVA が Duke より 2 つ上であることを意味している．このようにして，行列の各要素は，優位性に対応している．

長さ n のすべてのランキングベクトルは，n 行 n 列のランキング差分行列 $\mathbf{R}$ を生成する．これは，次の**基本ランキング差分行列** (*fundmental rank-differential matrix*) $\hat{\mathbf{R}}$ の対称的な再順序化（すなわち，行と列の置換）[1]である．

$$\hat{\mathbf{R}}_{n \times n} = \begin{array}{c} \\ 1 \\ 2 \\ \vdots \\ n-1 \\ n \end{array} \begin{pmatrix} 1 & 2 & 3 & \cdots & n \\ 0 & 1 & 2 & \cdots & n-1 \\ & 0 & 1 & \cdots & n-2 \\ & & \ddots & \ddots & \vdots \\ & & & \ddots & 1 \\ & & & & 0 \end{pmatrix}.$$

整数を成分とする $\hat{\mathbf{R}}$ のきれいな上三角構造に注目されたい．これは，$\hat{\mathbf{R}}$ が，対応する基本ランキングベクトル（n 個の要素が昇順に整列しているランキングベクトル）

---

[1] 訳注：後で $\mathbf{Q}^T \mathbf{R} \mathbf{Q}$ と出てくるように，$\mathbf{R}$ の行を置換すると同時に列も置換するので，対称と言っている．

$$\hat{\mathbf{r}} = \begin{matrix} 1\,\text{位} \\ 2\,\text{位} \\ 3\,\text{位} \\ \vdots \\ n\,\text{位} \end{matrix} \begin{pmatrix} 1 \\ 2 \\ 3 \\ \vdots \\ n \end{pmatrix}$$

から作られるからである．要約すれば，ランキングベクトルとランキング差分行列の間には一対一写像が存在する[2]と言える．すなわち，すべてのランキングベクトル $\mathbf{r}$ は，ランキング差分行列 $\mathbf{R}$ を生成し，それは，$\mathbf{R} = \mathbf{Q}^T \hat{\mathbf{R}} \mathbf{Q}$ と表現される．ここで $\mathbf{Q}$ は置換行列である．逆もまた真である．

基本ランキング差分行列は，チーム対チーム（または，より一般的に，要素対要素）行列であるから，基本ランキング差分行列を同じ大きさと種類の他のデータによる行列と比較するのは自然である．例えば，$\hat{\mathbf{R}}$ を，第 6 章の Markov の投票行列 $\mathbf{V}_{\text{pointdiff}}$ と比較することができる．この投票行列は，チームの対における累積された得点差を保持している．得点差は，ランキング差分のように，2 つのチームの相対的な強さの差についての情報を含んでいる．しかし，Markov の投票行列は，その要素が弱さに対応して作られている．$\mathbf{V}_{\text{pointdiff}}$ を優位性に関連付けるには，$\mathbf{R}$ と $\mathbf{V}_{\text{pointdiff}}$ の転置を比較すれば良い．ものごとを明確にするため，本章の残りの部分では，一般的なデータによる差分行列 $\mathbf{D}$ について議論する．ほとんどの実験においては，$\mathbf{D} = \mathbf{V}_{\text{pointdiff}}^T$ を使う．

今や，ランキングの問題を，**再順序化** (*reordering*)，または，**最近接行列** (*nearest matrix*) の問題に変換する用意が整った．すなわち，過去のチームの各対の比較についての情報を含むデータ行列 $\mathbf{D}$ が与えられたとき，再順序化されたデータの差分の行列と基本ランキング差分行列 $\hat{\mathbf{R}}$ の距離を最小化するような，$\mathbf{D}$ の対称的な再順序化を見つけるのである．数学的な厳密性を求めれば，$\mathbf{D}_{n \times n}$ が与えられたとき，$\|\mathbf{Q}^T \mathbf{D} \mathbf{Q} - \hat{\mathbf{R}}\|$ を最小化するような置換行列 $\mathbf{Q}$ を見つけたいのである．置換行列 $\mathbf{Q}$ は，1 から n までの整数の置換を，単位行列の行に適用する．したがって，置換の空間上で定義されたこの最適化問題は，次のように定式化される．

$$\min_{\mathbf{Q}} \|\mathbf{Q}^T \mathbf{D} \mathbf{Q} - \hat{\mathbf{R}}\| \tag{8.1}$$

$$s.t. \quad \mathbf{Q}\mathbf{e} = \mathbf{e}$$

$$\mathbf{e}^T \mathbf{Q} = \mathbf{e}^T$$

$$q_{ij} \in \{0, 1\}$$

---

[2] ランキングベクトル中に引分け (tie) がなければ，この写像は 1 対 1 である．引分けについての完全な議論は第 11 章を参照されたい．

いつもの例

データの差分行列 $\mathbf{D}$ として，得点差の行列の転置を使う．したがって

$$\mathbf{D} = \mathbf{V}^T = \begin{array}{c} \\ \text{Duke} \\ \text{Miami} \\ \text{UNC} \\ \text{UVA} \\ \text{VT} \end{array} \begin{pmatrix} \text{Duke} & \text{Miami} & \text{UNC} & \text{UVA} & \text{VT} \\ 0 & 0 & 0 & 0 & 0 \\ 45 & 0 & 18 & 8 & 20 \\ 3 & 0 & 0 & 2 & 0 \\ 31 & 0 & 0 & 0 & 0 \\ 45 & 0 & 27 & 38 & 0 \end{pmatrix}$$

である．

5 チームの例では，基本ランキング差分行列は，

$$\hat{\mathbf{R}} = \begin{array}{c} \\ 1 \\ 2 \\ 3 \\ 4 \\ 5 \end{array} \begin{pmatrix} 1 & 2 & 3 & 4 & 5 \\ 0 & 1 & 2 & 3 & 4 \\ 0 & 0 & 1 & 2 & 3 \\ 0 & 0 & 0 & 1 & 2 \\ 0 & 0 & 0 & 0 & 1 \\ 0 & 0 & 0 & 0 & 0 \end{pmatrix}$$

である．

私達の目標は，基本ランキング差分行列 $\hat{\mathbf{R}}$ と $\mathbf{D}$ を再順序化した行列の誤差を最小にするような整数 1 から 5 の置換，したがってそれによる 5 チームの置換を見つけることである．いろいろなスケールに対応するために，まず，各行列を，行列の要素の総和で割ることによって正規化する．すると，ある桁で丸めた正規化行列は

$$\mathbf{D} = \begin{pmatrix} 0 & 0 & 0 & 0 & 0 \\ .19 & 0 & .08 & .03 & .08 \\ .01 & 0 & 0 & .01 & 0 \\ .13 & 0 & 0 & 0 & 0 \\ .19 & 0 & .11 & .16 & 0 \end{pmatrix} \quad \text{と} \quad \hat{\mathbf{R}} = \begin{pmatrix} 0 & 0.05 & 0.10 & 0.15 & 0.20 \\ 0 & 0 & 0.05 & 0.10 & 0.15 \\ 0 & 0 & 0 & 0.05 & 0.10 \\ 0 & 0 & 0 & 0 & 0.05 \\ 0 & 0 & 0 & 0 & 0 \end{pmatrix}$$

となる．

$n = 5$ は小さいけれども，$\mathbf{D}$ を再順序化するには，いまだ $5! = 120$ 通りの異なる置換を考慮しなければならない．力づくの手法（つまり，すべての置換について計算すること）によって，$\begin{pmatrix} 5 & 2 & 4 & 3 & 1 \end{pmatrix}$ という置換が最適であることが発見される．これは，置換行列 $\mathbf{Q}$ を生成し，続けて，下記のように再順序化されたデータ差分行列 $\mathbf{Q}^T \mathbf{D} \mathbf{Q}$ が生成される．

$$\mathbf{Q} = \begin{pmatrix} 0 & 0 & 0 & 0 & 1 \\ 0 & 1 & 0 & 0 & 0 \\ 0 & 0 & 0 & 1 & 0 \\ 0 & 0 & 1 & 0 & 0 \\ 1 & 0 & 0 & 0 & 0 \end{pmatrix} \quad \text{と} \quad \mathbf{Q}^T \mathbf{D} \mathbf{Q} = \begin{pmatrix} 0 & 0 & .16 & .11 & .19 \\ .08 & 0 & .03 & .01 & .16 \\ 0 & 0 & 0 & 0 & .13 \\ 0 & 0 & .01 & 0 & .01 \\ 0 & 0 & 0 & 0 & 0 \end{pmatrix}$$

である．

再順序化された行列 $\mathbf{Q}^T \mathbf{D} \mathbf{Q}$ は，基本ランキング差分行列 $\hat{\mathbf{R}}$ に最も近い．図 8.3 は MATLAB の cityplotview を使って，下記の $\mathbf{D}$ が再順序化され正規化された行列 $\mathbf{Q}^T \mathbf{D} \mathbf{Q}$

と正規化された $\hat{\mathbf{R}}$ を並べて比較している.

$$\mathbf{Q}^T\mathbf{DQ} = \begin{pmatrix} 0 & 0 & .16 & .11 & .19 \\ .08 & 0 & .03 & .01 & .16 \\ 0 & 0 & 0 & 0 & .13 \\ 0 & 0 & .01 & 0 & .01 \\ 0 & 0 & 0 & 0 & 0 \end{pmatrix} \quad \text{と} \quad \hat{\mathbf{R}} = \begin{pmatrix} 0 & 0.05 & 0.10 & 0.15 & 0.20 \\ 0 & 0 & 0.05 & 0.10 & 0.15 \\ 0 & 0 & 0 & 0.05 & 0.10 \\ 0 & 0 & 0 & 0 & 0.05 \\ 0 & 0 & 0 & 0 & 0 \end{pmatrix}$$

である.

5 チームをもともとの順番 $\begin{pmatrix} 1 & 2 & 3 & 4 & 5 \end{pmatrix}$ から,最適な順序 $\begin{pmatrix} 5 & 2 & 4 & 3 & 1 \end{pmatrix}$ に再順序化すると,基本ランキング差分行列 $\hat{\mathbf{R}}$ の階段形表示に最も近くなるようなデータ差分行列が生成される.

要約すると,ランキング差分法とは,これまでに議論されたランキングの手法とは異なるものである.具体的には,ランキング差分法は,所与のデータ行列に最も近いランキング差分行列を探す.そして,各々のランキング差分行列があるランキングに対応しているので,新しいランキング法を私達の手持ちに加えてくれる.

Q*bert 行列

当然評価されるべき功績を賞すべきときが来た.この場合,功績は David Gottlieb に与えられる.彼は,Q*bert と呼ばれる 1982 年製の人気アーケードゲームの作者である.図 8.4 は,基本ランキング差分行列 $\hat{\mathbf{R}}$ の cityplot と Q*bert ゲーム盤の見間違いようのない類似性を示している.Gottlieb のゲームに敬意を表して,基本ランキング差分行列 $\hat{\mathbf{R}}$ を,ときとして,より短くまた覚えやすい名前の,Q-bert 行列で呼ぶことにする.

最適化問題を解く

数式 (8.2) の最適化問題を調べてみよう.目的は,置換を施されたデータ行列 $\mathbf{Q}^T\mathbf{DQ}$ と,基本ランキング差分行列 $\hat{\mathbf{R}}$ の差を最小化するような $\mathbf{D}$ の対称置換[3]を見つけることである.n 項目のリストの場合,$n!$ 個の考慮すべき可能な置換が存在する.もちろん,前節で使った全部の置換について数え上げるという力づくの方法は,非現実的である.例えば,小さな 5 チームの例では,最適解を見つけるために 5! = 120 個の置換について確認する必要があった.チーム数を倍にしたら,10! = 3,628,800 個の置換について考察しなければならない.幸運なことに,ある賢明な解析方法を使うと,$n!$ 個の置換すべてを

---

[3] 訳注:対称とは,行と列について同じ置換をするの意.

再順序化された D　　　　　　　　　　$\hat{\mathbf{R}}$

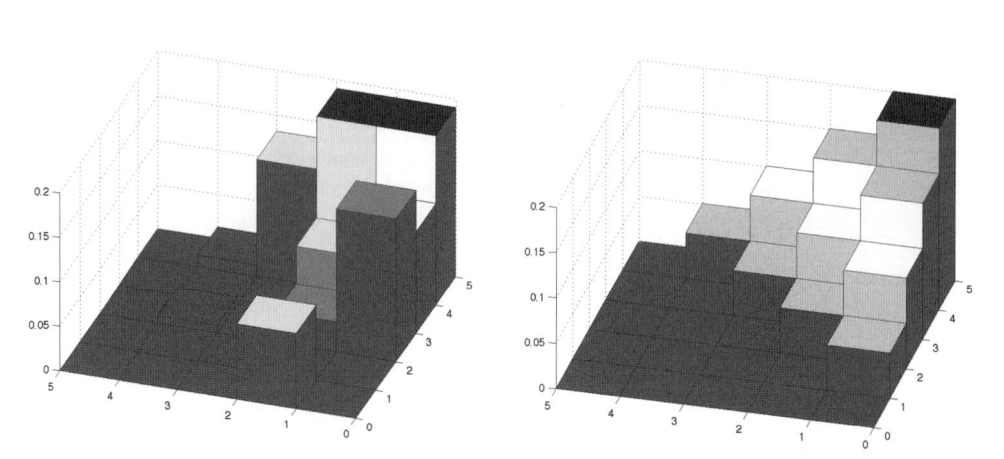

図 8.3 5 チームの例における，再順序化された $\mathbf{D}$（すなわち $\mathbf{Q}^T\mathbf{D}\mathbf{Q}$ のこと）と $\hat{\mathbf{R}}$ の cityplot 図．

$\hat{\mathbf{R}}$　　　　　　　　　　Q-bert

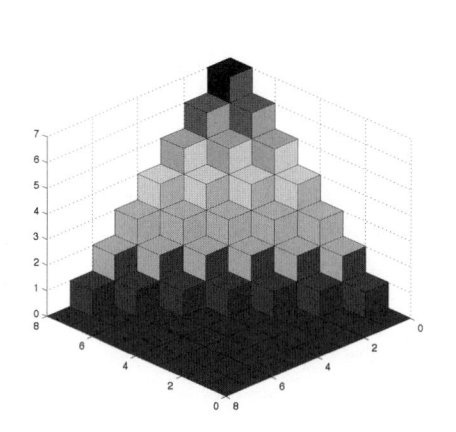

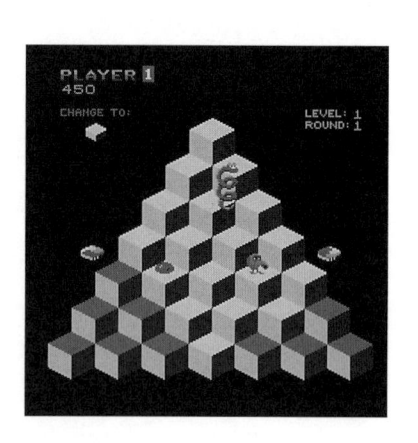

図 8.4 基本ランキング差分行列 $\hat{\mathbf{R}}$ と Q*bert ゲーム盤．

考察する必要はない．

下に示す最適化の問題の行列による定式化は，二進数の整数の非線形問題として分類されることがわかる．

$$\min_{\mathbf{Q}} \|\mathbf{Q}^T\mathbf{D}\mathbf{Q} - \hat{\mathbf{R}}\|$$
$$s.t. \quad \mathbf{Q}\mathbf{e} = \mathbf{e}, \quad \mathbf{e}^T\mathbf{Q} = \mathbf{e}^T, \quad q_{ij} \in \{0,1\}$$

目的関数の行列のノルムは非線形性の種類に影響する．たとえば，ノルムが Frobenius 型[4]だとすると，この非線形性は 2 次である．2 次の整数の問題は結構難しいが，著しく計算量を減らすのに使える Frobenius ノルムと Q-bert 行列 $\hat{\mathbf{R}}$ のいくつかの性質がある．

---

[4] 訳注：m 行 m 列の行列 $A = (a_{ij})$ の Frobenius ノルムは $\|A\|_F = \sqrt{\sum_{i,j=1}^m |a_{ij}|^2}$ で定義される．

例えば，少し計算すると次が得られる．

$$\|\mathbf{Q}^T\mathbf{D}\mathbf{Q} - \hat{\mathbf{R}}\|_F^2 = trace(\mathbf{D}^T\mathbf{D}) - 2\,trace(\mathbf{Q}^T\mathbf{D}\mathbf{Q}\hat{\mathbf{R}}) + trace(\hat{\mathbf{R}}^T\hat{\mathbf{R}}).$$

$trace(\mathbf{D}^T\mathbf{D})$ と $trace(\hat{\mathbf{R}}^T\hat{\mathbf{R}})$ は定数なので，上の式は，もともとの**最小化問題** (*minimization problem*) が，下記の**最大化問題** (*maximization problem*) と同等であることを意味している．

$$\max_{\mathbf{Q}}\ trace(\mathbf{Q}^T\mathbf{D}\mathbf{Q}\hat{\mathbf{R}})$$

ただし $\quad \mathbf{Q}\mathbf{e} = \mathbf{e}, \quad \mathbf{e}^T\mathbf{Q} = \mathbf{e}^T, \quad q_{ij} \in \{0, 1\}.$ \hfill (8.2)

目的関数の変更は，著しい計算の有利さをもたらす．すべての最適化のアルゴリズムは，目的関数の反復計算を必要とし，この計算は，反復アルゴリズム中の最もコストの高いステップであるのが典型的である．幸運なことに数式 (8.2) と同等な数式は，$\hat{\mathbf{R}}$ の周知の構造によってとくに効率的となる．さらに有利なのは，$\hat{\mathbf{R}}$ が陽に定式化されている必要が無いという事実である．実際，下の疑似コードは，Frobenius 目的関数の計算が，いかに，非常に効率的にコード化できるかを示している．

$trace(\mathbf{Q}^T\mathbf{D}\mathbf{Q}\hat{\mathbf{R}})$ を効率的に計算する疑似コード

```
関数 [f] = trQtDQR(D, q);
入力 D = 大きさ n × n のデータ行列
     q = 大きさ n × 1 の置換ベクトル
出力 f = trace(Q^T DQR̂)
n=size(D,1);
[sortedq,index]=sort(q);
sortedq をクリア;
f=0;
for i=2:n
    for j=1:i-1
        f=f+(i-j)*D(index(i),index(j));
    end
end
```

条件を緩めた問題

Q-bert 問題の Frobenius の定式化は 2 つの側面 (tag) がある．すなわち，2 次問題と整数問題である．これらの 2 つのうち，整数問題の方がより難しい．しばしば，整数計画問題は，条件を緩めるテクニック（整数という厄介な制限を連続の制限に緩めること）に

よって近似的に解かれることがある．こうして，条件を緩めた Q-bert 問題は，下記の 2 次の問題として与えられる．

$$\max_{\mathbf{Q}} \ trace(\mathbf{Q}^T \mathbf{D} \mathbf{Q} \hat{\mathbf{R}})$$
$$s.t. \quad \mathbf{Q}\mathbf{e} = \mathbf{e}, \quad \mathbf{e}^T \mathbf{Q} = \mathbf{e}^T, \quad 0 \leq q_{ij} \leq 1. \tag{8.3}$$

結果として，$\mathbf{Q}$ は，もはや置換行列ではなく，その代わりに，二重確率行列（つまり，行と列の和が，どちらも 1 になる）となる．こうして，置換の空間上での最適化ではなく，二重確率行列の集合上で最適化する．ときとして，緩和された問題の最適解は整数になり，これはもともとの 2 次整数問題にとっても最適となる．この場合，緩和制約集合上の極値を取る点 (critical point) は，元の制限集合の中の点である．目的関数の 2 次の性質により，実行可能領域 (feasible region) の内側に最適解が生ずる可能性があるが，緩和された問題に対する最適解は，残念ながら，この場合，元の問題の実行可能解 (feasible solution) にはならないのである．緩和された問題の非整数解は，しばしば，最も近い整数解に丸められ，元の問題の実行可能解を作り出す．この場合，残念なことに，丸めた解が，元の問題の最適解に近いことを保証してくれるような明確な丸め戦略は存在しない．実際，別の 2 次整数問題を手にしただけのことである．すなわち，与えられた二重確率行列に最も近い置換行列を見つけ出さなくてはならないのである．要約すれば，私達のケースでは，条件を緩和しても，期待外れなのである．

進化的アルゴリズム

2 次整数問題の条件を緩和しても期待できそうもないが，幸いにして，期待できそうな最適化のアプローチが別に 1 つある．置換行列 $\mathbf{Q}$ を見つけるかわりに，それと同等なことだが，データ差分行列 $\mathbf{D}$ を再順序化するために使うことができる置換ベクトル $\mathbf{q}$ を見つけることである．再順序化の定式化は，1 から n の整数の置換 $\mathbf{q}$ で $\mathbf{D}(\mathbf{q},\mathbf{q})$ が次の意味で最も $\hat{\mathbf{R}}$ に近いものを探すことになる．

$$\min_{\mathbf{q} \in p_n} \|\mathbf{D}(\mathbf{q},\mathbf{q}) - \hat{\mathbf{R}}\|$$

ここで，$\mathbf{q} \in p_n$ は，$\mathbf{q}$ がすべての $n \times 1$ の置換ベクトルの集合に属することを意味している．例えば，置換ベクトル $\mathbf{q} = \begin{pmatrix} 1 \\ 3 \\ 5 \\ 4 \\ 2 \end{pmatrix}$ は，次の $\mathbf{D}$ を対称的再順序化をして $\mathbf{D}(q,q)$ にする．

$$\mathbf{D} = \begin{array}{c} \\ 1 \\ 2 \\ 3 \\ 4 \\ 5 \end{array} \begin{pmatrix} 1 & 2 & 3 & 4 & 5 \\ 0 & 0 & 0 & 0 & 0 \\ .19 & 0 & .08 & .03 & .08 \\ .01 & 0 & 0 & .01 & 0 \\ .13 & 0 & 0 & 0 & 0 \\ .19 & 0 & .11 & .16 & 0 \end{pmatrix} \quad \text{と} \quad \mathbf{D}(\mathbf{q},\mathbf{q}) = \begin{array}{c} \\ 1 \\ 3 \\ 5 \\ 4 \\ 2 \end{array} \begin{pmatrix} 1 & 3 & 5 & 4 & 2 \\ 0 & 0 & 0 & 0 & 0 \\ .01 & 0 & 0 & .01 & 0 \\ .19 & .11 & 0 & .16 & 0 \\ .13 & 0 & 0 & 0 & 0 \\ .19 & .08 & .08 & .03 & 0 \end{pmatrix}.$$

である．

$\mathbf{D}$ の要素は，$\mathbf{D}(\mathbf{q},\mathbf{q})$ の中では，単に位置換えされただけであることに注意せよ．

行列の再順序化は，よく研究されていて，線形系の事前調整 (preconditioner) からクラスタリングアルゴリズムの事前処理 (preprocessor) に至るまで，様々に使われて来た歴史がある [9, 66, 7]．行列の再順序化問題として，私達の問題を考えても，探索空間は縮小されない．依然として，$\mathbf{D}$ を再順序化する $n!$ 個の可能な置換が存在する．しかし，置換を伴う最適化問題は，しばしば進化的最適化 (evolutionary optimization) として知られる技法によって扱いやすい (tractable) ものとなる[5]．

進化的最適化は，その名が示すとおり，そのやり方を自然界の進化から取った．その考え方は，p 個の解として可能性のあるもの，この場合，整数 1 から n の置換，からなるある初期集団から出発することである．集団の各々のメンバーは，その適合度が評価される．この場合，解 $\mathbf{x}$ の適合度とは，$\|\mathbf{D}(\mathbf{x},\mathbf{x}) - \hat{\mathbf{R}}\|$ のことである．集団中の最も適合度の高いメンバー達はつがいとなり，両親の最良の資質を持つような子供達を作る[6]．進化との類似を進めて，適合度の低いメンバー達は，無性 (asexual) の突然変異をさせられ，最も適合度の低いメンバー達は外されて移民達と差し替えられる．この新しい p 個の置換からなる集団はその適合度が評価され，処理過程が続く．反復が進むにつれ，Darwin の最も適合するものが生き残るという原則が観測され，魅了させられる．集団は，より一層進化した，より適合度が高い置換の集合へと近づくのである．多分，より魅惑的なのは，進化的アルゴリズムが多くの場合最適解に収束し，ある条件下では，近似解に収束することを証明している多くの定理があることだろう [55]．残念ながら，進化的アルゴリズムは，しばしば収束が遅くなるが，これは，非常に難しいか，あるいはほとんど手に負えない (intractable) 問題に，アルゴリズムが適用されていることを示している．例えば，126 ページの余談に書かれている手に負えないことで有名な巡回セールスマン問題[7]の規模が大きくなるにつれて，それを解く能力については，進化的アルゴリズムは，どんどん立ち行かなくなってしまうのである[8]．

下の図 8.5 は，とくにランキング問題に適用した場合の，進化的アルゴリズムの背景にある中心的な考え方を，絵で表したものである．この素晴らしい，アルゴリズムの概観

---

[5] 訳注：これは，遺伝的アルゴリズム (Genetic Algorithm) と呼ばれる．
[6] 訳注：交叉という．
[7] 訳注：代表的な NP 完全問題の 1 つ．NP 完全問題は，現在の方式の計算機では問題のサイズの多項式時間では解くことができないと信じられている問題群である．
[8] 訳注：進化的最適化は，本当に NP 困難であるような手に負えない (intractable) 問題ではなく，もう少し簡単な問題に適用されているの意．

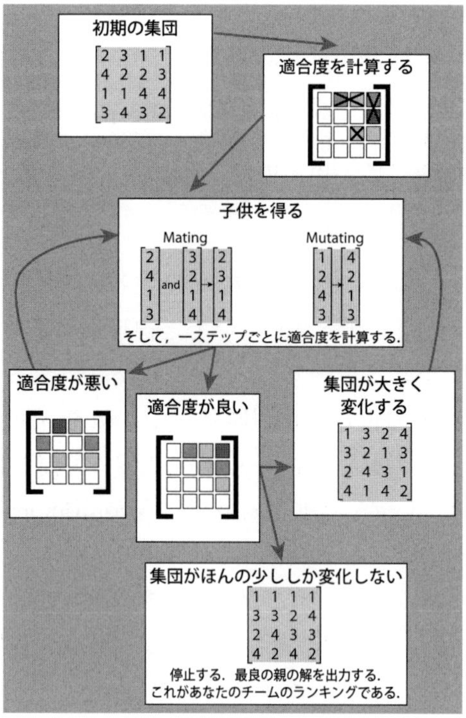

図 8.5 ランキング問題に対する進化的アルゴリズムのステップの概要.

は，Charleston 大学の卒業生の Kathryn Pedings の好意による．

Kathryn は，この絵をいくつかの講演とポスターセッション [18] の一部として用いた．Kathryn は，活発で面白い話し手であり，彼女が自分の仕事を解説しているのを聞けない読者は不運である．代わりとしては些細ではあるが，Kathryn による図 8.5 の説明を，元の図にテキストのラベルを貼ることでシミュレーションを行なってみる．単純に，注釈を番号順に辿ってもらいたい．

余談：巡回セールスマン問題

巡回セールスマン問題 (Traveling Salesman Problem: TSP) とは，n 個の都市を各々一度だけ訪問しなければならないセールスマンの行程を計画するという問題である．ある種の変形問題では，出発と終着が同じ都市（多分そのセールスマンの居住地）であることが要求される．目的は，コストを最小に抑える順序を選ぶことである．ここで，コストは，移動にかかる総時間や距離など，様々に定義される．各々の可能な順路は，n 個の都市の置換と考えることができる．巡回セールスマン問題の発展した変形問題では，制約条件が課される．例えば，セールスマンは，1 日に 500 マイルを超えて移動してはならない，同じ州内の 2 つの隣接した都市を訪問してはならない，などである．問題は，エレガントに簡潔に提示されるが，巡回セールス問題は，状態空間の爆発 (state space explosion) と呼ばれるある種の現象のため，解くのが困難（もし用語に慣れているのであれば，NP 困難と呼ばれる問題）であることがよく知られている．巡回セールスマン問題は，その標準的な制約条件の無い定式化においては，$n!/2$ 個の可能性のある順路について検討しなければならない．(n の) 関数 $n!$ は，n がゆっくり増加しても，急激に成長する．表 8.1 を見よ．

表 8.1　$n!$ 関数の成長.

n	$n!$
5	120
10	$\approx 3.6 \times 10^6$
25	$\approx 1.6 \times 10^{25}$
50	$\approx 3.0 \times 10^{64}$
100	$\approx 9.3 \times 10^{157}$

　コンピューター以前の時代では，ヒューリスティック（発見的方法）を用いたアルゴリズムを実装して，最適解を近似していた．$n = 10$ 都市の巡回セールスマン問題は，その時代では大規模だと思われていた．コンピューターを使って，巡回セールスマン問題の研究が発展し，また，その応用についても然りである．最近では，進化的アルゴリズムが巡回セールスマン問題の研究をリードしている．解くことができる巡回セールスマン問題の大きさは，現在では何万の都市のオーダーである．実際，2006 年には，$n = 85,900$ 都市の巡回セールス問題が解かれた[9]．可解な巡回セールスマン問題の大きさが増加した結果，より広く応用されるようになっている．今日では，航空会社は，飛行ルートをスケジュールするために，また，コンピューターハードウェア企業は，回路板上に銅線を配線するために，巡回セールスマン問題を利用している．

高度なランキング差分モデル

　これまでに本書で述べて来たランキングの手法のほとんどは，ランキングを生成する上で，複数の統計量を考慮することができた．ランキング差分の手法も同様である．k 個の統計量は，各差分行列 $\mathbf{D}_i$ にスカラーの重み α_i を与えることにより，単一の行列 $\mathbf{D} = \alpha_1 \mathbf{D}_1 + \alpha_2 \mathbf{D}_2 + \cdots + \alpha_k \mathbf{D}_k$ にまとめることができる．そして，同じ最適化問題 $\min_{\mathbf{q} \in p_n} \|\mathbf{D}(\mathbf{q},\mathbf{q}) - \hat{\mathbf{R}}\|$ を解くのである．あるいは，k 個の差分行列を，以下のような最適化の問題として，別々に扱うことも可能である

$$\min_{\mathbf{q} \in p_n} \alpha_1\|\mathbf{D}_1(\mathbf{q},\mathbf{q}) - \hat{\mathbf{R}}\| + \alpha_2\|\mathbf{D}_2(\mathbf{q},\mathbf{q}) - \hat{\mathbf{R}}\| + \cdots + \alpha_k\|\mathbf{D}_k(\mathbf{q},\mathbf{q}) - \hat{\mathbf{R}}\|.$$

最適化問題を解くには，やはり，進化的アルゴリズムを使うことをお勧めする．2 番目の定式化は，各繰り返しにおける各集団の所属メンバーの適合度の算出に k 個の行列ノルムの計算が必要なため，非常にコストが高いということに注意せよ．

---

[9]　訳注：2015 年時点でも，この都市数が最大のようである．

ランキング差分法のまとめ

記法

- $\mathbf{D}$ 　対ごとの関係を含む要素対要素のデータ行列
  たとえば，点数やヤード数や他の統計量の差分
- $\hat{\mathbf{R}}$ 　基本ランキング差分行列
- $\mathbf{Q}$ 　置換行列
- $\mathbf{q}$ 　$\mathbf{Q}$ に対応する置換ベクトル
- $\mathbf{D}(\mathbf{q},\mathbf{q})$ 　再順序化されたデータ差分行列 $\mathbf{Q}^T\mathbf{D}\mathbf{Q}$

アルゴリズム

1. 以下の最適化問題を解く．

$$\min_{\mathbf{q}\in p_n} \|\mathbf{D}(\mathbf{q},\mathbf{q}) - \hat{\mathbf{R}}\|$$

ただし，p_n は，あらゆる可能な $n\times 1$ の置換ベクトルの集合．進化的アルゴリズムを使うことを推奨する．

2. 上記の問題の最適解 $\mathbf{q}$ を用いて，$\mathbf{q}$ を昇順に並べ替え，並べ替えられた添え字をランキングベクトルとして保存することによって，ランキングベクトルを見出す．

ランキング差分行列の性質

- ここまでに議論してきたすべてのランキング方法は，レイティングベクトルとランキングベクトルを生成する．ランキング差分法は，ランキングベクトルのみを生成する最初の手法である．
- ランキング差分法は，基本ランキング差分行列 $\hat{\mathbf{R}}$ に最も近いデータ差分行列 $\mathbf{D}$ の再順序化を見出す．近さは様々な方法で測ることができるが，Forbenius 測度がとくに効果的であることが，123 ページで示された．
- この最適化問題は非常に困難（実は，NP 困難）なので，ランキング差分法は，本書で述べられている他のランキング手法に比べて，時間も計算コストもかかる．したがって，要素の小さな集合に制限されるかもしれない．たとえば，スポーツチームのランキングは，この手法の適用範囲内だが，賢明な実装方法が発明されないと，全ウェブ上のウェブページのランキングには適用できない．

- ランキング差分行列としては，どのようなデータ行列も入力できる．本章では，Markovの手法の得点差行列を使うことを推奨しているが，どのような差分行列でも使える．

余談：ランキング差分法とグラフ同型写像

ランキング差分法は，グラフと部分グラフの同型問題に深く関係している[10]．この場合，$\mathbf{D}$ と $\hat{\mathbf{R}}$ は，（重みを持つ可能性もある）2つの異なるグラフの隣接行列を表している．目的は，一方のグラフが，そのノードのラベルを変更することによって，他方のグラフを生成できるかどうかを決定することである．可能であれば $\|\mathbf{Q}^T\mathbf{D}\mathbf{Q} - \hat{\mathbf{R}}\| = 0$ で，2つのグラフは同型と言われる．もしできないのであれば，$\|\mathbf{Q}^T\mathbf{D}\mathbf{Q} - \hat{\mathbf{R}}\|$ を最小化して，$\mathbf{D}$ が $\hat{\mathbf{R}}$ に最も近づくよう $\mathbf{D}$ のノードのラベルの付け替えを生成する．私達の定式化は，2つの点で異なる．第一に，私達の定式化は，$\mathbf{D}$ と $\hat{\mathbf{R}}$ が隣接行列を表す必要が無いという点で若干一般的である．次に，私達の定式化は，$\hat{\mathbf{R}}$ が非常に特殊な構造をしているので，逆により具体的である．グラフの同型性は，化学化合物の同定から，電子回路基盤の設計まで様々なアプリケーションにおいて成功裏に使われて来た．ここでの成果は，そこにも適用できる．そのことは，私達の問題とグラフの同型性の問題の関係の価値を強調するものだ．

レイティング差分

第4-7章までのランキング手法のそれぞれは，レイティングベクトルを生成し，そのレイティングベクトルを並べ替えてランキングベクトルを生成している．前節のランキング差分法は，レイティングベクトルを完全にバイパスする最初の手法であり，ランキングベクトルのみを生成する．名前は，レイティングという言葉を使っているが，本節で示されるレイティング差分法も，同様である．この方法はレイティングベクトルをスキップして，直接ランキングベクトルを生成する．にもかかわらず，手法の名前の中のレイティングという単語が適切であることが理解できるであろう．

5チームの例のMasseyのレイティングベクトル $\mathbf{r}$ を考える．

$$\mathbf{r} = \begin{array}{c} \text{Duke} \\ \text{Miami} \\ \text{UNC} \\ \text{UVA} \\ \text{VT} \end{array} \begin{pmatrix} -24.8 \\ 18.2 \\ -8.0 \\ -3.4 \\ 18.0 \end{pmatrix}$$

である．これは，次のレイティング差分行列

$$\mathbf{R} = \begin{array}{c} \\ \text{Duke} \\ \text{Miami} \\ \text{UNC} \\ \text{UVA} \\ \text{VT} \end{array} \begin{pmatrix} \text{Duke} & \text{Miami} & \text{UNC} & \text{UVA} & \text{VT} \\ 0 & 0 & 0 & 0 & 0 \\ 43 & 0 & 26.2 & 21.6 & .2 \\ 32.8 & 0 & 0 & 0 & 0 \\ 21.4 & 0 & 4.6 & 0 & 0 \\ 42.8 & 0 & 26 & 21.4 & 0 \end{pmatrix}$$

を生成する．

ここで，明らかに，両方の差分行列に同じ記法を使ったが，それで混乱を生じることは

---
[10] この関連を指摘してくれた Schumuel Friedland に感謝する．

ないであろう．行列の要素は差分行列の型を示している．ランキング差分行列は整数のみを含むが，レイティング差分行列はスカラーを含む．単一の基本ランキング差分行列が存在する．ランキング差分の状況とは違って，単一の基本レイティング差分行列が存在することはない．しかし，基本的な構造は存在する．レイティングベクトルが既に正しい順序でソートされて並んでいるとする．例えば，レイティングベクトル

$$\mathbf{r} = \begin{pmatrix} 1 \\ 2 \\ 3 \\ 4 \\ 5 \end{pmatrix} \begin{pmatrix} .9 \\ .7 \\ .3 \\ .1 \\ -.2 \end{pmatrix}$$ は，次のレイティング差分行列 $\mathbf{R} = \begin{pmatrix} & 1 & 2 & 3 & 4 & 5 \\ 1 & 0 & .2 & .6 & .8 & 1.1 \\ 2 & 0 & 0 & .4 & .6 & .9 \\ 3 & 0 & 0 & 0 & .2 & .5 \\ 4 & 0 & 0 & 0 & 0 & .3 \\ 5 & 0 & 0 & 0 & 0 & 0 \end{pmatrix}$

を生成する．これは，非常に特徴的な性質を持っている．すべてのレイティング差分行列 $\mathbf{R}$ は，この構造を持つように順序付けし直すことができる．

レイティング差分行列 $\mathbf{R}$ は，

$$r_{ij} = 0, \quad \forall i \geq j \quad \text{（真に上三角行列）}$$
$$r_{ij} \leq r_{ik}, \quad \forall i \ni j \leq k \quad \text{（行中は昇順）}$$
$$r_{ij} \geq r_{kj}, \quad \forall j \ni i \leq k \quad \text{（列中は降順）}.$$

の場合，**基本形** (*fundamental form*) であるという

$\mathbf{R}(\mathbf{q},\mathbf{q})$ の cityplot は，丘の形状に似ている．図 8.6 を見よ．

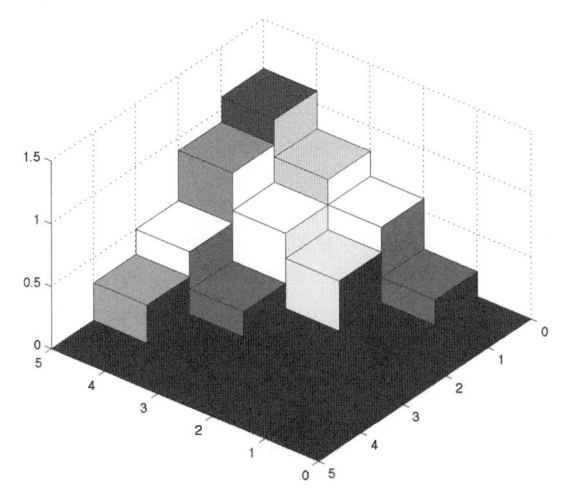

図 8.6 基本または丘の形状のレイティング差分行列 $\mathbf{R}$ の Cityplot．

したがって，基本形を**丘形状** (*hillside form*)[11] と呼ぶことがある．任意のレイティング

---

11) 実際，これはときとして R-bert 形と呼ぶ．アーケードゲームファンであれば，1982 年のゲーム Q-bert を覚えている

ベクトルは，基本形式に並べ替えられるようなレイティング差分行列を生成する．並べ替えを生成するのに必要な要素の順序付けは，1 から n までの整数の置換である．そして，この置換がまさに，ランキングベクトルである

機敏な読者は，多分こう尋ねているだろう：上の理屈は，レイティングベクトルを使えると仮定することによってランキングベクトルを生成しなかったかね？ それに，どれだけの価値があるのかね？ と．もし，レイティングベクトルが存在していたら，もちろん，それによってランキングベクトルを得ることができる．次節の例は，この後ろ向きとも見える理屈によって作られた定義が，成功の見込みのある，レイティングベクトルの存在を必要としない，新しいランキング法に，どのようにつながるかを示している．

いつもの例

レイティング差分法は，チーム対チームのデータ行列を入力として始める．ランキング差分法の節で説明したのと同じ理由によって，差分データの行列 $\mathbf{D}$ を使うことは意味がある．ここの例では，弱さよりも強さの指標として投票を考えることは意味があるので，Markov の投票行列 $\mathbf{V}$ の転置 $\mathbf{V}^T$ を使うことにする．レイティング差分法の目的は，$\mathbf{D}$ を 130 ページの囲み部分の基本形式に変換するか，あるいは，可能な限りその形式に近くなるように変換する $\mathbf{D}$ の再順序化を求めることである．5 チームの例では，

$$\mathbf{D} = \mathbf{V}^T = \begin{pmatrix} & \text{Duke} & \text{Miami} & \text{UNC} & \text{UVA} & \text{VT} \\ \text{Duke} & 0 & 0 & 0 & 0 & 0 \\ \text{Miami} & 45 & 0 & 18 & 8 & 20 \\ \text{UNC} & 3 & 0 & 0 & 2 & 0 \\ \text{UVA} & 31 & 0 & 0 & 0 & 0 \\ \text{VT} & 45 & 0 & 27 & 38 & 0 \end{pmatrix}$$

となるが，上記の行列を対称的に再順序化する 5 チームの置換は 5! 通りである．すべてを数え上げるという力づくの方法によると，

$$\mathbf{q} = \begin{pmatrix} 2 \\ 5 \\ 3 \\ 4 \\ 1 \end{pmatrix} \implies \mathbf{D}(\mathbf{q}, \mathbf{q}) = \begin{pmatrix} & 2 & 5 & 3 & 4 & 1 \\ 2 & 0 & 20 & 18 & 8 & 45 \\ 5 & 0 & 0 & 27 & 38 & 45 \\ 3 & 0 & 0 & 0 & 2 & 3 \\ 4 & 0 & 0 & 0 & 0 & 31 \\ 1 & 0 & 0 & 0 & 0 & 0 \end{pmatrix}$$

という置換が見出され，これは，基本形式ではないものの，満たされない制約の個数が最も少なく（たったの 6 個），基本形式に最も近い．最適置換ベクトル $\mathbf{q}$ をソートして，添え字を辿れば，ランキングベクトル

かも知れない．その中では，同じ名前のキャラクターが，階段でできた丘形状の周りを飛び歩く．階段の間隔は等しいが，それは，図 8.3 の基本レイティング差分行列 $\hat{\mathbf{R}}$ そっくりに見えるのである．レイティング差分行列の階段の間隔は等しくないので，Q-bert ではなく，冗談っぽく R-bert と呼んでいる．

$$\begin{matrix} \text{Duke} \\ \text{Miami} \\ \text{UNC} \\ \text{UVA} \\ \text{VT} \end{matrix} \begin{pmatrix} 5 \\ 1 \\ 3 \\ 4 \\ 2 \end{pmatrix}$$

が生成される．

再順序化問題を解く

レイティング差分問題は，次のように記述できる：再順序化されたデータ差分行列 $\mathbf{D}(\mathbf{q},\mathbf{q})$ が 130 ページの囲み部分の制約条件のうち満たさない個数を最小にするような置換 $\mathbf{q}$ を見出す．n 個の要素の集合では，$n!$ 個の置換が可能である．巨大な状態空間と置換の存在を考慮すれば，進化的アルゴリズムが魅力のある適切な方法論である．ランキング差分問題とレイティング差分問題は，密接に関係しているので，集団，つがい，突然変異という操作は同一となる．適合度関数だけを，レイティング差分問題用に変えなければならない．この場合，集団のメンバーである置換の適合度は，130 ページの囲み部分の中の制約条件のうち満たされない個数によって与えられる．

進化的アプローチはレイティング差分問題に使えるが，最良の手法は，線形計画法 (Linear Program: LP) に緩和できる二値整数線形計画法 (Binary Interger Linear Program: BILP) に問題を変換することである．ここでは，この手法については述べずに，第 15 章で述べることにする．というのも，レイティング差分法は，実は，その章で述べられるランキング集約法の特殊な場合だからだ．レイティング差分法は，231 ページで再考する．

余談：大学バスケットボールをもう少し

レイティング差分法は，College of Charleston の大学院生 Kathryn Pedings の修士論文の大きな部分をなしている．多くの大学院生がするように，Kathryn も，様々な学会や大学での講演やポスターセッションで，彼女の研究を説明した．これらの中で最も遠かったのは，東京から 1 時間の郊外にある筑波大学である．そこで彼女は次の図を使って彼女の研究を説明した．下の図は，2007 年 Southern Conference の男子大学バスケットの 11 チームの点差行列を 2 つ示している．

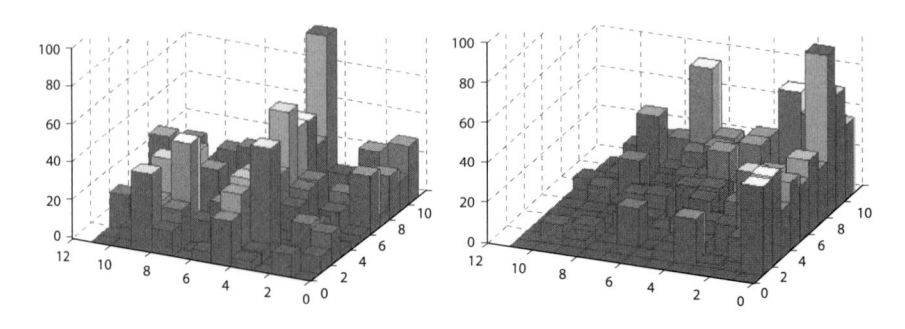

左側の cityplot は，オリジナルの順番の行列の表示で，何の構造も見出せない．右側の cityplot

は，同じ行列だが，レイティング差分法によって再順序化されたもので，丘形状の構造が現れている．

そして，次の表で，レイティング差分法によるランキング（進化的最適化として呼ばれている）がMassey と Colley の順位と比較されている．

Massey ランキング （違反数269）	進化的最適化 ランキング （違反数265）	Colley ランキング （違反数278）
Davidson	Davidson	Davidson
UNC-G	UNC-G	App. St.
GA So.	GA So.	Chatt.
App St.	App St.	GA So.
Chatt.	Chatt.	UNC-G
CofC	Elon	Elon
Elon	CofC	CofC
Wofford	W. Car.	Wofford
W. Car.	Wofford	Furman
Furman	Furman	W. Car.
Citadel	Citadel	Citadel

本節のレイティング差分法は，最少の丘形状の破壊をもたらすランキングであったことに注意しよう．もし，これが最優先であれば，明らかにレイティング差分法は選択されるべき手法である．というのも，それは，最少の丘形状の破壊のランキングを生成することを保証しているからである．

レイティング差分法のまとめ

— ラベルのつけ方

$\mathbf{D}$: 要素対要素のデータ行列で対ごとの関係を含んでいる．たとえば得点数，ヤード数，その他の統計量の差分である．

$\mathbf{q}$: $\mathbf{D}$ の再順序化を定義する置換ベクトル．

— アルゴリズム

1. 最適化問題を解く．

$$\min_{\mathbf{q} \in p_n}(\mathbf{D}(\mathbf{q}, \mathbf{q}) \text{ が満たしていない 130 ページのリストにある制約条件の個数})$$

進化的アルゴリズムを適用できるが，後の第15章で説明する逐次 LP 法を使うことを推奨する．

2. 上記の問題の最適解 $\mathbf{q}$ を使ってランキングベクトルを求める；$\mathbf{q}$ を昇順で並べ替え，並べ替えられた添え字をランキングベクトルとしてとっておく．

— 諸性質

- 本書より前の章で議論されてきたランキング法は，レイティングとランキングの両方のベクトルを生成する．ランキング差分法とレイティング差分法は，両者ともランキングベクトルのみを生成する．
- レイティング差分法は，$\mathbf{D}(\mathbf{q}, \mathbf{q})$ ができる限り丘形状に近づくような，差分行列 $\mathbf{D}$ の対称再順序化 $\mathbf{q}$ を見出す．

- 最適化問題は解くのが困難（実際，NP 困難）なので，レイティング差分法は，本書の他のランキング方法に比べて，遅いし，よりコストがかかる．よって，この方法は，小さな要素の集合に限定されるかもしれない．例えば，スポーツチームのランキングは，この方法の適用範囲だが，全ウェブ上のウェブページのランキングは範囲外である．しかし，小さな集合に限定されるとしても，レイティング差分法は，ランキングに対する全く新しいアプローチである．
- 任意のデータ行列が，レイティング差分法の入力として使える．本章では，他のデータ行列でもうまく行くが，得点差行列を使うことを推奨している．
- ランキング差分法と同様に，レイティング差分法は，多くの直接対関係を持つ要素の集合に対して，とくに向いているようである．すなわち，要素対要素の行列が，多くの結合 (connection)[12] を持つような集合である．その結果，レイティング差分法は，少ない結合の要素の集合に対しては十分に働かないかもしれない．

数字の豆知識—

18 = 1904 年に試合中に死亡した選手の数.
—これと，無数の単純骨折，頭蓋骨折，頚椎骨折，脚の捻挫，その他多くの恐ろしい怪我のため，**Theodore Roosevelt** は **1905** 年に大学フットボールを非合法化すると迫った．
— John J. Miller 著 *The Big Scrum*

---

[12] 訳注：差分行列が疎ではないということ．

第 9 章　ポイントスプレッド

　スプレッドに勝つ (beat the spread)[1] とは，賭博の世界では見果てぬ夢なので，ポイントスプレッドについて言及しないのであれば，レイティングやランキングについての本は何か不十分なことになってしまう．しかし，科学的なレイティングシステムの目的は，一般的に，ブックメーカーやギャンブラーのそれとは異なるものである．

　良い科学的なレイティングシステムは，十分多くの競合が行なわれた後に，個々のチームや競合者の総合的な強さについての相対的な差を正確に反映しようとする．おそらく，最も基本的な目標は，専門家の間の統一見解と一致し，長期間にわたる力量を反映する適切なレイティングを提供することであろう．多くの評判の良い科学的システムは勝率に矛盾しないレイティングを生成することに，ある程度成功している．しかし，58 ページで Keener のレイティングについて議論した際に示したように，勝率の推定とポイントスプレッドの推定の間には大きなギャップが存在する．あるシステムが勝率を適切に推定したからと言っても，それは，ポイントスプレッドに関する情報を提示する能力については，何も言ってくれないのである．ある人々にとって，究極の目的とは，次のようなシステムを設計することである：システムが生成するレイティングの相対的な差が，何らかの方法で，2 つのチームが対戦したときのスコアの差を正確に予測する．これは，一般的には不可能な目標であるが，それでもやはり，レイティングシステム開発者たちの意識を掴んで離さない．結局，かのアイザック・ニュートンも錬金術への情熱を失わなかったではないか．しかし，もし，読者が，鉛を金に変えるのと同等のレイティングを達成したとしても，それが「確実な賭け (sure bet)」になるという公理にはならない．なぜならば，ブックメーカーやカジノはポイントスプレッド (point spread) について違った概念を持っているからである．

ポイントスプレッドが意味する所と意味しない所

　多くの初心者はポイントスプレッドの真の意味と，所与の試合について「スプレッド」を構築するメカニズムを誤解している．ブックメーカーによって出されたポイントスプレッドは，あるチームが他チームよりどれだけ優れているかについての正確な反映でもない

---

[1] 訳注：ブックメーカーが設定したスプレッドに対して，賭けに勝つという意味．

し，予想でもない．また，得点差の正確な予想を作ることは，決してブックメーカーの目的ではない．ある意味，彼らは簡単な作業を行なっている．ある試合についてブックメーカーによって公表されるポイントスプレッドの完全なる目的は，両方のチームに賭けられる金額が等しくなるように呼び込むことである．そうすることによって，次の2つのことが保証される．

1. 賭けの行為が最も活発になるようにする．
2. ブックメーカーにとって，支払い分に対して受け取り分をバランスさせる．

これらの2つの特徴が，どのようにしてブックメーカーの利益につながるのかを理解するために，ブックメーカーがどのようにして収入を得ているのかを正確に知る必要がある．

手数料（あるいは，暴利）

一般的に，ブックメーカーが，あなたと反対に賭けてあなたを負かせることよって利益を得ることは**ない**．良いブックメーカーは，あなたが勝とうが負けようが気にしない．なぜなら，彼らの利益は通常，ブックメーカーのサービスを受ける際に科せられる単純な料金またはコミッションであるところの**手数料**（vig: vigorish[2)3)]の短縮形．あるいは，ときとして**暴利**（juice）とも呼ばれる）だからである．ブックメーカーが，所与の試合において各々のチームに等しい金額が賭けられるようにできれば，誰が勝つかには無関係に，そのブックメーカーの正味の支払いはゼロであり，手数料が純粋な利益になる．

なぜ，オッズのみを提示しないのか？

もしブックメーカーがスプレッドを出さずに，むしろ，所与の試合の勝者がどちらかについてに賭けさせるだけとしよう．するとそのブックメーカーは，支払わなければならないものと取り立てるものとのバランスを維持するために，賭けの勝者への支払いを，試合に勝つ方のオッズに連動させなければならない．その結果として，強いチームが圧倒的に弱いチームと当たるとき，強いチームに賭けたいギャンブラーは，ほんの小さな金額を勝つために比較的大きな金額を賭けなければならなくなる．さらに，多くの事情に通じたギャンブラーは，たとえオッズが心そそるものであっても，負けそうなチームの勝ちに賭けることはしない．言い換えると，オッズのみを提示すると，一般的に，賭けの行為が活発ではなくなる結果になる．これは，ブックメーカーにとっては都合が悪い．なぜなら，総手数料は賭けの数に直結しているからである．

1930年代の中ごろに，Charles K. McNeil[4)]は，ギャンブラーにスプレッドに賭ける機

---

2) これは，勝つとか利益を意味するロシア語の"vyigrysh"から派生したイディッシュ語の俗語．
3) 訳注：あるいは，"vygrashi"というウクライナ語からの派生．
4) Charles K. McNeil (1903-1981) は，シカゴ大学で数学を勉強し修士号を取得した．McNeil は，少なくとも3つの異なるキャリアを持っている．すなわち，Riverdale Country School（ハイカラな私立の進学高校で，J. F. Kennedy も

会を提供することによって，ブックメーカーは，勝ちに対するオッズを提示するだけよりも多くの賭けの行為を惹きつける（より多くの手数料を作り出す）ことできることに気がついた．賭博は，その少し前の 1931 年にネバダ州で合法化された．ラスベガスのブックメーカー達は McNeil の新しいアイデアを知るや否や，その利点を認識して，即座に採用した．それ以来，スプレッド賭博はスポーツ賭博の世界では標準的な機構になったのである．

スプレッド賭博は，どのように行なわれるのか？

　前述したように，ブックメーカーの目的は，取り扱いたいすべての賭けについて両サイド（勝ちと負け）への賭けの行為を同時に最大化しバランスすることである．ブックメーカーは，勝ちそうなチームに対してハンディキャップを作るためにポイントスプレッドを提示する．そうすることによって，**チーム i がチーム j を負かす**という事象に単純に賭けるのではなく，**チーム i がチーム j を，提示されたスプレッドより多い（または少ない）点差で負かす**という事象に対する賭けになる．ブックメーカーの仕事は，この賭けの両サイドに等しい量の賭けを創出するようなポイントスプレッドを決定することである．

　表面的には，スプレッドは，それぞれのサイドに等しい勝利の確率を提示するように計算すべきだと思えるかも知れない．しかし，ある事象に賭けられる金は，賭けが「公平」だとしても等分に配分されることはほとんどない．そのため，試合が近づくにつれスプレッドは見直される．賭けの提供とは，臆病者には使えない黒魔術であり，成功するブックメーカーは，数えたり統計を取ったりする人間以上である必要がある．すなわち，常連顧客をよく理解している，非常に優秀な心理学者かつ人間性の研究者でなければならない．

　「スプレッドに勝つ」（"beating the spread"）というフレーズはずばり何を意味するのか？　それは，2 通りで起こり得る．あるチームに賭けて，そのチームが告知されたポイントスプレッドより大きい点差で勝ったら，勝ち，すなわち，「スプレッドに勝った！」（"beat the spread!"）ということになる．しかし，スプレッドに勝つもう 1 つの方法がある．もし，勝たないとみなされているチームに賭けて，そのチームが勝った場合も，やはり賭けに勝ったことになる．しかし，告知されたスプレッドより少ない点差で負けた場合，それでもやはり賭けに勝った，すなわち，またも，「スプレッドに勝った」ということになる．2 つほど例を見てみよう．

- ブックメーカーが「BRONCOS が CHARGERS を 7 点差で勝つ」と提示して，実際の試合結果が，BRONCOS $= 17$，CHARGERS $= 3$ だったとする．もし，BRONCOS に賭けていれば，

$$\text{BRONCOS} - \text{CHARGERS} > 7 \quad (\text{BRONCOS がスプレッドを達成した})$$

McNeil のクラスで学んだ）で数学を教え，シカゴで証券アナリストとして働き，1940 年代は自分自身のブックメーカー事業を運営した．公開されたスプレッドに賭けると言う McNeil の概念は，スポーツ賭博の世界を永遠に変えてしまった．

となるので賭けに勝ったことになる．もし，CHARGERS に賭けていたら，CHARGERS は 7 点差以上で負けているので，賭けに負けたことになる．

- ブックメーカーが「BRONCOS が RAIDERS を 3 点差で勝つ」と提示していて，実際の試合結果が，BRONCOS = 21 で RAIDERS = 20 だったとする．もし，BRONCOS に賭けていれば，

$$BRONCOS - RAIDERS < 3 \quad (BRONCOS はスプレッドを達成できなかった)$$

となるので賭けに負けたことになる．しかし，もし，RAIDERS に賭けていたら，RAIDERS は 3 点より少ない点差で負けたので，賭けには勝ったことになる．

引分け（プッシュ (*push*) とも呼ばれる）を避けるために，ブックメーカーは，よく，7.5 とか 3.5 などの 0.5 点刻みの小数のスプレッドを提示する．このようにして，引分けの場合の払い戻しを回避しているのである．いくつかの開催地では，スポーツ賭博において，「引分けは負け」あるいは「引分けは勝ち」という記述が許されている．

オーバーアンダー賭け

上記のスプレッドに賭けるのに加えて，**オーバーアンダー** (O/U) または**トータル** (*total bet*) と呼ばれる人気のある賭博がある．この賭けでは，ある特定のチームにではなく，試合の総得点に賭けるのである．ブックメーカーは，予想総得点の値を設定し，ギャンブラーは，試合における実際の総得点がブックメーカーの予想より大きいか小さいかに賭けることを選択できる．スプレッドの場合と同様に，スポーツ賭博では，しばしば，総得点は，同点を避けるために，例えば 28.8 という小数で設定される．

例えば，BRONCOS が CHARGERS と試合をし，ブックメーカーが総得点を 42.5 点に設定したとしよう．もし，最終的なスコアが BRONCOS = 24，CHARGERS = 16 であったならば，総得点は 40 点となり，アンダーに賭けていた人が勝つ．もし，最終スコアが BRONCOS = 30，CHARGERS = 32 であったならば，総得点は 62 点となり，オーバーに賭けていた人が勝者となる．総得点に賭けるのが人気のある理由は，ギャンブラーが，実際にどちらのチームが勝つかを指定することなく，試合が守り合いなのかせめぎ合いなのか，という観点の試合に対する感性を試すことができるからである．

スプレッドを設定する場合と全く同じように，ブックメーカーの仕事は，実際に総得点を予想することではなく，オーバーとアンダーに賭けられる金が同じくらいになるような総得点数を提示することが必要である．スプレッド賭博と同様に，慣習的な手数料は 4.55% 前後である．

スポーツ賭博では，しばしば，オーバーアンダー賭けがスプレッド賭博と組み合わされて使われる．例えば，「BRONCOS がオーバーで勝つ」という賭けは，BRONCOS がスプレッドを達成すると同時に，総得点がブックメーカーの「予想値」より高い場合に，（だいたい 13 対 5 に近い割合で）払い戻される．最もありふれたオーバーアンダーの賭

けは総得点が対象であるが，下記のような他の試合統計も使われることがある：
—フットボールチームの総ラッシングヤード数，パッシングヤード数，インターセプト回数，サードダウンコンバージョン[5]の回数など．
—バスケットボールプレーヤー（あるいは，チーム）の総アシスト数，ブロック数，ターンオーバー数，スチール数，フィールドゴールの成功率など．
—野球選手（あるいは，チーム）の総ホームラン数，打点数など．

なぜ，レイティングで，スプレッドを予測するのが難しいのか？

　まず，ブックメーカーが設定するスプレッドの賭けを当てるのは，ある所与の試合の実際の得点差を予想するのとは違うが，レイティングを実際の得点差を予想するのに使うということについての問題は依然残っている．大抵の場合，最良のレイティングシステムでも，得点差をうまく予想することはできない．そして，すべてのスポーツの中で，フットボールの得点差をレイティングから予想するのは，とくに厄介である．なぜだろうか？

　レイティングシステムのスプレッドを予想する能力を制限する要素がいくつか存在する．第一は，一般的に目的が違うという単純な事実である．すなわち，良いレイティングシステムの目的は，あるチームの総合的な強さを，同じリーグ内の他のチームと比べ，定量的に抽出することである．ところが，抽出する過程において，得点差に実際に影響するような多くの詳細が取り除かれてしまうのである．例えば，ハラハラドキドキなフットボールチームは，爆発的にパスが凄い試合をする反面，ラン攻撃は弱く，並みのディフェンス力しかないかも知れない．結果として，その総合的なレイティングでは，中くらいになってしまうが，その試合は，大勝か大敗（馬鹿勝ちかボロ負け）になりがちである．一方で，バランスが取れているだけで，攻撃と守備も月並みな，より退屈なフットボールチームも中くらいにレイティングされるが，試合における得点差は狭い範囲内に限定されるであろう．言い換えると，単一のレイティングの数字では，ポイントスプレッドを正しく予想するのに必要な，微妙な点のすべてを捉えることは絶対に不可能なのである．スプレッドを推測することは，ある試合の個々の側面を個別に解析する必要がある．第7章で議論したような，攻撃力レイティングと守備力レイティングの区別から始めてもよい．

　レイティングの差が，得点差を十分に反映し得ないもう1つの理由は，ときとして，所与のスポーツに固有に存在する不規則な得点のパターンである．これは，とくに，アメリカンフットボールにおいて顕著である．アメリカンフットボールのスプレッドは，$3-4-3-4-\cdots$，というパターンに沿ったギャップをもって積み上がる傾向にある．たとえば，NFL 2009-2010 シーズンのポイントスプレッドの分布は図 9.1 のようになる．

　図 9.1 の右側のグラフは明らかに，NFL のスプレッドが $3, 7, 10, 14, 17, 21, \ldots$ の位置で飛びぬけている (spike) ことを示している．これは，フットボールの得点の仕方を考えれ

---
[5] 訳注：3 回目の攻撃で累計 10 ヤード以上進めて再度攻撃権を取ること．

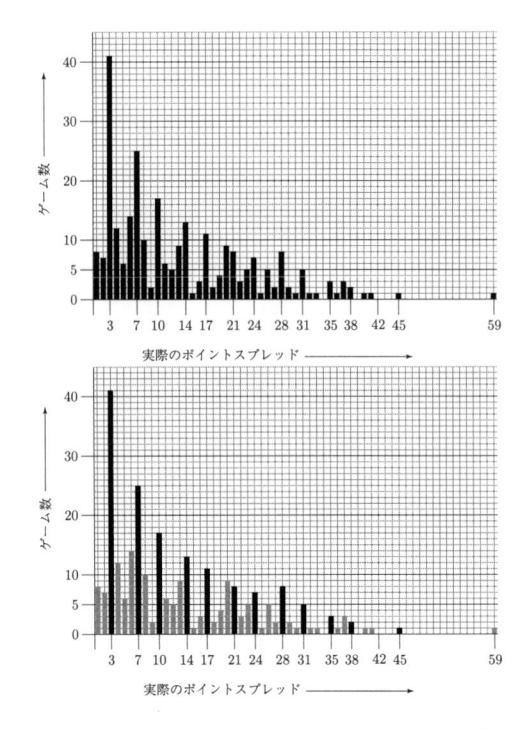

図 9.1　NFL 2009-2010 ポイントスプレッドの分布.

ば不思議なことではない．しかし，分布図中のこれらのスパイクのため，レイティングの差を得点差の予想に正しく翻訳するのは難しくなる．ほどよく期待できることのうち最良なことは，レイティングシステムの中の差が，何らかの方法で最もそれらしいスパイクを見分けるようにすること，すなわち，$3, 7, 10, 14, 17, 21, \ldots$ 以外のスプレッドは不可能であるとした上で，図 9.1 の右側のグラフ中の黒い棒から成る分布を近似するよう努力することくらいである．しかし，たとえそれに成功したとしても，全シーズンを通しては誤差が大きく集積してしまうだろう．

（スプレッドを予測するための）レイティングを作るためにスプレッドを使う

　ポイントスプレッドを反映するレイティングとランキングシステムを構築する際に出現する問題をさらに説明するために，来るべきシーズンのすべての試合のスプレッドを既知とするために，未来を見ることができる水晶玉を持っているとしよう．10 ページで説明した Massey のアプローチと同様に，目的は，この情報を使って，レイティングの差分 $r_i - r_j$ が，チーム i とチーム j の対戦のポイントスプレッドを可能な限り近く反映するような最適なレイティングシステム $\{r_1, r_2, \ldots, r_n\}$ を構築することである．

　これを行なうために，まず，ある絶対的に完全な宇宙に，完全なレイティングベクトル

$$\mathbf{r} = \begin{pmatrix} r_1 \\ r_2 \\ \vdots \\ r_n \end{pmatrix}$$

が存在し，各々の $r_i - r_j$ が対応する各々の得点差 $S_i - S_j$ に等しいとする．ここで，S_i と S_j は，チーム i とチーム j の対戦時の各々の得点である．もし，得点差とレイティング差が各々以下の行列

$$\mathbf{K} = \begin{pmatrix} 0 & S_1 - S_2 & \cdots & S_1 - S_n \\ S_2 - S_1 & 0 & \cdots & S_2 - S_n \\ \vdots & \vdots & \ddots & \vdots \\ S_n - S_1 & S_n - S_2 & \cdots & 0 \end{pmatrix} \quad \text{と} \quad \mathbf{R} = \begin{pmatrix} 0 & r_1 - r_2 & \cdots & r_1 - r_n \\ r_2 - r_1 & 0 & \cdots & r_2 - r_n \\ \vdots & \vdots & \ddots & \vdots \\ r_n - r_1 & r_n - r_2 & \cdots & 0 \end{pmatrix}$$

として表現されていたら

$$\mathbf{K} = \mathbf{R} = \mathbf{r}\mathbf{e}^T - \mathbf{e}\mathbf{r}^T, \quad \text{ここで } \mathbf{e} \text{ はすべての要素が1であるような縦ベクトル}$$

である．これは，理想的な状況では，**得点差行列** (*score-differential matrix*) $\mathbf{K}$ が階数 2 の歪対称行列を意味している．$k_{ij} = -k_{ji}$ は $\mathbf{K}^T = -\mathbf{K}$ を意味するから $\mathbf{K}$ は歪対称行列であり，$\mathbf{r}$ が $\mathbf{e}$ の倍数でなければ（$\mathbf{R}$ が $\mathbf{0}$ 行列でなければ）$rank(\mathbf{r}\mathbf{e}^T - \mathbf{e}\mathbf{r}^T) = 2$ なので，階数は 2 である．

しかし，私達は完全な宇宙に住んでいるわけではないので，文献 [33] に示唆されているように，私達が成し得る最良のことは，**得点差行列** $\mathbf{K}$ と**レイティング差分行列** (*rating-differential matrix*) $\mathbf{R} = \mathbf{r}\mathbf{e}^T - \mathbf{e}\mathbf{r}^T$ の差を最小化するようなレイティングベクトル $\mathbf{r}$ を構築することである．これは，ある行列ノルムに関して

$$f(\mathbf{x}) = \|\mathbf{K} - \mathbf{R}(\mathbf{x})\|^2 = \|\mathbf{K} - (\mathbf{x}\mathbf{e}^T - \mathbf{e}\mathbf{x}^T)\|^2 \tag{9.1}$$

を最小にするようなベクトル $\mathbf{x}$ を見出すことと同値である．ノルムの選択はある意味任意であるので，最も簡便（かつ標準的）な **Frobenius** のノルム

$$\|\mathbf{A}\|_F = \sqrt{\sum_{i,j} a_{ij}^2} = \sqrt{trace(\mathbf{A}^T\mathbf{A})} \quad ([54, 279 \text{ ページ}] \text{ を参照})$$

を選ぶ．(9.1) の式の関数 $f(\mathbf{x})$ の最小化は，初歩的な微積分で達成される．すなわち，すべての i について $\partial f / \partial x_i = 0$ とした結果得られる $x_1, x_2, \ldots, x_n$ についての連立方程式を解いて極値を見つけるのである．trace 関数は以下の性質を持つ．

$$trace\,(\alpha \mathbf{A} + \mathbf{B}) = \alpha\,trace\,(\mathbf{A}) + trace\,(\mathbf{B}),$$

そして

$$trace\,(\mathbf{AB}) = trace\,(\mathbf{BA}) \qquad ([54,\,90\,ページ]\,を参照)$$

である．これらの性質を使うと以下を得る．

$$\begin{aligned} f(\mathbf{x}) &= trace\,[\mathbf{K} - (\mathbf{x}\mathbf{e}^T - \mathbf{e}\mathbf{x}^T)]^T[\mathbf{K} - (\mathbf{x}\mathbf{e}^T - \mathbf{e}\mathbf{x}^T)] \\ &= trace\,\mathbf{K}^T\mathbf{K} - trace\,[\mathbf{K}^T(\mathbf{x}\mathbf{e}^T - \mathbf{e}\mathbf{x}^T) + (\mathbf{x}\mathbf{e}^T - \mathbf{e}\mathbf{x}^T)^T\mathbf{K}] \\ &\quad + trace\,[(\mathbf{x}\mathbf{e}^T - \mathbf{e}\mathbf{x}^T)^T(\mathbf{x}\mathbf{e}^T - \mathbf{e}\mathbf{x}^T)], \end{aligned}$$

ここで，$\mathbf{K}$ の歪対称性を使えば，

$$f(\mathbf{x}) = trace\,(\mathbf{K}^T\mathbf{K}) - 4\mathbf{x}^T\mathbf{K}\mathbf{e} + 2n(\mathbf{x}^T\mathbf{x}) - 2(\mathbf{e}^T\mathbf{x})^2$$

となる．$\partial \mathbf{x}/\partial x_i = \mathbf{e}_i$ だから，x_i について f を微分すれば，

$$\frac{\partial f}{\partial x_i} = -4\mathbf{e}_i^T\mathbf{K}\mathbf{e} + 4nx_i - 4\mathbf{e}^T\mathbf{x}$$

を得，$\partial f/\partial x_i = 0$ とすることによって

$$i = 1, 2, \ldots, n\,\text{に対して,}\quad nx_i - \sum_{j=i}^{n} x_j = (\mathbf{K}\mathbf{e})_i$$

を得る．これは，以下の行列方程式として書ける線型方程式に過ぎない．

$$\begin{pmatrix} (n-1) & -1 & \cdots & -1 \\ -1 & (n-1) & \cdots & -1 \\ \vdots & \vdots & \ddots & \vdots \\ -1 & -1 & \cdots & (n-1) \end{pmatrix} \begin{pmatrix} x_1 \\ x_2 \\ \vdots \\ x_n \end{pmatrix} = \begin{pmatrix} (\mathbf{K}\mathbf{e})_1 \\ (\mathbf{K}\mathbf{e})_2 \\ \vdots \\ (\mathbf{K}\mathbf{e})_n \end{pmatrix}$$

あるいは，

$$\left(\mathbf{I} - \frac{\mathbf{e}\mathbf{e}^T}{n}\right)\mathbf{x} = \frac{\mathbf{K}\mathbf{e}}{n} \tag{9.2}$$

である．$\mathbf{e}^T\mathbf{K}\mathbf{e}$ はスカラーで，かつ，$\mathbf{K}^T = -\mathbf{K}$ だから，

$$\mathbf{e}^T\mathbf{K}\mathbf{e} = (\mathbf{e}^T\mathbf{K}\mathbf{e})^T = \mathbf{e}^T\mathbf{K}^T\mathbf{e} = -\mathbf{e}^T\mathbf{K}\mathbf{e} \implies \mathbf{e}^T\mathbf{K}\mathbf{e} = 0$$

となるので，ベクトル $\mathbf{x} = \mathbf{K}\mathbf{e}/n$ は，連立方程式 (9.2) の1つの解である．さらに，以下

$$\left(\mathbf{I} - \frac{\mathbf{e}\mathbf{e}^T}{n}\right)\mathbf{e} = \mathbf{0} \quad かつ \quad rank\left(\mathbf{I} - \frac{\mathbf{e}\mathbf{e}^T}{n}\right) = n-1$$

が示されるので，方程式 (9.2) の全ての解は，

$$\mathbf{x} = \frac{\mathbf{K}\mathbf{e}}{n} + \alpha\mathbf{e}, \quad \alpha \in \Re$$

の形で表すことができる．いくつかの道理に適った制限，例えばレイティングの和を 0 にするを課すことで，スカラー α の値を決めて，唯一の解を決定することができる．実際，$0 = \sum x_i = \mathbf{e}^T\mathbf{x}$ を要請すれば，

$$0 = \mathbf{e}^T\mathbf{x} = \frac{\mathbf{e}^T\mathbf{Ke}}{n} + \alpha\mathbf{e}^T\mathbf{e} = \alpha\mathbf{e}^T\mathbf{e} \implies \alpha = 0$$

となるので，

$$\mathbf{r} = \frac{\mathbf{Ke}}{n} \quad (\mathbf{K} \text{ の列の重心（または平均）})$$

が，制約条件 $\mathbf{e}^T\mathbf{x} = 0$ の下で $f(\mathbf{x})$ の唯一の極値を取る点となる．ここで，極値とは，相対的な最小値または最大値が達成される点となるための必要条件に過ぎないことを思い出そう．すると，$\mathbf{r} = \mathbf{Ke}/n$ が実際に最小値を取る点であることを確認しなければならないことになる．極値の点が局所的な最小値を与えるための十分条件は，その点における Hessian [54, 570 ページ] が正定値になることである．残念なことに，この場合での Hessian は半正定値にしかならないので，追加の計算が必要となる．

$$\min_{\mathbf{e}^T\mathbf{x}=0} f(\mathbf{x}) = \min_{\mathbf{e}^T\mathbf{x}=0} \|\mathbf{K} - (\mathbf{xe}^T - \mathbf{ex}^T)\|_F^2$$

が $\mathbf{r} = \mathbf{Ke}/n$ において達成されることを証明するために，制約条件を満たすような $\mathbf{r}$ の近傍の点を考える．すなわち，$\mathbf{r} + \boldsymbol{\varepsilon}$，ただし $\boldsymbol{\varepsilon} \neq \mathbf{0}$ で $\mathbf{e}^T\boldsymbol{\varepsilon} = 0$ とする．このとき，

$$\begin{aligned}f(\mathbf{r}+\boldsymbol{\varepsilon}) - f(\mathbf{r}) &= -4\boldsymbol{\varepsilon}^T\mathbf{Ke} + 2n\|\mathbf{r}-\boldsymbol{\varepsilon}\|_2^2 - 2n\|\mathbf{r}\|_2^2 - 2(\mathbf{e}^T\boldsymbol{\varepsilon})^2 \\ &\quad - 4n\boldsymbol{\varepsilon}^T\mathbf{r} + 2n(\|\mathbf{r}\|_2^2 + \|\boldsymbol{\varepsilon}\|_2^2 + 2\boldsymbol{\varepsilon}^T\mathbf{r}) - 2n\|\mathbf{r}\|_2^2 - 2(\mathbf{e}^T\boldsymbol{\varepsilon})^2 \\ &= 2\left(n\|\boldsymbol{\varepsilon}\|_2^2 - (\mathbf{e}^T\boldsymbol{\varepsilon})^2\right) \end{aligned} \quad (9.3)$$

となる．Cauchy-Schwarz（または CBS）の不等式 [54, 287 ページ] によれば，$\mathbf{e}^T\boldsymbol{\varepsilon} \leq \|\mathbf{e}\|_2\|\boldsymbol{\varepsilon}\|_2$ で，等号が成り立つのは $\boldsymbol{\varepsilon} = \alpha\mathbf{e}$ なる α が存在するときのみである．今の問題の場合，$\mathbf{e}^T\boldsymbol{\varepsilon} = 0$ かつ $\boldsymbol{\varepsilon} \neq \mathbf{0}$ なので，等号はあり得ない．よって，CBS を (9.3) に適用すれば，

$$f(\mathbf{r}+\boldsymbol{\varepsilon}) - f(\mathbf{r}) > 0$$

という結論を得る．よって，ポイントスプレッドによって決定された「最良の」レイティングは，$\mathbf{r} = (\mathbf{Ke})/n\mathbf{r} = (\mathbf{Ke})/n$ によって与えられる．上記のことを以下にまとめておく．

スプレッドから導出された最良のレイティング

得点差行列 $\mathbf{K} = [S_i - S_j]$ とレイティング差行列 $\mathbf{R} = [r_i - r_j]$ の (Frobenius) 距離を最小にするという意味において最良である，$\sum_i r_i = 0$ を満たすレイティングの組

$\{r_1, r_2, \ldots, r_n\}$ は，ベクトル

$$\mathbf{r} = \frac{\mathbf{Ke}}{n} = \mathbf{K} \text{ の列の重心（平均）} \quad (9.4)$$

の要素である．

今後，この $\mathbf{r} = \mathbf{Ke}/n$ の要素は，スプレッドレイティング，または，重心レイティングと呼ぶ．(9.1) の関数 $f(\mathbf{x})$ と $\mathbf{R} = \mathbf{re}^T - \mathbf{er}^T$ について，以下が示される．

$$\min_{\mathbf{e}^T \mathbf{x} = 0} f(\mathbf{x}) = f(\mathbf{r}) = \|\mathbf{K} - \mathbf{R}\|_F^2 = \|\mathbf{K}\|_F^2 - \|\mathbf{R}\|_F^2$$

NFL 2009-2010 シーズンのスプレッドレイティング

(9.4) 式のスプレッドレイティングの使い方を説明するために，2009-2010 NFL シーズンでの 267 試合における実際の得点差を使うことにしよう．チーム i がチーム j 複数試合をした場合，行列 $\mathbf{K}$ は，S_i と S_j をそれらのチームの各々の得点数の平均とすることで作られる．その結果得られるスプレッドレイティングは以下の通りである．

順位	チーム	レイティング	順位	チーム	レイティング
1.	SAINTS	6.2187	17.	PANTHERS	-0.1094
2.	VIKINGS	4.7187	18.	BRONCOS	-0.1250
3.	PACKERS	3.9687	19.	TITANS	-0.9531
4.	RAVENS	3.6875	20.	GIANTS	-1.0625
5.	PATRIOTS	3.6250	21.	REDSKINS	-1.0937
6.	JETS	3.0000	22.	DOLPHINS	-1.1094
7.	COLTS	2.8594	23.	BEARS	-1.5781
8.	CHARGERS	2.7031	24.	BILLS	-1.7812
9.	EAGLES	2.5469	25.	JAGUARS	-2.9531
10.	TEXANS	2.0781	26.	CHIEFS	-3.0156
11.	COWBOYS	2.0156	27.	BROWNS	-3.0469
12.	STEELERS	1.4219	28.	SEAHAWKS	-3.3281
13.	FALCONS	1.1719	29.	BUCS	-3.9687
14.	CARDINALS	0.3906	30.	RAIDERS	-5.1562
15.	BENGALS	0.3281	31.	LIONS	-5.4219
16.	NINERS	0.1875	32.	RAMS	-6.2187

NFL 2009-2010 スプレッドレイティング．

これらのスプレッドレイティングは，2009-2010 シーズンの NFL の 267 試合のうち，191 試合において正しく勝利チームを選択し，後知恵予想の的中率は 71.54% になる．このような簡単な計算，すなわち，必要なことと言えば得点差を平均する（$\mathbf{K}$ の各行を足して 32 で割る）だけにしてはなかなかよい結果である．

では，これらのスプレッドレイティングは，どれほどうまく実際のポイントスプレッド

を推定できるのだろうか？ 139 ページの議論において，余り期待できないことはすでに述べてあるが，敢えて確認してみよう．スプレッドレイティングは，ホームアドバンテージを考慮に入れていないので，公平を期するために，ホームアドバンテージを含めなければならない．以下の線形モデルを使って，最適な「ホームアドバンテージ」パラメーター α, β, γ を線形回帰で決定しよう．

$$\text{期待値}\,[\,(\text{ホームチームの得点}) - (\text{アウェイチームの得点})\,] = \alpha + \beta r_h - \gamma r_a \quad (9.5)$$

である．ここで，r_h と r_a は，それぞれホームチームとアウェイチームのレイティングである．パラメーター α, β, γ は，下の連立方程式に対する最小2乗法解を計算することによって決定される．

$$\alpha + \beta r_{h_i} - \gamma r_{a_i} = S_{h_i} - S_{a_i}, \quad i = 1, 2, \ldots, 267$$

ここで，r_{h_i} と r_{a_i} は，それぞれ，試合 i におけるホームチームとアウェイチームのレイティングで，S_{h_i} と S_{a_i} は，それぞれ，試合 i でのホームチームとアウェイチームの得点である．行列の言葉にすると，上記の問題は，つまるところ線型方程式 $\mathbf{Ax} = \mathbf{b}$ の最小二乗法を計算することに，あるいは，同値であるが，正規方程式 (normal equation) $\mathbf{A}^T \mathbf{A} \mathbf{x} = \mathbf{A}^T \mathbf{b}$ の 3×3 の連立方程式の解を求めることである．ここで，

$$\mathbf{A}_{267 \times 3} = \begin{pmatrix} 1 & r_{h_1} & r_{a_1} \\ 1 & r_{h_2} & r_{a_2} \\ \vdots & \vdots & \vdots \\ 1 & r_{h_{267}} & r_{a_{267}} \end{pmatrix}, \quad \mathbf{x} = \begin{pmatrix} \alpha \\ \beta \\ \gamma \end{pmatrix} \text{と } \mathbf{b} = \begin{pmatrix} S_{h_1} - S_{a_1} \\ S_{h_2} - S_{a_2} \\ \vdots \\ S_{h_{267}} - S_{a_{267}} \end{pmatrix}$$

である．コンピューターで計算したところ（有効数字5桁に丸めて）$\alpha = 2.3671$, $\beta = 2.4229$, $\gamma = 2.2523$ を得た．すなわち，各試合のポイントスプレッドの推定値は

推定値 [試合 i の（ホームチームの得点） − （アウェイチームの得点）]
$$= 2.3671 + 2.4229 r_{h_i} - 2.2523 r_{a_i}$$

となる．**全絶対スプレッド誤差** (***total absolute-spread error***) は，全シーズンにわたって推定された得点差と実際の得点差の絶対偏差であり，以下のように計算される．

$$\sum_{i=1}^{267} \left| (2.3671 + 2.4229 r_{h_i} - 2.2523 r_{a_i}) - (S_{h_i} - S_{a_i}) \right| = 2827.6$$

これは，1試合あたり 10.59 であることを意味する．この偏差が，どれくらい良いのか悪いのかを判断するために，実際の "Vegas line" に加え，他の評判の良いシステムとの比較を考慮する必要があるかも知れない．

いくつかのレイティングシステムの比較

　おそらく，最もよく知られ，かつ広く尊敬されているレイティング屋は，1985年以来 *USA Today* のスポーツレイティングを提供している Jeff Sagarin と BCS 大学フットボールレイティングシステムに貢献した1人の Ken Massey（第2章）だろう．彼らの，最終的な 2009-2010（シーズンの）NFL のレイティングは，下に示してあるが，本書を執筆中に有効であった以下のサイトから取得した．

　　　　www.usatoday.com/sports/sagarin/nfl09.htm

　　　　www.masseyratings.com

順位	チーム	レイティング	順位	チーム	レイティング
1.	SAINTS	32.18	17.	BENGALS	21.07
2.	COLTS	29.86	18.	GIANTS	20.52
3.	VIKINGS	27.91	19.	BRONCOS	20.27
4.	JETS	27.69	20.	NINERS	20.21
5.	CHARGERS	25.99	21.	TITANS	19.76
6.	PATRIOTS	25.89	22.	BILLS	18.18
7.	COWBOYS	25.65	23.	BEARS	16.48
8.	RAVENS	25.58	24.	JAGUARS	16.2
9.	FALCONS	24.3	25.	BUCS	13.06
10.	PACKERS	24.19	26.	REDSKINS	12.84
11.	EAGLES	23.79	27.	BROWNS	12.66
12.	PANTHERS	22.87	28.	RAIDERS	12.56
13.	TEXANS	22.49	29.	CHIEFS	11.93
14.	DOLPHINS	21.43	30.	SEAHAWKS	11.61
15.	CARDINALS	21.37	31.	LIONS	6.41
16.	STEELERS	21.24	32.	RAMS	3.82

NFL 2009-2010 Sagarin レイティング．

順位	チーム	レイティング	順位	チーム	レイティング
1.	SAINTS	1.693	17.	TITANS	0.110
2.	COLTS	1.416	18.	DOLPHINS	0.062
3.	CHARGERS	1.291	19.	GIANTS	0.036
4.	COWBOYS	1.002	20.	NINERS	−0.093
5.	VIKINGS	0.909	21.	BRONCOS	−0.182
6.	JETS	0.897	22.	BILLS	−0.232
7.	EAGLES	0.814	23.	BEARS	−0.478
8.	PACKERS	0.783	24.	JAGUARS	−0.621
9.	FALCONS	0.671	25.	BUCS	−0.706
10.	PATRIOTS	0.667	26.	REDSKINS	−0.938
11.	PANTHERS	0.639	27.	BROWNS	−0.947
12.	RAVENS	0.602	28.	RAIDERS	−0.986
13.	TEXANS	0.340	29.	CHIEFS	−1.050
14.	CARDINALS	0.318	30.	SEAHAWKS	−1.451
15.	BENGALS	0.230	31.	LIONS	−2.385
16.	STEELERS	0.178	32.	RAMS	−2.591

NFL 2009-2010 Massey レイティング.

　Sagarin と Massey は，詳細を語っていない（多くのレイティング屋は，彼らの魔法の妙薬の秘密の成分について，他人に知られるのを好まない）が，Sagarin は，彼のレイティングが，2つのシステムの「合成 (sysnthesis)」であると述べている．それらは，第5章 63 ページで論じた，勝利と敗北だけを考慮している Elo のシステムと，得点の差を考慮している，ある他のシステム（特定はしていない）の2つである．Massey は，彼のレイティングが最尤法で計算され，何らかの方法で Bayesian（ベイジアン）補正を行なっている（Massey の記述は曖昧で実装できないが）と説明している．しかし，Sagarin と Massey をとくに比較のために出したのは，それらの知名度と，多くのシーズンにわたって良い結果を確立しているという事実である．

　2009-2010 NFL シーズンの結果を使い，下の表 (9.6) 中で，6つのレイティングの，勝利の後知恵予想の精度 (%) とスプレッド誤差（試合あたりの平均点）を比較してある．6つのレイティングは，1) 144 ページで論じたスプレッド，または，重心レイティング，2) 146 ページの Sagarin のレイティング，3) 69 ページの Elo のレイティング，4) 52 ページの Keener のレイティング，5) 147 ページの Massey のレイティング，6) ノースカロライナ州ローリー (Raleigh, NC) の *News and Observer* 誌に毎日掲載されていた Vegas betting lines から得た結果である．6) は，興味から付け加えたものである．Sagarin のレイティングから後知恵予想を作成するために，Sagarin の示唆に従って，ホームチームには 2.96 を加えてある．他のシステムの後知恵予想は，145 ページの (9.5) で述べた線形モデルから得られたもの（Massey は，自身のシステムのためには，より複雑な何かを示唆したが）である．

勝利の後知恵予想の精度	平均スプレッドの誤差（試合ごとの点）
スプレッドレイティング ＝ 71.5%	スプレッドレイティング ＝ 試合ごとに10.59 点
Sagarin のレイティング ＝ 70.8%	Sagarin のレイティング ＝ 試合ごとに10.53 点
Elo のレイティング ＝ 75.3%	Elo のレイティング ＝ 試合ごとに10.71 点
Keener のレイティング ＝ 73.4%	Keener のレイティング ＝ 試合ごとに10.54 点
Massey のレイティング ＝ 72.7%	Massey のレイティング ＝ 試合ごとに10.65 点
Vegas Line ＝ 67.8%	Vegas Line ＝ 試合ごとに11.44 点

(9.6)

2009-2010 NFL シーズンの結果を使った，6つのレイティングシステムの比較．

　表 (9.6) が示すように，5つのレイティングシステムの勝利とスプレッドについての後知恵予想の精度は，大体同じで，Vegas line だけがやや劣っている．ここでの要点は，スプレッド（または，重心）レイティングが，相対的な総合力を反映するという点では，他のシステムと十分に伍するものであるということである．しかも，スプレッド（または重心）レイティングが簡単な計算方法（封筒の裏で筆算してできるほど簡単である）であることを考慮すれば，それは非常に魅力的で，重心レイティングを他のレイティング方法から際立たせて見せる．

　表 (9.6) の一番下にある Vegas line の性能はやや奇異に映るかも知れないが，適切な観点で考えればそうではない．135 ページで説明したように，ブックメーカーによって告知されたスプレッドは，実際のスプレッドや勝者を反映したり予測するものではないからである．しかも，ブックメーカーは，シーズンの最後に各チームの総合的な相対的強さを発表することなど，どうでも良いのである．このことは，最終的な BCS ランキングや NCAA バスケットボールトーナメントのシードを作成するのに使われるであろう，他のレイティングシステムやランキングシステムとは，事情が異なる．言い換えると，ブックメーカーが気に掛けるのは，そのシーズン中の次の試合を考える（予期する）だけなので，後知恵予想の精度は目的ではないのである．Vegas line の先見予想の精度は，一般的に，後知恵予想の精度よりも良い．これは，賭けの対象が，来るべき1つの試合に集中している，多数のそして様々な人々の知恵の組み合わせを反映しているのであるから，さほど驚くべきことではない．たとえば，表 (9.6) の Elo システムの勝利の後知恵予想の精度は Vegas line のそれより著しく良いが，先見予想の精度では，Vegas line は Elo システムより優秀である．74 ページを思い出して見よう．そこでは，2009-2010 NFL シーズンについて，Vegas line の勝利予想の精度は 67.8% だが，一方で，Elo システムの予想の精度は，若干低く 65.9% である．

　World Wide Web 上では，使用可能な NFL レイティング（または，他の種類のレイティング）にこと欠かない．また，Google で検索すれば，大抵の人が知りたいと思う以上のことが明らかにされている．ウェブの世界で使用可能なスポーツレイティングに伴う問題点は，それらが，どのように作られたかを学んだり，使用者が自身のシステムを設計するのを助けたりするほどの技術的な詳細が十分に提供されていないことである．268 ページのエピローグに引用されている多くの記事の情報は，スポーツレイティングに捧げられた膨大な労力を示唆している．これらの文献はより詳細を望む人々にとっては，より具体

的であろう．これまで，取り上げてきたレイティングシステム以外のシステムの比較に興味のある読者は，Todd Beck の "prediction tracker" サイト

www.thepredictiontracker.com/nflresults.php

（本書執筆時点ではアクティブだった[6]）を参照されたい．このサイトによると，複数の NFL のレイティングシステムのパフォーマンスの差は驚くべきほど小さい．すなわち，抜きん出るのは難しいのである．

他の対の比較

(9.4) のスプレッド（または，重心）レイティングの導出を理解できたのであれば，141 ページの行列 **K** の要素「スプレッド」k_{ij} は，単純な得点差以外に広く解釈できることがわかるであろう．例えば，

$$k_{ij} = \begin{cases} +1 & \text{チーム } i \text{ がチーム } j \text{ に勝った場合} \\ 0 & \text{チーム } i \text{ がチーム } j \text{ と引き分けた場合} \\ -1 & \text{チーム } i \text{ がチーム } j \text{ に負けた場合} \end{cases}$$

は，得点差で得られるよりも単純な，チーム i とチーム j の基本的な対の比較である．しかし，**K** は，それでもなお歪対称なので，全く同じ議論が成り立って，「スプレッドレイティング」$\mathbf{r} = \mathbf{Ke}/n$ が一般的な意味において得られることになる．この解釈によって，2009-2010 NFL シーズンについて，次の表のような勝敗によるスプレッドレイティングが得られる．

---

[6] 訳注：2015 年 5 月時点でもアクティブである．

順位	チーム	レイティング	順位	チーム	レイティング
1.	SAINTS	0.375	17.	PANTHERS	0.03125
2.	CHARGERS	0.25	18.	TITANS	0
3.	COLTS	0.25	19.	GIANTS	-0.03125
4.	VIKINGS	0.21875	20.	JAGUARS	-0.03125
5.	EAGLES	0.15625	21.	NINERS	-0.03125
6.	PACKERS	0.15625	22.	BEARS	-0.09375
7.	COWBOYS	0.125	23.	DOLPHINS	-0.09375
8.	JETS	0.125	24.	BILLS	-0.15625
9.	RAVENS	0.125	25.	BROWNS	-0.15625
10.	STEELERS	0.125	26.	REDSKINS	-0.15625
11.	TEXANS	0.125	27.	CHIEFS	-0.21875
12.	PATRIOTS	0.09375	28.	RAIDERS	-0.21875
13.	CARDINALS	0.0625	29.	SEAHAWKS	-0.21875
14.	BENGALS	0.03125	30.	BUCS	-0.28125
15.	BRONCOS	0.03125	31.	LIONS	-0.28125
16.	FALCONS	0.03125	32.	RAMS	-0.34375

NFL 2009-2010 シーズンの勝敗スプレッドレイティング.

当然，勝敗スプレッドレイティングは，得点差によって得られるよりも粗い評価であるが，ある種の情報を提供している．例えば，試合の勝利能力を計測するのであれば，このレイティングでは，CHARGERS と COLTS は同等である．同様に，EAGLES と PACKERS も区別はつかない．その他，COWBOYS, JETS, RAVENS, STEELERS と TEXANS も区別がつかない．さらに，他のチームも，勝利能力のグループを形成することは明らかである．

何をレイティング，あるいは，ランキングするのかによって，対の比較をする方法は他にも無数に存在する．たとえば，いくつかの状況においては，$k_{ij} = S_i/S_j$，あるいは $k_{ij} = \log(S_i) - \log(S_j)$ とした方がよりよい解析ができるかも知れない．思い切り想像力を働かせてみよう．そうすれば，可能性は無限だ．

結論

今度，賭けの対象 (betting line) に提示されたポイントスプレッドを見たときには，次のことを思い出して欲しい．賭けを受ける人やカジノや誰でも，勝つとみなされているチームがもう一方のチームよりも，そのポイント分ほどいいと必ずしも信じているわけではない．しかし，むしろ，彼らは，彼らの「予測した (predicted)」ポイントスプレッドが，競技の各チームに賭けられるお金の量を同じにするだろうという期待に賭けているのである．

多分，より重要な教訓は，ポイントスプレッドを予想すること（または，勝者を選定することでも）を目的として，どんなレイティングシステムを過度に信用することのないようにすることだろう．たった1つの数字のリストに，期待し過ぎになってしまう．それ

でもなお，なお，おおよそのスプレッド予想をしたいのであれば，144 ページの (9.4) に記したように，過去の得点差を単純に平均するだけで，より複雑なテクニックに負けない推測ができるであろう．

数字の豆知識—

24 = Las Vegas のブックメーカーによって告知された最大の NFL スプレッド —1976 年 12 月，Pittsburgh が Tampa Bay に（スプレッド 24 で）勝つ．Pittsburgh は，42-0 で Tampa Bay に勝って，上記のスプレッドを達成した．

—sports.espn.go.com/nfl/news

第 10 章　ユーザープレファレンスのレイティング

144 ページの (9.4) で導入されたスプレッドレイティングのアイデアは，スポーツのレイティングとランキングを超越している．ここ数年のオンラインコマースの勃興の中で生じた主たる問題は，ユーザープレファレンス（好み）による商品のレイティングとランキングの問題である．Amazon.com や Netflix といった会社は，最初に商品推薦にユーザーによるレイティングやランキングシステムを採用したのではないかも知れないが，商品推薦システムにもとづいたオンラインマーケティング用の非常に洗練された（かつ独自の）技術を開発してきた．これらの技術の周辺について，詳細をすべて掘り下げるためには，もう 1 冊本を執筆する必要があるが，ここでは，スプレッドレイティングに関連したいくつかのアイデアがどのように適用できるかを見てみよう．

　私達が World Wide Web で商品を売るオンライン小売業者 (e-tailer) で，ユーザーのプレファレンスの得点を Amazon.com と似た方法で収集するとしよう．すなわち，各商品は，ユーザーによって 5 段階の点が付けられるのである．

$$
\begin{array}{ll}
\star\ \star\ \star\ \star\ \star & \text{（超お薦め）} \\
\star\ \star\ \star\ \star & \\
\star\ \star\ \star & \cdots \\
\star\ \star & \\
\star & \text{（全然お薦めでない）}
\end{array}
$$

　これらのユーザーによる点数付けを，次のようなレイティングシステムに変えるのが目的である．つまり，買い物客が現在見ているか，買おうとしている商品に類似した，高く評価されている商品を推薦するのに使えるようなものである．ウェブブラウザーで，とくに，何が欲しいのかについて決まっていない場合やカタログの中に何が掲載されているのかわからない場合，大量の在庫カタログに効果的に目を通すのは不可能である．よって，オンライン小売りの成功の大部分は，企業が，どのくらい効果的に，顧客が信用できる商品推薦を行なえるのか，に掛かっている．実に簡単なことであるが，

$$
\begin{array}{l}
\text{より良いレイティングシステムの構築} \implies \text{より高い信用の獲得} \\
\phantom{\text{より良いレイティングシステムの構築}} \implies \text{より大きな売り上げの達成！}
\end{array}
$$

ということである．

ユーザーによる推薦から単純な商品レイティングシステムを構築するのは，141 ページの歪対称な得点差行列 $\mathbf{K}$ を再解釈することによって簡単に達成できる．たとえば，

$$\mathcal{P} = \{p_1, p_2, \ldots, p_n\}$$

を在庫中の商品の集合，$\mathcal{U}_i$ と $\mathcal{U}_j$ をそれぞれ，商品 p_i と p_j を評価したすべてのユーザーの集合だとする．このとき，$\mathcal{U}_i \cap \mathcal{U}_j$ は，両商品を評価した全ユーザーとなる．商品 p_i と p_j（ただし $i \neq j$）を比べたとき，$n_{ij} = \#(\mathcal{U}_i \cap \mathcal{U}_j)$ を，両商品を評価したユーザー数とし，商品 p_j に対する p_i の「得点 (score)」を，以下の星の個数のレイティングの平均とする．すなわち，

$$S_{ij} = \begin{cases} \dfrac{1}{n_{ij}} \displaystyle\sum_{h \in \mathcal{U}_i \cap \mathcal{U}_j} (\text{ユーザー } h \text{ が } p_i \text{ に与えた星の個数}) & n_{ij} \neq 0 \\ 0 & n_{ij} = 0 \end{cases} \tag{10.1}$$

である．

商品 p_i と p_j の「得点差」を

$$\begin{aligned} k_{ij} &= S_{ij} - S_{ji} \\ &= \frac{1}{n_{ij}} \sum_{h \in \mathcal{U}_i \cap \mathcal{U}_j} [(h \text{ が } p_i \text{ に与えた星の数}) - (h \text{ が } p_j \text{ に与えた星の数})] \end{aligned} \tag{10.2}$$

で定義すると，(9.4) と同様に，

$$\mathbf{K} = [k_{ij}] = [S_{ij} - S_{ji}] \tag{10.3}$$

は，得点差の歪対称行列となる．144 ページで展開した手順を踏むと，所与の「星獲得点数」の集合を平均することによって算出できる最良のレイティングに関して次の結論が得られる．

最良の星レイティング商品

所与の星獲得点数の集合に対して，星獲得点数を平均して算出できる（141 ページで述べた意味での）最良なレイティングの集合が，重心

$$\mathbf{r} = \mathbf{K}\mathbf{e}/n$$

として得られる．ここで $\mathbf{K}$ は (10.3) で与えられる平均星得点差の歪対称行列である．

例えば，10 人のユーザー $\mathcal{U} = \{h_1, h_2, \ldots, h_{10}\}$ が 4 つの商品 $\mathcal{P} = \{p_1, p_2, p_3, p_4\}$ を 5

段階の星を使って評価し，個々の評価（星の数）が，以下の行列

$$\star\text{-行列} = \begin{pmatrix} & p_1 & p_2 & p_3 & p_4 \\ h_1 & 4 & 2 & 2 & \\ h_2 & 3 & 1 & & 2 \\ h_3 & 1 & & 2 & \\ h_4 & 2 & 4 & 2 & \\ h_5 & & 3 & 2 & 5 \\ h_6 & 2 & 3 & & \\ h_7 & & 4 & 1 & 3 \\ h_8 & 3 & 1 & 1 & \\ h_9 & & 3 & 2 & 5 \\ h_{10} & 2 & & 2 & 4 \end{pmatrix}$$

のようにまとめられたとしよう．

この行列には，いくつか欠けた要素があることに気がつくが，それは，すべてのユーザーがすべての商品を評価していないからである．実際，欠けた要素を外挿する (extrapolate) ことは，有名な Netflix コンテスト [56] の背後にある動機である．(10.1) で定義された得点 S_{ij} が行列の形に配置されたとすると，得点行列は以下のようになる．

$$\mathbf{S} = \begin{pmatrix} 0 & 14/5 & 12/5 & 5/2 \\ 11/5 & 0 & 17/6 & 11/4 \\ 9/5 & 10/6 & 0 & 7/4 \\ 6/2 & 15/4 & 17/4 & 0 \end{pmatrix}.$$

(10.3) で定義される歪対称な得点差行列 $\mathbf{K}$ は，

$$\mathbf{K} = \begin{pmatrix} 0 & 3/5 & 3/5 & -1/2 \\ -3/5 & 0 & 7/6 & -1 \\ -3/5 & -7/6 & 0 & -10/4 \\ 1/2 & 1 & 10/4 & 0 \end{pmatrix}$$

となる．

よって，ユーザーの評価によって得られた星レイティングは，

$$\mathbf{r} = \frac{\mathbf{Ke}}{4} = \begin{pmatrix} 7/40 \\ -13/120 \\ -16/15 \\ 1 \end{pmatrix} \approx \begin{pmatrix} .175 \\ -.1083 \\ -1.066 \\ 1 \end{pmatrix}$$

となる．

すなわち，商品のランキングは，（レイティングの高いほうから降順に並べて）$\{p_4, p_1, p_2, p_3\}$ の順番になる．

直接比較

(10.2) の平均星獲得点数を使って2つの商品の「得点差」を定義するのは自然なアプローチであるが，得点差を定義する方法は他にも無数にある．例えば，小売り業者は，S_{ij} の値を，$\mathcal{U}_i \cap \mathcal{U}_j$ の中で，商品 p_i の方が p_j より好きだという人の割合とすることによって，直接的な商品比較をすることに，より興味があるかも知れない．そのような比較は，もし使えるのであれば，ユーザーの星獲得点数から決定できるだろうが，しばしば，

昔ながらの市場調査や POS データから得られる．より正確に言えば，

$$\delta_{ij}(h) = \begin{cases} 1 & \text{ユーザー } h \text{ が } p_i \text{ を } p_j \text{ より好む場合} \\ 0 & \text{ユーザー } h \text{ が } p_i \text{ を } p_j \text{ より好まない場合} \end{cases} \tag{10.4}$$

として

$$S_{ij} = \begin{cases} \dfrac{1}{n_{ij}} \displaystyle\sum_{h \in \mathcal{U}_i \cap \mathcal{U}_j} \delta_{ij}(h) & (\text{もし } n_{ij} \neq 0 \text{ ならば}) \\ 0 & (\text{もし } n_{ij} = 0 \text{ ならば}) \end{cases} \tag{10.5}$$

と定義する．

K を歪対称な，直接比較の得点差行列

$$\mathbf{K} = [k_{ij}] = [S_{ij} - S_{ji}] \tag{10.6}$$

と解釈すれば，144 ページの (9.4) の結果は，最良の「直接比較」商品レイティングに関しての次の結果を生み出す．

最良の直接比較レイティング

直接比較から導出される（141 ページに記述された意味での）最良の商品のレイティング方法は，重心

$$\mathbf{r} = \mathbf{K}\mathbf{e}/n \tag{10.7}$$

である．ここで，**K** は，(10.6) で与えられる歪対称な直接比較得点差行列である．

例えば，10 人のユーザー $\mathcal{U} = \{h_1, h_2, \ldots, h_{10}\}$ が 4 つの商品 $\mathcal{P} = \{p_1, p_2, p_3, p_4\}$ の直接比較に関与しているとし，(10.4) に記した 0-1 の直接比較の結果が，以下の行列

$$\boldsymbol{\delta} = \begin{array}{c} \\ h_1 \\ h_2 \\ h_3 \\ h_4 \\ h_5 \\ h_6 \\ h_7 \\ h_8 \\ h_9 \\ h_{10} \end{array} \begin{pmatrix} p_1 & p_2 & p_3 & p_4 \\ 1 & & 0 & \\ 1 & & & 0 \\ 0 & & 1 & \\ 0 & 1 & & \\ & 0 & & 1 \\ 0 & 1 & & \\ & 1 & 0 & \\ 1 & & 0 & \\ & & 0 & 1 \\ 0 & & & 1 \end{pmatrix} \tag{10.8}$$

で表されるとする．

これは，例えば，ユーザー h_1 が商品 p_1 と p_3 を比較して p_1 を選んだ，あるいは，ユーザー h_5 は商品 p_2 と p_4 を比較して p_4 を選んだ，などなど（ユーザーは別人である必要はない．すなわち，h_1 と h_5 が同一人物であってもよい）．(10.5) で定義された得点 S_{ij} を行列で書けば，次の行列

$$\mathbf{S} = \begin{pmatrix} 0 & 0 & 2/3 & 1/2 \\ 1 & 0 & 0 & 0 \\ 1/3 & 0 & 0 & 0 \\ 1/2 & 1 & 0 & 0 \end{pmatrix}$$

が得られる．

その結果，歪対称の直接比較得点差行列 $\mathbf{K}$ は

$$\mathbf{K} = \begin{pmatrix} 0 & -1 & 1/3 & 0 \\ 1 & 0 & 0 & -1 \\ -1/3 & 0 & 0 & 0 \\ 0 & 1 & 0 & 0 \end{pmatrix}$$

となり，(10.7) で導出される，商品の直接比較レイティングは

$$\mathbf{r} = \frac{\mathbf{Ke}}{4} = \begin{pmatrix} -2/12 \\ 0 \\ -1/12 \\ 3/12 \end{pmatrix} \tag{10.9}$$

になる．言い換えると，商品ランキングは（高いほうから，低い方に向かって）$\{p_4, p_2, p_3, p_1\}$ となる．

直接比較，プレファレンスグラフ，Markov 連鎖

商品間の直接比較に基づいて，レイティングを導出する別の方法として，**プレファレンスグラフ**の構築がある．これは，ノードが商品 $\mathcal{P} = \{p_1, p_2, \ldots, p_n\}$ を表し，p_i から p_j への重み付き枝が，ある意味，現在，商品 p_i を「使っている」人が商品 p_j を好む確率を表すような，重み付き有向グラフである．それらの確率を決定するためのユーザーの意識調査を設計する方法は無数にあるが，前の例 (10.8) で使ったような，直接比較に基づいて構築することができる．

1. 各商品 p_i に対して，p_i を評価した全ユーザー $\mathcal{H}_i = \{h_{i_1}, h_{i_2}, \ldots, h_{i_k}\}$ をリストアップする．
2. もし，$\mathcal{H}_i$ の中に，商品 p_j を好むユーザーがいたら，p_i から p_j に向かって枝を出す．
3. p_i から p_j への枝に付けられる重み（または，確率）q_{ij} は，$\mathcal{H}_i$ の中の p_j を好むユーザーの割合とする．言い換えると，n_{ij} を，p_j を好む $\mathcal{H}_i$ 中のユーザーの数とすると

$$q_{ij} = \frac{n_{ij}}{\#\mathcal{H}_i} = \frac{n_{ij}}{k}$$

である．

このプレファレンスグラフは，Markov 連鎖 [54, 687 ページ] を定義することになり，$\mathcal{P}$ に含まれる商品のレイティングは，このグラフ上でのランダムウォークを解析して，各ノード（または商品）上に留まる時間の比率を決定することで達成される．これは，本質的には，第 6 章，79 ページで使ったのと同じ手順である．考え方としては，プレファレンスグラフ内で，ある商品から別の商品に永遠に渡り歩き続ける「ランダム購買者 (random shopper)」を数学的に見張るというものである．購買者が現在は p_i にいるとすると，確率 q_{ij} で p_j に移動するのである．商品 p_j に対するレイティング r_i は，その商品に，ランダム購買者が留まる時間に比例する．

プレファレンスグラフが十分な連結性[1]を持っていれば，ランダム購買者が商品 p_i に留まる時間の比率（つまり，レイティングの値 r_i）は，次の方程式を満たすベクトル $\mathbf{r}$ の第 i 成分である．すなわち，

$$\mathbf{r}^T\mathbf{Q} = \mathbf{r}^T, \quad \mathbf{r}^T\mathbf{e} = 1 \quad \text{ここで} \quad \mathbf{Q} = \begin{pmatrix} q_{11} & q_{12} & \cdots & q_{1n} \\ q_{21} & q_{22} & \cdots & q_{2n} \\ \vdots & \vdots & \ddots & \vdots \\ q_{n1} & q_{n2} & \cdots & q_{nn} \end{pmatrix}$$

である．

レイティングを定義するこのベクトル $\mathbf{r}$ は，Markov 連鎖（または，ランダムウォーク）の**定常確率ベクトル**と呼ばれる．このようなアプローチでレイティングとランキングを求めるのが，事実，Google の PageRank の基礎なのである．文献 [49] を参照せよ．

例えば，10 人のユーザー $\{h_1, h_2, \ldots, h_{10}\}$ が 4 つの商品 $\{p_1, p_2, p_3, p_4\}$ を評価して生成された行列 δ (10.8) のような直接比較について考察してみよう．δ のデータから，次：

p_1 を評価したユーザーは $\{h_1, h_2, h_3, h_4, h_6, h_8, h_{10}\} = \mathcal{H}_1$

p_2 を評価したユーザーは $\{h_4, h_5, h_6, h_7, h_9\} = \mathcal{H}_2$

p_3 を評価したユーザーは $\{h_1, h_3, h_8\} = \mathcal{H}_3$

p_4 を評価したユーザーは $\{h_2, h_5, h_7, h_9, h_{10}\} = \mathcal{H}_4$

を得る．

さらに，δ より，p_1 を評価した 7 人のユーザーのうち，3 人が p_1 を，2 人が p_2 を，1 人が p_3 を[2]，1 人が p_4 を好んでいることがわかる．結果として，図 10.1 のプレファレンスグラフ中，p_1 から出る枝（または経路）が 4 本存在し，その重みは，各々 $q_{11} = 3/7$, $q_{12} = 2/7$, $q_{13} = 1/7$, $q_{14} = 1/7$ ということになる．こうして，下の (10.10) に示されている $\mathbf{Q}$ の最初の行が決定される．同様にして，2 番目のノード p_2 から出る枝（経路）と，$\mathbf{Q}$ の第 2 行が，p_2 を評価した 5 人のユーザーのうち，p_1 は誰にも好まれない；3 人が p_2 を好む；p_3 は誰にも好まれない；2 人が p_4 を好む，という事実より求められる．すなわち，$q_{21} = 0$, $q_{22} = 3/5$, $q_{23} = 0$, $q_{24} = 2/5$ である．

---

[1] 訳注：グラフの言葉では，グラフが強連結であること，または，その隣接行列が既約であること．

[2] 訳注：原文では p_3 を好むのは 2 人と間違って記述されている．ここも含めて，これ以降，関連する計算と図表を正しいものに修正してある．

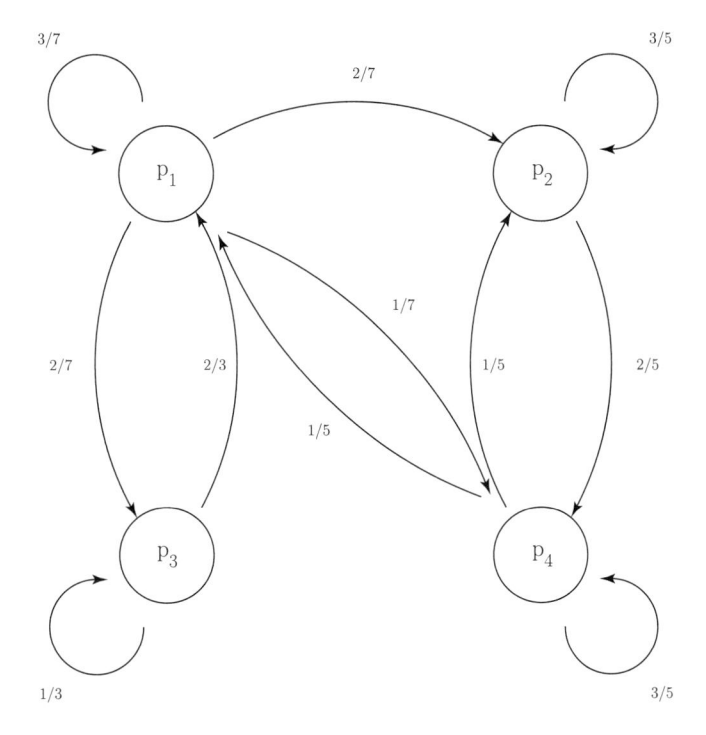

図 10.1 商品プレファレンスグラフ.

同じ論法で，プレファレンスグラフを完成して $\mathbf{Q}$ の第 3 行目と第 4 行目を求めて以下のようになる．

$$\mathbf{Q} = \begin{pmatrix} 3/7 & 2/7 & 1/7 & 1/7 \\ 0 & 3/5 & 0 & 2/5 \\ 2/3 & 0 & 1/3 & 0 \\ 1/5 & 1/5 & 0 & 3/5 \end{pmatrix}. \tag{10.10}$$

Markov ベクトル $\mathbf{r}$ は，4 つの未知数 $\{r_1, r_2, r_3, r_4\}$ に対する，以下

$$\mathbf{r}^T(\mathbf{I} - \mathbf{Q}) = \mathbf{0} \quad \text{かつ} \quad \mathbf{r}^T \mathbf{e} = 1$$

で定義される 5 つの方程式[3]を解けばよい．その結果は以下のようになる．

$$\mathbf{r} = \begin{pmatrix} 7/36 \\ 25/72 \\ 1/24 \\ 5/12 \end{pmatrix} \approx \begin{pmatrix} .194444 \\ .347222 \\ .0416667 \\ .416667 \end{pmatrix} \tag{10.11}$$

よって，4 つの商品のランキングは（高い方から低い方に）$\{p_4, p_2, p_1, p_3\}$ となる[4]．

重心と Markov 連鎖

レイティング算出に対する Markov 連鎖（ランダムウォーク）アプローチにはいくつか

---
[3] 訳注：最初の方程式が同次方程式で，係数行列の階数が 3 であるので，最後のスカラー方程式と合わせて well defined となっている．
[4] 訳注：原文の間違った行列 $\mathbf{Q}$ では方程式の階数が 3 になってしまうので，解不能である．実際，$\mathbf{r} = (7/30, 1/3, 1/10, 1/3)$ は，$\mathbf{r}^T(\mathbf{I} - \mathbf{Q}) = \mathbf{0}$ を満たさない．

の問題点がある．まず，非常に多くの状態（この場合は商品）が存在する場合は，$\mathbf{r}^T\mathbf{Q} = \mathbf{r}^T$ かつ $\mathbf{r}^T\mathbf{e} = 1$ の解（すなわちレイティングベクトル）が well defined[5]であることを保証するグラフの連結性が不十分になってしまうことがしばしば起こり得る．そのような場合，人為的な情報や摂動を，何らかの方法でグラフに加えて，連結性の問題を解決しなければならない．しかしながら，この人為的な情報は，「実際の」情報の純度 (purity of the "real" information) を損なうことにもなる．文献 [49] を見よ．その結果，得られたレイティングやランキングは実際のデータを真に反映しなくなってしまう．しかし，これは，Markov 連鎖を使うのであれば避けられない妥協である．一方，重心の方法は，データについて特別な構造を必要としないので，レイティングを算出するために，人為的な情報を導入する必要はない．さらに，well defined な定常確率ベクトルが存在するのを保証するためにグラフに摂動を加えたり，あるいは，変更しても[6]，$\mathbf{r}$ を計算することは，比較的簡単な重心を計算するのに比べて重い仕事になる可能性がある．

結論

157 ページの (10.9) の重心レイティング[7]と (10.11) の Markov レイティングは，両方とも，同じ (10.8) の直接比較データより算出される．重心の方法は，商品を $\{p_4, p_2, p_3, p_1\}$ のようにランキングし，Markov の方法は $\{p_4, p_2, p_1, p_3\}$ [8]という順位になる．このような小規模の人為的な例題から結論を引き出すのは危険であるが，重心レイティングは，Markov レイティングと同じようなものだと言える．この例から明らかになることは，重心レイティングの方が決定的に計算が簡単だということである．よって，重心の方法を使ってそこそこの結果が得られるのであれば，それを選択すべきである．

　　　　数字の豆知識—

24 ＝ あと残り 24 分のところで，チーム BellKor がチーム Ensemble に辛勝して，ユーザープレファレンスの予測率向上のための $1,000,000 の Netflix 賞を勝ち取った．
　　　予測率向上は 10%．
　　 — 2009 年 7 月 26 日，CST 18:18:28

— netflixprize.com

---

5) 訳注：無矛盾の解が得られること．
6) 訳注：Markov の手法に対しての意．
7) 訳注：原文では，centroid rankings となっているが，前後関係を見ると centroid ratings が適切なので，そのように訳した．レイティングからランキングを得るので，流用したと見られるが，ここでは前後関係を維持するように訳した．
8) 訳注：$\{p_4, p_2, p_1, p_3\}$ は正しい Markov の手法による計算結果である．間違った計算結果 $\{\{p_4, p_2\}, p_1, p_3\}$ のような興味深い結果とはならないが，重心レイティングによるランキング結果とは微妙に異なる．

第 11 章　引分けの扱い

　Amazon, Netflix, eBay のような企業は，ユーザーの行動データを請い求め収集している．そして，これらは，商品やサービスに対するユーザーのレイティングを記録すると共に，膨大なデータベースを作り出している．このデータを解析するための共通の目的の 1 つは，品物 (item) のランキングを作り出すことである．それは，推薦システムの一部として使われるだろう．典型的には，そのようなランキングを作る最初のステップは，ユーザーによるレイティングを対の比較に変換することである．これを実行する方法はいくつか存在する．例えば，文献 [33] や第 10 章で述べた方法を見よ．これらの変換は，すべて，品物の対の間の，一対一の競技（または対戦）を作り出すことから始まる．例えば，映画についてのユーザーレイティングのデータベースにおいて，考えられる対の行列の (i, j) 要素として，映画 i と映画 j の競技（ユーザーが両方の映画を評価する度に生ずる）において，映画 i が映画 j を負かした回数でもよい．結果として，引分け (tie)[1] が多くのデータベースのアプリケーションで広く認められることは明らかであろう．

　本章では，入力データに引分けが存在する場合のランキングについて議論する．本章で説明されている内容の多くは，文献 [20] にまとめられている．引分けは，出力（最終のランキング）にも存在し得る．これについては，第 15 章を見よ．入力データ中の引分けをどのように処理するかは，そのやりかたを決めることが，ランキングの結果に重要な影響を与えるという事実にも関わらず，余り注目されてこなかった．多くのランキングの方法は，引分けを無視することで処理している．引分けについて，より多くの注意を払って検討すべきであるという已むを得ない理由を 3 つほど掲げる．

- アプリケーションにも依存するが，引分けはデータのかなり大きな部分を占める．例えば，NHL の多くのシーズンでは，9-13% の試合が引分けに終わっている．データベースのアプリケーションでは，より多くの引分けが存在する．例えば，ユーザーによってレイティングされた映画をランキングする際，通常，「試合」データの 50% がその意味で引分けである．このシナリオでは，2 つの映画が同じユーザーによってレイティングされたときに試合が成立する．高いレイティングを得た映画が，その「試合」の勝者となる．
- Massey の方法のようなある種の手法は，引分けを取り込んでいる．他方，Colley の

---

[1] 訳注：「タイ」とも言う．

方法みたいに，無視している手法も存在する．このように，様々な方法によって作られたランキングを比較するとき，それらすべての方法について，引分けの処理を統一して，比較を公平にすることが重要である．引分けは無視するのではなく，評価すべきである．引分けが評価される場合，ランキング上位のチームと引き分けたランキング下位のチームは，その努力に対して褒美が与えられ，上位のチームにはペナルティが下される．このように，引分けに対処すれば，それを何事もなかったかのように扱うよりは，より直感に訴えることになる．

- いくつかのスポーツでは，オーバータイムやシュート対決 (shoot-out)[2]によって，引分けがほとんどないか，不可能となっている．この種のスポーツでは，2つのチームが，試合のほとんどの時間を互角に戦うのだが，試合終了間際のヒーローの出現によって，片方のチームが勝者となる．170ページで，これらの，ほぼ引分けに近い場合と，得点が極僅差の引分けに近い試合で引分けを導入する．また，そこでは，これらの引分けの導入が，レイティング結果の予想力を改善することを示す．大学フットボールチームの BCS レイティングのようなアプリケーションでは，"bowl invitation"[3]に伴う収入があるので，ランキングの小さな変化が大学に与える影響は大きい．

入力引分けと，出力引分け

一般に，引分けは，ランキングの議論をする際に，ほとんど注意が払われて来なかった．ここでは，2種類の引分けを定義する．**入力引分け** (*input tie*) とは，入力データにおける引分け（すなわち，引分けの得点で終了した試合）で，**出力引分け** (*output tie*) は出力データにおける引分け（すなわち，ランキング手法が，引分けを含むランキングを出力した場合）である．出力引分けについては，いくつかの研究結果があるが，とくに，ランキング集約の議論 [3, 4, 23, 27, 50] におけるものである．ランキング集約は，ランキングとは違うが，ランキングに関係している．ランキング集約は，統一ランキングとしても知られているが，いくつかの別々のランキングを集約して，1つのランキングを作ることである．ランキング集約についての詳細は，第14章と第15章を見よ．本章では，これとは対照的に，入力ランキングと，それらが，ランキング集約ではなく，ランキング方法に与える影響に注目する．

引分けを取り込む

引分けを含むデータを扱うランキングアプリケーションの場合，異なる手法で算出されたランキングを比較する際には大いに注意を要する．Massey や OD の手法のようない

---

[2] 訳注：PK 戦のような，打ち合い対決．
[3] 訳注：年間チャンピオンを決定する BCS ボウルへの招待．

くつかの手法では，ごく自然に引分けを評価しているが，Colley の手法や，いくつかの Markov の手法の変形では，引分けは無視されている．すべての手法は，既に引分けを扱っているか，あるいは，引分けからの情報を使うように修正可能である．その結果，すべての手法にわたって公平な比較をするためには，各手法ごとに 2 つのモデルを導出する必要がある．すなわち，引分けを使うモデルと，無視するモデルである．

Colley の手法

第 3 章を思い出すと，Colley の手法は，ずばり，1 つの線型方程式

$$\mathbf{Cr} = \mathbf{b},$$

ここで，$\mathbf{r}_{n \times 1}$ は未知の Colley のレイティングベクトル，右辺のベクトル $\mathbf{b}_{n \times 1}$ は，$b_i = 1 + \frac{1}{2}(w_i - l_i)$ で定義され，$\mathbf{C}_{n \times n = (c_{ij})}$ は，

$$\mathbf{C}_{ij} = \begin{cases} 2 + t_i & i = j \\ -n_{ij} & i \neq j \end{cases}$$

で定義される Colley の係数行列，として要約される．

スカラー n_{ij} は，チーム i とチーム j がお互いに戦った試合数，t_i は，チーム i が戦った試合総数，w_i は，チーム i の勝利数，l_i はチーム i の敗北数である．

Colley の手法は，勝利と敗北のみを評価しているので，引分けは，事実上，試合なし (non-event) として無視される．かくして，上記のモデルを**引分け無しの Colley の手法** (*Colley-no-ties method*) と呼ぶことにする．引分けを取り込むために，上記の手法を変更して**引分け有りの Colley の手法** (*Colley-ties method*) を作ろう．

Colley の手法に引分けを持ち込むために，引分けという結果について，少し考察する必要がある．引分けの 1 つの解釈として，もし両チームが再戦したら，両者には等しく勝つ可能性があると言える．あるいは，相補的に，両者は等しく負ける可能性もある．こう考えると，引分けを含めるためには，チーム i とチーム j の引分けを 2 試合と数える．つまり，通常使われる（勝利を表す）重み 1 を 2 つの人為的な試合間で割る，すなわち，この 1 つの人為的な試合において，チーム i はチーム j を重み 1/2 で負かし，他方の試合ではチーム j がチーム i を重み 1/2 で負かすとするのである．この引分けの解釈は，$\mathbf{b}$ ベクトルを不変に保つが，$\mathbf{C}$ 行列は明らかに変化する（すなわち，チーム i とチーム j の間の引分けは，$\mathbf{C}_{ij}$ と $\mathbf{C}_{ji}$ を 1 減らし，$\mathbf{C}_{ii}$ と $\mathbf{C}_{jj}$ を 1 増やす）．この引分けの解釈の良い所の 1 つは，Colley のレイティングの総和は $n/2$ となるという Colley の保存則を維持することである．

Masseyの手法

第2章を思い出すと，Masseyの手法は，ずばり，線型方程式

$$\mathbf{Mr} = \mathbf{p},$$

ここで，Masseyの係数行列 $\mathbf{M}$ は，Colleyの係数行列 $\mathbf{C}$ を使って $\mathbf{M} = \mathbf{C} - 2\mathbf{I}$，つまり

$$\mathbf{M}_{ij} = \begin{cases} t_i & i = j \\ -n_{ij} & i \neq j \end{cases}$$

として要約される．

　Masseyの手法の右辺にあるベクトル $\mathbf{p}$ は，累積された得点差ベクトルである．すなわち，p_i は，チーム i がすべての対戦相手から取得した点数から，それらすべての対戦相手がチーム i から取得した点数を差し引いたものである．$rank(\mathbf{M}) = n - 1$ なので，非特異性を保証するための調整が必要である．$\mathbf{M}$ のどれかの行を，すべての成分が1であるような行ベクトルに差し替え，その行に対応する $\mathbf{p}$ の成分を0にする．この新しい束縛条件によって，レイティングの総和は強制的に0になる．Masseyのアドバイスに従って，この非退化調整を最後の行について行なって作られた，調整された線型方程式を $\bar{\mathbf{M}}\mathbf{r} = \bar{\mathbf{p}}$ とする．

　上記のMasseyの手法は，自然に引分けを取り込む．チーム i とチーム j の間の引分け試合について，m_{ij} と m_{ji} 要素は1増えるが[4]，得点差ベクトル $\mathbf{p}$ はそのまま維持する．このようにして，上記を，**引分けMasseyの手法** (*Massay-ties method*) と呼ぶことにする．

　これらの手法を適切に解析するためには，比較対象としてレイティングを算出する際に引分けを取り込まない，**引分け無しのMasseyの手法** (*Massey-no-ties method*) も必要である．最小限の変更でこれを達成するために，Masseyの手法を引分けに終わったすべての試合を無視するように変更する．すなわち，チーム i と j の間に引分けが生じた場合，$\mathbf{M}$ 行列や $\mathbf{p}$ ベクトルを更新しない．この場合，試合をなかったことにする，引分けなしのColleyの手法と同様である．

Markovの手法

　第6章で論じたMarkovの手法の要は投票である．弱いチームは，対戦する強いチームのそれぞれに投票する．投票方法に，いくつかのやり方があるので，Markovの手法にはいくつかの変形がある．本章では次の3つを考える．

1. 負けチームは，そのチームを負かした各チームに1票を投じる．

---

[4] 訳注：$\mathbf{M} = \mathbf{C} - 2\mathbf{I}$ が定義なので，Colleyの手法の前提条件「勝敗のみ考慮する」によって，単純に引分けの試合数も数えるだけのことである．

2. 負けチームは，そのチームが負けたときの得点差を投票する．
3. 各試合において，勝ちチームと負けチームは，相手に取られた点数を，相手に投票する．

投票方法に関わらず，結果としては，チーム対チームの行列で各行が確率的になるように正規化（各行の和が 1）され，これが Markov 連鎖の遷移行列となる．この連鎖の定常ベクトルが，Markov レイティングベクトルである．第 6 章で議論したように，定常ベクトルの各要素は，投票行列によって定義されるグラフ上をランダムウォークしたと想定した場合，ある特定のチームを訪問する時間に比例する．高いレイティング（すなわち，定常ベクトルの中の大きな要素）は，そのチームへの訪問回数が多いこと，すなわち，そのチームの相対的な重要性を意味している．

投票方法が，Markov の手法における引分けの議論の焦点であることがまもなく明らかになる．かくして，各投票方法について見てみよう．

1. **(敗者は負けを投票する)** 元来の設計のように，この Markov モデルは引分けを無視する．しかし，引分けを取り込むのは容易である．実際，引分け有りの Colley の手法を借りる．すなわち，それぞれの引分け試合について，両チームに 1/2 票を投じるのである．

2. **(敗者は得点差を投票する)** 元来の設計のように，この Markov モデルも引分けを数えていない．残念ながら，上記の投票 Markov の手法と違い，引分けは簡単には取り込めない．実際，もし引分け試合をした 2 つのチームが，その 1 回だけで，他に試合をしなかったら，引分けの結果は記録され得ない．もし，引分け試合をした 2 つのチームが，その 1 回以外に試合をしたら，引分けを取り扱うことができる．チーム i と j が 2 回試合で当ったとしよう．最初の試合では，チーム i がチーム j を 4 点差で負かし，次の試合では，引分けだったとする．2 つのチームの複数の試合からの情報は，通常は，累積ではなく**平均得点差**として，Markov 行列に記録される．その結果，この例では，(i, j)-成分は，**引分け有り Markov の手法** (*Markov-ties method*) の場合は 2 となり，一方，**引分け無し Markov の手法** (*Markov-no-ties method*) では，4 となる．しかし，チーム対の試合数は一定ではないので，この投票方法を使わない方がよいだろう．引分けを含むデータセットについて，不公平な比較をすることになってしまうからである．

3. **(勝ちチームも負けチームも失点を投票する)** 元来の設計では，この Markov モデルは，自然に引分けを取り込んでいる．実際，引分けを無視するためには，データセットから引分け試合を除去する必要がある．

OD，Keener，Elo の手法

本節の 3 つの手法のように，引分けを自然に評価しているものもある．第 7 章で論じた OD の手法は，各々のチームの攻撃力と守備力について 2 つのレイティングを算出し，

1つのレイティング値に集約している．(7.7) と (7.8) で記されたように，2つの OD レイティングベクトル **o** と **d** は，次の交互精緻化プロセスで

$$k = 1, 2, 3, \ldots \text{ に対して}$$
$$\mathbf{o}_k = \mathbf{A}^T \mathbf{d}_{k-1}^{\div}$$
$$\mathbf{d}_k = \mathbf{A} \mathbf{o}_k^{\div}$$

と計算される．ここで，得点行列 $\mathbf{A} = [a_{ij}]$ は，a_{ij} が，チーム j がチーム i に対して挙げた「得点」（もし，両者が複数回対戦していたら平均，両者の対戦がなかったら $a_{ij} = 0$）である．収束した後に，**o** と **d** が集約された総合レイティング **r** が算出される．集約方法はいくつか選択できるが，実際上は $\mathbf{r} = \mathbf{o}/\mathbf{d}$ という簡単なルールがうまく働く．

OD の手法は得点データを使うので，自然に引分けを取り込める．かくして，上の方法を，**引分け有りの OD の手法** (*OD-ties method*) と呼ぶことにする．**引分け無しの OD の手法** (*OD-no-ties method*) を作るためには，引分け試合の得点を 0 とする．

同様にして，第 4 章で論じた Keener の手法も，得点データから構築されるので，自然に引分けを評価している．引分けは，第 5 章で論じた Elo のレイティングシステムに取り込まれている．Elo の手法の主要な応用であるサッカーやチェスにおいて，引分け試合が頻繁に起こることを考えると，これは重要な点である．

摂動解析からの理論的結果

本節では，引分けが Colley のランキング[5]に及ぼす影響を定量化するため摂動解析のツールを使う．同様の結果は，他の手法に対しても得られるが，冗長さを避けるために，1つの方法，Colley の手法についてのみ主要点を述べる．

まず，この時点まで引分けのないシーズンのデータから始める．次に，**引分けとなる試合**を加えて，引分け無しと引分け有りの Colley の手法によって算出されたレイティングを比較する．この摂動を加える以前，両者の手法は，同じランキング $\mathbf{r} = \mathbf{C}^{-1}\mathbf{b}$ を与える．この摂動が与えられた後，引分け無しの Colley の手法は，この追加試合を無視するので，ランキングは不変である．一方，引分け有りの Colley の手法のランキングはこの摂動の結果変化する．幸運なことに，摂動解析によれば，この変化を正確に評価することができる．とくに，引分けが，Colley の係数行列の階数 1 の更新 (rank one update)[6]であることが示される．一方，右辺のベクトル **b** は不変である．

$\tilde{\mathbf{C}}$ を，摂動を加えた後の，引分け有り Colley の手法の Colley 行列であるとする．行列 $\tilde{\mathbf{C}}$ は，摂動前の行列 **C** と次の公式

---

[5] 訳注：本節の原文では ranking となっている．これまでの話の流れからすると rating が正しいと思われるが，原文に合わせて訳しておく．
[6] 訳注：階数 1 の更新とは，対象の行列 A に，あるベクトル **v** から生成される $\mathbf{v}^T\mathbf{v}$（階数が 1）を加えること．

$$\tilde{\mathbf{C}} = \mathbf{C} + (\mathbf{e}_i - \mathbf{e}_j)(\mathbf{e}_i - \mathbf{e}_j)^T$$

で関連している.

Sherman-Morrison の階数 1 の更新公式と,Colley 行列の M-行列の属性[7]のいくつか(文献 [54]) を使うことによって,$\tilde{\mathbf{r}}$ を $\mathbf{C}$ であらわすことができる.具体的には,

$$\tilde{\mathbf{r}} = \tilde{\mathbf{C}}^{-1}\mathbf{b} \tag{11.1}$$
$$= (\mathbf{C} + (\mathbf{e}_i - \mathbf{e}_j)(\mathbf{e}_i - \mathbf{e}_j)^T)^{-1}\mathbf{b}$$
$$= \mathbf{r} - \left(\frac{r_i - r_j}{1 + [C^{-1}]_{ii} - 2[C^{-1}]_{ij} + [C^{-1}]_{jj}}\right)\mathbf{C}^{-1}(\mathbf{e}_i - \mathbf{e}_j)$$

となる.

すると,上式より 2 つの結論が導かれる.

- たった 1 つの引分けでも,すべてのチームのレイティングに影響を与える可能性がある.これは,$\mathbf{C}^{-1}$ の第 i 列と第 j 列が,だいたいいつも完全に密だからである.
- 摂動が加わる以前,チーム i がチーム j の上位にランキングされていた,すなわち $r_i - r_j > 0$ であったとしよう.チーム i とチーム j の間の引分け試合が加えられると,チーム i のレイティング $\tilde{r}_i$ は下降するが,チーム j のレイティング $\tilde{r}_j$ は上昇する[8].これは,$\mathbf{C}^{-1}$ の対角成分が支配的なのと非負性の結果である.

次に,摂動が加えられて降下したチーム i のレイティングが,ランキングをも変化させるに十分かどうかを検討する.数学的には,$\tilde{r}_i < \tilde{r}_{i+1}$[9] であるとき,チーム i は,引分けの結果としてランキング位置を 1 つ落とすことになる.どのような条件のとき,チーム i の摂動付加後のランキングが落ちるのかを定量化するために,チーム i とチーム $i+1$ の摂動付加前のレイティングの差 $\epsilon = r_i - r_{i+1}$ を定義しよう.さらに,(11.1) を詳細に調べると,チーム i がランキング位置を 1 つ落とす条件は,

$$\tilde{r}_i < \tilde{r}_{i+1} \iff \epsilon < \frac{(r_i - r_j)([C^{-1}]_{ii} - [C^{-1}]_{ij} - [C^{-1}]_{i+1,i} + [C^{-1}]_{i+1,j})}{1 + [C^{-1}]_{ii} - 2[C^{-1}]_{ij} + [C^{-1}]_{jj}}.$$

であると結論付けられる.

上記の記述を見て,次の 2 つの所見を得る.

- もし,チーム i とチーム j のレイティングが非常に離れていれば(すなわち,$r_i \gg r_j$),チーム i のランキングは落ちるであろう.
- 一方で,チーム i とチーム j のレイティングが近いほど,引分け試合の帰結として,チーム i と j のランキングが変わるということは起こりにくくなる.

本節では,たった 1 つの引分け試合が,2 つの Colley の手法,すなわち,引分け無し

---

7) 訳注:一般に M-行列(m-matrix)とは z-matrix(非対角成分が非正の(多分,実)行列)のうち,固有値の実部が正のもの.
8) 訳注:「摂動が加わる前のチームの順番を $1, 2, \ldots, n$ として,そのレイティングを $r_1 > r_2, > \ldots$ とする.ここで摂動が加えられると $\tilde{r}_i < \tilde{r}_j$ とレイティングの値の大小が逆になったとする」という状況を考察している.
9) 訳注:チーム i とチーム $i+1$ のレイティングについての初期条件が明記されていないが,前の注を前提とする.

Colley の手法と引分け有り Colley の手法に及ぼす影響を定量化した．まとめると，1 つの引分け試合は，レイティングとランキングベクトルの両方を変える可能性がある．実際のアプリケーションでは，しばしば，1 つ以上の引分け試合が存在し，引分けを処理すると Colley の手法によって算出されたレイティングとランキングに影響を与える可能性がある，という理論的な発見が，さらに増幅される．他のレイティング手法についての摂動解析も，同様な結論に達する．ある意味，本節での議論は，著者の理論的発見を反映している次節の実験の整合性チェック (sanity check) になっている．

実データセットからの結果

本節では，摂動解析という理論的ツールから，現実のアプリケーションに移行する．ここでの，1 つの単純な目的は，引分けを処理することが，実データから得られるランキングの結果に重大な影響を与える可能性がある，ということを示すことである．

映画のランキング

最初のアプリケーションは，映画である．映画や本や商品といったデータベース項目のランキングの必要性は，データ記憶装置の容量と共に伸び続けている．Netflix や Amazon のような推薦システムは，購買履歴の記載事項（記録）や，ユーザーによるレイティングを使って，ユーザーに推薦を提供する．これらの推薦は，クラスタリングとランキングのアルゴリズムから導出される [33]．引分けはデータベースアプリケーションにおいては広く認められている [27] ので，引分けを適正に扱うことは，正確なランキング結果を得るためには本質的である．

本節では，MovieLens という，よく研究されたデータセットを使う．MovieLens は 1,682 本の映画についての 943 ユーザーによる 100,000 個の整数（1 から 5）のレイティングである．このデータは，$1{,}682 \times 1{,}682$ の行列を作る．多くのユーザーが全映画のうち，ごく少数しかレイティングしていないので，この行列は疎である．映画をランキングするために，各映画対の間に人為的な比較を実施する．映画 i と映画 j の間の「試合」は，ユーザーが両方の映画をレイティングするごとに行なわれ，そのユーザーによるレイティングが，その 2 つの映画の「得点 (score)」となる．この定義によると，MovieLens データセットのユーザーレイティングは，32% の引分けを含む．下のダイアグラムで示される結果を得るために，MovieLens データセットの 1,682 本のすべての映画をランキングして，人気のある 20 本のタイトルを示した．左側は，引分けを取り込んだランキングを表し，右側にはすべての引分けを無視したランキングが示されている．引分けが 1/3 も存在するので，2 つのランキングは，予想通り異なっている．

「引分けを無視する」戦略を擁護する派は，引分けは，珍しいか，あるいは順位 (rank) の低い商品にしか影響を及ぼさない可能性が高いので，モデル化する価値は無いと主張し

```
Casablanca ──────────────────────────── Casablanca
Schindler's List ─────────────────────── Schindler's List
Shawshank Redemption ─┐         ┌─────── Rear Window
Rear Window ──────────┼─────────┼─────── Shawshank Redemption
The Godfather ────────┘         └─────── The Godfather
Citizen Kane ─────────┐         ┌─────── To Kill a Mockingbird
One Flew Over the Cuckoo's Nest ──────── One Flew Over the Cuckoo's Nest
To Kill a Mockingbird ┘         └─────── Citizen Kane
Amadeus ─────────────────────────────── Amadeus
Psycho ──────────────────────────────── Psycho
Pulp Fiction ─────────┐         ┌─────── Raging Bull
It's a Wonderful Life ─────────────────── It's a Wonderful Life
Taxi Driver ─────────────────────────── Taxi Driver
Raging Bull ──────────┘         └─────── Pulp Fiction
Alien ───────────────────────────────── Alien
Braveheart ──────────────────────────── Braveheart
Apocalypse Now ──────────────────────── Apocalypse Now
Forrest Gump ────────────────────────── Forrest Gump
Back to the Future ──────────────────── Back to the Future
Full Metal Jacket ───────────────────── Full Metal Jacket
```

20本の映画についての Colley のランキング：引分け有り vs. 引分け無し．

ている．しかし，上のダイアグラムは，引分けが，どのランキングの位置（いくつかのトップに近い位置をも含む）に対しても影響を及ぼす可能性があることを示している．明らかに，引分けのモデル化は，ランキングの結果に劇的な影響を及ぼす可能性がある．

NHL のホッケーチームのランキング

2番目のアプリケーションとして，スポーツに戻ろう．ここでは，引分けが日常茶飯事の低得点スポーツの1つである NHL ホッケーについて検討する．1シーズンの結果において，引分けは，典型的に 9-13% の範囲内で生ずる．MovieLens のデータ同様，引分けを考慮する場合と，考慮しない場合では，2つの全く異なるランキングが生成される．

自然な疑問：引分けを評価する手法は，よりよいランキングを生成するだろうか？　答えは，何を「よりよい」と定義するかに依存している，のである．しばしば，よりよいものは予想能力，すなわち **先見力** (*foresight*) に関連するとされる．この場合，質問は，将来行なわれる試合の結果を予想するに当って，引分けを取り込んだ手法は，引分けを取り込まない手法よりも，よい結果を出すか？　ということになる．回顧得点，すなわち **後知恵** (*hindsight*) についてもよりよさが言及される．この場合，質問は，過去に行なわれた試合の結果に合わせる場合，引分けを取り込んだ手法は，引分けを取り込まない手法よりも，よい結果を出すか？　ということになる．次のグラフは，NHL の 2001-2005 シーズンについて，引分けを考慮した場合と考慮しない場合について，Colley の手法，Massey の手法，Markov の手法の先見能力を示している．

このグラフを見ても，「引分けを考慮する vs. 引分けを考慮しない」論争の勝者はわか

NHLデータについての Colley, Massey, Markov の各手法の先見能力:
引分けを考慮する vs. 引分けを考慮しない.

らない[10]. バスケットボールやフットボールを含む, 他のスポーツの他のシーズンについて実験をして, 次の結論が得られた. **ランキング手法に引分けを取り込むと, 先見能力をごく僅かに改善する場合もあるが, 悪化させることは稀である.** この, 引分けについての生ぬるい裏書きは, 引分けを導入する (induced ties) 効果を研究するきっかけとなった. 引分けの導入は, 次節のテーマであり, 「引分け有り vs. 引分け無し」論争において, 最も興味深い知見を提供する.

引分けの導入

ホッケーやサッカーのように引分けを認めるスポーツもあるが, 他のスポーツでは, 規定の時間が終了した時点で引分けだった場合, オーバータイムやサドンデスを行ない, 引分けを打開する. 加えて, ほとんど任意に勝利が得られるような, オーバータイムではない方式も存在する. 2つのチームが, ほとんど試合の最後まで, 引分けか引分けに近い状態であったとしよう. そのとき, 最後の数分で引分けを打開するような英雄的なことが起こる. バスケットボールでは, このような「英雄的なプレー」を指すフレーズがある. 「ブザービーター (buzzer beater)」とは, 試合の最後の数秒で勝利するようなショットを打つことである. このような状況においては, むしろ, 引分けの方が, 2つのチームの強さをより的確に計測しているとも言える. したがって, 本節では, これらの試合において引分けを**導入**して, その変化の影響を検討しよう. 例えば, NFL フットボールに, 得点差が3点, またはそれ以下で終了したすべての試合に引分けを導入してみる. 次の3

---

[10] 2つの手法 (引分けを考慮する・しない) が先見性において異なる点を深く掘り下げ, それらのうち1つの手法が, 低いランキングの位置については失敗しても, トップに近いランキングをよりよく予想するかを決定しようと試みた. しかし, これでも, 「引分け有り vs. 引分け無し」論争を, 明確に結論付けることはできない.

NFLについてColleyの手法による予想

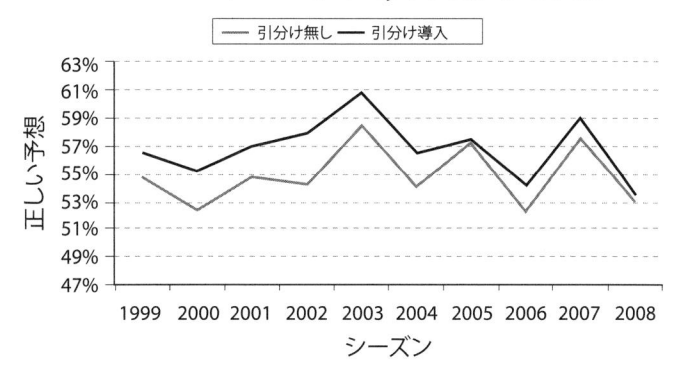

NFLについてMasseyの手法による予想

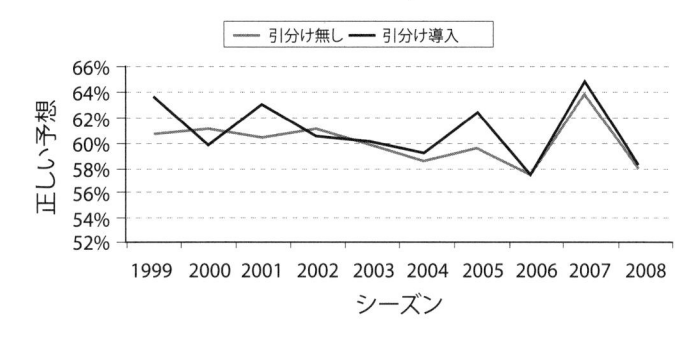

NFLについてMarkovの手法による予想

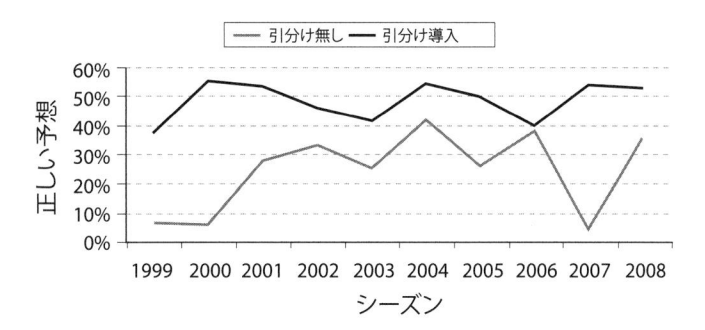

つのグラフは，1999年から2008年までのNFLの10シーズンにおいて，Colleyの手法，Masseyの手法，Markovの手法による3つのランキングの結果に，引分けを導入した影響を示している．

前の3つのグラフは，引分けの導入が明らかに，これら3つのランキングの手法の予想性能を向上させたことを示している．他のランキング手法や，大学フットボールのような他のデータセットについても同様な結果が得られる．

大学バスケットボールにおける引分けの導入の効果についても調べてみた．フットボールには，引分けを導入すべき，明確な勝利のための得点差（フィールドゴールで得られる

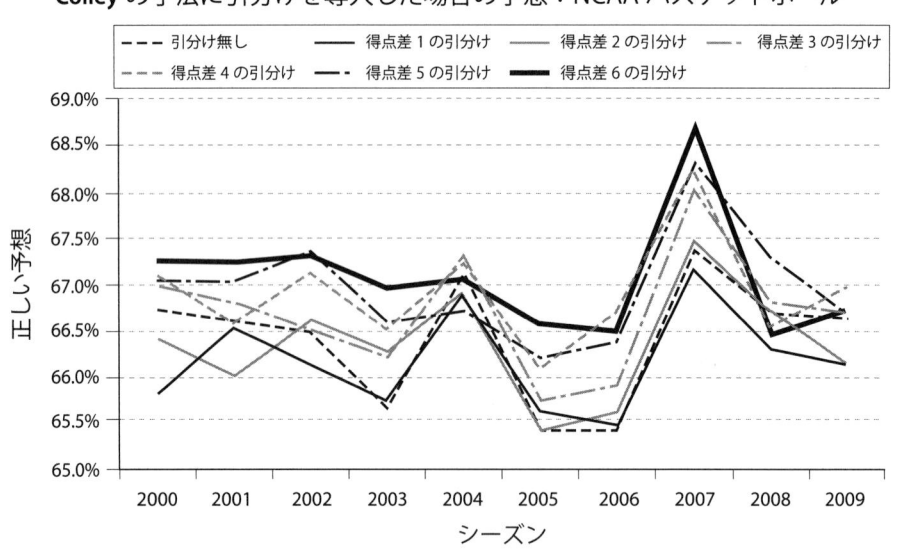

Colley の手法に引分けを導入した場合の予想：NCAA バスケットボール

3 点)[11] があるが，バスケットボールには明確な得点数は無いので，引分けを導入するために，0 から 6 点まで，必要な点数を変化させた．Colley の手法についての結果を以下に示す．

引分け無しの場合と，勝利への得点差 (margin of victory) が最小（1 点）から最大（6 点）まで，濃淡と線種を変えてある．ほとんどの勝利への得点差において，引分けを導入した場合の方が，引分け無しの場合より性能が上がっている．どの勝利への得点数が，予想性能を最も向上させるのかを決定するのは難しいが，一般的には，勝利への得点数が大きくなるほど，より勝利への得点数が低いケースよりも結果がよくなるといえる．引分けの導入における最適な勝利への得点数の研究は，将来に残しておく．

まとめると，本節で紹介した実験は，「引分け有り vs. 引分け無し」論争には明確な勝者がいることを示している．引分けの導入の方法は，引分け無しの方法より，得点予想手段としては，優れている．

まとめ

現代の計算分野における，巨大なデータセットの存在とランキングデータの日常的な必要性，入力データが引分けを含む可能性があるスポーツランキング法を使いたいのかもしれないという事実，そのような結果に引分けを取り込むことによる潜在的な影響などすべてを考慮すれば，引分けの導入を含む手法を使うことを慎重に検討しなければならない．本章では，いくつかのよく知られているランキング手法[12]に，どのように引分けを取り入れるかということについて議論した．さらに，引分けの導入というアイデアを紹介した

---

11) 訳注：最後のフィールドゴールによる得点差を無視すると引分けとみなせる，の意．
12) 訳注：正しくはレイティング．ただし，レイティングが求められればランキングも求められるので，混用している．

が，これは，ランキングの予想性能を向上する可能性がある．

いくつかの疑問が残る．例えば，特定のスポーツに引分けを持ち込む最も効果的な方法は何か？　おそらく，通常の試合の「終了間際」に勝利のゴールが得点されるサッカーのような低得点スポーツに引分けを導入することには意義があるだろう．もちろん，この場合，何分を試合の「終了間際」とみるべきなのか，という疑問が生ずる．バスケットボールでは，負けているチームが，ミスショットが試合の残り時間をほとんど減らさずに勝利への得点数を減らすことを期待して反則し始めるまでは，試合は互角であり得る．このような状況に恩恵があるのか，あるいは，すべての試合においてそのような決定を自動化するにはどうしたらよいのか，という疑問も湧くだろう．なぜなら，各試合ごとに，そのような決定を下すのは現実的ではないからである．他の統計も解析することができる．例えば，得点ではなくボール支配率あたりの得点をランキング手法と引分けに関する決定に組み込むなど．

加えて，引分けが重要でないと期待できるようなデータセットはあるのか？　ランキングの特定の位置に影響を及ぼすような引分けを含むデータセットはあるのか？　引分けが有効な他のアプリケーションと手法は何か？　などの疑問がある．

数字の豆知識—

> **6** = NFL のフットボールチームのシーズン最多引分け試合数
> —Chicago Bears, 1932.
> **24** = NHL のホッケーチームのシーズン最多引分け試合数
> —Philadelphia Flyers, 1969-70.
> **2** = NHL チームのシーズン最小引分け試合数
> —Boston Bruins, 1929-30.
> —en.wikipedia.org & couchpotatohockey.com

第12章　重み付けを組み込む

将来のことに没頭していると，ありのままの現在が見えなくなるだけでなく，しばしば，過去を作り変えようとする—Eric Hoffer (1902-1983)

　本章でやろうとするのは，過去を作り変えることである．実のところ，本章は，本書で初めて，科学というより技巧的なことを述べるものである．ランキングの技巧は，専門家やアプリケーション特有の情報にもとづいて，手法をカスタマイズする能力を含む．次のシナリオを考えてみよう．チーム A はシーズン序盤で 2 試合負けたが，シーズンの残りの試合では負け無しだった．一方，チーム B は，シーズン最後の 2 試合以外は負けなかった．どちらのチームが上位にランキングされるべきだろうか？　多くの人はチーム A だと言うだろう．なぜなら，「オープン戦は関係ないね[1]」だからである．この直感が，本章の数学的議論の引き金となった．

　これまで解説してきたすべてのモデル（Elo の手法は例外として）において，すべての対戦は等しい重みだった．一見したところ，どの対戦も他の対戦よりも重みづけられることはないとするのは公平に聞こえるが，モデル化においては無意味と言えるかも知れない．例えば，スポーツにおいては，シーズン末のトーナメント的な試合は，オープン戦やシーズン序盤の試合よりも重要とすべきではないだろうか？　勝ち続けているチームは，負け続けているチームよりも勝ちそうだ，とは言えないのか？　ウェブページで言えば，より頻繁に更新されるページはより重要と言える．結果として，このような時間的な考慮をモデルに組み込んでみるのは自然なことである．

重み付けのアイデア

　本章では，**時間について重み付けする**[2]が，あらゆる種類の重み付けが可能である．たとえば，**アウェイな場所での勝利をホームの場所での勝利より重く**，重み付けることができる．または，**よく知っているライバル相手の勝利を**，より重く，重み付

---

[1] 訳注：原文では preseason（オープン戦）と，early-season（シーズン序盤）との混同が見られる．さらに，多くの場合，シーズン序盤に勝ち続けること（開幕ダッシュ）は，長いシーズンを勝ち抜く上で重要だと思われているが，米国のようにポストシーズンのプレイオフ出場を目指すことも重要である場合は，シーズン序盤に勝てなくとも大きな問題とはならないこともありえる．ここでは，原文をそのまま訳しておく．

[2] 訳注：囲み部分「時間について重み付けする」とは $w_{ij} = w_{ij}(t)$ ということ．

けることができる．どんな突飛な重み付けの理論的根拠を思いついても，それを取り込むに足るほど柔軟性がある，というのは，重み付けの1つの特徴である．

4つの基本的な重み付けのスキーム

試合を重み付けるのは，大抵のモデルでは容易い．次に示すものには，多くの可能性と変種がありえるが，ここでは，4つの基本重み付けスキームを紹介する．線形，対数，指数，階段の各関数による重み付けである．重み付けが，いかに，簡単かつ自然であるかを伝えるために，Markov モデルを使った重み付けで実例を示す．この場合，重み付けられた Markov の投票行列 $\bar{\mathbf{V}}$ の要素 $\bar{v_{ij}}$ は

$$\bar{v_{ij}} = w_{ij}\,v_{ij}$$

のように計算される．ただし，w_{ij} は，チーム i とチーム j の間で戦われた試合の重みを表すスカラーで v_{ij} は，チーム i からチーム j への投票数（第6章の Markov モデルの投票オプションによる）．重み w_{ij} は，重み関数によって決定される．ここでは，4つの基本的な重み関数を示す．これらは，図12.1で図示されており，その下に，順番に説明がある．もう一度確認しておく．ここでは，とくに，時間についての重み付けについて議論するが，任意の重み，または，その組み合わせを使うことができる．

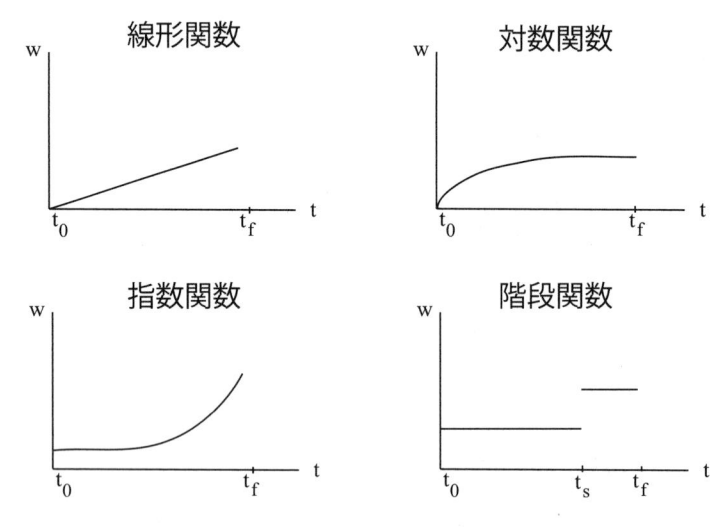

図 12.1 基本的な4つの重み関数．

線形重みスキームでは，

$$w_{ij} = \frac{t - t_0}{t_f - t_0}$$

である．分子は，シーズン開始時に対する，その試合の相対的な開催日を表している．具

体的には，分子は，シーズン開始日 t_0 からの日数で，分母は，シーズン中の全日数である．全日数は，シーズン終了日 t_f から開催日 t_0 を引くことで与えられる．

もし，後の方の試合に，より緩く増加するような重みを付加したいのであれば，

$$w_{ij} = \log(\frac{t-t_0}{t_f-t_0} + 1)$$

という対数重み付けスキームを使う．一方，シーズン終盤の試合の重みを極端に誇張したいのであれば，次の指数重みスキーム

$$w_{ij} = e^{\frac{t-t_0}{t_f-t_0}}$$

を使う．

本章で説明する4番目の重み付けスキームは，階段関数を使う．1つの階段関数で，最後の2（または3，または4，または k）週間に行なわれる試合を，他の試合より重み付けることが可能である．シーズンの後半で行なわれる試合に，割り増しの重みを加える1つの方法は，単純に，対応する投票数を倍（または3倍，または4倍，など）に数えることである．これは，Luke Ingram の修士論文 [41] の実験で示されているように，とくにバスケットボールの試合では，非常にうまく機能する．その場合，

$$w_{ij} = \begin{cases} 1 & \text{チーム } i \text{ とチーム } j \text{ の間の対戦が，ある日にち } t_s \text{ 以前に開催される場合} \\ 2 & \text{それ以外} \end{cases}$$

で，t_s は，カンファレンスのトーナメントに先立つ1ヶ月前のような，シーズン中のある特定の日にちである．もちろん，多重階段関数も同様に，簡単に実装できる．これは，Davidson 大学の学部生 Erich Kreutzer が 2009 年の Madness トーナメント [19] について行なった実験，そのものである．Erich は，2週間ごとに，試合の重みを増加するような階段関数を作った．Erich の2週間階段関数は，Colley の手法に適用すると大変うまく機能して，EPSN スコア（トータルで可能な 1600 点中）1420 点を獲得し，その年の年間 ESPN トーナメントチャレンジに投稿された全 460 万ものブラケット（トーナメント表）のうち，97.3 百分位数番であった．

時間重み付けスキームの要約と表記

w_{ij}	チーム i とチーム j の対戦に与えらた重み
t_0	シーズンの開始日（たとえば，シーズン初日を $t_0 = 0$ とする）
t_f	シーズンの最終試合の日
t_s	階段状の重みが変わるシーズン中の特定の日
t	考慮対象の現在の試合が行なわれている日

t 日に行なわれた，チーム i とチーム j の対戦を重み付ける方法は下記の通り．

線形関数

$$w_{ij} = \frac{t - t_0}{t_f - t_0}$$

対数関数

$$w_{ij} = log(\frac{t - t_0}{t_f - t_0} + 1)$$

指数関数

$$w_{ij} = e^{\frac{t - t_0}{t_f - t_0}}$$

階段関数

$$w_{ij} = \begin{cases} 1 & i と j の対戦が t_s 以前に行なわれた場合 \\ 2 & それ以外 \end{cases}$$

それでは，特定のランキング手法に上記の重み付けスキームがどのように適用されるのかについての詳細を議論しよう．

重み付き Massey の手法

Massey のモデルでは，シーズン中の各試合が，元来の Massey の線型連立方程式 $\mathbf{Xr} = \mathbf{y}$ の各行で表される．各試合，つまり Massey の線型連立方程式の各行は，任意に選ばれた重み付けスキームを使って，シーズン中の開催日に従って重み付けることが可能である．この場合，$\mathbf{Xr} = \mathbf{y}$ は，最小二乗問題というよりも，**重み付き最小二乗問題**として解かれる．まず，各試合に付随した重みベクトル $\mathbf{w}$ が生成される．ここでもやはり，シーズン後半に行なわれる試合の方がより重要であるかのように，シーズンの序盤からの時間に従って各試合が重み付けられる．次に，$\mathbf{w}$ が対角成分に並ぶように，$\mathbf{w}$ を対角行列 $\mathbf{W}$ に変換する．最後に，重み付き正規方程式 [36]

$$\mathbf{X}^T \mathbf{W} \mathbf{X} \mathbf{r} = \mathbf{X}^T \mathbf{W} \mathbf{y}$$

を解いて，重み付きのオリジナルの連立方程式：$\mathbf{W}^{1/2} \mathbf{Xr} = \mathbf{W}^{1/2} \mathbf{y}$ の唯一の重み付き最小二乗問題の解を求める．

重み付き Colley の手法

Colley の手法を重み付けるために，Colley の行列 $\mathbf{C}$ の非対角成分は，各チームの対戦回数を表す整数ではなく，各試合の重要性に付随した重みとなる．例えば，重み付けされていない場合，$c_{ij} = 3$ は，チーム i とチーム j が 3 回対戦したことを意味するが，重み付けされている場合では，c_{ij} は，これらの 3 試合に付随した重みの和である．同様に，右辺のベクトル $\mathbf{b}$ は，勝ち数の総計から負け数の総計を引いた数ではなく，重み付けられた数となる．プログラミングの言葉で言えば，この重み付けへの変更は，アルゴリズム

へのごく簡単な調整ですむ.

重み付き Keener の手法

重み付き法が選択されると,重み付き Keener 行列 $\bar{\mathbf{A}}$ は,公式

$$\bar{a}_{ij} = w_{ij}\, a_{ij}$$

で定義される要素を持つ行列となる.ただし,w_{ij} は,チーム i とチーム j の対戦の重みで,a_{ij} は第 4 章での Keener の統計量の 1 つである.この重み付き Keener 行列が定義されれば,Keener 法の残りの各ステップは,通常通りに実行される.Keener 行列は非負性が必要なので,重み w_{ij} は非負でなければならない.

重み付き Elo の手法

Elo の手法では K 因子が,モデルに組み込まれた重み付けのためのメカニズムである.第 5 章を思い出せば,サッカーでは K の値は,ワールドカップの決勝 ($K=60$) の方が,予選 ($K=40$) よりも,そして予選は,他の大会 ($K=30$) よりも大きい.

重み付き Markov の手法

重み付き法が選択されると,重み付き Markov の手法の投票行列 $\bar{\mathbf{V}}$ は,公式

$$\bar{v}_{ij} = w_{ij}\, v_{ij}$$

に従って定義される要素を持つ行列となる.ここで,w_{ij} は,チーム i とチーム j の対戦の重みで,v_{ij} はチーム i からチーム j への投票数で,第 6 章の投票方式のどれか 1 つを使う.この重み付き投票行列が定義されたら,Markov モデルの残りのステップは変更無しに実行される.すなわち,重み付き投票行列 $\bar{\mathbf{V}}$ の各行は正規化されて,必要であれば,負けの無いチームの処理が適用される.この時点で,確率的 Markov 行列 $\mathbf{S}$ が定義され,定常ベクトル,すなわちレイティングベクトル $\mathbf{r}$ が算出される.

重み付き OD の手法

OD の手法を重み付けるのは,Markov の手法の実装とほぼ同じである.すなわち,重み付けは,OD の手法の前処理として実行される.具体的には,OD の手法の行列 $\mathbf{P}$ の要素 p_{ij} が適当な重み付け法で操作され,OD レイティングは,この重み付けられた $\mathbf{P}$ 行列を使って,通常通りに計算される.

重み付き差分法

時間の重み付けは，第8章のランキング差分法とレイティング差分法の両者に簡単に組み込むことができる．事実上，アルゴリズムに変更は無い．ただ，入力データ行列 **D** が，176 ページで議論した技法に従って，正規化の前に重み付けられるだけである．

余談：重み付けと March Madness トーナメント

私たちの重み付けと例年の March Madness バスケットボールトーナメントの研究は 2006 年に始まり，これまでに独自の歴史を重ねて来た．毎年，重み付けの研究は，出て行く研究者のグループが入って来るグループにバトンを渡す度に，より洗練されたものとなってきた．ここで，この研究の主要な沿革を述べ，主な貢献者を紹介しよう．

- **2006**: Charleston 大学の，あるクラスのプロジェクトとして，当時，大学院生だった Luke Ingram と John McConnell が初めて March Madness 予想問題に取り組んだ．彼らの目的は，トーナメント中の試合を数学的な技法を用いて予想することだった．2人は，ESPN のトーナメントチャレンジ（賞金は$10,000）と，そのオンライン上で自動化されたトーナメント表の投稿と採点ツールを見つけた．その年，このペアは，変形 Markov モデルをいくつか ESPN に投稿した．Luke と John は，勢いが強力な予想力を持っていると信じていたので，投稿の1つは，トーナメントに先立つ1ヶ月の間に行なわれた試合について倍の時間的重み付けがなされていた．他の同級生達に「2使徒」というあだ名を付けられた Luke と John にとっては残念ながら，2006年は「どんでん返し」の年だった．読者の多くも，第11シードの George Mason 大学がベスト4まで勝ち残ったシンデレラぶりを覚えているだろう．ごく少数のファン（ほとんど George Mason 大学の卒業生）だけが，George Mason 大学がここまで進むと予想していた．実際，その年の ESPN トーナメントチャレンジに優勝したファンは，George Washington 大学と書くべきところを，間違って George Mason 大学と書いてしまったのである．間違いに気がついて，Russell Pleasant は，修正した George Washington 大学びいきのの予想トーナメント表を投稿した．幸運なことに，Russell は，George Mason 大学びいきの予想トーナメント表をコンテストから削除しなかった．それが，その年，Russell に$10,000 もの賞金を稼がせてくれたのである．

- **2008**: 2008 年春，私 [Amy N. Langville，以下 A. L.] は，4年生の Neil Goodson と Colin Stephenson に上記のプロジェクトと同じ課題を与えた．この2人のスポーツファンかつ数学専攻の学生は，喜んでバトンを引き継ぎ，Luke と John が残した研究を続けた．ESPN の締め切りまで，私たちのクラスは，この2人を手伝って，Colley の手法，Massey の手法，Markov の手法，そして OD の手法を色々に重み付けしたランキングから作り出された30ものトーナメント表を投稿した．Neil と Collin は，彼らのトーナメント表をよく調べて，いくつかの報道価値のある傾向を発見した．

  例えば，大半のモデルは，第11シードの Kansas State 大学が第6シードの USC に勝つという番狂わせを予想していた．また，多くのモデルは，Kansas が決勝で，Memphis に勝つと予想していたので，Neil と Colin は，Massey の手法を使って，これらの2チームの間の試合の最終的な得点を予想してみようと決めた．かくして，彼らは，Kansas が，たった3点ほどの非常に僅差で勝つことを予想した．これは，Kansas がオーバータイムで勝ったことを考えると非常に良い予想と言える．Charleston 大学の広報部員が Neil と Collin の研究を聞きつけて，トーナメントが進むにつれて，最新予想を定期的に確認するようになった．トーナメント序盤での素晴らしい成功に後押しされて，Neil と Colin は，メディアの嵐のまっただ中にいた．いくつかの新聞やテレビ局を含む地元のメディアが，このペアに接触した．次は，全国レベルのメディアで，CBS の *The Early Show* にも出演した．彼らを最も有名にした出演依頼は，National Public Radio (NPR) の Robert Siegel と彼の *All Things Considered* ショーから来たものである．Neil は，生の電話インタビューで，彼の予想をいくつかと，Kansas State の大番狂わせと Kansas 大学の優勝を説明した．Neil は，天性の素質があった．すなわち，数学の技法の説明と，わくわくするようなスポーツの結果と予想間で，見事なバランスを取ったのである．Neil の登場部分は，全

図 12.2　Neil Goodson と Colin Stephenson.

国で好意的な反応を得た．実際，Neil は非常に人をひきつける魅力があり，何人かのスポーツファンでない視聴者は，Neil の予想の正しさにびっくり仰天して，トーナメントが終わった後にこのショー番組に電話を掛けたほどである．ある視聴者は，このペアは非常に良い研究をしたので，指導教官は A の成績を付けるべきである，と電話してきたという．彼らの指導教官は（もちろん）そうした．それは，彼らの単発の予想を評価したからではなく，彼らの独創力と，全学期中の何週間にもわたるプロ意識 (work ethic) を評価したからである．最高点のトーナメント表を含む Neil と Colin の更なる物語が，252 ページの余談にある．

- **2009**: 私 [A. L.] の最適化プロジェクトのクラスは，Charleston 大学では，隔年でのみ開かれている．2008 年の成功の興奮が冷めやらぬなか，そんな些細な事情が研究の進歩と 2009 年の March Madness の楽しみの邪魔をさせるわけにはいかなかった．そこで，私は，よき同僚である Davidson 大学の Tim Chartier とチームを組んで，組織を超えたランキングプロジェクトを走らせることにした．私たち Charleston 大学チームは，大学院生の Kathryn Pedings と学部生の Ryan Parker で構成された．Dasidson 大学のチームは，Chartier 博士と，学部生の Erich Kreutzer と Max Win で構成された．チーム全体は拡張して，Davidson 大学出身でそのときは Stanford 大学にいた Nick Dovidio や，日本の筑波大学の Yoshitsugu Yamamoto 博士を含むことになった．私たちのチームは，図 12.3 が示すように，まさに，国，大陸，地球上に広がったのである．

　2009 年に，さらにいくつかの重み付けと，いくつかのランキング統合モデル（第 14 章と第 15 章を見よ）から作られたランキングを加えた．2009 年は，歴史的かつ報道もされた 2008 年ほどには，予想し易い年ではなかったが，私たち自身の進歩は大いに喜ぶべきものだった．いくつかのモデルは，その年の ESPN チャレンジに投稿された全 460 万個のトーナメント表のうち，95 百分位数番と 97 百分位数番の成績だったからである．そして，再度，そしてさらにメディアで取り上げられ，地元紙には解説記事も掲載された．

- 毎年，私たちのモデルは洗練され，March Madness に関わる学生が $10,000 の ESPN 賞を取ったかどうかに関係なく，個々の学生は，本質的な，モデリング，プログラミング，コミュニケーションの各スキルを実地に体得している．そして，それは，誰もが望む職を得ることに役立っている．実際，Neil Goodson は，就職のための面接で，こういうコメントを聞いたことがある．「おぉ，君は，NPR でやっていた，March Madness ランキングの人だよね？」と．

図 12.3　地球上に広がった私たちの March Madness チーム.

数字の豆知識—

$9,223,372,036,854,775,808 = $ 全チームがシードされた後に，64 チームの March Madness トーナメント表を埋める場合の数.

$147,573,952,589,676,412,928 = $ 68 チームの March Madness トーナメント表を埋める場合の数.

—簡単な計算：2^{63} と 2^{67} を計算してみよ

第13章 「もしも」シナリオと感応度

コーチやファンにとって，シーズン中のある特定の正念場において「もしも (what if)」解析をすることは通例である．例えば，シーズンの残り1試合において，大学フットボールチームのコーチは，この最後の試合でチームがβ点差で勝ったら，チームのランキングに何が起こるのか思いを巡らすであろう．もちろん，そのコーチの疑問に答える1つの方法は，問題の試合の前にランキング[1]を計算して，次に，この最終試合においてコーチの望むべく結果が出せたとしてランキングを計算してみることである．しかしながら，非常に大きな（ウェブ並みの大きさを考えて見よう）アプリケーションにおいては，個々の「もしも」シナリオごとに，ランキングを再計算するのは合理的ではないか，あるいは不可能ですらある．さらに，完全な再計算は力づくに似ていて，数学者にとってはあまりエレガントとは言えない．と言う訳で，本章では，摂動解析 (perturbation analysis) の数学的な技法を用いて，そのような質問に最小限の付加的計算で正しく答えてみよう．

階数1の更新の効果

本節では，摂動解析の技法を使って，あるシーズンのデータの小さな変化がColleyのランキングに及ぼし得る効果を定量化する．シーズンが進むに従い，ある時点で，コーチがチームのプレーオフ進出のチャンスを予想し始めたとする．このシーズンの現時点において，Colleyのレイティングを計算する．次に，次の対戦はコーチの望んでいる結果となったと仮定して，レイティングベクトルを計算する．次の試合についてのコーチの推測は，Colleyシステムの係数行列への摂動として表現される．そこで階数1の更新 (rank 1 update) と呼ばれる，ある特定のタイプの摂動について検討することにする．階数1の更新というのは，最も簡単な行列更新法であり，解析の良い出発点となる．本節で導出される公式をほんの少し変更するだけで，より高い階数の更新に適用することができる．まとめると，摂動前のレイティングと摂動後のレイティングを比較する．最終的に，同様な結果は他の多くの手法においても導出されるが，冗長さを避けるために，1つの，すなわちColleyの方法を使って，「もしも」解析についての要点を示す．

摂動解析の技法を使うと，コーチの（希望的）推測シナリオの効果を正確に試すこと

---

[1] 訳注：本章では，ランキングとレイティングの混同が見受けられるが，ランキングの結果が重要である場合，ランキングという言葉が，それを算出するためのレイティング計算を含んでいると解釈し，以下では原文を尊重することにする．

ができる．$\mathbf{C}$ と $\mathbf{b}$ を摂動を加える前の Colley の行列と右辺のベクトルとする．$\tilde{\mathbf{C}}$ と $\tilde{\mathbf{b}}$ を摂動を加えた後の Colley の行列と右辺のベクトルとする．ここで，コーチは，彼のチーム，すなわちチーム j が，来るべき試合でチーム i を負かしたらどうなるのか，と思いを巡らしていると仮定する．摂動を加えられた行列 $\tilde{\mathbf{C}}$ と摂動を加えられる前の行列 $\mathbf{C}$ の関係は，公式 $\tilde{\mathbf{C}} = \mathbf{C} + (\mathbf{e}_i - \mathbf{e}_j)(\mathbf{e}_i - \mathbf{e}_j)^T$ で与えられる．Sherman-Morrison の階数 1 の更新の公式 [54] と，Colley 行列の M-行列属性のいくつかを使うと，$\tilde{\mathbf{r}}$ を $\mathbf{C}$ の式で表すことができる．具体的には，

$$\tilde{\mathbf{r}} = \tilde{\mathbf{C}}^{-1}\tilde{\mathbf{b}} \tag{13.1}$$
$$= (\mathbf{C} + (\mathbf{e}_i - \mathbf{e}_j)(\mathbf{e}_i - \mathbf{e}_j)^T)^{-1}\tilde{\mathbf{b}}$$
$$= \mathbf{r} - \left(\frac{r_i - r_j}{1 + [C^{-1}]_{ii} - 2[C^{-1}]_{ij} + [C^{-1}]_{jj}}\right)\mathbf{C}^{-1}(\mathbf{e}_i - \mathbf{e}_j)$$

となる．

上式から 3 つの結論が導き出される．

- たった 1 つの試合を追加するだけで，すべてのチームのレイティングが影響される可能性がある．これは，$\mathbf{C}^{-1}$ の第 i 列と第 j 列が，ほとんど密だからである．
- 摂動前は，チーム i がチーム j よりも上位にランキングされている，すなわち $r_i - r_j > 0$ であると仮定する．すると，チーム j がチーム i に勝つという番狂わせの付加的イベントに従って，期待通りに，チーム i のレイティング $\tilde{r}_i$ が下がり，チーム j のレイティング $\tilde{r}_j$ は上がる．これは，$\mathbf{C}^{-1}$ の対角成分が支配的なことと非負性が原因である．
- $\mathbf{C}^{-1}$ が存在すれば，そこから，いくつかの要素を取り出して，$\tilde{\mathbf{r}}$ を作り出すことができる．$\tilde{\mathbf{r}}$ があれば，摂動を加えた結果，個々のチームのレイティングがどのように変化したかを正確に知ることができて，かくして，任意のチーム対についての任意の「もしも」質問に答えることができる．

同時に多重の「もしも」シナリオを検討する場合は，単純な階数 1 の更新の代りに，階数 k の更新を使って同様な解析が実行される

感応度

「もしも」シナリオは，実は，感応度 (sensitivity) という数学的な概念に関係している．数学では，ある手法について，入力データの小さな変化が出力結果の大きな変化を作り出す場合，その手法を感度が良い，と言う．ここでは，感度の悪い (insensitive)，あるいは，頑健な (robust) 手法が望まれる．感度の良いランキング手法は，番狂わせが生じた後に，異常なランキングを与える可能性がある．これは，まさに [21] の結論だった．そこでは，扱いやすいが，現実にはあり得ない「完全なシーズン」(全く番狂わせが無いシーズン) が考察されている．言い換えると，完全なシーズンでは，いくつかのチーム

Colley の手法

試合前	試合後
Tennessee	Tennessee
Pittsburgh	Pittsburgh
Tampa Bay	Tampa Bay
Jacksonville	Jacksonville
Washington	Washington
Buffalo	Buffalo
NY Giants	NY Jets
NY Jets	Carolina
Carolina	Arizona
Arizona	Denver
Denver	Atlanta
Atlanta	Miami
Miami	San Diego
San Diego	Dallas
Dallas	NY Giants
Philadelphia	Philadelphia
New Orleans	New Orleans
Houston	Houston
Minnesota	Minnesota
Seattle	Green Bay
Green Bay	Indianapolis
Indianapolis	Seattle
St. Louis	Detroit
Detroit	St. Louis
Chicago	Chicago
New England	San Francisco
San Francisco	New England
Kansas City	Kansas City
Baltimore	Baltimore
Oakland	Oakland
Cincinnati	Cleveland
Cleveland	Cincinnati

Massey の手法

試合前	試合後
Tampa Bay	Tampa Bay
Carolina	Carolina
New Orleans	New Orleans
Philadelphia	Philadelphia
NY Giants	Miami
San Diego	San Diego
Miami	Jacksonville
Jacksonville	Pittsburgh
Tennessee	Tennessee
Denver	Denver
Pittsburgh	Arizona
Arizona	NY Jets
NY Jets	Chicago
Chicago	Atlanta
Atlanta	NY Giants
Dallas	Dallas
Buffalo	Buffalo
San Francisco	San Francisco
Green Bay	Green Bay
Washington	Houston
Houston	Washington
Minnesota	Minnesota
Indianapolis	Indianapolis
Seattle	Seattle
New England	New England
Detroit	Detroit
Baltimore	Cleveland
Cincinnati	Baltimore
Oakland	Cincinnati
Cleveland	Oakland
Kansas City	Kansas City
St. Louis	St. Louis

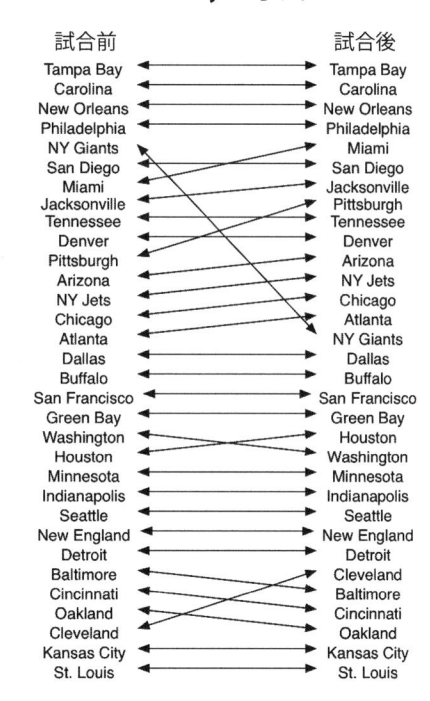

は負けない．その次は，その負けないチームには負けるがそれ以外には必ず勝つチーム，3番目のチームは，これら2種類のチームには負けるが，その他のチームには勝つ，以下同様．もし，あるシーズンのデータがこのような構造を持てば，もちろん，全チームのランキングは明らかだ．完全なシーズンは，非常に稀ではあるが，閉じた形式の式で，数学的に解析しうるデータを生み出す[21]．多くの意味において，完全なシーズンは，全ての入力シーズンの中で，最も性質が良い．もし，ランキングの方法が，このシーズンの感応度の徴（しるし）を見せるのであれば，その感応度の問題は，より現実的な不完全シーズンの場合に，悪化するだけである．

[21]の研究では，完全なシーズンに適用されたColley，Massey，Markovのランキング手法の感応度が解析されている．その結果，ColleyとMasseyの手法について，良い知らせがもたらされた．すなわち，両者，とくにMasseyの手法は，システムへの小規模の階数1の変化に対して，感度が悪いことが判明したのだ．これに反して，Markovの手法は，システムへの小さな階数1の変化に対して，感度が高いことが示された．2008 NFLシーズンにおける，ある1つの出来事が，不完全シーズンでのMarkovの手法の感応度を強調している．この出来事は，順位32番，すなわち最下位のCLEVELANDが17位のNEWYORK GIANTSに，2008年10月13日の，Monday Night game で勝ったことである．Colley，Massey，Markovの各手法による，Monday Night game前後のランキングが下表に示されている[2]．

---

2) 訳注：チーム名と本拠地の地名の対応は，巻末の表を参照されたい．

Markovの手法

```
試合前                          試合後
Atlanta         ←——————→        Atlanta
Washington      ←——————→        Washington
Jacksonville    ←——————→        Jacksonville
Denver          ←——————→        Denver
Tampa Bay       ←——————→        Tampa Bay
NY Jets         ╲      ╱         Buffalo
Buffalo          ╲    ╱          Pittsburgh
Carolina          ╲  ╱           Carolina
Pittsburgh         ╲╱            NY Jets
Arizona         ←——————→        Arizona
Philadelphia    ←——————→        Philadelphia
Tennessee       ←——————→        Tennessee
San Diego       ←——————→        San Diego
Detroit          ╲   ╱           Miami
Miami             ╲ ╱            New Orleans
New Orleans        ╳             NY Giants
NY Giants         ╱ ╲            Detroit
Dallas          ←——————→        Dallas
Green Bay       ←——————→        Green Bay
Minnesota       ←——————→        Minnesota
Indianapolis    ←——————→        Indianapolis
Houston         ←——————→        Houston
St. Louis       ←——————→        St. Louis
San Francisco    ╲   ╱           Chicago
Chicago           ╲ ╱            San Francisco
New England     ←——————→        New England
Kansas City     ←——————→        Kansas City
Seattle         ←——————→        Seattle
Baltimore        ╲   ╱           Cleveland
Cincinnati        ╲ ╱            Baltimore
Oakland            ╳             Cincinnati
Cleveland         ╱ ╲            Oakland
```

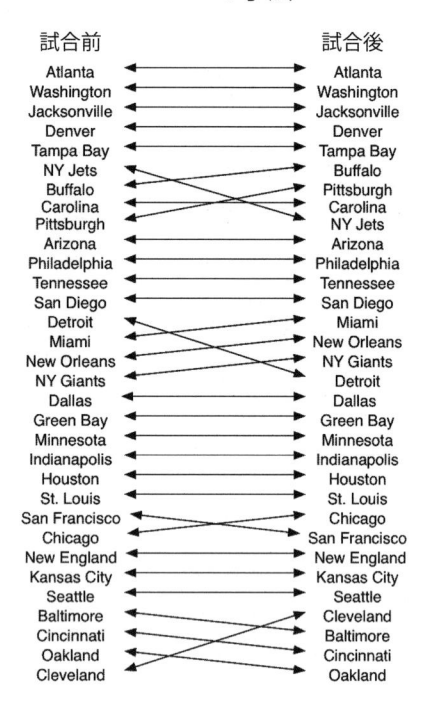

　感度の悪いColleyの手法と非常に感度の悪いMasseyの手法においては，期待通り，番狂わせの結果として，Clevelandの順位が上がり，Giantsの順位が下がった．しかしながら，Markovの手法では，Giantsは，最下位のClevelandに負けたのにも関わらず，順位が1つ上がっている．Markovの手法の，不完全なNFLシーズンのこのイベントに対するこのような奇妙な振る舞いは，完全なシーズンについて確立された理論的な結果と矛盾しない．より，正確に言えば，[21]の結論は，Markovの手法が，レイティング分布のテール (tail) の中のチーム（Clevelandは，今使っているNFLの例の，このテールで最下位だったのである）が関わるようなイベントに対して，感度が高いということである．そして，Markovの手法のレイティングは，ベキ乗法則分布に従うことが知られている [58] ので，そのテールの中には，多くのチームが存在する．もしかしたら，Markovの手法の感応度は，Markovの手法そのものの有効性を疑わせてしまうかも知れないが，Markovの手法は，ウェブページのランキングのためのGoogleのオリジナルの手法の核心をなすものであることを忘れてはならない．

余談：番狂わせとMarkovの手法の感応度

　　数学的な感応度は，一般的に悪い意味で認識されてしまうが，少なくともいくつかの集団はMarkovの手法の感応度のご利益を蒙っている．もし，Markovの手法がチームのランキングに使われたとしたら，レイティングのテールの中のチームのコーチや選手は，番狂わせに対して，不釣合いなほどの期待を掛けることができる．ランキングの低いチームがランキングの高いチームをたったの1点差でもよいから負かして，番狂わせを起こせば，いくつか，あるいはもっとランキングを一気に上げることが可能となる．そして，番狂わせが大きいほど（すなわち相手のランキングが高いほど），ランキングが上

がる可能性が大きくなる．

数字の豆知識―

―空前の番狂わせ

1. 1980 年，オリンピックのアイスホッケーの試合で，
米国がソビエトを破った「氷上の奇跡」
2. 1969 年，第 3 回スーパーボールで，New York Jets が，
Baltimore Colts を破った
3. 1985 年，NCAA 男子バスケットボールチャンピオンシップにおいて，
Villanova 大学が Georgetown 大学に勝った
4. 1990 年，ヘビー級王座戦で，Buster Douglas が，
Mike Tyson に KO 勝ちした
5. 1919 年，Man O' War が，番狂わせという名前 (Upset) の
大穴馬（100 対 1）に，一度だけレースで負けた
6. 1994 年，NBA プレイオフ，Denver Nuggets が，
Seattle SuperSonics を破った
7. 1995 年，全米オープン，Jack Fleck が Ben Hogan を破った
8. 1969 年，ワールドシリーズ，New York Mets が，
Baltimore Orioles を破った
9. 2000 年，グレコローマン型レスリング決勝，Rulon Gardner が，
Alexander Karelin を破った
10. 1983 年，NCAA 男子バスケットボールチャンピオンシップ，
North Carolina 州立大学が，Houston 大学を破って優勝した

― espn.go.com/page2/s/list/topupsets/010525.html

第14章 ランキング集約—その1

本章と次章の話題である，ランキング集約の背後にあるアイデアは，「総体は，個々の部分の和より大きい (the whole is greater than the sum of its parts)」という格言である．目的は，何とかして，いくつかのランキングリストを合併して，単一の新しいもっと良いランキングリストを構築することである．

いくつかのランキングリストを1つの「上位リスト (super list)」に集約する必要性は一般的で，かつ，多くのアプリケーションが存在する．例えば，Excite や Hotbot や Clusty のように，メジャーな検索エンジンから得たランキング結果を組み合わせて，単一の（望むらくは）もっと良いランキングリストを作成するようなメタ検索エンジンを考えてみよう．図 14.1 に，ランキング集約の概念を図示してある．

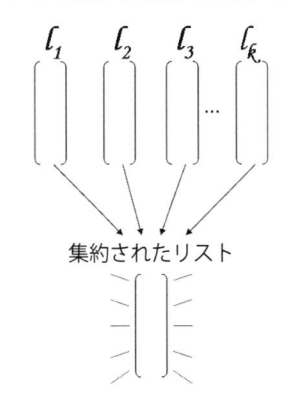

図 14.1 k 個のランキングリストの集約．

ここで，$l_1, l_2, \ldots, l_k$ は，k 個の個別のランキングリストで，それらを，本章で説明する数学的な技法を使って，何らかの方法で組み合わせて，1つの「頑健な (robust)」集約リストを生成する．このプロセスは，**ランキング集約 (ranking aggregation)** とよばれ，文献 [28], [25], [24] にて様々な角度から検討されている．実際，99 ページで，ランキング集約を使っている．そこでは，2つのランキングリストを組み合わせる必要があった．すなわち，OD レイティングベクトル **o** で作られた攻撃のランキングリストと，OD レイティングベクトル **d** で作られた守備のランキングリストである．この場合は，**r** = **o**/**d** という単純なルールを使って，集約レイティングベクトル **r** を作り，さらにこの **r** から，「頑健な」ランキングリストを作った．本章では，数個の既存のランキング集約手法を紹介する．それらは，任意の個数のランキングベクトルを組み合わせるのに使えると

いう意味では，より一般的である．次に，200 ページと 204 ページで，ランキング集約の分野に対する著者らの成果（2 つの新しいアルゴリズム）を紹介する．しかし，それらに一足跳びに移る前に，本書のきっかけとなった，政治の投票理論についておさらいしておこう．

Arrow の基準を再び

本書は，Arrow の不可能性定理 [5](Arrow's Impossibility Theorem) で始まった．それは，すべての投票システムが本質的に持っている限界について述べている．すなわち，Arrow の定理は，1) 定義域の非限定性，2) 無関係な選択対象からの独立性，3) Pareto の原理，4) 非独裁性，という 4 つの基準を同時に満たす投票システムは存在しない，ということである．これらの基準のうち 少なくとも 1 つは満たされない．本節では，とくに，特定のスポーツランキング問題が与えられた場合，個々の基準がどのように関わっているのかを検討する．

第 1 章で，政治システムにおけるランキングの問題と，スポーツの試合におけるチームや個人のランキングの類似性を指摘したが，実際には，両者の間には，より詳細な検討に値するだけの，いくつかの相違点が存在する．

Arrow の定理の背景，すなわち，政治の投票は，2 つの重要な点で，スポーツのランキングの問題と異なっている．第一に，政治の世界は，主に最多得票が関心の的である．最高ランキングの候補者だけが利益を得る[1]ので，すべての候補者のランキングリストはまったく不必要である．一方，バレーボール，テニス，NASCAR[2] などのスポーツでは，1 位，2 位，3 位，それに続く順位で終われば，ポイントまたは賞金を手にすることができる．第二に，政治の投票とスポーツのランキングの両方ともランキング集約という側面を持っているが，それぞれの場合に使われるパラメーターはまったく異なっている．図 14.2 に，スポーツと政治のランキング問題における入力データと処理方法の主な違いを示してある．

たとえ，政治の投票において，投票者がすべての候補者のランキングを要求されたとしても，大半の選挙では立候補する人は比較的少ないであろう．一方，投票者の総数は莫大になる．スポーツのランキングにおいては，事情は逆である．すなわち，通常は，数個の投票者（ランキングのシステム）が，数百の候補者（チーム）をランキングする．スポーツと政治のランキングシステムの間のこれら 2 つの相違点を鑑みて，Arrow の基準が成り立つための正当性を再検討してみよう．

Arrow の最初の基準は，投票システムが，定義域の非限定性をもつことを要求している．非限定的な定義域とは，各投票者がその好み通りの「順番 (arrangement)」に候補者をランキングすることが可能，という意味である．例えば，現職が上位 5 位までに入ら

---

[1] 訳注：利益を得る，つまり当選すること．
[2] 訳注：National Association for Stock Car Auto Racing の略で，全米自動車競走協会のこと．

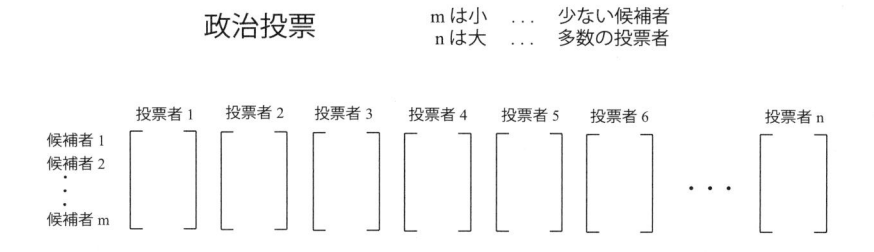

政治投票

m は小 ... 少ない候補者
n は大 ... 多数の投票者

[図: 候補者1〜候補者m を行、投票者1〜投票者n を列とする行列]

スポーツのランキング

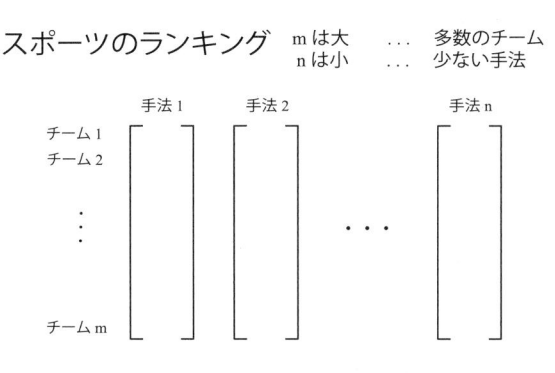

m は大 ... 多数のチーム
n は小 ... 少ない手法

[図: チーム1〜チームm を行、手法1〜手法n を列とする行列]

図 14.2 スポーツと政治のランキング問題における集約ランキングリストの違い．

なければならないことを要求するような投票システムは，Arrow の最初の基準を満たしていない．スポーツのランキングの場合は，非限定的な定義域が望ましい属性であることに同意できる．

一方，Arrow の 2 番目の基準，無関係な選択対象からの独立性，は，おそらく，投票システムに対する Arrow の要求の中で，最も議論を呼ぶ点だと思われる．この基準は，候補者達の部分集合の中での相対的なランキングが，全集合の中に広げられても，維持されるべきだと述べている．投票理論家の多くは，社会が自然にこの公理に従うものだ，という概念を議論してきた．2000 年に行なわれた米国大統領選は，この基準の重要性に光を当てた．この劇的な選挙は，非常に僅差だったので，一番最後にフロリダ州から届いた結果報告が集計されて，初めて勝利者が決まったほどである．それでもなお，数え間違いや，無効票や，その他に関する議論が表面化したときに再集計された．アナリストの多くは，Ralph Nader[3] が Gore から票を奪わなかったら，Al Gore が George W. Bush との対決に勝利したと推測した．Nader への投票によって，Bush は，本質的に，3 人の中でベストを選ぶ戦いに勝ったのである．この場合，Gore は，所謂，**コンドルセ勝者** (*Condorcet winner*)[4] で，この状況は，社会的選択研究における「妨害立候補効果 (spoiler effect)」として，しばしば言及される．もし，2000 年の選挙が Arrow の独立性基準を満たしていたのであれば，$\{Gore, Bush\}$ という部分集合のランキングが，拡張さ

---

[3] 訳注：Ralf Nader（ラルフ・ネーダー）は，長年，環境や消費者の権利の問題に携わっている社会運動家．したがって支持層が，Gore と重なっていた．

[4] 訳注：コンドルセ勝者とは，任意の対を見たときに，その対で勝者になっているもの．

れた集合 $\{Gore, Bush, Nader\}$ の中の 3 番目の候補者の出現に影響されてはならないのである．2000 年の選挙は，投票システムが Arrow の 2 番目の基準を満たしていないのであれば，コンドルセ勝者は負けてしまうことを示している．

　政治とスポーツはまったく異なる舞台なので，スポーツチームをランキングするという私たちのアプリケーションについて，無関係な選択対象からの独立性を考察してみよう．ほとんどすべてのスポーツのレイティング手法は，チーム間の 1 対 1 の対戦の結果を使っている．この場合，「チーム」は「候補者」とも読み替えられて，政治投票システムとの比較を続けることができることに注意しよう．既に述べたことであるが，多くのスポーツ，とくに学生スポーツ，において，チームはシーズン中に他のすべてのチームと対戦するわけではない．多くの学生チームが存在し，また，時間も限られているので，総当りは現実的ではない．（チームに所属する奨学金をもらっているアスリートは，ときおり授業にも出席しなければならない．）にも関わらず，シーズン中 VT が USC と対戦しないとしても，これら 2 チームの間接的な関係を，カンファレンスでの試合から類推することができる．結果として，敵の敵が，チーム間のまたいとこ関係を明らかにできるのである．すなわち，USC が UNC を負かし，UNC が VT を負かしたとしよう．すると，推移律によって，USC は VT より上位にランキングされなければならないということになる．結果として，あるチームがランキングされた集合から取り除かれると，全体のランキングは**必然的に** (should) 影響を蒙ることになる．そして，このことから，レイティングシステムに対して Arrow の 2 番目の基準の適用は拒否される[5]．

　さらに，関連のない選択肢の独立性の必要性に反対する別の議論が，レスラーのランキングの簡単な例で示せる．レスリングを含む多くのスポーツにおいて，直接対決ではスタイルの違いから，j が i に対して有利であるということはしばしば起こり得る．それにもかかわらず，i が多くの相手に良い結果を残しているのに，j は多くの相手に大抵負けてしまうかもしれない．結果として，レスラー i は，トーナメントの早い段階で j に当らない限りは，よい成績を収める．もし，トーナメントのすべてのレスラーの集合に拡張すると，i と j が最初のラウンドで当らないトーナメントに限れば，つねに，i は j の上位にランキングされる．これは，独立性の基準を破ることになる．独立性の基準は，すべてのレスラーというより大きな集合に拡張されても，j が i より上位にランキングされ続けることを要求しているからである．つまり，Arrow の，関連の無い選択肢の独立性という 2 番目の基準は，スポーツのランキングの問題に対しては，政治の投票の問題に対するほどには，有効ではないようである．

　しかし，スポーツの問題における Arrrow の 2 番目の基準を完全に価値無しと判断する前に，ちょっとへそ曲がりになって，選択肢の独立性が成立するようなスポーツシナリオを想像してみよう．いつもの例題を使って，そのようなシナリオを作ってみよう．表 1.1 を思い出すと，Miami, VT, UNC, UVA は皆 Duke を負かしている．無関係な選択対

---

5) 訳注：ある対戦結果を取り除くと，上記の例のようにあるチームのランキング結果が（例えば VT と USC のように）変わるため，Arrow の 2 番目の基準を満たさないの意．

象からの独立性に関連する質問は次のようになる．表 1.1 から Duke を取り除いたら，本当に，ランキングに影響が現れるのか？　別の言い方をすると，UVA が Duke に勝ったときよりも，Miami が Duke に勝ったときの方が 20 点[6]も多く得点しているのだから，Duke を取り除いたら，Miami のレイティングは UVA のそれよりもはるかに上昇すべきか？　Arrow は「上昇しない」と答えるだろう．一方，直前の段落の議論は，「上昇する場合もある」ことを示している．これらは，微妙な問題である．Duke という弱いチームと対戦したとき，UVA のコーチは，2 番手の選手を出して，Miami のコーチは，そうしなかったか可能性もある．このように，Duke に対する勝利の意義はおそらく非常に小さく，Duke が候補者の集合から取り除かれたとしても，ランキングには影響がない．そしてこれは，Arrow の 2 番目の基準を支持する議論を引き起こすだろう．試合の得点を取り込むシステムは，得点データを使うという利点と，強いチームが意図的に弱いチーム相手に大量点を取るという問題を，うまく調和させなければならない．この「大量点を取る」問題は，BCS が試合の得点を勘案しないで，代わりに，勝敗の記録だけを使っている主たる理由であろう．第 3 章の Colley の手法に埋め込まれたバイアスフリー (bias free) の概念を思い出してみよう．このシナリオは，また，出場選手の変化や怪我に関する情報が，本書で述べるいかなる手法の要素ではないという事実をも浮き彫りにしている．

上の段落では，独立性の基準について 2 通りの検討法を示した．最初の場合は，基準への反論で，2 番目の場合は，賛成論である．この独立性の基準を試す別の方法は，数学的な観点である．数学者は，通常，データ中の小さな変化や外れ値の出現率に対するモデルの感応度を考察する．システムが，入力データ中に小さな変化があっても安定した結果を出す場合，そのシステムは頑健であると言われる．これは，望ましい特性である．反対に，非常に感応度が高いシステムは，あまり望ましくない．結果として，Arrow の無関係な選択対象からの独立性という概念は，感応度や頑健性という数学的な概念に関係していることになる．すなわち，頑健なランキング手法は，Arrow の第 2 基準を満たすのである．

Pareto の原則と呼ばれる Arrow の第 3 基準についての議論はあまりない．この基準は，もし，すべての投票者が候補者 B ではなく A に投票したとしたら，適正な投票システムは，この順序を維持するという主張である．これは，政治の投票についても，スポーツのランキングにおいても，満たされるのが望ましい基準であることは明らかである．例えば，すべての手法が Miami を Duke より上位にランキングするのであれば，これらの手法を集約したランキングも，Miami を Duke より上位にランキングしなければならない．

Arrow の第 4 の，そして，最後の基準は独裁者の非存在（非独裁性）である．政治的な場面においては，ある投票者が他の投票者よりも大きな重みを持ってはならないことは明白であるが，スポーツのランキングの場合においては，2 つの理由から，このことはさほど明白ではない．第 1 に，次節で議論される集約手法のいくつかは，よく似たリス

---

[6] 訳注：Miami が Duke を 52 対 7 で，UVA が Duke を 38 対 7 で負かしているので，その得点差は各々 45 と 31 である．よって，得点差の差は 14 点で 20 点はやや言い過ぎの感がある．

トの間の「引分け解消 (tie-breaking)」戦略を必要とする．この場合，通常は，集約関数によって，どちらか一方のリストが他方よりも優先される．こうして，優先されるリストは，独裁者または，部分的独裁者として振舞うことになる．第2のシナリオは，（部分的）独裁者の存在を正当化する理由がある場合である．例えば，スポーツのアナリストは，コンピューター用のモデルで生成されたランキングよりも，コーチや専門家によって生成されたランキングの方を，より重要（あるいは，重要ではない）と見做すかもしれない．Arrowの第4の基準を破れば，そのような望みも叶えられる．その結果，Arrowの最後の基準は，スポーツのランキングの状況においては，政治の投票の状況におけるほどは，重要ではないように見える．

ランキング集約方法

　ランキング集約という考え方は新しくはない．前節で示唆したように，政治における投票理論の意味では，何十年にもわたり研究されてきた．しかし，ウェブ検索という分野が，ランキング集約に，新たな興味をもたらした．過去10年にスパム関連技術が劇的に増大した．それらは，検索エンジンを欺いて，クライアントのウェブページに不正に高いランキングを達成させるのが目的だった．その結果，検索エンジンは，反スパム (anti-spam) のための対抗策を発明する必要があった．そして，これこそが，ランキング集約手法が新たな注目を浴びた理由であり，また，その時期だったのである．例えば，メタ検索エンジンは，いくつかの検索エンジンによって作られたランキングリストを集約して，子リスト達の最善の属性を受け継ぐような，上位の親リストを1つ作成する．このようにして，もし，1つの子リスト，例えばGoogleから得た子リストが，外れ値（ページの所有者による最適化が成功し，Googleにスパムを打って，非常に高いが不正なランキングを得たようなページのこと）を含んでいたとしても，ランキング集約をした後は，この外れ値，すなわち異常値の影響は，緩和されてしまうのである．結果として，ランキング集約は「平滑化機能 (smoother)」として働く．すなわち，個々のリストの中の，異常な上昇値や外れ値を取り除き，結果を滑らかにするのである．他に，ランキング集約リストは，それが作られた子リスト達と同じくらい良いか悪いだけという特性を持つ．すなわち，貧弱な入力リストの集合が与えられても，そこから極端に精度の高い集約されたリストを作ることは期待できないことになる．本節では，4つのランキング集約法を紹介する．最初の2つは，歴史的によく知られているが，残りの2つは，ランキング集約の分野への本書の執筆者達の新しい成果である．

余談：ウェブスパムとメタ検索エンジン

　　ここでは，ウェブスパムがいかに流行して浸透しているかを強調するために，2つのよく知られたスパム技法，Google爆弾 (Google bombs) とリンクファーム (link farm)[49] について述べる．最後にはスパムに耐性を持ったレイティング手法の必要性が明らかになるだろう．幸いにして，本章で紹介す

るようなランキング集約手法を使っているメタ検索エンジンは，スパムを止めさせることに成功している．

Google 爆弾は，Google がアンカーテキスト[7]に付加している高い重要性につけこんだスパム技法である．最も有名な Google 爆弾は，G. W. Bush を狙ったものだろう．図 14.3 に Google 爆弾の背景にあるメカニズムを示した．

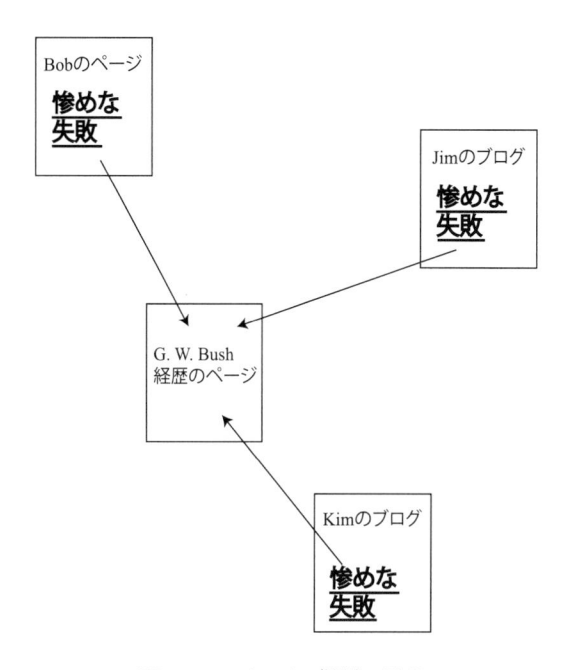

図 14.3 グーグル爆弾の原理．

Google 爆弾の効用は，ハイパーリンクが関連付けられたアンカーテキストは，そのリンクが指しているウェブページの短い要約か，あるいは，概要であるという Google の信念と結びついている．もし複数のページ（図 14.3 の Bob のページ，Jim のブログ，Kim のブログ）がすべてホワイトハウスの Bush の経歴のページを指していて，「惨めな失敗 (Miserable failure)」という同じアンカーテキストを持っているとしよう．すると，Google は，Bush のページが，その話題についてのページに違いないと判断する．十分な数のスパムが結託すれば，このスパム作戦は，標的ページ，すなわち Bush のページを，検索フレーズ，すなわち「惨めな失敗」について高くランキングする[8]．Google が 2004 年に株式を公開したとき，IPO 書類では，投資家が考慮しなければならないリスクとして，そのようなスパム行為が引用されている．本章で紹介するランキング集約技法は，Google 爆弾に対する 1 つの対処法を提案している．いくつかの主要な検索エンジンの結果を集約するメタ検索エンジンは，「惨めな失敗」のようなスパムされたフレーズについての Google の検索結果を他の検索エンジンの結果と矛盾すると判断する．そのような外れ値の効果は，以下の数節で紹介するランキング集約プロセスによって緩和される．

2 つ目の有名なスパム技法は，リンクファームである．リンクファームは，ウェブページのランキングにリンクをベースとした解析手法を用いているすべての検索エンジンに影響を及ぼす．大抵のリンク解析アルゴリズム，とくに Google とその PageRank アルゴリズムは，他の高いランキングされたページからリンクされているページに価値を置く．リンクファームは，一般の話題について高いランキングのページを作成して，そのページの PageRank をクライアントのページと共有するのである．例として，図 14.4 を考えよう．

検索エンジン最適化 (SEO, Search Engine Optimization) 会社は，これまでの米国大統領などの話題について，非常に密につながったページのグループ[9]を作成する．これらのページは，その話題につ

---

7) 訳注：アンカーテキストとは，html でリンクの設定の際にリンク先の説明をしているテキストのこと．
8) 訳注：この "miserable failure" という Google 爆弾は，2004 年の米国大統領戦で実際に現れた．
9) 訳注：これが，リンクファームである．

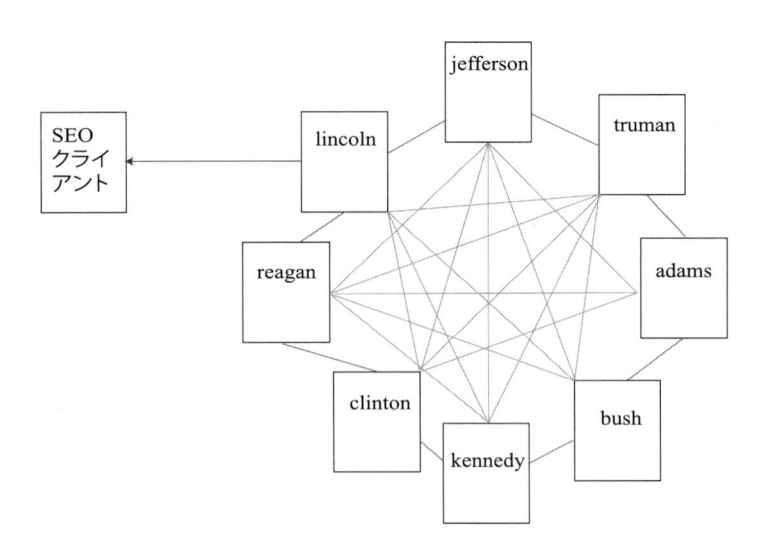

図 14.4 リンクファームの原理.

いて，妥当かつ適切なコンテンツを有していて，検索エンジンからは，順当なランキングを受ける．ある顧客が，そのSEO会社にコンタクトして，その（顧客自身の）ページのランキングを一挙に上昇させたいと願ったら，単純に，リンクファームからその顧客のページに1つのリンクが張ればよい．このように，リンクファームは，事実上，そのPageRankを顧客と共有するために人工的に作成されたものである．検索エンジンが，リンクファームを検知することは難しく，その結果，厄介なスパム技法である．Google爆弾の場合と同様にして，リンクファームと戦える1つの可能性としては，以下の数節で議論されるランキング集約技法を採用することである．

Bordaカウント

よく知られたランキング集約法に，Borda法 [12] がある．これは，1770年のJean-Charles de Bordaに遡る[10]．Bordaは，政治選挙における候補者のランキングリストを集約しようとしていた．各ランキングリストにおいて，個々の候補者は彼または彼女よりランキングが低い候補者の数に等しい点が付けられていた．各リストの得点を集約して，個々の候補者の単一の数字を作った．この数字は，Bordaカウントと呼ばれている．全候補者は，彼らのBordaカウントに従って，降順に並べられる．18ページの余談で論じたBCSランキングは，どのようにBordaカウントが適用されるかを示したよく知られた例である．

Borda法は非常に簡単だが，例を挙げ，最良で最も簡単な説明を示すことにする．そこで，再度，いつもの5チームの例で検討してみよう．ODの手法，Masseyの手法，Colleyの手法で作成された3つのランキングリストを集約する方法として，Borda法を選んだときに，計算に必要な情報は表14.1に示される．OD列のVTの隣に記されている4という数字は，ODの手法においてVTの方が他の4チームよりも上位にいるということを示している．各行中の3つの手法による数字を足して，それらの3つのリストの

---

10) 訳注：1770年7月，Bordaは，フランス科学アカデミー会員を選出する方法として，本節で説明するBorda方式を発案した．

表 **14.1** OD, Massey, Colley の各手法による 5 チームの例のランキングを集計した Borda カウント法.

	OD ($\mathbf{r} = \mathbf{o}/\mathbf{d}$)	Massey	Colley	Borda カウント	Borda 順位
Duke	0	0	0	0	5 位
Miami	3	4	4	11	1 位
UNC	1	1	2	4	4 位
UVA	2	2	1	5	3 位
VT	4	3	3	10	2 位

Borda カウントの集計が得られる[11]．

この例は，ランキング集約についての Borda 法の簡便さと計算の容易さを示している．さらに，ランキング集約の Borda 法は，引分けを取り扱えるように改造可能である．たとえば，ある投票者が，5 チームを，最上位から最下位まで，{Miami, VT, UNC/UVA, Duke} とランキングしたとしよう．ここで，スラッシュ/は，引分けを意味する．この場合，このリストについての Borda のスコアは以下のようになる．

$$\begin{pmatrix} \text{Duke} \\ \text{Miami} \\ \text{UNC} \\ \text{UVA} \\ \text{VT} \end{pmatrix} \begin{pmatrix} 0.0 \\ 4.0 \\ 1.5 \\ 1.5 \\ 3.0 \end{pmatrix}$$

引分けのチームは，固定したランキングの位置において，Borda スコアを分割することに注意せよ．このように，Borda カウント法は，引分けを含む入力データを取り扱えるようになる．さらに，あまりありえそうにもないが，Borda カウント法は，引分けを含む出力集計リストも生成できるだろう．

残念ながら，ごく簡単に操作されてしまうという点は，Borda 法の 1 つの重大な欠点である．すなわち，複数の不正直な投票者が，意図的に結託して，彼らの好みに従い結果を捻じ曲げることができる．[16] のような教科書には，Borda カウントの操作性を示す古典的な例が掲載されている．

---

[11] このデータと表を作ってくれた Luke Ingram に感謝する.

余談：Llull のカウント

本章では，Borda カウントとコンドルセ勝者の数学的なアイデアを述べている．2つの手法は，その発明者の名が冠されている．しかし，最近発見された写本によると，これらの数学的なアイデアは，実際には，非常に多作なカタロニアの作家かつ哲学者かつ神学者かつ占星術師かつ宣教師のRamon Llull (1232-1315) に因んで，Llull カウント，Llull 勝者と呼ぶべきであることが明らかとなった．Llull の名前で，250 もの著作がある．2001 年，3つの失われていた原稿，*Ars notandi* (*Notorious Art*)[12] と *Ars eleccionis* (*Electoral Art*)[13] と *Alia ars eleccionis*[14] が発見され，歴史家たちは，Llull の著作リストにその3つの作品を追加し，職業リストに数学者も付け加えることにした．Llull の選挙の理論についての仕事は，Borda や Condorcet の独立した発見よりも，数世紀も遡っているので，本節で述べた Borda カウント法と 191 ページで論じたコンドルセ勝者の最初の発見者として知られるようになった．

平均ランキング

他のごく簡単なランキング集約法は，平均ランキング (average rank) である．この場合，数個のランキングリスト中のランキングを表す整数が平均されて，集計ランキングリストを形成する．ここでも，例を見れば，この意味が明白となる．図 14.2 は[15]，OD の手法，Massey の手法，Colley の手法で作られた3つのランキングリストについての平均ランキングを示している．

表 14.2 OD の手法，Massey の手法，Colley の手法による5チームのいつもの例のランキングを集約した平均ランキング法．

	OD ($r = o/d$)	Massey	Colley	ランキングの平均値	平均ランキング
Duke	5th	5th	5th	5	5 位
Miami	2nd	1st	1st	$1.\overline{3}$	1 位
UNC	4th	4th	3rd	$3.\overline{6}$	4 位
UVA	3rd	3rd	4th	$3.\overline{3}$	3 位
VT	1st	2nd	2nd	$1.\overline{6}$	2 位

この例では，平均ランキングに共通するある欠点が顕著ではない．つまり，平均レイティングスコアにおける引分け (tie) が，しばしば発生するという欠点が見られない．l_1 と l_2 が，全ランキングリストだとする．全ランキングリスト (full ranked list) とは，集合のすべての要素の1つの並び換え (arrangement) を含んでいるリストのことである．チーム i が l_1 では1番にランキングされ，l_2 では3番にランキングされ，チーム j は両方の

---
12) 訳注："Mathematical Theory of Democracy, by Andranik Tangian" による．
13) 訳注："Mathematical Theory of Democracy, by Andranik Tangian" による．
14) 訳注：Another Electroal Art の意．
15) 訳注：図 14.2 の第 5 列の列名の原文は Average Rating であるが，これは複数のランキング手法を平均して計算したレイティング（第 4 列の値）から作られたランキングの意．

リストで 2 番にランキングされているとしよう．この場合，平均ランキングでは，2 番目の位置に引分けが生ずる．平均ランキングが作り出すさらに複雑な問題は，複数の位置において複数のやり方で引分けが生ずることである．

　前の段落で述べたような引分けを解消するための戦略はいくつか存在する．ここでは，2 つほど紹介しよう．最初の戦略は，引分けを解消するために過去のデータを活用することである．もし，チーム i とチーム j が対戦していたら，その直接対決の勝者（あるいは，複数の直接対決のうちの「最良の」勝者）を，負けたチームより上に置く．過去を遡り，試合の結果を使って，引分け解消チームを決定するのは，3 つ以上のリストを平均する場合には，いくつもの難点が生じ，より困難になる．例えば，3 つ以上のリストが平均されたとき，チーム i と j と k が 1 つの位置で引き分けたとしよう．それらのリストを作成するのに作ったデータが，次のような結果を含んでいる可能性もある．すなわち，i が j に勝ち，j が k に勝ち，k が i に勝った．この種の循環的な引分けは，チーム対の対戦によって作られるランキングに付随した難点としてしばしば引用される．よくある解決法としては，1 つのリストを引分け解消リスト (tie-breaker list) として割り当てることである．これは，次の段落で述べる戦略である．

　引き分けた両チームが，過去に対戦していなかったら，2 番目の引分け解消戦略は，あるランキングリストを「引分け解消リスト」[16] として割り当てる．このリストは，対の引分けの場合にうまく働く．例えば，チーム i とチーム j が，集約されたリストの 2 番目の位置をめぐって争っている，引分けの状況が発生したとしよう．ここで，最初のランキングリストが上位，すなわち，引分け解消リストとして選択されているとする．このとき，チーム i が集約リストの中で 2 番目の地位を勝ち取り，チーム j は 3 番目の地位を占める．引分け解消リストの選択は，任意である必要もない．とくに，どのランキングリストが優秀かを決定できるようなケースにおいては，ランキングリストの質を決定する方法は，第 16 章で論じる．

　平均ランキング法という集約法についてのいくつかの所見を述べて本節を閉じることにする．第 1 に，平均ランキング法は，すべてのリストが 全 (full) ランキング（すなわち，すべてのリスト中の要素の交わりは，すべてのチームを含んでいる[17]）であることに注意せよ．第 2 に，平均ランキング法という集約法は，ランキングではない[18] 集約リストを作る可能性がある．これは表 14.2 より明らかである．もちろん，問題解決は簡単である．平均ランキングリストの結果は，平均レイティングベクトルを生成する．これは，ランキングベクトルに変換できる．

---

16) 訳注：引分け解消リストの中で，チーム i がチーム j より上位であると決定できるためには，それらのリストが，全ランキングリストであるという前提が必要である．

17) 訳注：あるチームのランキングの平均を計算するためには，そのチームがすべてのランキングリストに含まれていなければならない．よって，そのチームはすべてのリストの交わりに含まれている．すべてのチームがすべてのリストに交わりに含まれているということは，各リストは全ランキングリストでなければならない．

18) 訳注：整数でないということ．

模擬試合データ

　本節では，ランキングリストの簡単な解釈から生まれた新しいランキング集約法を述べる．図 14.5 を参照せよ．
　これを次のように解釈する．すなわち，**もしチーム A が，あるランキングリストの中でチーム B より上位だったとする．そのとき，これら両チームの直接対決では，チーム A がチーム B を負かしていなければならない**．さらに，チーム A がランキングリストのトップにいて，同じリストの最下位にいるチーム B と対戦していたとしたら，A は B を大きく引き離して勝利すると期待できる．ランキングリストが，将来の試合の結果についての暗黙の情報を与えるという所見は，自然であろう．数学的なモデル化という意味においては，ランキングリストを使っていわゆる「模擬試合データ (simulated game data)」を作り，最終的にこれを使って，いくつかのリストの結果を集約して 1 つのリストを作るというのが，巧妙なところである．実際，長さ n の個々のランキングリストは，$\binom{n}{2} = n(n-1)/2$ 個の模擬試合データを提供する．いつもの 5 チームの例と，OD の手法，Massey の手法，Colley の手法による 3 つのランキングリストに戻って検討しよう．3 つのランキングリストは，下に示されている．

	OD の手法		**Massey の手法**		**Colley の手法**
1 位	VT	1 位	Miami	1 位	Miami
2 位	Miami	2 位	VT	2 位	VT
3 位	UVA	3 位	UVA	3 位	UNC
4 位	UNC	4 位	UNC	4 位	UVA
5 位	Duke	5 位	Duke	5 位	Duke

　OD ランキングベクトルから始める．これら 5 チームの間の 1 対 1 の直接対決が $\binom{5}{2} = 10$ 試合得られる．OD ベクトルの情報に基づいて VT が Miami と戦って VT が勝つと期待しよう．さらに，この模擬試合に勝利の得点差を割り当てる．その得点差は，単純に 2 つのチームのランキングの位置の差に関連していると仮定する．ここには，モデル制作者にとって，創造的なアイデアのための選択の余地が多く残されている．ここでは，うまくいくある初歩的なアイデアを試してみよう．ランキングの位置の差 1 つについて，1 点の勝利の得点差を割り当てる．すると，OD ベクトルによれば，VT は Miami に 1 点差で勝ち，UVA には 2 点差で勝ち，UNC には 3 点差で勝ち，Duke には 4 点差で勝つことになる．この得点データは，後に，ランキング集約ステップの際に有用となる．OD ランキングベクトルについて，模擬試合データを生成したら，次のランキングベクトルに移り，以下同様にして，模擬試合データの蓄積を積算する．任意個数のランキングリストを使って，模擬データの完全なセットが構築されることに注意せよ．上の例では，各々 5 チームの 3 つのランキングリストから，$3\binom{5}{2} = 30$ 個の模擬試合を生成した．**他の集計方法とは異なり，それらのリストが全ランキングである必要はないことにも注意せよ**．いくつか

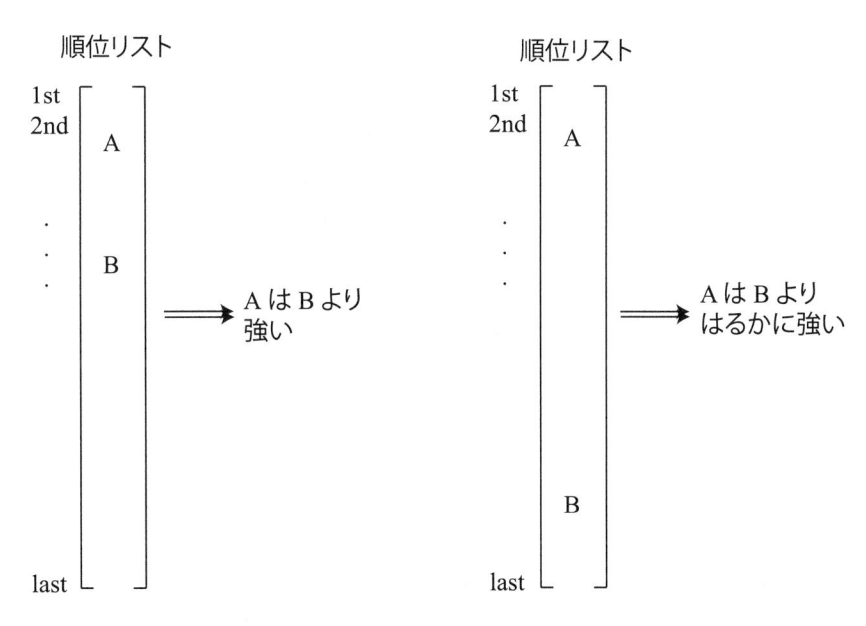

図 14.5 ランキングリスト中の要素の相対的位置についての解釈.

のリストは全ランキング，いくつかは部分的，という状況でも，模擬試合データは構築できる[19]のである．

　模擬データが完全に生成されたら，次のステップでは，以下で説明するように，実際に集約する．このステップでは，模擬試合データのいかなるランキング手法でも適用できる．**コンバイナー (*combiner method*)** と呼ばれるこのランキング手法は，まったく異なった手法でも可能である．たとえば，入力ランキングベクトルを作るのに使った手法以外の手法でも使用可能である．あるいは，入力するのに使われた手法のうち，好きな手法を，コンバイナーに使ってもよい．この場合，その好きな手法は，入力手法とコンバイナーとの両方に適用されているので，Arrow の言葉を使えば，ある意味，部分的な独裁者と言える．

　表 14.3 に，OD の手法，Massey の手法，Colley の手法のランキングベクトルによって作られた，模擬データを示してある．負けたチームの得点を 18 点としたことに注意せよ．0 でも 10 でも，実際，任意の点数（実験家にとっては，まだまだ選択の余地がある）でよいのだが，2005 年シーズンの負けたチームの平均得点が 18 なので，この選択にはそれなりの理由がある．また，5 × 5 の表の各セルには，3 つのランキングベクトルの各々を入力として作った 3 つの試合の結果が含まれている．例えば，(Duke, Miami) セルの 18-21 という要素は，OD ランキングベクトルでは，Duke が Miami より 3 つランキングが低く，模擬対戦では 3 点負けている，ということを示している．同じセルの 18-22 という要素は，Massey のランキングベクトルから生成され，Duke が Miami の 4 つ下のランキングの位置にいることを示している[20]．

---

19) 訳注：全体で比較できれば良い．
20) 訳注：同様に，同じセルの 3 段目の 18-22 という要素は，Colley のランキングベクトルから生成され，Duke が Mi-

表 14.3 模擬試合データ．

	Duke	Miami	UNC	UVA	VT
Duke		18-21	18-20	18-20	18-22
		18-22	18-19	18-20	18-21
		18-22	18-19	18-19	18-21
Miami	21-18		20-18	19-18	18-19
	22-18		21-18	20-18	19-18
	22-18		20-18	21-18	19-18
UNC	19-18	18-20		18-19	18-19
	19-18	18-21		18-19	18-20
	20-18	18-20		19-18	18-21
UVA	20-18	18-19	19-18		18-20
	20-18	18-20	19-18		19-20
	19-18	18-21	18-19		18-20
VT	22-18	19-18	21-18	20-18	
	21-18	18-19	20-18	20-19	
	21-18	18-19	19-18	20-18	

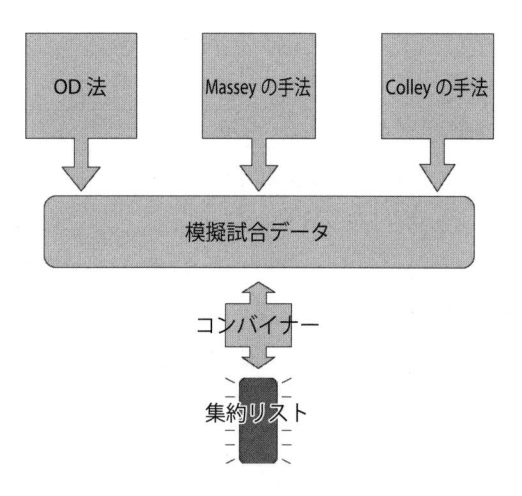

ランキング集約のための模擬データ法

上の図は，模擬データによるランキング集約アプローチの図式的な要約である．このアプローチは，小さな5チームの例に対するODベクトル，Masseyベクトル，Colleyベクトルから作られたデータを集約するのに使われている．表14.4は，集約されたランキングが，使われるコンバイナーによって，微妙に異なることを示している．

ランキング集約に対する，模擬データのアプローチの4つの性質を記しておく．
- 集約ランキングは，入力リストと同程度に良い（または悪い）だけである．
- コンバイナーは，他のリストのランキングとは矛盾するような異常値を含むリスト，すなわち，外れ値の効果を最小化するという意味で，「平滑化機能」として働く．こ

---
amiの4つ下であることを示している．

表 14.4 コンバイナーとして OD, Massey, Colley の各手法を使った場合の模擬データ法によるランキング集約.

	コンバイナー		
	OD ($r = o/d$)	Massey	Colley
Duke	5 位	5 位	5 位
Miami	1 位	1 位	1 位
UNC	3 位	4 位	4 位
UVA	4 位	3 位	3 位
VT	2 位	2 位	2 位

のコメントは，またしても Arrow の第 2 基準，すなわち，無関係な選択対象からの独立性，そして，それに関連した頑健性と感応度の問題を示唆する．コンバイナーの影響の例として，表 14.4 を考察しよう．独立性を確かめるために，データから Duke を取り除く．すると，Massey の手法と Colley の手法がコンバイナーとして使われた場合は，UNC と UVA が入れ替わってしまう．表 14.5 を表 14.4 と比較してみよ．対照的に，OD の手法をコンバイナーとして使った場合は，最弱のチーム Duke を取り除いても影響が現れない無矛盾なランキングが作られる．結果として，この非常に小さな例については，OD ランキング集約法が最も頑健であるといえる．

表 14.5 ランキング集約の模擬データ法と Duke を除去したときの感応度.

コンバイナー	OD ($r = o/d$)	Massey	Colley
Miami	1 位	1 位	1 位
UNC	3 位	**3 位**	**3 位**
UVA	4 位	**4 位**	**4 位**
VT	2 位	2 位	2 位

- 入力リストが Pareto の原理を満足する限り，ランキング集約リストは，Arrow の第 3 基準，すなわち，Pareto の原理を満足する．
- 非常に小規模な例ではあるが，表 14.4 では，コンバイナーが集約リストに影響を与える可能性を示している．加えて，もし，コンバイナーが入力法の 1 つであった場合は，その方法は，Arrrow の第 4 基準の言葉では，部分的な独裁者と呼ぶことができる．

余談：トップ 10 の本—人間が作ったリストの集約

永遠のベスト本の大半のリストは人間が作ったものである．言い換えると，調査が行なわれ投票が分類される．読書サークル，出版社，雑誌社や，その同類の組織は，それぞれ，彼らのそれまでのベスト本のトップ 10 のリストを作っている．2009 年 6 月に Newsweek は，トップ 100 のベスト本のメタリスト (**meta list**) を作成した．すなわち，*Time* や，Oprah's Book Club[21]，Wikipedia，ニューヨーク公立図書館といった情報源からトップ 10 のリストを集めて，これらのリストを集約してトッ

---
[21] 訳注：有名なトーク番組「オプラ・ウィンフリー・ショー (Oprah Winfrey Show)」の司会者である Oprah Winfrey が主催する読書会のこと．

表 14.6 *Newsweek* のメタリストによる，永遠のトップ 10 本.

ランク	題名	著者
1	*War and Peace*	Leo Tolstoy
2	*1984*	George Orwell
3	*Ulysses*	James Joyce
4	*Lolita*	Vladimir Nabokov
5	*The Sound and the Fury*	William Faulkner
6	*Invisible Man*	Ralph Ellison
7	*To the Lighthouse*	Virginia Woolf
8	*The Illiad and the Odyssey*	Homer
9	*Pride and Prejudice*	Jane Austen
10	*Divine Comedy*	Dante Alighieri

プ 100 のメタリストを作ったのである．*Newsweek* は，単純な重み投票を使って，これらのリストを集約したが，もちろん，本章で紹介した，あるいは，次章で紹介するいかなるランキング集約を，代りに適用することも可能である．*Newsweek* のメタリストによる，すべての愛読者にとっての永遠のトップ 10 本は表 14.6 に示される．

ランキング集約のグラフ理論法

本節では，別の，複数のランキングリストの集約法を提案する．この方法は，グラフ理論に立脚している．下図 14.6 のグラフをみよ．

図中，ノードはチームを表している．重みは，試合における得点ではなく，あるいは，その意味においては，いかなる他の試合における統計データでもない．その代わり，図 14.6 の枝に付加されている重みは，集約したいランキングリストの情報に由来する．たとえば，ノード i からノード j への枝に重み w_{ij} を付加するには，次の 2 通りの方法が考えられる．すなわち

$$w_{ij} = \text{チーム } i \text{ がチーム } j \text{ より下位であるようなランキングリストの数} \tag{14.1}$$

または

$$w_{ij} = \text{チーム } i \text{ がチーム } j \text{ より下位であるようなランキングリストにおける} \\ \text{ランキングの差の総和} \tag{14.2}$$

である．

重みは，弱いチームから強いチームへの投票だと考えることができる．上記は，票を投じる 2 つの可能な方法に過ぎない．

209 ページの議論は，**レイティング集約** (*rating aggregation*) と呼ばれる拡張について深く掘り下げる．レイティング集約では，ランキングベクトルではなく**レイティングベクトル**の数値から，集約グラフの重みを作る．

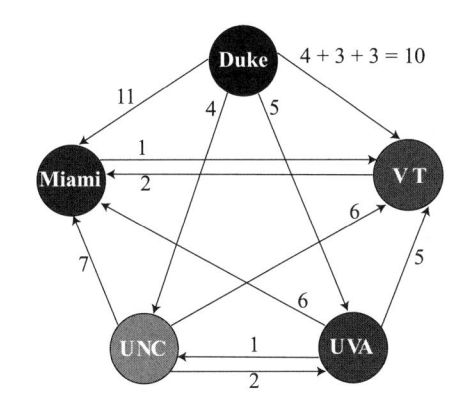

図 14.6　5 チームの例のランキング集約へのグラフ理論アプローチで使われるグラフ.

チーム間の密なグラフ[22]の枝に重みを付加するアプローチが選択されたら，好みのノードランキングアルゴリズムをこの重み付きグラフに適用できる．例えば，PageRank や HITS や SALSA を含むウェブ検索の有名なノードランキングアルゴリズムのいずれもが使える．これらのアルゴリズムの詳細な情報は [49] を参照せよ．

PageRank（ノードをランキングする人気の方法）[15] を図 14.6 に適用する．このグラフは，200 ページに示された OD の手法，Massey の手法，Colley の手法によって作られた 3 つのランキングベクトルから作られた．図 14.6 のグラフは，定義 (14.2) に従って重み付けられている．例えば，Duke から VT へのリンクは，Duke は OD の手法のランキングベクトルにおいては，VT より 4 つランキングが下であり，Massey の手法のランキングベクトルにおいては，VT より 3 つ下であり，Colley の手法のランキングベクトルにおいては，VT より 3 つ下であるので，$4+3+3=10$ の重みが付加されている．このグラフに PageRank の手法を適用すると，次のような集約ランキングベクトル

$$\begin{matrix}1\text{ 位}\\2\text{ 位}\\3\text{ 位}\\4\text{ 位}\\5\text{ 位}\end{matrix}\begin{pmatrix}\text{Miami}\\\text{VT}\\\text{UVA}\\\text{UNC}\\\text{Duke}\end{pmatrix}$$

グラフ理論による集約ランキング.

を作り出す PageRank ベクトルが生成される．

これは，202 ページの表 14.4 にある，Massey の手法または Colley の手法をコンバイナーとして使った模擬データ法によって作られた集約ベクトルと一致する．

200 ページと 204 ページで述べた 2 つの新しいランキング集約法は，196 ページと 198 ページで論じた標準的な既存の方法より，はるかに洗練されている．実際，綿密なコンテストの結果採用された大学フットボールの BCS ランキングを含む，厳格なランキング集約アプリケーションならどれでも，多数のランキングリストの結果を集約するにあたって

---
[22]　訳注：密とは完全グラフに近いの意味．

は，これらの先進的な手法を採用しなければならない．さらに，次章では，より数学的に高度なランキング集約手法を提示する．それらは，集約されたリストが入力リストに最適に一致することを保証している．この集約法の詳細は，第15章を参照せよ．

余談：ランキング集約とメタ検索エンジン

　　メタ検索エンジンは，複数の検索エンジンからの結果を組み合わせて，特定のクエリーに対して，それ自身のランキングリストを作り出す．ここでは，メタ検索エンジンが，本節で紹介したランキング集約のグラフ理論法をどのように使えるかを実際にやってみる．まず，4つの検索エンジン，Google, Yahoo!, MSN-bing, Ask.com に "rank aggregation" というクエリーを入力して得られた4つのトップ10リストを集める．これら4つのリストの和集合は，$n = 17$個の相異なるウェブページを含んでいる．グラフ理論法を適用すると，17×17の大きさの集約行列 $\mathbf{W}$ が生成される．このグラフのPageRankベクトルは，207ページに示したようなウェブページのランキング集約リスト（著者達のメタ検索エンジンの結果）を生成する．

簡単なメタ検索エンジンを実装するには，以下の手順に従えばよい．
1. トップ k のリストを，好みの p 個の検索エンジンから取得する．
2. 204ページに記述した技法（あるいは，本章または次章で紹介する任意のランキング集約法）を使い，集約行列 $\mathbf{W}$ を生成する．$\mathbf{W}$ の次元は $n \times n$，ただし n は，p 個のリストの和集合に含まれる相異なるウェブページの数．
3. $\mathbf{W}$ に付随したランキングベクトル $\mathbf{r}$ を計算する．

通常 k と p は小さい ($k < 200,\ p < 10$) ので，$\mathbf{W}$ は小さく $\mathbf{r}$ はリアルタイムに計算される．

ランキング集約後の改良処置

　　いくつかのリスト $l_1, l_2, \ldots, l_k$ が，194ページに始まるランキング集約についての節の中の1つの方法を使って，単一のリスト μ に集約された後，局所Kemeny化 (local Kemenization) [25] と呼ばれる改善を実装して，さらにリスト μ の結果を改良することができる．集約リスト μ は，そのリスト中のどの要素対を入れ替えても，各入力リスト l_i ($i = 1, \ldots, k$) と μ の間の Kendall の τ 測度の和が減少しなければ，**局所 Kemeny 最適 (*locally Kemeny optimal*)** と呼ばれる．(Kendall の τ 測度は，239ページ以降で注意深く定義されている．当面は，τ が，ランキングリストがどのくらい離れているかを測るものだと知っていれば十分である)[23] このようにして，局所Kemeny化処置は，μ の各要素対を検討して，次のような問題を考えていることになる．すなわち，対の要素を入れ替えたら，集約された Kendall 測度は改善されるか？　この改善処置を説明する例を挙げる．5チームの例に適用された3つの方法で作られた入力リスト，ODの手法 (l_1), Masseyの手法 (l_2), Colleyの手法 (l_3) と，200ページの集約法で作られた模擬データ法で作られた集約リスト μ を考える．

---

[23] 訳注：局所 Kemeny 最適でないときは，μ の要素対を入れ替えて改善することができるの意．後出の「5チームの例に対する局所 Kenemy 化」を参照．

[PDF] **Rank Aggregation** Methods for the Web
File Format: PDF/Adobe Acrobat - View as HTML
by C Dwork - Cited by 456 - Related articles - All 28 versions
ing the importance of **rank aggregation** for Web applications .... The ideal scenario for **rank aggregation** is when each judge ...
citeseerx.ist.psu.edu/viewdoc/download?doi=10.1.1.28.8702&rep...

[PDF] **Rank Aggregation** Revisited
File Format: PDF/Adobe Acrobat - Quick View
by C Dwork - Cited by 28 - Related articles - All 14 versions
The **rank aggregation** problem is to combine many different rank orderings on the ... In this work we revisit **rank aggregation** with an eye toward reducing ...
citeseerx.ist.psu.edu/viewdoc/download?doi=10.1.1.113.2507...

Rank Aggregation: Together We're Strong
by F Schalekamp - Cited by 3 - Related articles - All 7 versions
whereas in the case of the **rank aggregation** problem, we .... uate different algorithms for **rank aggregation** and re- lated problems. ...
www.siam.org/proceedings/alenex/.../alx09_004_schalekampf.pdf - Similar

[PDF] Efficient similarity search and classification via **rank aggregation**
File Format: PDF/Adobe Acrobat - Quick View
by R Fagin - Cited by 140 - Related articles - All 21 versions
The **rank aggregation** problem is precisely the problem of how ... and **rank aggregation**. As a simple but powerful motivating exam- ...
www.almaden.ibm.com/cs/people/fagin/sigmod03.pdf - Similar

BioMed Central | Full text | RankAggreg, an R package for weighted ...
by V Pihur - 2009 - Cited by 1 - Related articles
Two examples of **rank aggregation** using the package are given in the ..... The RankAggreg( ) function performs **rank aggregation** using either the CE algorithm ...
www.biomedcentral.com/1471-2105/10/62 - Cached - Similar

Supervised **rank aggregation**
by YT Liu - 2007 - Cited by 20 - Related articles - All 13 versions
This paper is concerned with **rank aggregation**, the task of combining the ranking results of individual rankers at meta-search. Previously, **rank aggregation** ...
portal.acm.org/citation.cfm?id=1242638

paper.dvi
Rank aggregation has been studied in many disciplines, most extensively in the context of social choice theory, where there is a rich literature dating from the latter half of the eighteenth century. We revisit **rank aggregation** with an eye toward meta-search.
citeseerx.ist.psu.edu/viewdoc/download?doi=10.1.1.113.2...

[PDF] **Rank Aggregation** for Similar Items
213k - Adobe PDF - View as html
in which the **rankings** are noisy, incomplete, or even disjoint. ... **Rank aggregation** can be thought of as the unsupervised. analog to regression, in which the goal is to find an ...
www.eecs.tufts.edu/~dsculley/papers/mergeSimilar**Rank**.pdf

[PDF] Unsupervised **Rank Aggregation** with Distance-Based Models
File Format: PDF/Adobe Acrobat - Quick View
by A Klementiev - Cited by 5 - Related articles
One impediment to solving **rank aggregation** tasks is the high cost associated with acquiring full or ... frame unsupervised **rank aggregation** as an optimiza- ...
www.cs.jhu.edu/~aklement/publications/icml08.pdf

CiteULike: Web metasearch: **rank** vs. score based **rank aggregation**
Search all the public and authenticated articles in CiteULike. Enter a search phrase. You can also specify ... Web metasearch: **rank** vs. score based **rank aggregation** methods Export ... **aggregation** metasearch search web www...
www.citeulike.org/user/pdlug/article/1167894

"rank aggregation" というクエリに対する，著者達の簡単メタ検索エンジンの結果．

5 チームの例に対する局所 Kemeny 化

チェック#1

問題：2番目の要素 (VT) は，先頭の要素 (Miami) を，過半数の入力リストにおいて負かしているか？

答え：否．VT は 3 つの入力リストの内 1 回しか Miami を負かしていない．

処置：何もしない．

チェック#2

問題：3番目の要素 (UNC) は 2 番目の要素 (VT) を，過半数の入力リストにおいて負かしているか？

答え：否．UNC は，3 つの入力リストのにおいて 1 回も VT を負かしていない．

処置：何もしない．

チェック#3

問題：4番目の要素 (UVA) は 3 番目の要素 (UNC) を，過半数の入力リストにおいて負かしているか？

答え：諾．UVA は，3 つの入力リストにおいて 2 回 UNC を負かしている．

処置：μ のなかの UNC と UVA を入れ替える．

チェック#4

問題：5番目の要素 (Duke) は 4 番目の要素 (UNC) を，過半数の入力リストにおいて負かしているか？[24]

答え：否．Duke は，3 つの入力リストにおいて 1 回も UNC を負かしていない．

処置：何もしない．

	OD l_1		**Massey** l_2		**Colley** l_3		模擬データ μ
1 位	VT	1 位	Miami	1 位	Miami	1 位	Miami
2 位	Miami	2 位	VT	2 位	VT	2 位	VT
3 位	UVA	3 位	UVA	3 位	UNC	3 位	UNC
4 位	UNC	4 位	UNC	4 位	UVA	4 位	UVA
5 位	Duke	5 位	Duke	5 位	Duke	5 位	Duke

局所 Kemeny 化の手順は，集約リスト μ の中の最高ランキング要素 (Miami) から始めて，次の問題を考える．すなわち，その隣の要素 (VT) が過半数の入力リストで，それ (Miami) を負かしているか？ もし負かしているのであれば，それらを入れ替えると Kendall 距離[25]が減少した改善された集約リストが生成されるので，入れ替える．同じ問題を，ソートされた集約リストの各対について解く．このようにして，1 つの長さ n の集約リストについて，$n-1$ 回の，各隣接対に対して 1 回の，局所 Kemeny 化のチェック

---

24) 訳注：原文では Duke を UVA と比較しているが，チェック#3 で UNC と UVA を入れ替えているので，Duke のすぐ上は UVA から UNC に変わっているので，UNC と比較した．結果は変わらない．

25) 訳注：上述の「各入力リスト l_i ($i = 1, \ldots, k$) と μ の間の Kendall の τ 測度の和」のこと．Kendall の τ については 239 ページを参照．

が必要となる．

このようにして，局所 Kenemy 化された集約リスト $\bar{\mu}$ は $\begin{array}{l} 1\,位 \\ 2\,位 \\ 3\,位 \\ 4\,位 \\ 5\,位 \end{array} \begin{pmatrix} \text{Miami} \\ \text{VT} \\ \text{UVA} \\ \text{UNC} \\ \text{Duke} \end{pmatrix}$ になる．これは 202 ページの表 14.4 に示されている Massey の手法をコンバイナーとした模擬データ法で生成された集約リストと，あるいは，Colley の手法をコンバイナーとした模擬データ法で生成された集約リストと一致する．

レイティング集約

本章のここまでは，**ランキングリスト**（*ranking list*）の集約の問題を取り扱ってきたが，もちろん，各ランキングリストは**レイティングリスト**から派生している[26]ので，次のような疑問が湧く．すなわち，レイティングリストも同様に集約できるか？ 答えは，「できる」であるが，いくつかの跳び越えなければならないハードルが存在する．例えば，1 つのハードルは尺度に関係する．個々のレイティングが非常に異なった尺度の数値を含む場合，それらのレイティングベクトルをどのように集約すればよいのか？ Colley の手法では，レイティングの値は 0.5 の付近にあるが，Markov の手法では 0 と 1 の間であることを思い出そう．さらに複雑なのは，Massey の手法のように，正負の値を含むレイティングも存在する．図 14.7 は，本節で論じる 3 つの手法（Massey の手法，Colley の手法，OD の手法）によって生成されたレイティングベクトルの数直線表示である．このように異なったレイティングを同じ尺度に収めるため，距離と百分率を採用する．長さ n のレイティングベクトルは，実は，全 n チーム間の $\binom{n}{2} = n(n-1)/2$ 対の比較を含んでいる．下のような Massey のレイティングベクトル $\mathbf{r}_{Massey}$

$$\mathbf{r}_{Massey} = \begin{array}{l} \text{Duke} \\ \text{Miami} \\ \text{UNC} \\ \text{UVA} \\ \text{VT} \end{array} \begin{pmatrix} -24.8 \\ 18.2 \\ -8.0 \\ -3.4 \\ 18.0 \end{pmatrix}$$

を考えてみよう．Miami に対するレイティング値は，Duke のそれより大きいので，Massey の手法では，Miami は Duke を負かすと予想する．しかし，これらの 2 つのレイティング値の差 43 は，他に比べて大きい．確かに，これは何かを意味しているに違いない．実際，**これらのレイティング値の差を距離として考えたいのである**．Miami と Duke は非常に離れているが，UNC と UVA は，その距離が 4.6 なので近い．距離は正値であると考えるのが自然なので，個々のレイティングベクトルに対して，レイティング値の差

---

26) 訳注：ここで対象としているランキングリスト（OD/Massey/Colley など）の意．第 8 章の「再順序化によるランキングリスト」は，レイティングリストから派生している訳ではない．

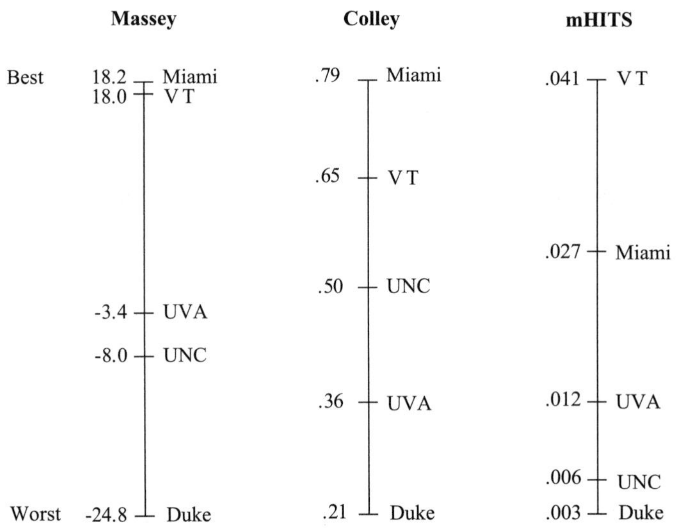

	Massey	Colley	mHITS

```
                Massey              Colley              mHITS
Best    18.2 ─ Miami         .79 ─ Miami        .041 ─ VT
        18.0 ─ VT

                             .65 ─ VT
                                                .027 ─ Miami

                             .50 ─ UNC

        -3.4 ─ UVA
        -8.0 ─ UNC           .36 ─ UVA          .012 ─ UVA

                                                .006 ─ UNC
Worst  -24.8 ─ Duke          .21 ─ Duke         .003 ─ Duke
```

図 14.7 5 チームの例についての Massey の手法，Colley の手法，OD の手法のレイティングベクトルの数直線表示．

をとって，レイティング値の差を要素とする対称ではない非負の行列[27]を作ることができる．例えば，上の Massey の手法のレイティングベクトル $\mathbf{r}_{Massey}$ から，下のレイティング距離行列 $\mathbf{R}_{Massey}$ が生成される．

$$\mathbf{R}_{Massey} = \begin{array}{c} \\ \text{Duke} \\ \text{Miami} \\ \text{UNC} \\ \text{UVA} \\ \text{VT} \end{array} \begin{pmatrix} \text{Duke} & \text{Miami} & \text{UNC} & \text{UVA} & \text{VT} \\ 0 & 0 & 0 & 0 & 0 \\ 43 & 0 & 26.2 & 21.6 & .2 \\ 32.8 & 0 & 0 & 0 & 0 \\ 21.4 & 0 & 4.6 & 0 & 0 \\ 42.8 & 0 & 26 & 21.4 & 0 \end{pmatrix}.$$

Colley の手法と OD の手法のレイティングベクトルから，レイティング距離行列を計算すると，下のようになる．

$$\mathbf{R}_{Colley} = \begin{array}{c} \\ \text{Duke} \\ \text{Miami} \\ \text{UNC} \\ \text{UVA} \\ \text{VT} \end{array} \begin{pmatrix} \text{Duke} & \text{Miami} & \text{UNC} & \text{UVA} & \text{VT} \\ 0 & 0 & 0 & 0 & 0 \\ .58 & 0 & .29 & .43 & .14 \\ .29 & 0 & 0 & .14 & 0 \\ .15 & 0 & 0 & 0 & 0 \\ .44 & 0 & .15 & .29 & 0 \end{pmatrix}$$

と

$$\mathbf{R}_{OD} = \begin{array}{c} \\ \text{Duke} \\ \text{Miami} \\ \text{UNC} \\ \text{UVA} \\ \text{VT} \end{array} \begin{pmatrix} \text{Duke} & \text{Miami} & \text{UNC} & \text{UVA} & \text{VT} \\ 0 & 0 & 0 & 0 & 0 \\ .024 & 0 & .021 & .015 & 0 \\ .003 & 0 & 0 & 0 & 0 \\ .009 & 0 & .006 & 0 & 0 \\ .038 & .014 & .035 & .029 & 0 \end{pmatrix}$$

---

[27] 訳注：この行列の i,j 成分は $d(i,j) = \max(0, r_i - r_j)$ なので $d(i,j) \neq d(j,i)$，すなわち，i と j について非対称となり，d は厳密には距離とは言えないが，以下，原文を尊重して「距離」としておく．

である．これらの **R** 行列を見ると，尺度の問題がすぐにわかる．これらの距離を同じ尺度の中に収めるために，使い古された規格化のトリックを用いる．生の **R** 行列の各要素を，その行列中のすべての距離の和で割るのである．規格化された行列，$\bar{\mathbf{R}}$ は，下のようになる．

$$\bar{\mathbf{R}}_{Massey} = \begin{array}{c} \\ \text{Duke} \\ \text{Miami} \\ \text{UNC} \\ \text{UVA} \\ \text{VT} \end{array} \begin{array}{c} \text{Duke} \quad \text{Miami} \quad \text{UNC} \quad \text{UVA} \quad \text{VT} \\ \begin{pmatrix} 0 & 0 & 0 & 0 & 0 \\ .1792 & 0 & .1092 & .09 & .0008 \\ .1367 & 0 & 0 & 0 & 0 \\ .0892 & 0 & .0192 & 0 & 0 \\ .1783 & 0 & .1083 & .0892 & 0 \end{pmatrix} \end{array}$$

と

$$\bar{\mathbf{R}}_{Colley} = \begin{array}{c} \\ \text{Duke} \\ \text{Miami} \\ \text{UNC} \\ \text{UVA} \\ \text{VT} \end{array} \begin{array}{c} \text{Duke} \quad \text{Miami} \quad \text{UNC} \quad \text{UVA} \quad \text{VT} \\ \begin{pmatrix} 0 & 0 & 0 & 0 & 0 \\ .2 & 0 & .1 & .1483 & .0483 \\ .1 & 0 & 0 & .0483 & 0 \\ .0517 & 0 & 0 & 0 & 0 \\ .1517 & 0 & .0517 & .1 & 0 \end{pmatrix} \end{array}$$

と

$$\bar{\mathbf{R}}_{OD} = \begin{array}{c} \\ \text{Duke} \\ \text{Miami} \\ \text{UNC} \\ \text{UVA} \\ \text{VT} \end{array} \begin{array}{c} \text{Duke} \quad \text{Miami} \quad \text{UNC} \quad \text{UVA} \quad \text{VT} \\ \begin{pmatrix} 0 & 0 & 0 & 0 & 0 \\ .1237 & 0 & .1082 & .0773 & 0 \\ .0155 & 0 & 0 & 0 & 0 \\ .0464 & 0 & .0309 & 0 & 0 \\ .1959 & .0722 & .1804 & .1495 & 0 \end{pmatrix} \end{array}$$

である．

規格化された $\bar{\mathbf{R}}_{Massey}$ 行列の (Miami, Duke) 要素の 0.1792 という値の解釈は，Miami と Duke の間の距離は，Massey モデルにおけるすべての直接対決間で予測された全距離の 17.92% であるということである．ここでの大きな利点は，**百分率は異なる手法同士でも比較可能な測度だということ**である．そして，本節でのさらなる要点として，レイティングが集約できるのである[28]．簡単なレイティング集約法として，複数の規格化された $\bar{\mathbf{R}}$ 行列の（重み付き）平均を計算すればよい．例えば，規格化された $\bar{\mathbf{R}}_{Massey}$, $\bar{\mathbf{R}}_{Colley}$, $\bar{\mathbf{R}}_{OD}$ の平均は以下のようになる．

$$\bar{\mathbf{R}}_{ave} = \begin{array}{c} \\ \text{Duke} \\ \text{Miami} \\ \text{UNC} \\ \text{UVA} \\ \text{VT} \end{array} \begin{array}{c} \text{Duke} \quad \text{Miami} \quad \text{UNC} \quad \text{UVA} \quad \text{VT} \\ \begin{pmatrix} 0 & 0 & 0 & 0 & 0 \\ 0.1676 & 0 & 0.1058 & 0.1052 & 0.0164 \\ 0.0841 & 0 & 0 & 0.0161 & 0 \\ 0.0624 & 0 & 0.0167 & 0 & 0 \\ 0.1753 & 0.0241 & 0.1135 & 0.1129 & 0 \end{pmatrix} \end{array}$$

である．

---

[28] 訳注：百分率の平均をとることは一般には無意味だが，ここでは，[0, 1] の範囲に収まっている，複数のレイティングリストの平均を集約とみなしている．

レイティング集約行列からレイティングベクトルを生成する

行列 $\bar{\mathbf{R}}_{ave}$ の非零要素は，2チームの間の距離についての情報，つまり，将来の対戦の潜在的勝者の予想を与える．もう少し計算すると，$\bar{\mathbf{R}}_{ave}$ から，より多くの情報を引き出して，ポイントスプレッドの予想を生成することも可能となる．これは，将来の研究課題である．ここでは，2次元の行列で与えられた情報を，1次元のレイティングベクトルに「折りたたむ (collapsing)」方法を議論する．$\bar{\mathbf{R}}_{ave}$ からレイティングベクトル $\mathbf{r}$ を生成する3つの方法を紹介しよう．

方法1

最初の方法は，行和と列和を取ることである．$\bar{\mathbf{R}}_{ave}$ の行和は，その行のチームの攻撃の結果の計測値を，列和は，その列のチームの守備の結果の計測値を表す．すなわち，攻撃力レイティングベクトルは $\mathbf{o} = \bar{\mathbf{R}}_{ave}\mathbf{e}$ で，守備力レイティングベクトルは $\mathbf{d} = \mathbf{e}^T\bar{\mathbf{R}}_{ave}$ で計算される．ただし，$\mathbf{e}$ はすべての要素が1のベクトルである．第7章のODモデルと同様に，行和が大きいと攻撃に優れたチームであり，列和が小さいと守備力に優れたチームとなる．よって，あるチームの集約レイティングベクトルは，$\mathbf{r} = \mathbf{o}/\mathbf{d}$ で計算できる．

方法2

$\bar{\mathbf{R}}_{ave}$ 行列からレイティングベクトル $\mathbf{r}$ を引き出す2番目の方法は，$\bar{\mathbf{R}}_{ave}^T$ の各行を規格化した行列に，Markovの手法を適用することである．$\bar{\mathbf{R}}_{ave}$ の要素がチーム間の距離，すなわち，あるチームから別のチームへの投票なので，この方法はうまくいく

方法3

行列 $\bar{\mathbf{R}}_{ave}$ からレイティングベクトル $\mathbf{r}$ を引き出す3番目にして最後の方法は，$\bar{\mathbf{R}}_{ave}$ の支配的固有ベクトルを使うことである．この固有ベクトルは $\bar{\mathbf{R}}_{ave}$ の Perron ベクトルと名づけられている．このベクトルは，非退化非負行列の支配的固有ベクトルは非負であることを保証する Perron の定理[29]にちなんで名づけられた．$\bar{\mathbf{R}}_{ave}$ が非退化であることを検証するより，実際上は，ϵ を小さな正のスカラー数として $\epsilon \mathbf{e}\mathbf{e}^T$ を $\bar{\mathbf{R}}_{ave}$ に加えて，強制的に非退化にする．

表 14.7 に，これらの3つの方法を適用した結果得られた，$\bar{\mathbf{R}}_{ave}$ に付随した3つのレイティングベクトルを示す

余談：NSF 提案のランキング

National Science Foundation (NSF)[30]は，科学研究に対する，米国最大の研究予算割り当て機関である．研究予算割り当て機関として，この政府系機関は，毎年，自分達の研究を売り込む科学者達から何千もの提案を受け取る．NSF 自身の予算規模は，大きいとは言っても，もちろん有限である．その結果，どの提案に予算をつけ，どの提案を却下するかという決定が絶えず下されている．多くの予算

---

29) 訳注：正しくは，Perron-Frobenius の定理．
30) 訳注：米国科学財団，または，全米科学財団．

表 14.7 レイティング集約の 3 つの方法によるレイティングベクトル.

チーム	方法 1 r = o/d		方法 2 Markov r		方法 3 Perron r	
Duke	0	5th	.020	5 位	.27	5 位
Miami	16.4	2nd	.465	2 位	.58	2 位
UNC	.4	3rd	.025	3 位	.34	3 位
UVA	.3	4th	.024	4 位	.33	4 位
VT	26.0	1st	.466	1 位	.61	1 位

決定は，パネル審査会として知られる手順で下される．パネルは，審査中の分野の著名な専門家の作業に依存する．たとえば，NSF FODAZA (Foundation of Data and Visual Analytics：データと可視化解析の基金) 部会は，2009 年に向けて 32 の提案を受ける[31]) と思われる．約 20 人のパネル審査メンバー (つまり，提案者達と，ほとんど，あるいはまったく利害関係がない FODAVA の専門家達) は，この提案の束を読むことを求められる．提案の総量は非常に大きく，個々のパネリストが個々の提案を読むのは非現実的なので，部会長は，ほぼ同数の提案を各パネリストに振り分ける．例えば，大多数のパネリストは 6 つの提案を，あるパネリストは 7 つを，審査するように求められる．一般的に，部会長は，1 つの提案が最低でも 3 人または 4 人のパネリストによって審査されることを望む．パネリストの審査結果は，コメント文と，本書にとっては大変ふさわしいが，レイティングで構成される．レイティングの値は，非常によい，大変よい，よい，まあまあ，悪い (Excellent, Very Good, Good, Fair, Poor) である．すべての提案がすべてのパネリストによって読まれるわけではないのと，あるパネリストは甘いレイティングをし，あるパネリストは辛いレイティングをするので，統合するにあたって，パネリスト固有の異議に直面する．そのような異議に対処するため，NSF は，パネリストが 2 日間にわたって，対面で会議を行ない，各提案を審査したパネリストらが要約し，全パネルによって検討することを要求している．この検討過程は審査過程に必要不可欠であるが，非常に時間が掛かる．ここで，この 2 日間の会議をより効率的にする方法を提案しよう．考え方としては，総合的で大局的な単一のランキングリストを生成するように，公平に，レイティングを集約することである．そのような集約リストを使えば，例えば，予算を付けないことでパネル全体の意見が一致している，リストの下半分に位置している提案についての議論に費やす時間はもっと短くなるはずだ．

表 14.8 NSF パネルの例の提案レイティング

提案	レイティング
A	非常によい，大変よい，非常によい
B	まあまあ，よい
C	よい，大変よい，大変よい
D	よい，よい，よい
E	よい，非常によい
F	悪い，大変よい，非常によい

例で考えてみよう．ランキングされるべき A から F の 6 つの提案があり，各々 4 つの提案を読むべく割り当てられた 4 人の審査員がいるとする．典型的なパネル検討会は表 14.8 のリストで始まる．このリストは，全審査員のレイティングをきれいにまとめたものであるが，どの審査員がどのレイティングをしたかという重要な情報が隠されてしまっている．実際，表 14.8 は，表 14.9 の情報から作られた．表 14.9 は，審査員達が提案を評価するのに異なった尺度を使ったことを明らかにしている．

ある審査員 (この場合，審査員 3[32]) は気前よく，「大変よい」や「非常によい」という高い評価を与えている．一方で，他の審査員はより厳しく，ほとんど「非常によい」を付けていない．そこで，209 ページのレイティング集約の節で議論したアイデアを使って，異なる審査員によるレイティングを

---

31) 訳注：実際は，2008 年に 8 件，2009 年には 13 件採択されている．
32) 訳注：原著では審査員 2 となっているが，表 14.9 を見れば明らかに審査員 3 のことであるので，変更した．

表 14.9 個々の審査員の提案レイティング.

審査員 1		審査員 2		審査員 3		審査員 4	
提案	レイティング	提案	レイティング	提案	レイティング	提案	レイティング
A	非常によい	A	大変よい	C	大変よい	B	よい
B	まあまあ	D	よい	E	非常によい	F	非常によい
C	よい	E	よい	F	大変よい	D	よい
D	よい	F	悪い	A	非常によい	C	大変よい

同じ尺度の中に収めてみよう.レイティング集約方法を適用すると，4 人の審査員について次の $\bar{\mathbf{R}}$ 行列が得られる.

$$\bar{\mathbf{R}}_1 = \begin{pmatrix} & A & B & C & D & E & F \\ A & 0 & 3/9 & 2/9 & 2/9 & 0 & 0 \\ B & 0 & 0 & 0 & 0 & 0 & 0 \\ C & 0 & 1/9 & 0 & 0 & 0 & 0 \\ D & 0 & 1/9 & 0 & 0 & 0 & 0 \\ E & 0 & 0 & 0 & 0 & 0 & 0 \\ F & 0 & 0 & 0 & 0 & 0 & 0 \end{pmatrix}, \quad \bar{\mathbf{R}}_2 = \begin{pmatrix} & A & B & C & D & E & F \\ A & 0 & 0 & 0 & 1/9 & 1/9 & 3/9 \\ B & 0 & 0 & 0 & 0 & 0 & 0 \\ C & 0 & 0 & 0 & 0 & 0 & 0 \\ D & 0 & 0 & 0 & 0 & 0 & 2/9 \\ E & 0 & 0 & 0 & 0 & 0 & 2/9 \\ F & 0 & 0 & 0 & 0 & 0 & 0 \end{pmatrix}$$

$$\bar{\mathbf{R}}_3 = \begin{pmatrix} & A & B & C & D & E & F \\ A & 0 & 0 & 1/4 & 0 & 0 & 1/4 \\ B & 0 & 0 & 0 & 0 & 0 & 0 \\ C & 0 & 0 & 0 & 0 & 0 & 0 \\ D & 0 & 0 & 0 & 0 & 0 & 0 \\ E & 0 & 0 & 1/4 & 0 & 0 & 1/4 \\ F & 0 & 0 & 0 & 0 & 0 & 0 \end{pmatrix}, \quad \bar{\mathbf{R}}_4 = \begin{pmatrix} & A & B & C & D & E & F \\ A & 0 & 0 & 0 & 0 & 0 & 0 \\ B & 0 & 0 & 0 & 0 & 0 & 0 \\ C & 0 & 1/7 & 0 & 1/7 & 0 & 0 \\ D & 0 & 0 & 0 & 0 & 0 & 0 \\ E & 0 & 0 & 0 & 0 & 0 & 0 \\ F & 0 & 2/7 & 1/7 & 2/7 & 0 & 0 \end{pmatrix}.$$

$\bar{\mathbf{R}}_1$ の (A, B) 要素の分子は，審査員 1 が提案 A を提案 B より 3 つ上位にレイティングしたことを表している.分母の 9 は，審査員 1 によってレイティングされた提案間の $\binom{4}{2} = 6$ 個の可能な直接対決のレイティング差の合計[33]である.$\bar{\mathbf{R}}_1$ と $\bar{\mathbf{R}}_2$ と $\bar{\mathbf{R}}_3$ と $\bar{\mathbf{R}}_4$ を平均して，以下の平均距離行列

$$\bar{\mathbf{R}}_{ave} = \begin{pmatrix} & A & B & C & D & E & F \\ A & 0 & 0.0833 & 0.1181 & 0.0833 & 0.0278 & 0.1458 \\ B & 0 & 0 & 0 & 0 & 0 & 0 \\ C & 0 & 0.0635 & 0 & 0.0357 & 0 & 0 \\ D & 0 & 0.0278 & 0 & 0 & 0 & 0.0556 \\ E & 0 & 0 & 0.0625 & 0 & 0 & 0.1181 \\ F & 0 & 0.0714 & 0.0357 & 0.0714 & 0 & 0 \end{pmatrix}$$

を得る.212 ページのレイティング集約の節の第 3 番目の方法を使って，$\bar{\mathbf{R}}_{ave}$ からレイティングベクトルを計算しよう.すなわち，$\bar{\mathbf{R}}_{ave}$ の Perron ベクトルを計算して表 14.10 に示されているレイティングとランキングのベクトルが導かれる.

この結果，パネルは，A と E と F のみについて検討すればよい.なぜならば，これらは，レイティング集約方法によって得られたトップ 3 だからである.

集約手法の要約

- 本章の例は，コンピューターが生成した複数のリストの組み合わせに，集約法を適用

---

[33] 訳注：審査員 1 は提案 C と D を同じ「よい」と評価しているので，行列 $\bar{\mathbf{R}}_1$ の (C, D) 成分が 0/9 であるとすれば，直接対決が 6 個あることが理解しやすい.

表 14.10　NSF 提案の例に適用されたレイティング集約法の結果.

提案	Perron r	順位
A	0.88	1 位
B	0	6 位
C	0.08	5 位
D	0.15	4 位
E	0.40	2 位
F	0.20	3 位

した．しかし，これらの集約法は，**人間が生成したリスト**，あるいは，人間とコンピューターが発信した源から得られたデータを**併合した**データにも適用できるだろう．結果として，集約法は大きな可能性を持つことになる．

- 次のように記述される定理を証明しなければならないが，ここまでの実験結果を見ると，$Q_{worst} \leq Q_{aggregate} \leq Q_{best}$，ただし Q は各手法を得点付けられるのに使われる質を測る測度，と仮定できる（このような記述を証明する問題の 1 つは，適切な質の測度 Q を設計することである．これは，自明な問題ではない．第 16 章を見よ）．上の記述は，集約されたリストが，個別の方法で作られた 1 つか複数のリストより劣っている可能性を述べている．他方，集約されたリストは，他のいくつかの個別の手法で生成されたリストよりも優れている．したがって，**集約されたリストは，単発の予測を求められる状況において，助けとなるのである**．

余談：March Madness についての忠告

　毎年恒例の "March Madness" トーナメントとその "Bracket Challenge" について考察する．「単一の」試合を予測することは難しく，当るも八卦，当らぬも八卦である．本書で紹介した，個々の（集計されていない）手法は，「平均的に」，すなわち，同じチーム間で多数の直接対決する中では，良い予測を与える．しかし，Bracket Challenge は，多くの単発の試合をうまく予測する手法が求められる．この「単発」予測問題は，「平均」，または，「最良」予測問題とは異なる．とくに，単発の試合の場合，March Madness のような「たった一回のチャンスをものにする」的なスタイルのトーナメントにありがちな，集中した「のるかそるか」の状況が原因で番狂わせが普段よりも頻繁に起こりうる．その結果，もし，たった 1 つの対戦表を投稿しなければならないとしたら，賢明（かつ保守的な）選択は，ある 1 つの方法を当てにするのではなく，複数の手法を集約したものに賭けることである．これは，まさに，本章で述べた集約方法が優れている点である．

数字の豆知識—

$47{,}000{,}000{,}000 \approx$ Google がレイティングかつランキングした
　　　　　　　　　　　ウェブページの数
$12{,}000{,}000{,}000 \approx$ Yahoo!がレイティングかつランキングした
　　　　　　　　　　　ウェブページの数
$11{,}000{,}000{,}000 \approx$ Bing がレイティングかつランキングした
　　　　　　　　　　　ウェブページの数
　　　　　　　　　—2011 年 9 月時点

— worldwidewebsize.com による

第15章　ランキング集約—その2

　前章のランキング法の議論は，**発見的** (*heuristic*) 方法である．すなわち，集約されたランキングが最適である保証は無いことが意味されている．一方，これらの発見的手法は，本章で述べるランキング集約最適化手法に比べて非常に速い．もちろん，この最適化手法のために必要な追加の時間は，正確さが必須の場合，しばしば正当化される．

　ここで，最適化ランキング集約法を1つ述べよう．これは，日本の筑波大学の山本芳嗣教授によって作られたものである [50]．この方法は，入力ランキング間の相似 (agreement) または一致 (comformity) を最適化した集約ランキングである．複数のリストの相似性を定義する方法はいくつかあるが，1つの可能性として，定数

$$c_{ij} = (i\text{が}j\text{よりも上位であるようなリストの個数}) - $$
$$(j\text{が}i\text{よりも上位であるようなリストの個数}) \tag{15.1}$$

を生成する．

　もし k 個の入力リストの中に，総計 n 個の要素があったとすると，$\mathbf{C} = (c_{ij})$ はこれらの定数を要素とする $n \times n$ の歪対称行列となる．行列 $\mathbf{C}$ は，入力リストの中に引分けが含まれていても，それらを処理するように定式化することが可能である．さらに，$\mathbf{C}$ は，完全または部分的な入力リストに対しても作成できる．

　一致度を測る定数からなる行列 $\mathbf{C}$ を使えば，目的は，この一致度を最大化するような n 個の要素のランキングを構築することである．この目的を達成するために，要素 i が要素 j より上にランキングされるべきかどうかを決める決定変数 x_{ij} を定義しよう．とくに，

$$x_{ij} = \begin{cases} 1 & \text{要素}i\text{が要素}j\text{より上位} \\ 0 & \text{それ以外} \end{cases}$$

である．

　行列 $\mathbf{X}$ の使い方を理解するため，$n = 4$ 個の要素が，1から4までのラベルを付けられて，その順に並んでいるとしよう．このランキングに付随した行列 $\mathbf{X}$ は，

$$\mathbf{X} = \begin{array}{c} \\ 1 \\ 2 \\ 3 \\ 4 \end{array} \begin{array}{c} \begin{array}{cccc} 1 & 2 & 3 & 4 \end{array} \\ \left(\begin{array}{cccc} 0 & 1 & 1 & 1 \\ 0 & 0 & 1 & 1 \\ 0 & 0 & 0 & 1 \\ 0 & 0 & 0 & 0 \end{array} \right) \end{array}$$

となる．これは，要素1は要素2, 3, 4よりも上位であり，要素2は要素3, 4よりも上位であり，最後に，要素3は要素4よりも上位であることを示している．この例では，明らかに，$\mathbf{X}$のきれいな階段構造がランキングを示している．他の例では，一見して，さほど明らかではないかも知れない．今，最初から最後までのランキングが $[4, 2, 1, 3]$ で与えられ，対応する行列が

$$\mathbf{X} = \begin{array}{c} \\ 1 \\ 2 \\ 3 \\ 4 \end{array} \begin{array}{c} \begin{array}{cccc} 1 & 2 & 3 & 4 \end{array} \\ \left(\begin{array}{cccc} 0 & 0 & 1 & 0 \\ 1 & 0 & 1 & 0 \\ 0 & 0 & 0 & 0 \\ 1 & 1 & 1 & 0 \end{array} \right) \end{array}$$

であるとしよう．これは，きれいな階段形の単なる並べ替えである．すなわち，ランキングの順番 $[4, 2, 1, 3]$ に従って $\mathbf{X}$ を並べ替えれば

$$\text{並べ替えられた } \mathbf{X} = \begin{array}{c} \\ 4 \\ 2 \\ 1 \\ 3 \end{array} \begin{array}{c} \begin{array}{cccc} 4 & 2 & 1 & 3 \end{array} \\ \left(\begin{array}{cccc} 0 & 1 & 1 & 1 \\ 0 & 0 & 1 & 1 \\ 0 & 0 & 0 & 1 \\ 0 & 0 & 0 & 0 \end{array} \right) \end{array}$$

となる．

幸運なことに，実際には，最適化の結果である行列 $\mathbf{X}$ を並べ替える必要はない．というのも，並べ替えられていない $\mathbf{X}$ からランキングを同定するのは非常に容易だからである．$\mathbf{X}$ の各列ごとに和をとり，昇順に並べればよい[1]．$\mathbf{X}$ のことがわかったので，ここで最適化問題に戻ろう．入力行列間の一致度を最大化したいのだが，これは，定数 c_{ij} と変数 x_{ij} で表現すれば

$$\max \sum_{i=1}^{n} \sum_{j=1}^{n} c_{ij}\, x_{ij} \quad \text{ここで } x_{ij} \in \{0, 1\}$$

となる．しかし，行列 $\mathbf{X}$ に，上の小さな 4×4 の例の場合に観察し，かつ，利用した性質を持たせるために，いくつかの制約条件を課さなければならない．これを達成するために，2つのタイプの制約条件を加える．

$$x_{ij} + x_{ji} = 1 \quad \text{すべての異なる対 } (i, j) \qquad \text{（タイプ1—非対称性）}$$
$$x_{ij} + x_{jk} + x_{ki} \leq 2 \quad \text{すべての異なる3つ組み } (i, j, k) \qquad \text{（タイプ2—推移性）}$$

である．

---

[1] あるいは，各行ごとに和をとり，降順に並べてもよい．

最初の制約条件は，非対称性の制約条件である．これは，x_{ij} か x_{ji} のどちらか一方のみが「点灯する（1という値を与えられる）」ことを意味する．これは，i と j の関係を説明するのには2つの選択肢，すなわち，i が j より上位か，あるいは，j が i より上位か，しかないことを意味する[2]．2番目の制約条件は，推移性を課する非常に賢く簡明な方法である．すなわち，もし $x_{ij} = 1$（i が j より上位）で $x_{jk} = 1$（j が k より上位）であれば，$x_{ik} = 1$（i が j より上位）となる[3]．推移性は，タイプ1とタイプ2の組み合わせで導かれる[4]．決定変数は2値であるから，タイプ2の制約条件は，要素 i から要素 i へ戻るような長さ3のサイクルを禁止する[5]．タイプ1の制約条件は，長さ2のサイクルを禁止する．実際には，2つの制約条件は組み合わさって，すべての長さのサイクルが禁止される[6]．**支配グラフ**（***dominance graph***）は，これを説明するのに使える．

先ほどの 4×4 の例の行列 $\mathbf{X}$

$$\mathbf{X} = \begin{array}{c} \\ 1 \\ 2 \\ 3 \\ 4 \end{array} \begin{array}{cccc} 1 & 2 & 3 & 4 \\ \left(\begin{array}{cccc} 0 & 1 & 1 & 1 \\ 0 & 0 & 1 & 1 \\ 0 & 0 & 0 & 1 \\ 0 & 0 & 0 & 0 \end{array}\right) \end{array}$$

は，図 15.1 の支配関係グラフで表現される．

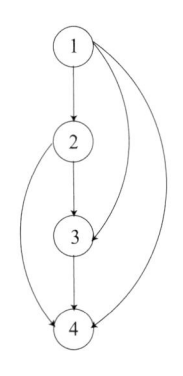

図 15.1 支配グラフ．

すべてのランキングベクトルから，この種のグラフを作られるが，これは，ある要素が，それより下位のすべての要素を支配していることを示している．個々のランキングベクトルに対する支配関係グラフは，**上向きの枝**（***upward arc***）を含まない．何となれ

---

2) 訳注：原文 anti-symmetry は一般的に歪対称 $x_{ji} = -x_{ij}$ を意味するので，ここでは，非対称と訳した．次の「一方のみが点灯する」という意味では，排他性 (exclusiveness) の方が適切と思われる．

3) 訳注：$x_{ij} + x_{jk} + x_{ki} \le 2$ なので，$x_{ij} = x_{jk} = x_{ki} = 1$ はあり得ない．すなわち，非循環性 (acyclic) が適切だが，以降，多数出現するので，原文に合わせて推移性 (transitivity) と訳しておく．

4) 訳注：タイプ2を推移性と命名したので，原文は「非対称性と推移性の組み合わせで推移性が成立する」になって，言葉の混乱が見られるが，以降，多数出現するので原文に合わせて訳しておく．$x_{ij} = x_{jk} = 1$ ならば，$x_{ki} = 0$，つまり，$x_{ik} = 1$ となるので推移性が成り立っている．

5) 訳注：これは，まさしく，「非循環性 (acyclic)」の定義である．

6) 訳注：長さ $k(>3)$ のサイクルがあれば，そのうち $i_1 \to i_2 \to i_3$ の部分に「推移性」を用いて $i_1 \to i_3$ とできるので，長さ $k-1$ のサイクルが存在することになる．数学的帰納法により，$k = 3$ のサイクルが存在することになるが，$k = 3$ のサイクルは存在しないので，背理法により $k \ge 3$ のすべての長さのサイクルは存在しない．$k = 2$ は，タイプ1によって存在しない．

ば，上向きの枝は，サイクルとなり，タイプ2の推移性制約条件を破ることを意味するからである．タイプ1と2の制約条件が組み合わされたとき，どのようにしてサイクルが禁じられるかを見るために，$1 \to 3 \to 4 \to 1$ というサイクルを考える．ここで，タイプ2の制約条件 $x_{13} + x_{34} + x_{41} \leq 2$ を考えよう．要素1は，要素3より上位だから x_{13} は点灯する（すなわち $x_{13} = 1$）．同様にして，$x_{34} = 1$．よって，タイプ2の制約条件により，x_{41} は0に等しくなければならない．これをタイプ1の制約条件と組み合わせると x_{14} は1に等しくなければならず，推移性が課される[7]．まとめると，全3タイプの制約条件（タイプ1とタイプ2に加えて，x_{ij} が2値であるという制約条件）が組み合わさって，単純な並べ替えで階段形からは，はずれた解行列 $\mathbf{X}$ が生成される．最後に，$\mathbf{X}$ は，つねに階段行列の並べ替えなので，ダブりのない行和と列和を持ち，そして，n 個の要素の唯一のランキングを生成する．完全な，2値整数線形計画法 (BILP) は，

$$\max \sum_{i=1}^{n} \sum_{j=1}^{n} c_{ij} x_{ij}$$
$$x_{ij} + x_{ji} = 1 \qquad \text{すべての異なる対 } (i,j)$$
$$\qquad\qquad\qquad\qquad\qquad\qquad (\text{タイプ1—非対称性})$$
$$x_{ij} + x_{jk} + x_{ki} \leq 2 \qquad \text{すべての異なる3つ組み } (i,j,k)$$
$$\qquad\qquad\qquad\qquad\qquad\qquad (\text{タイプ2—推移性})$$
$$x_{ij} \in \{0,1\} \qquad\qquad (\text{タイプ3—2値})$$

となる．

上の BILP は，$n(n-1)$ 個の2値の決定変数と，$n(n-1)$ 個のタイプ1の等式表現された制約条件と，$n(n-1)(n-2)$ 個の不等式で表現された制約条件を持っている．$O(n^3)$ 個のタイプ3制約条件は，この最適化ランキング集約法で解けるランキング問題の大きさを劇的に制限してしまう．幸運なことに，このスケールの問題を避けるうまい方法がいくつか存在する．226ページの制約条件緩和法と228ページの挟み撃ち法を見よ．

いつもの例

本章では，いつもの 5×5 のお馴染みの例題から離れて，もう少し大きな 12×12 の例題を紹介する．Southern Conference (SoCon) バスケットボールの2008-2009年シーズンの結果を使っている．この例には，5×5 の例には見られないいくつかの面白い性質がある．とくに，SoConの例は，引分けを含んでいるのでより好ましい．引分けは，222ページの多重最適解について述べた節のテーマである．

本節では，16種類の異なった方法で作られたランキングを集約する．入力方法として，Colleyの手法，Masseyの手法，Markovの手法，ODの手法と，それらの重みを変えた

---

[7] 訳注：$x_{13} = 1, x_{34} = 1 \to x_{41} = 0 \to x_{14} = 1$ となり，推移性が課される．しかし，タイプ1とタイプ2の制約条件の命名法は，混乱の原因となる．タイプ1を排他性，タイプ2を非循環性とすればロジックも首尾一貫するが，原文を尊重して訳しておく．

ものを使っている．式 (15.1) の相似性の定義を使うと，**C** 行列は

$$\mathbf{C} = \begin{pmatrix} & 1 & 2 & 3 & 4 & 5 & 6 & 7 & 8 & 9 & 10 & 11 & 12 \\ 1 & 0 & -16 & -14 & -12 & -12 & 16 & 14 & 14 & -2 & 16 & -14 & -14 \\ 2 & 16 & 0 & -12 & -12 & -12 & 16 & 16 & 16 & 14 & 16 & 12 & 0 \\ 3 & 14 & 12 & 0 & -12 & -12 & 16 & 16 & 16 & 16 & 16 & 12 & 12 \\ 4 & 12 & 12 & 12 & 0 & -14 & 14 & 12 & 12 & 12 & 14 & 12 & 12 \\ 5 & 12 & 12 & 12 & 14 & 0 & 16 & 12 & 12 & 12 & 12 & 12 & 12 \\ 6 & -16 & -16 & -16 & -14 & -16 & 0 & 12 & 12 & -16 & 12 & -16 & -16 \\ 7 & -14 & -16 & -16 & -12 & -12 & -12 & 0 & -12 & -14 & 6 & -12 & -14 \\ 8 & -14 & -16 & -16 & -12 & -12 & -12 & 12 & 0 & -14 & 16 & -12 & -14 \\ 9 & 2 & -14 & -16 & -12 & -12 & 16 & 14 & 14 & 0 & 16 & -12 & -16 \\ 10 & -16 & -16 & -16 & -14 & -12 & -12 & -6 & -16 & -16 & 0 & -16 & -16 \\ 11 & 14 & -12 & -12 & -12 & -12 & 16 & 12 & 12 & 12 & 16 & 0 & -8 \\ 12 & 14 & 0 & -12 & -12 & -12 & 16 & 14 & 14 & 16 & 16 & 8 & 0 \end{pmatrix}$$

となる．

このBILPを解くと，最適値は 870 で解行列 **X** は次のようになる．

$$\mathbf{X} = \begin{pmatrix} & 1 & 2 & 3 & 4 & 5 & 6 & 7 & 8 & 9 & 10 & 11 & 12 \\ 1 & 0 & 0 & 0 & 0 & 0 & 1 & 1 & 1 & 0 & 1 & 0 & 0 \\ 2 & 1 & 0 & 0 & 0 & 0 & 1 & 1 & 1 & 1 & 1 & 1 & 0 \\ 3 & 1 & 1 & 0 & 0 & 0 & 1 & 1 & 1 & 1 & 1 & 1 & 1 \\ 4 & 1 & 1 & 1 & 0 & 0 & 1 & 1 & 1 & 1 & 1 & 1 & 1 \\ 5 & 1 & 1 & 1 & 1 & 0 & 1 & 1 & 1 & 1 & 1 & 1 & 1 \\ 6 & 0 & 0 & 0 & 0 & 0 & 0 & 1 & 1 & 0 & 1 & 0 & 0 \\ 7 & 0 & 0 & 0 & 0 & 0 & 0 & 0 & 0 & 0 & 1 & 0 & 0 \\ 8 & 0 & 0 & 0 & 0 & 0 & 0 & 1 & 0 & 0 & 1 & 0 & 0 \\ 9 & 1 & 0 & 0 & 0 & 0 & 1 & 1 & 1 & 0 & 1 & 0 & 0 \\ 10 & 0 & 0 & 0 & 0 & 0 & 0 & 0 & 0 & 0 & 0 & 0 & 0 \\ 11 & 1 & 0 & 0 & 0 & 0 & 1 & 1 & 1 & 1 & 1 & 0 & 0 \\ 12 & 1 & 1 & 0 & 0 & 0 & 1 & 1 & 1 & 1 & 1 & 1 & 0 \end{pmatrix}$$

である．**X** の各行を足しこんだ **X** の列和[8]を昇順に並べ替えると，SoCon の 12 チームのランキングは以下のようになる．

$$\begin{matrix} \text{Davidson} \\ \text{CofC} \\ \text{Citadel} \\ \text{Wofford} \\ \text{UT Chatt} \\ \text{W. Carolina} \\ \text{Samford} \\ \text{App State} \\ \text{Elon} \\ \text{GA Southern} \\ \text{Furman} \\ \text{UNC-G} \end{matrix} \begin{pmatrix} 5 \\ 4 \\ 3 \\ 12 \\ 2 \\ 11 \\ 9 \\ 1 \\ 6 \\ 8 \\ 7 \\ 10 \end{pmatrix}.$$

BILP を解く

BILP は，通常，分枝限定法と呼ばれる技法で解かれる．これは，一連の，条件が緩和された問題の線形計画法を使って，離散解空間の中の段階的処理を狭めていくような木構

---

[8] 訳注：$x_{ij} = 1$ は，i が j より上位であるという意味なので，行和 ($\sum_j x_{ij}$) の大きな値が上位となる．よって，行和で比較すれば降順でソートしてランキングを得る．

造を作ることである．離散最適化は，連続最適化よりはるかに難しい問題なので，問題の大きさが，論点となる．問題の大きさは，ランキングされるべき要素の個数 n に支配される．私達の[9]ランキング集約の BILP は $n(n-1)$ 個の決定変数と，$n(n-1)$ 個のタイプ 1 の制約条件と，$n(n-1)(n-2)$ 個のタイプ 2 の制約条件を持つ．$O(n^3)$ 個の制約条件は，この手法で取り扱うことが可能なランキング問題の大きさを劇的に制限してしまう．これとは，対照的に，前章で論じたような発見的には，そのようなスケールの問題は無い．幸運なことに，226 と 228 ページの節の議論が示すように，このスケールの問題を回避する非常に賢明な方法が存在する．

当該 BILP の多重最適解

分枝限定法は，最適解 **X** で終了する．いつもの小さな問題で見たように，解を見つけて，列和を昇順に並べ替えることによって，与えられた要素の最適ランキングが求まる．問題は解けた．荷造りして帰宅しようではないか．もし，数学者でなければの話である．数学者は，より深く質問したがるものである．すなわち，最適解は唯一か？　もし，そうでなければ，他の最適解を見つけられるだろうか？

実は，これらの問題が，上述のスケーラビリティの問題を回避するヒントを与えることがわかる．当該 BILP の最適解が唯一か否かを試す簡単なテストがある．最適ランキングリスト中の連続した要素の対を考え，2 つの要素 i と j を入れ替えたとき目的関数の値を変えずに済むかどうか試してみる．隣り合ったランキングの要素だけが制約条件をこわさないので，それらの取替えだけを考えればよい．もし，$c_{ij} = c_{ji}$ であれば，目的関数の値は変わらない．もし，そうであれば，他の最適解とは，これらの 2 つの要素を入れ替えたものである．実際には，このランキングにおける二者より多い引分けがあるかもしれない．例えば，隣り合うランキングの 3 つの要素 i, j, k について，もし $c_{ij} = c_{ji} = c_{ik} = c_{ki} = c_{jk} = c_{kj}$ であれば，三者引分けが生ずる．同様に，最適ランキングリストを下までたどり，各ランキングにおいて，二者引分け，あるいはそれより高位の引分けを探す．この引分け探索アルゴリズムを SoCon の例に適用してみよう．220 ページのいつもの例より，当該 BILP は，次のようなランキング

---

[9] 訳注：ここから，この段落の最後までは，220 ページにもあるが，原文のまま訳しておく．

$$\begin{pmatrix} \text{Davidson} \\ \text{CofC} \\ \text{Citadel} \\ \text{Wofford} \\ \text{UT Chatt} \\ \text{W. Carolina} \\ \text{Samford} \\ \text{App State} \\ \text{Elon} \\ \text{GA Southern} \\ \text{Furman} \\ \text{UNC-G} \end{pmatrix} \begin{pmatrix} 5 \\ 4 \\ 3 \\ 12 \\ 2 \\ 11 \\ 9 \\ 1 \\ 6 \\ 8 \\ 7 \\ 10 \end{pmatrix}$$

を生成した.

このリストのトップにある2つのチームを比較することで, 引分け探査アルゴリズムを開始する. $\mathbf{C}(5,4) \neq \mathbf{C}(4,5)$ だから, これらの2つは入れ替えることはできない. というわけで, ランキングリストの次の対, すなわちチーム4と3に移ろう. $\mathbf{C}(4,3) \neq \mathbf{C}(3,4)$ だから, これらのチームも, やはり入れ替えることはできない. リストを下って, チーム3と12に移るが, やはり入れ替えることはできない. で, ついに, 入れ替えることができる対, 12と2の対に到達する. チーム12と2は, 最適ランキングのリストの中で, BILPが示したように12が2の上位か, あるいは, 2が12の上位のいずれかに出現できるのである. 後者は, 目的関数値を変えないだけでなく, 実行可能性も維持されるので, 別の最適解となる. この時点で, チーム12と2の間の二者引分けを発見したが, 三者あるいはそれより高位の引分けが存在するかも知れない. そこで, リストの中の次のチーム, すなわちチーム11が $\mathbf{C}(12,2) = \mathbf{C}(2,12) = \mathbf{C}(2,11) = \mathbf{C}(11,2) = \mathbf{C}(12,11) = \mathbf{C}(11,12)$ を満たすかどうかチェックしてみると, 満たされない. こうして, ランキングの4番目にある引分けは, チーム12と2の二者引分けだけ, となる. 同様に, リストを下って行く. 11と9, 9と1, などなど. そして, これ以外に引分けがないことがわかる. 結果として, このSoConの例は, 2つの整数最適解を, そして, これら2つの間の境界上にある実数最適解を無限個持っている.

要約すると, (1) 分枝限定法を適用して, ランキング集約BILP問題の最適解を見つけることは可能である, (2) 得られた最適解の一意性をチェックすることは可能である, (3) 適用可能な場合, 上述した $O(n)$ 程度の簡単なテストで, いくつかの最適な別解を見つけることは可能である. 結果として, この最適化技法は, 実際に引分けを含むかもしれない出力ランキングを生成し, 数学的に魅力的かつ証明可能な最適ランキング生成手法なのである. しかし, BILPは, 多くの既存のレイティングやランキング手法よりも非常に遅い. 実際, $O(n^3)$ 個の制約条件があるので, 実際上はDASH最適化ソフトウェアやNEOSサーバーのような商用BILPソルバーは, 約1000要素の問題に限定されてしまう. このため, すべてのNCAAディビジョン1フットボール, または, バスケットボールのチームをランキングすることは実現可能であるが, サイバースペース内の何十億というウェブページをランキングすることは不可能である. しかし, いくつかの有名な検索エンジン複数のトップ50の結果をランキングすることは, 可能であるのみならず, 実時間

で可能なほどに速い．次節では，n についての実際上の上限を増やして，幸いに，数千要素の集約ランキングを可能にする方法を説明する．

BILP の線形計画緩和法

大規模で扱いにくい BILP を解くための最初のステップは，関連した問題，すなわち緩和された LP を解くことである．ここでの議論に即して言えば，変数 x_{ij} が離散，とくに，$x_{ij} \in \{0, 1\}$ で二値であることを強制しているタイプ 3 の制約条件を緩和して，$0 \leq x_{ij} \leq 1$ であるような連続値を許すことを意味する．実際には，有限制約条件 $0 \leq x_{ij} \leq 1$ の上界は冗長である．なぜなら，この制限は，タイプ 1 の制約条件 $x_{ij} + x_{ji} = 1$ でカバーされるからである．よって，ランキング集約問題に対する緩和された線形計画法を簡単化すると，以下のようになる．

$$\max \sum_{i=1}^{n} \sum_{j=1}^{n} c_{ij}\, x_{ij}$$

$$x_{ij} + x_{ji} = 1 \quad \text{すべての異なる対 } (i, j) \qquad （タイプ 1—非対称性）$$

$$x_{ij} + x_{jk} + x_{ki} \leq 2 \quad \text{すべての異なる 3 つ組み } (i, j, k) \qquad （タイプ 2—推移性）$$

$$x_{ij} \geq 0 \qquad\qquad\qquad\qquad\qquad\qquad\qquad\qquad （タイプ 3—\textbf{連続性}）$$

いくつかの BILP は LP 問題として解かれた場合，緩和問題，すなわち線形計画問題に対する最適解が二値の解を与えることがあるが，それは，明らかに BILP の最適解でもある．しかし，これは，最善のシナリオ (best-case scenario) である．次善のシナリオは，線形問題 (LP) の最適解が，小数部を一部に含む場合である．このような場合，しばしば，これらの小数部の値を，最近接の整数に丸めて，それが実行可能であれば，最適な整数解を十分に近似するかもしれない．本節では，線形問題が与える興味深い結果を紹介する．多くの場合，線形問題の解は最適で，実際には，すべての別の最適解についても直ちに教えてくれる．

12 チームの SoCon の例は，この点をうまく示している．本節 222 ページの多重最適解についての議論において，この例は 2 つの整数最適解を持つことを発見した．1 つは，$\begin{pmatrix} 5 & 4 & 3 & 12 & 2 & 11 & 9 & 1 & 6 & 8 & 7 & 10 \end{pmatrix}$ で与えられるランキングであり，もう 1 つは，チーム 12 と 2 を入れ替えたランキングである．この引分けが，LP の解の行列 $\mathbf{X}$ では次のように，はっきり現れていることに注意しよう．

$$\mathbf{X} = \begin{pmatrix} & 1 & 2 & 3 & 4 & 5 & 6 & 7 & 8 & 9 & 10 & 11 & 12 \\ 1 & 0 & 0 & 0 & 0 & 0 & 1 & 1 & 1 & 0 & 1 & 0 & 0 \\ 2 & 1 & 0 & 0 & 0 & 0 & 1 & 1 & 1 & 1 & 1 & 1 & .478 \\ 3 & 1 & 1 & 0 & 0 & 0 & 1 & 1 & 1 & 1 & 1 & 1 & 1 \\ 4 & 1 & 1 & 1 & 0 & 0 & 1 & 1 & 1 & 1 & 1 & 1 & 1 \\ 5 & 1 & 1 & 1 & 1 & 0 & 1 & 1 & 1 & 1 & 1 & 1 & 1 \\ 6 & 0 & 0 & 0 & 0 & 0 & 0 & 1 & 1 & 0 & 1 & 0 & 0 \\ 7 & 0 & 0 & 0 & 0 & 0 & 0 & 0 & 0 & 0 & 1 & 0 & 0 \\ 8 & 0 & 0 & 0 & 0 & 0 & 0 & 1 & 0 & 0 & 1 & 0 & 0 \\ 9 & 1 & 0 & 0 & 0 & 0 & 1 & 1 & 1 & 0 & 1 & 0 & 0 \\ 10 & 0 & 0 & 0 & 0 & 0 & 0 & 0 & 0 & 0 & 0 & 0 & 0 \\ 11 & 1 & 0 & 0 & 0 & 0 & 1 & 1 & 1 & 1 & 1 & 0 & 0 \\ 12 & 1 & .522 & 0 & 0 & 0 & 1 & 1 & 1 & 1 & 1 & 1 & 0 \end{pmatrix}.$$

このLP解は，$\mathbf{X}(12,2)$ と $\mathbf{X}(2,12)$ の位置に小数値を含む．その位置は，まさに，$\mathbf{C}$ 中のチーム12と2の引分けを示している位置である．LPソルバーは，小数最適解を得て計算を打ち切ったが，この解は，BILPの2つの整数最適解の間の境界上に乗っている．LPの計算は，最適目的関数値がBILPと同じ870で打ち切られたので，このLPの解が元のBILPに対しても最適であることがわかる．

上のSoConの例は，それから最適な二値解が構築できるような小数解を出して終わっているが，それは一般には保証されない．実際，一意な小数最適解を持つ9要素の例を構築することができた．したがって，二値解が構築されたとき，その目的関数値は，一意な実数解における目的関数値ほどにはよくはないのである．しかし，一意な小数解を持つ例を構築することは非常に困難である．実際，そのような実例を探し出すために，-1 と 1 の間に一様に分布する要素を持つ $\mathbf{X}$ 行列をランダムに何千と生成して初めて，一意な小数解を持つ9要素の例に行き当たった．このように，一意な小数解は可能であるが，実際は，ランキング問題における緩和されたLPは，それから複数の最適な二値解を構築できる，一意でない複数の小数解を生成することがほとんどの場合である．Reinelt達の実証実験 [62, 65, 64, 63] には，ランキング問題に対するLPの結果が，格別によくて，実際上はしばしば最適かつ二値となるような更なる証拠が掲載されている．

どのような場合に，最適LP解がBILPの最適解になるのだろうか？ 結局のところ，私達にとってはBILPが真に興味のある問題であることを思い出す必要がある．もちろん，LP解が二値であれば，それは，BILPにとっても最適解となる．しかし，LP解が小数の場合でさえ，上で示したSoConの例のように，LP解がBILPの最適解であるような実例も存在する[10]．[50]の中でLangville, Pedings, Yamamoto は，LP解がいつBILPに対しても最適となるかを特定する条件を証明した．彼らの定理は，また，ランキング中に引分けが存在することを示唆する．BILPに対する多重最適解の存在と，LP解の小数値を関連付けている．

彼らの定理は計算結果も含んでいる．有名な単体法である元来のLPソルバーは，私達のMVR問題[11]を解くための手段としては選択されない．単体法は，極点法[12] (extreme

---

10) 訳注：つまりその小数を近接整数に丸めたものが BILP の最適解になるの意．
11) 訳注：MVR は，後の「レイティング差分手法とランキング集約手法」で出てくる．231 ページを参照．
12) 訳注：実行可能領域の凸包の頂点をたどって，最適解に対応する頂点にたどりつく手法．

point method) である．すなわち，つねに改善する方向を選んで，ある極点から次の極点に移動して，最適解（もちろんこれも極点）に至るというものである．対照的に，内点法は，実行可能領域の内側を移動して最適解に収束する．その収束先は，実行可能領域の内側を通る経路によって極点か境界点となる．境界最適点（小数値を含む）の方が，極点（整数のみの解）よりも，はるかに多くの情報を与えてくれる．というわけで，ランキング問題に付随した緩和 LP を解く際は，つねに，非極点かつ非単体 LP ソルバーを選ぶ．

制約条件緩和法

LP 緩和法を使っても，$O(n^3)$ 個のタイプ 2 制約条件は，対象にできる ランキング問題の大きさを劇的に制限してしまう．そこで，**制約条件緩和法**（*constraint relaxation*）という他の緩和技法を使って，取り扱える問題の大きさを増やさなければならない．$n(n-1)(n-2)$ 個のタイプ 2 制約条件 $x_{ij} + x_{jk} + x_{ki} \leq 2$ のうち，ごく少数の条件だけが必要である．これらの条件の大部分は自明に満足されているのである．問題は，どの条件が必要で，どの条件が不必要なのかがわからないことである．それを見つけるために，まず，すべての条件は不必要であると仮定して，必要であると同定された時点で，必要な条件を戻して付加して行くことにする．タイプ 1 とタイプ 3 の緩和された連続版の制約条件は何も問題を引き起こさないので，そのままにしておく．下に，制約条件緩和技法に含まれるステップを記しておく．制約条件緩和法は，BILP または LP のどちらにも等しく成功裏に適用できる．ここでは，BILP の場合のみ記述されている．

大規模なランキング BILP における制約条件緩和アルゴリズム

1. すべてのタイプ 2 制約条件を緩和する．すなわち，必要なタイプ 2 の制約条件の初期集合を空とする．
2. BILP を，現在の，必要なタイプ 2 の制約条件の集合のもとで解く．その解に付随した最適ランキングを形成する．そのランキングは，実際，すべてのタイプ 2 制約条件集合を使った本来の問題に対する真のランキング（と望まれるランキング）の近似である．
3. ステップ 2 の解が，どのタイプ 2 制約条件を破っているかを決定する．それら（破られている条件）は，**必要なタイプ 2 制約条件**である．これらのタイプ 2 制約条件を必要なタイプ 2 制約条件の集合に加えて，ステップ 2 に戻る．これ以上，タイプ 2 制約条件が破られなくなるまで繰り返す．その時点での BILP の解は，本来の問題とすべての制約条件に対する最適ランキングである．

ステップ 3 において，どのタイプ 2 制約条件が，現在の BILP 解によって破られているかを決定するのは簡単で，また，個々の条件を 1 つずつ調べる必要はない．図 15.1 よ

り，タイプ2の推移性の制約条件を破るのは**支配グラフ** (***dominance graph***) の中の**上向き枝** (***upward arc***) であることを思い出そう．別の見方をすれば，これらの条件違反は，ランキング入れ替え行列 **X** の下三角部分に1という要素があることで表されている．同定された上向き矢印 (j,i) の各々について，次に，$x_{ik} = x_{kj} = 1$ となるような k をすべて見つけて，それらに対応するタイプ2制約条件 $x_{ji} + x_{ik} + x_{kj} \leq 2$ を生成する．行列 **X** を使えば，このような k を素早く見つけることができる．すなわち，行列 **X** の第 i 行と第 j 列の Hadamard 積（成分同士を掛けた合わせて作られるベクトル）を作るのである．この積のすべての非零の要素は，$x_{ik} = x_{kj} = 1$ を満たす．ランキング入れ替え行列 **X** の上三角構造によって，Hadamard 積の計算と，各上向き枝に付随した推移性制約条件の生成には $O(n)$ より小さな計算量しか必要としない．

加えて，存在するかもしれない任意の近似ランキングを利用できる．例えば，ある高速な発見的手法を走らせてランキングを生成したとする．このランキングは，行列と一対一対応しているが，それを上三角の形の $\bar{\mathbf{X}}$ と呼ぼう．この近似解行列 $\bar{\mathbf{X}}$ について目的関数値 $f(\bar{\mathbf{X}}) = \mathbf{C}.*\bar{\mathbf{X}}$[13)]を計算すれば，目的関数値について有用な下界が得られる．分枝限定 BILP 手順で，解の探査中，$f(\bar{\mathbf{X}})$ より低い値を持つノードの分枝 (branch) に出会うとき，その分枝の中のノードは，もはや探査する必要はない．

要約すると，制約条件緩和技法とは，すべての必要な推移性制約条件が同定されるまで，制約条件が徐々に増えていくような一連の BILP を解くという反復手順のことである．各反復における最適な BILP 解は，すべての制約条件が付いた元々の問題の真の最適ランキングの近似である．近似は，最適ランキングに到達するまで改善されていく．

感応度解析

BILP に対する LP のもう1つの有利な点は，線形問題を解く際に生成される自然な感応度測度に関連している．現在考えている問題では，目的係数 c_{ij} の変化に注目する．入力データの微小な変化（具体的には，目的係数行列 **C** を生成する微分行列 **D**[14)]で指定される）は，最適解を変化させ，その結果，チームの最適ランキングを変える可能性がある．XpressMP のような商用最適化ソフトウェアは，SoCon の12チームの例の場合，目的係数について，図15.2で与えられるような範囲を計算する

多くの c_{ij} 係数は，その範囲が緩い．実際，有限の範囲の要素は2と12の対のみである．このデータセットの場合，これらの範囲を見ると，その範囲の中にあるこれら2つのチーム，すなわち222ページの多重最適解の節で，ランキング引分けとして発見したのと同じ2つのチームのランキングの順番については，余り確かなことは言えないことがわかる．目的係数の変化が，所与の範囲外であれば，ランキングを変える可能性がある

---

13) 訳注：$\sum_i \sum_j \mathbf{C}_{ij} \mathbf{X}_{ij} = Tr(\mathbf{C}\mathbf{X}^T)$ のこと．
14) 訳注：行列を独立変数とする関数 f のテイラー展開：$f(C+H) = f(C) + df(C).H + O(H^2)$ における $df(C)$ のこと．これは C に依存する行列である．

```
         1           2           3           4           5           6           7           8           9          10          11          12
 1 : [   0,   0][-Inf,  16][-Inf,  14][-Inf,  12][-Inf,  12][-Inf, Inf][-Inf, -14][-Inf, -14][-Inf,   2][-Inf, Inf][-Inf,  14][-Inf,  14]
 2 : [ -16, Inf][   0,   0][-Inf,  12][-Inf,  12][-Inf,  12][-Inf, -16][-Inf, -16][-Inf, -16][-Inf, -14][-Inf, -16][-Inf, -12, Inf][ -0,  32]
 3 : [ -14, Inf][-12, Inf][   0,   0][-Inf,  12][-Inf,  12][-Inf, -16][-Inf, -16][-Inf, -16][-Inf, -12][-Inf, -12][-Inf, -12, Inf]
 4 : [ -12, Inf][-12, Inf][-12, Inf][   0,   0][-Inf,  14][-Inf, -14][-Inf, -14][-Inf, -12][-Inf, -12][-Inf, -12][-Inf, -14][-Inf, -12, Inf]
 5 : [ -12, Inf][-12, Inf][-12, Inf][-Inf, -14][   0,   0][-Inf, -12][-Inf, -12][-Inf, -12][-Inf, -12][-Inf, -12][-Inf, -12][-Inf, -12, Inf]
 6 : [-Inf,  16][-Inf,  14][-Inf,  14][-Inf,  14][-Inf,  16][   0,   0][-Inf, -12][-Inf, -12][-Inf, -12][-Inf, -12][-Inf, -16][-Inf,  16]
 7 : [-Inf,  14][-Inf,  16][-Inf,  16][-Inf,  16][-Inf,  12][-Inf,  12][   0,   0][-Inf,  12][-Inf, -14][ -6, Inf][-Inf,  14]
 8 : [-Inf,  14][-Inf,  16][-Inf,  16][-Inf,  16][-Inf,  12][-Inf,  12][-Inf,  12][   0,   0][-Inf,  12][-Inf, -14][-Inf,  16]
 9 : [  -2, Inf][-Inf,  14][-Inf,  16][-Inf,  16][-Inf,  12][-Inf, -16][-Inf, -14][-Inf, -14][   0,   0][-Inf, -16][-Inf,  12][-Inf,  16]
10 : [-Inf,  16][-Inf,  14][-Inf,  16][-Inf,  14][-Inf,  12][-Inf,   6][-Inf,  16][-Inf,  16][   0,   0][-Inf,  16][-Inf,  16]
11 : [ -14, Inf][-Inf,  12][-Inf,  14][-Inf,  14][-Inf,  14][-Inf, -12][-Inf, -12][-Inf, -12][-Inf, -12][-Inf, -16][   0,   0][-Inf,   8]
12 : [ -14, Inf][-32,   0][-Inf,  12][-Inf,  12][-Inf,  12][-Inf, -16][-Inf, -14][-Inf, -14][-Inf, -16][-Inf, -16][ -8, Inf][   0,   0]
```

図 **15.2** 目的係数 c_{ij} の感応度範囲.

からである．

限定技法

　限定技法 (bounding technique) は，最適化においては非常に有用である．とくに，整数問題に対する求解技法は，限定技法に著しく依存している．本節では，反復 LP 法にそのような限定技法を適用して，収束を加速するとともに，最適さの保証を達成しよう．反復 LP 法は，推移性制約条件の集合を緩和していることを思い出そう．実際，最初の反復では，LP は，推移性制約条件無しで解かれる．この反復での最適解行列 $\mathbf{X}$ から作られる目的関数値を $\overline{f}$ とする．その記法の理由は，これが，最適目的値 f^* の上界だからである．この反復での解はほとんどつねに，ある推移制約条件を破り，したがって，本来の LP の実行可能な解ではない．しかし，それは，非常に有用な近似解を構成するのに使える．これは，$\mathbf{X}$ の行和を計算することで実現される．第 i 行和は，第 i 番目のチームが，何チームを負かすのかを示す良い指針である．反復 LP 法が進むにつれ，各反復解行列 $\mathbf{X}$ の行和を使って，近似ランキングを計算する．近似は，反復が進むにつれて最適ランキングに近づいていく．これらの近似ランキングを含む，すべてのランキングは，$\mathbf{X}$ の行列と一対一対応しているので，個々の近似ランキングに対する目的関数値を計算することができる．それを，$\underline{f}$ と記す．その記法の理由は，それが，f^* の下界を表すからである．よって，

$$\underline{f} \le f^* \le \overline{f}$$

であることがわかる．

　次に，近似ランキングに付随した相対誤差 $\frac{\overline{f} - f^*}{f^*}$ の限界を求める．$\underline{f}, f^*, \overline{f}$ は，すべて同符号なので，相対誤差を抑えることができる．すなわち，未知の f^* を既知の $\underline{f}$ と $\overline{f}$ を使って，

$$\frac{\overline{f} - f^*}{|f^*|} \le \frac{\overline{f} - \underline{f}}{|f^*|} \le \frac{\overline{f} - \underline{f}}{|\overline{f}|}$$

となる．さらに，目的係数行列 $\mathbf{C}$ のすべての要素が整数で，かつ $\overline{f} - \underline{f} \le 1$ の場合，近似ランキングは，元来のランキング問題の最適解になる．最適値を保証できるほどには

幸運ではないときでも，近最適解に付随した誤差にある保証を与えることができる．すなわち，最適目的関数値は $\underline{f}$ と $\overline{f}$ の間にあって，相対誤差は $\frac{\overline{f}-\underline{f}}{|\overline{f}|}$ より大きくはない．これは，反復 LP 手法の限定法の，もう 1 つの大きな利点である．すなわち，より少ない反復が必要なだけでなく，許容できる相対誤差が達成されたらすぐに反復手順を停止することができるからである．

余談：ローマでのランキング

　本書を通して，ランキング法の多くの多様な用法を強調してきた．多分，最もあり得そうもなく，知られてもいない用法は，考古学である．イタリアのポンペイとかローマの大規模な発掘現場を想像して欲しい．「ローマにいたらランキングせよ」[15] というフレーズは，発掘物を正しく年代付けようと希望している考古学者にとっては，よいアドバイスである．典型的な発掘物は，発掘が行なわれているいくつかの現場に分割される．各現場において，回収された品が，それらが掘り出された深さにしたがって，注意深くタグ付けされる．様々な様式の陶器や種類の工芸品が，様々な現場の様々な発掘深度で発見されている．考古学者の目的は，ある種の工芸品の相対的年代を決定することである．例えば，水を運搬するために，ローマ人は最初に使っていたのは，色塗りされた土の壺だろうか，それともモザイク模様のしっくいの甕だろうか？　ある発掘現場で，壺が甕よりも低い地点で現れたとしたら，壺の方が年代的には先に出現したことになる．順番は，別の現場では逆になるかもしれない．実際，各現場は，発掘の深度にしたがって発掘物のランキングを生成する．目的は，すべての発掘現場と矛盾しないような，工芸品の総合ランキングを決定することである．数学的には，各現場から得られるランキングを集約して，多くの現場との一致度を最大化するような最適なランキングを作りたいのである．

（最適化による）ランキング集約方法の要約

　下の影付の部分に，最適ランキング集約法を説明するために採用したラベル付けの取り決めをまとめてある．

（最適化による）ランキング集約方法のための記法

n　　ランキングする要素の個数
$\mathbf{C}$　　目的関数の係数を伴った相似性行列 (conformity matrix)

下のリストは，ランキング集約法の各ステップの要約である．

（最適化による）ランキング集約方法

1. ある相似性の定義に従い行列 $\mathbf{C}$ を作る．例えば，

---

15) 訳注：原文は "when in Rome, rank" で，これは有名な "when in Rome, do as the Romans do"（郷に入れば郷に従え）のもじり．

$$c_{ij} = (i\text{ が }j\text{ より上位であるようなリストの個数})$$
$$- (i\text{ が }j\text{ より下位であるようなリストの個数}).$$

2. LP 最適化問題を解く

$$\max \sum_{i=1}^{n} \sum_{j=1}^{n} c_{ij} x_{ij}$$
$$x_{ij} + x_{ji} = 1 \quad \text{すべての異なる対 } (i,j)$$
$$\text{(タイプ1—非対称性)}$$
$$x_{ij} + x_{jk} + x_{ki} \leq 2 \quad \text{すべての異なる3つ組み } (i,j,k)$$
$$\text{(タイプ2—推移性)}$$
$$x_{ij} \geq 0 \quad \text{(タイプ3—\textbf{連続性})}$$

である．大きな n の問題には，226 ページと 228 ページの節で説明されている制約条件緩和法と限定技法を用いる．

3. 最適ランキングは，最適解行列 **X** の各列和を昇順に並べ替えて作られる．ランキングの引分けは，**X** の少数点の値の位置によって同定できる．

本ランキング集約法の性質を列挙して本節を終わる．

- 本節の例では，集約されるべきリストの集合が，最初からおおまかに一致している場合は，数回の反復だけでこと足りる．もし，5つの著名な検索エンジンから得たトップ100の結果を集約するメタ検索エンジンを構築するようなビジネスであれば，これはよいニュースである．最新のラップトップであれば，ランキング集約法は，ほんの数秒で実行される．
- 単純化され，緩和されたLPの制約条件は，よく研究され，しばしば，線形順序多面体 (linear ordering polytope) と呼ばれる [65] 多面体を形成する．これは，LP の多面体と，元来のBILPの可能領域との関連を研究するのに役立つ．もちろん，BILP の可能領域はLPの可能領域に含まれている．最良のシナリオはLPの可能領域がBILPの可能領域に可能な限り重なっていることである．言い換えると，LPの可能領域がBILPの可能領域中の点の凸包となっていることである．ランキング問題にとって，すべての不等式の制約条件（タイプ2の推移性とタイプ3の非負性）が，線形順序多面体の面を定義しているのは良いことである．これは，**これらの不等式が可能な限りぴったりしている**[16)] ことを示している．しかし，LP に対する制約条件の集合は，すべての，線形順序多面体のための側面定義不等式をカバーしていない．いわゆるフェンス (fence) 不等式やメビウス (Mobius) の梯子不等式のような洗練された正当な不等式は，より強い LP 緩和を作り出す．ただし，残念ながら，それらを生成するにはコストが掛かりすぎる [57, 62, 64]．

---

16) 訳注：条件 $a \leq b$ において，とくに等号が成り立っていること．

- LP は，感応度解析という素晴らしい性質を持っている．すなわち，LP は，「もしも」シナリオ解析に向いている．特定の入力パラメーターが変化したとき，最適解が変化するか，変化するとしたらどれくらいかを決定することができる．LP が，ランキング問題を解くことに使えることが示されたので，感応度解析の可能性がある．この場合，目的係数 c_{ij} の変化が，どのようにして最適解に影響するのか，という質問に答えることができる．そのような感応度解析は，たとえ存在したとしても，ごく少数の他のランキング手法しか提供できない付加情報である．

レイティング差手法，再び

第 8 章で，要素をランキングするための，レイティング差分法について述べた[17]．その手法は，差分データの要素対要素行列に適用されたとき，いわゆる**丘形状 (*hillside form*)** に可能な限り近づくような行列を作り出す要素の入れ替えを発見するのが目的である．次の図は，この概念を図式的に要約したものである．

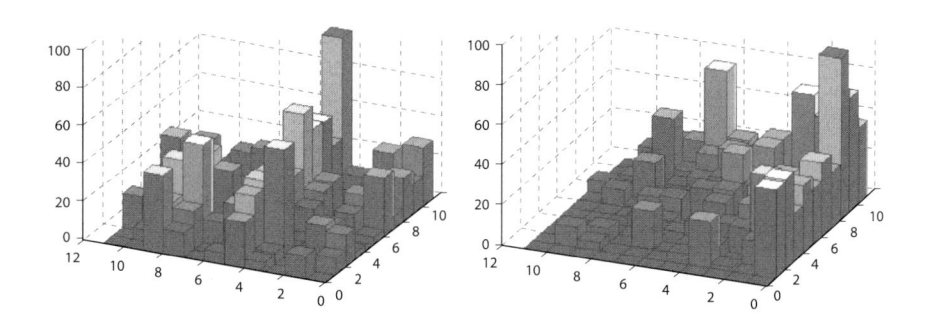

左側は，要素の元々の順番での 11×11 の行列の cityplot で，右側は，同じデータを新しい最適な順番で表示した cityplot である．右側の cityplot は，行列が可能な限り丘の形状に近くなるように順序を選んだので，丘の形状に似ている．

レイティング差分手法とランキング集約手法

第 8 章で，130 ページの囲み部分で定義された丘の形状に違反する個数（もしかしたら重み付けられているかもしれない）を最小化する目的関数を持つ，最適化問題を定式化した．その最適化問題を解くために，進化論的アプローチを導入した．本節では，レイティング差分最適化問題が，本章での技法を用いると，実際に最適かつ効率よくに解けることを示す．本節のための研究成果の多くは，[50] で開発された．そこでは，件の手法を，最小違反ランキング (Miminum Violation Ranking: MVR) 法と呼んでいる．というのも，それが，丘の形状からの違反を最小化するランキングを作り出すからである．

---
[17] 訳注：129 ページ参照．

実際，レイティング差分法は，まさに，BILPに，そして本章の定式化であるLPに適合する．点差を表すデータ行列Dに注目する．ただし，d_{ij}は，勝利チームiが敗北チームjを負かした場合の点数，そうでなければ0として定義される．仕掛けは，**D**の各行と各列を，各チームによる対戦チームへのランキングと見なすことである．例えば，5チームの例で言えば，

$$\mathbf{D} = \begin{array}{c} \\ \text{Duke} \\ \text{Miami} \\ \text{UNC} \\ \text{UVA} \\ \text{VT} \end{array} \begin{pmatrix} \text{Duke} & \text{Miami} & \text{UNC} & \text{UVA} & \text{VT} \\ 0 & 0 & 0 & 0 & 0 \\ 45 & 0 & 18 & 8 & 20 \\ 3 & 0 & 0 & 2 & 0 \\ 31 & 0 & 0 & 0 & 0 \\ 45 & 0 & 27 & 38 & 0 \end{pmatrix}$$

で，**D**の第2行では，Miamiは，その対戦チームの守備力を強い方から弱い方に向かって，UVA, UNC, VT, Dukeとランキングしたことを意味する．他方，例えば，**D**の最初の列は，DUKEがその対戦チームの攻撃力をMiami/VT, UVA, UNCとランキングしたことを意味する．その結果，nチームの攻撃力と守備力のこれらのランキングを集約することで，シーズンを通した総体的なランキングを生成できる．本章でのランキング集約法に対する唯一の変更点は，相似性行列**C**の定義にある．(15.1)式の定義ではなく，レイティング差分の相似性行列は，以下で定義される．

C行列の定義

$\mathbf{C} = [c_{ij}]$ $(i, j = 1, 2, \ldots, n)$ を以下で定義する

$$c_{ij} := \#\{k \mid d_{ik} < d_{jk}\} + \#\{k \mid d_{ki} > d_{kj}\} \tag{15.2}$$

ここで，#は，適用される集合の要素の個数を表す．よって，

$$\#\{k \mid d_{ik} < d_{jk}\}$$

は，チームjよりもチームiに対して低い点差を受けたチームの個数を表す．同様に，$\#\{k \mid d_{ki} > d_{kj}\}$は，チーム$j$よりチーム$i$に対して大きな点差を受けたチームの個数を表す．

注意：上の行列**C**は，丘の違反を二値で数えているが，より複雑な方法も可能である．例えば，丘の違反が生ずるたびに点差を足しこむことによって，重み付けられた違反を考えることができる．この場合は，**C**は，次で定義される．$c_{ij} := \sum_{k: d_{ik} < d_{jk}} (d_{jk} - d_{ik}) + \sum_{k: d_{ki} > d_{kj}} (d_{ki} - d_{kj})$．

いつもの例

この **C** の定義によると，12 チームの SoCon の例では，次の相似性行列が作られる．

$$
\mathbf{C} = \begin{pmatrix}
 & 1 & 2 & 3 & 4 & 5 & 6 & 7 & 8 & 9 & 10 & 11 & 12 \\
1 & 0 & 15 & 15 & 14 & 17 & 7 & 4 & 4 & 9 & 2 & 10 & 11 \\
2 & 8 & 0 & 10 & 12 & 18 & 6 & 3 & 3 & 11 & 3 & 7 & 8 \\
3 & 5 & 11 & 0 & 9 & 14 & 6 & 2 & 4 & 9 & 2 & 5 & 9 \\
4 & 5 & 9 & 9 & 0 & 15 & 5 & 0 & 2 & 6 & 3 & 6 & 5 \\
5 & 2 & 2 & 5 & 3 & 0 & 2 & 1 & 2 & 0 & 1 & 1 & 2 \\
6 & 10 & 14 & 16 & 17 & 18 & 0 & 7 & 7 & 12 & 4 & 13 & 15 \\
7 & 15 & 18 & 18 & 20 & 20 & 13 & 0 & 8 & 16 & 10 & 15 & 15 \\
8 & 15 & 20 & 18 & 18 & 20 & 13 & 10 & 0 & 15 & 11 & 14 & 18 \\
9 & 10 & 9 & 11 & 14 & 19 & 7 & 4 & 7 & 0 & 2 & 10 & 9 \\
10 & 17 & 17 & 18 & 18 & 20 & 16 & 7 & 9 & 15 & 0 & 13 & 14 \\
11 & 10 & 14 & 14 & 10 & 18 & 8 & 4 & 4 & 12 & 7 & 0 & 12 \\
12 & 10 & 12 & 11 & 12 & 17 & 7 & 4 & 4 & 10 & 6 & 8 & 0 \\
\end{pmatrix}
$$

である．

本章の LP 定式でこの例を解くと，次の最適 **X** 行列が作られる．

$$
\mathbf{X} = \begin{pmatrix}
 & 1 & 2 & 3 & 4 & 5 & 6 & 7 & 8 & 9 & 10 & 11 & 12 \\
 & 0 & 0 & 0 & 0 & 0 & 1 & 1 & 1 & 0 & 1 & 0.4951 & 0 \\
 & 1 & 0 & 0 & 0 & 0 & 1 & 1 & 1 & 0 & 1 & 1 & 1 \\
 & 1 & 1 & 0 & 0.5896 & 0 & 1 & 1 & 1 & 1 & 1 & 1 & 1 \\
 & 1 & 1 & 0.4104 & 0 & 0 & 1 & 1 & 1 & 1 & 1 & 1 & 1 \\
 & 1 & 1 & 1 & 1 & 0 & 1 & 1 & 1 & 1 & 1 & 1 & 1 \\
 & 0 & 0 & 0 & 0 & 0 & 0 & 1 & 1 & 0 & 1 & 0 & 0 \\
 & 0 & 0 & 0 & 0 & 0 & 0 & 0 & 1 & 0 & 0 & 0 & 0 \\
 & 0 & 0 & 0 & 0 & 0 & 0 & 0 & 0 & 0 & 0 & 0 & 0 \\
 & 1 & 1 & 0 & 0 & 0 & 1 & 1 & 1 & 0 & 1 & 1 & 1 \\
 & 0 & 0 & 0 & 0 & 0 & 0 & 1 & 1 & 0 & 0 & 0 & 0 \\
 & 0.5049 & 0 & 0 & 0 & 0 & 1 & 1 & 1 & 0 & 1 & 0 & 0 \\
 & 1 & 0 & 0 & 0 & 0 & 1 & 1 & 1 & 0 & 1 & 1 & 0 \\
\end{pmatrix}
$$

である．

これは，次で与えられる，チームランキングに対応する．

$$
\begin{array}{l}
\text{Davidson} \\
\text{CofC} \\
\text{Citadel} \\
\text{Samford} \\
\text{UT Chatt} \\
\text{Wofford} \\
\text{App State} \\
\text{W. Carolina} \\
\text{Elon} \\
\text{UNC-G} \\
\text{Furman} \\
\text{GA Southern}
\end{array}
\begin{pmatrix}
5 \\ 4 \\ 3 \\ 9 \\ 2 \\ 12 \\ 1 \\ 11 \\ 6 \\ 10 \\ 7 \\ 8
\end{pmatrix}
$$

である．

X の中の実数値は，いくつかの引分けの存在を示している．第 2 位のチーム 4 とチーム 3 の間に 2 者引分け，第 6 位のチーム 11 とチーム 1 の間にもう 1 つの 2 者引分けがある．

次の囲み部分は，最小違反ランキング (MVR) 法の各ステップを要約している．

最小違反ランキング法

1. 定義にしたがって，差行列 **D** から係数行列 **C** を次のように作る．

$$c_{ij} := \#\{k \mid d_{ik} < d_{jk}\} + \#\{k \mid d_{ki} > d_{kj}\}$$

2. LP 最適化問題を解く．

$$\min \sum_{i=1}^{n} \sum_{j=1}^{n} c_{ij} x_{ij}$$

$$x_{ij} + x_{ji} = 1 \quad \text{すべての異なる対 } (i,j) \quad (\text{タイプ 1}—\text{反対称性})$$

$$x_{ij} + x_{jk} + x_{ki} \leq 2 \quad \text{すべての異なる 3 つ組み } (i,j,k)$$

$$(\text{タイプ 2}—\text{推移性})$$

$$x_{ij} \geq 0 \quad\quad\quad (\text{タイプ 3}—\textbf{連続性})$$

大きな n の問題に対しては，226 ページと 228 ページの節で議論された制約条件緩和法と限定技法を用いる．

3. 最適解は，最適解行列 **X** の列和を昇順に並べ替えることによって，作り出すことができる．ランキングにおける引分けは，**X** の中の小数値の位置によって同定される．

余談：March Madness と大規模 LP

本章の MVR ランキング技法が適用できる LP の大きさを試すために，2008–2009 年シーズンのの NCAA 大学バスケットボールの 347 チームをランキングしてみた．大規模 MVR LP を解くために，反復制約条件緩和法を使った．[50] の定理の条件と著者達自身の計算結果（つまり，$f(LP) = f(BILP)$）を使って，反復 LP 法は，本来の BILP[18] でも最適であるような一意ではない実数解を作り出すと結論される．最適 LP 解の非零な値のうちたった 0.066% が小数である．加えて，少数，つまりタイは，下位の位置，とくに 252 位と 272 位の間で生じた．

表 15.1 は，全 347 チームの例に対する反復 LP 法の各反復にどれくらいの時間が掛かったかの詳細を示している．たとえば，1 番目の反復では，LP を解くのに 2.88 秒要して，目的関数値 1778224 を生成するが，タイプ 2 の制約条件を発見するのに 0.73 秒要し，反復 2 で解くべき LP 定式化に加えられるべき 11885 個の制約条件を生成している．最終的には，全 23 反復と，20008 個の制約条件を生成するのに，ラップトップで，135.37 秒を要するだけだった．表 15.1 についてのもう 1 つの所見は，226 ページで述べた制約条件緩和技法の驚くべき価値に関連している．本来のタイプ 2 の全制約条件のうち，たった 0.48% だけが必要であった．これは，非常に大きな節約で，より大規模なランキング問題が実行可能範囲となる．表 15.1 からの最後の所見は，有効性 (in order) である．反復 4 までに，反復 LP 法は，実行可能領域の最適面上にある解（まだ実行可能ではないが）に到達している．それに続く反復において，解の最適性はそのままで，実行可能という観点で改善される．言い換える

---

18) 少し異なった入力行列 **D**，平均ではなく積算をベースとした点差行列，を使うと，点差は，二値 LP 解を生成する．結果的に，それは，BILP の最適解でもある．

と，解は，最適な超平面上に留まっているが，各反復ごとに，実行可能領域に近づいて動くのである．

表 15.1 347 チームの例に対する反復 LP 法の計算の詳細

反復回数	LP 実行時間	目的関数値	条件生成時間	付加条件数
1	2.88	1778224.00	0.73	11885
2	3.94	1777829.00	0.64	6900
3	5.78	1777801.50	0.33	644
4	5.39	1777800.50	0.27	179
5	5.77	1777800.50	0.27	38
6	5.64	1777800.50	0.27	35
7	6.08	1777800.50	0.27	29
8	5.34	1777800.50	0.27	54
9	5.78	1777800.50	0.27	30
10	5.63	1777800.50	0.28	14
11	5.53	1777800.50	0.30	19
12	5.81	1777800.50	0.30	28
13	5.94	1777800.50	0.27	20
14	5.58	1777800.50	0.25	4
15	6.25	1777800.50	0.27	20
16	5.53	1777800.50	0.27	7
17	5.97	1777800.50	0.27	25
18	6.11	1777800.50	0.27	10
19	5.45	1777800.50	0.27	19
20	6.03	1777800.50	0.28	12
21	5.73	1777800.50	0.28	26
22	6.02	1777800.50	0.27	10
23	6.11	1777800.50	0.25	0
計 1	128.28		7.09	20008

次に，反復 LP 法の限定版によって可能となる改善を試してみる．
限定技法は，顕著に全実行時間を短縮（53.11 秒）し，最適かどうか保証されない結果で停止する．しかし，最終結果の相対誤差は，0.000422% なので，非常に最適解に近いと言える．究極的には，これが実際に最適解だと結論付けられるが，それは，反復 BILP 法が反復 LP 方と同じ目的関数値を返すからである．

表 15.2 347 NCAA チームの例に対する，限定付反復 LP 法の計算結果.

反復	LP 実行時間	目的関数値	最良の値	条件生成時間	付加条件数
1	1.19	1778224.0	1777474.0	0.28	11885
2	1.58	1777829.0	1777516.0	0.27	6900
3	2.24	1777801.5	1777712.0	0.16	644
4	2.13	1777800.5	1777779.0	0.13	179
5	2.22	1777800.5	1777787.0	0.13	38
6	2.17	1777800.5	1777787.0	0.14	35
7	2.33	1777800.5	1777793.0	0.13	29
8	2.09	1777800.5	1777793.0	0.13	54
9	2.22	1777800.5	1777793.0	0.14	30
10	2.19	1777800.5	1777793.0	0.13	14
11	2.14	1777800.5	1777793.0	0.14	19
12	2.27	1777800.5	1777793.0	0.14	28
13	2.30	1777800.5	1777793.0	0.13	20
14	2.16	1777800.5	1777793.0	0.13	4
15	2.39	1777800.5	1777793.0	0.13	20
16	2.16	1777800.5	1777793.0	0.14	7
17	2.30	1777800.5	1777793.0	0.14	25
18	2.36	1777800.5	1777793.0	0.14	10
19	2.13	1777800.5	1777793.0	0.13	19
20	2.34	1777800.5	1777793.0	0.14	12
21	2.22	1777800.5	1777793.0	0.13	26
22	2.34	1777800.5	1777793.0	0.13	10
23	2.34	1777800.5	1777793.0	0.13	0
計	49.78			3.33	20008

数字の豆知識—

8 番目＝NCAA バスケットボールトーナメントで勝った
　　　最もシードの低かったチーム.
　　—Villanova, 1985 年に Georgetown を 66-64 で降す.
11 番目＝ベスト 4 に残った最もシードの低かったチーム.
　　—LSU，1986 年，準決勝で Louisille に敗れる.

　　　　　　　　　　　—wiki.answers.com & tourneytravel.com

第 16 章　比較の方法

　第 2 章から第 8 章までは物事をランキングする手法について言及したが，その手法の数は増えつつあるものの，限りがあるといえる．第 12 章の重み付けの手法や第 14 章と第 15 章のランキング集約 (rank aggregation) の手法をそれらの手法に適用すると，その組み合わせは急激に増加するため，数が無限とも思えるものとなる．物事をランキングする手法がこれほどたくさんあると，とてももっともな疑問が生じる．つまり，（ランキング集約の手法を適用したものも含めて）どのランキングの手法が一番良いのか，というものである．言い換えれば，これらのランキングの手法をどのように比較できるか，ということである．例によってまずは文献を調べるところからこの調査を始めよう．それは統計学者 Maurice Kendall（モーリス・ケンドール）と Charles Spearman（チャールズ・スピアマン）の研究まで遡る．

2 つのランキングされたリストの定性的偏差

　多くのランキングされたリストの中でどれが一番良いのかを決める，というのは，聖杯探しに近いくらい非常に難しい問題だ．しかし実はこの問題と関連するもので，解くのが若干容易なものがある．その問題は，2 つのリストがどれだけ離れているかを問うものである．この問題への答えは最終的にはより難しい，どのリストが一番良いか，という問題を解く手助けとなる．2 つのランキングされたリストの間の数値的偏差 (numerical deviation)[1] は，統計学者や数学者達によってしばらく研究されてきた．239 ページの Kendall の τ（タウ），および，244 ページの Spearman の物差し (footrule) についての章では，そのような数値的偏差のうち古典的な 2 つについて説明し，それぞれについての私たち独自の改良について付け足す．

---

[1]　注意深い読者はきっと，本節で新しい測度 ϕ を距離ではなく偏差の測度と呼んでいることに気が付いただろう．これは意図的なものである．距離の測度 (distance measure) であるためには，ϕ は全てのリスト l_1, l_2 および l_3 について，次の 3 つの性質を満たしていないといけない．
- 同一性 (identity)：$l_1 = l_2$ のとき，かつ，そのときに限り，$\phi(l_1, l_2) = 0$ である．
- 対称性 (symmetry)：$\phi(l_1, l_2) = \phi(l_2, l_1)$ である．
- 三角不等式 (triangle inequality)：すべての l_1, l_2, l_3 について $\phi(l_1, l_2) + \phi(l_2, l_3) \geq \phi(l_1, l_3)$ である．

私たちが使っている ϕ は同一性と対称性の性質は満たしているものの三角不等式については満たしていない．したがって ϕ を偏差の測度と呼ばざるを得ないのだが，実はそれで良いのである．なぜならばこの測度は私たちの，スポーツにおけるランキング問題に合うようにしているからである．つまりこの測度の顕著な性質のほうが，三角不等式になっていることよりも重要なのである．

2つのランキングされたリストの間の数値的偏差は，2つのリストを比較するための正確な定量的測度 (quantitative measure) になる．一方で，ときには正確とは言えない定性的評価 (qualitative assessment) も役に立つことがある．したがって，定量的測度について掘り下げる前に，2つのランキングされたリストの間の違いを視覚的に表現してみよう．

下記のような，異なる長さを持つ2つの部分的なランキングリスト l と $\tilde{l}$ を考えてみよう．

$$l = \begin{pmatrix} A \\ B \\ C \\ E \\ H \end{pmatrix} \begin{matrix} 1\text{位} \\ 2\text{位} \\ 3\text{位} \\ 4\text{位} \\ 5\text{位} \end{matrix} \qquad \tilde{l} = \begin{pmatrix} C \\ B \\ D \\ A \end{pmatrix} \begin{matrix} 1\text{位} \\ 2\text{位} \\ 3\text{位} \\ 4\text{位} \end{matrix}$$

図 16.1 は 2 つのリストを 2 部 (bipartite) グラフで表したものである．

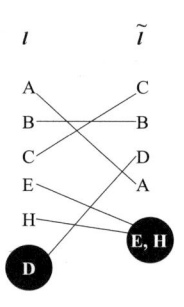

図 16.1 2 部グラフによる 2 つのランキングリストの比較．

リストが部分的であるため，D, E, H のようにどちらか 1 つのリストにしか存在しない項目もいくつかある．そのような項目を処理するために，それぞれのランキングリストの最後にダミーのノードを 1 つ追加する．このノードがブラックホール (black hole) の役割を果たすのである．どの項目がブラックホールに入るかはわかっているが，それぞれのブラックホールの中に入っている項目の相対的順番はわからない．左のリストのそれぞれの項目と右のリストで対応する項目を線で結ぶ．この図による描写は，2 つのランキングリストの違いを判断するのに単純でありながら強力なツールである．なぜならある特定の項目間の線が真横またはほぼ真横な場合，2 つのランキングリストの中で，その項目の性質が似た評価を得ていることを意味しており，一方で，斜めの線，とくに急勾配の斜めの線は 2 つのリストの間でその項目がとても異なる評価を得ていることを意味するからである．さらに，ざっと見るだけでどこに差異があるのかがすぐにわかるのである．例えば，2 部グラフの上部で傾斜の強い斜線が多く見られる場合，2 つのリストが上位にランキングされた項目についてしばしば全く違う評価をしていることを意味する．もし斜線があるのであれば，できればグラフの下のほうにあって欲しい．例えば図 16.2 は RPI

(Rating Percentage Index)[2]のリストと比較して，Markov の手法および Massey の手法によって作られた上位 20 位のランキングリストがどれほど違っているかを示している．この計算は NCAA 男子ディビジョン I バスケットボールの 2005 年のシーズンが終わった後に行われた．RPI はチームの強さを測る基準として認知されており，どのチームが March Madness に招待されるかを NCAA が決めるときに使う要素の 1 つである．この線グラフによる表現で，Markov のリストよりも Massey のリストのほうが，RPI との共通点が多くあるということが容易にわかる．

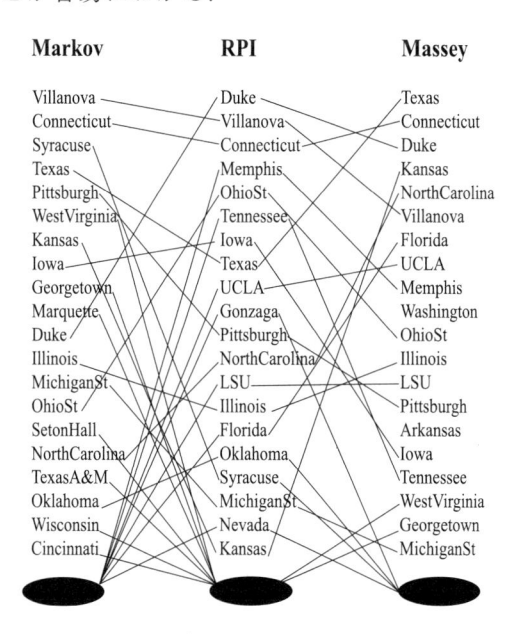

図 16.2　Markov と RPI，および，Massey と RPI を比較した 2 部グラフ．

さらに有用な視覚的表現方法は，この 2 部グラフをレイティングベクトルの数直線と合わせたものである．この場合，最上位と最下位のチームが固定された間隔で配置され，残りのチームがそれぞれのレイティングの値に対応した位置に相対的に配置される．この方法ではチーム間の相対的な距離が表現される．2 つのリストをそれぞれこの方法で表現し，その後，リストの中の同じチーム同士を線で結ぶことでそれらのリストの間の 2 部グラフができる．図 16.3 では，この方法を，2007 年から 2008 年のバスケットボールシーズンにおける Southern Conference のチームについて計算された Massey と Markov のランキングに適用している．

Kendall の τ

図 16.1 と図 16.2 の描写によって，2 つのランキングリストの類似性について大まかに定性的な判断をすることができるが，精度に欠けており，それは定量的な測度を用いることによって補足される．本節では統計学者の Maurice Kendall による定量的測度について

---
2) 訳注：大学バスケットボールのチームをランキングするインデックス．

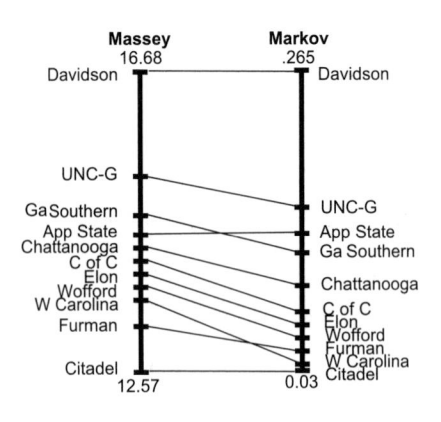

図 16.3　Massey と Markov の手法の 2 部グラフと線グラフを合わせた表現による比較.

述べる．Kendall はもともとこの測度を完全リスト (full list) について定義したので，部分リスト (partial list) に適用するには多少の調整が必要である．したがって，本節を 2 つに分けて，完全リストと部分リストについて述べる．

完全リストにおける Kendall の τ

1938 年，Maurice Kendall は 1 つの測度 (measure) を開発した．それは今日 Kendall の τ 順位相関係数 (Kendall tau rank correlation) として知られており，2 つの**同じ長さの完全リスト**の間の相関を計測するものである [43]．Kendall の相関測度 τ は，1 つのリストが別のリストとどれぐらい一致するか（もしくはしないか）を表す．実際に，この測度の一部を計算する 1 つの手段として，1 つのリストの順序を変えて別のリストと同じ順序にするためにバブルソートを行う場合に必要となる入れ替えの回数を数える．しかし，Kendall の τ のより一般的な定義は以下のものである．

$$\tau = \frac{n_c - n_d}{n(n-1)/2} \tag{16.1}$$

このとき，n_c は一致している対の数，n_d は一致していない対の数を表す．分母の $n(n-1)/2$ は n 個の項目を持つリストの間の項目の対の総数である．リスト内のそれぞれの項目の対について（つまりそれぞれの「対戦 (matchup)」について），2 つのリスト内での相対的なランキングが一致するかどうかを判断する．もっと正確に言えば，(i, j) という対で，もしチーム i がどちらのリストでもチーム j よりも上（または下）にランキングされていたら，その対は**一致** (*concordant*) ということになる．そうでなければその対は**不一致** (*discordant*) となる．τ が分数で表現されていることから，この測度は 2 つのリストの一致度を直感的に表すものであることがわかる．$n(n-1)/2$ 個の対のそれぞれが一致か不一致のどちらかに分類されるため，当然，$-1 \leq \tau \leq 1$ となる．もし $\tau = 1$ であれば，2 つのリストは完全に一致していることになる．もし $\tau = -1$ であれば，片方のリストはもう片方のリストの完全な逆順になっている．

例 A から D の 4 つの項目を含む完全リストである 3 つのランキングリスト l_1, l_2, l_3 について考えよう.

$$
\begin{array}{ccc}
l_1 & l_2 & l_3 \\
\begin{array}{c} 1\text{位} \\ 2\text{位} \\ 3\text{位} \\ 4\text{位} \end{array}\begin{pmatrix} A \\ D \\ C \\ B \end{pmatrix} &
\begin{array}{c} 1\text{位} \\ 2\text{位} \\ 3\text{位} \\ 4\text{位} \end{array}\begin{pmatrix} A \\ C \\ D \\ B \end{pmatrix} &
\begin{array}{c} 1\text{位} \\ 2\text{位} \\ 3\text{位} \\ 4\text{位} \end{array}\begin{pmatrix} B \\ D \\ C \\ A \end{pmatrix}
\end{array}
$$

l_1 と l_2 の間の値である $\tau(l_1, l_2)$ は $4/6$ であるのに対して,$\tau(l_1, l_3) = -4/6$ である.l_1 のリストが l_3 よりも l_2 に近いことは簡単に見て取ることができるので,この結果は直感に合っていると言える.さらに,l_3 のリストは l_2 の逆順なので,Kendall の測度 $\tau(l_2, l_3) = -6/6 = -1$ となる.

Kendall の τ の測度は 2 つのランキングリストの間の偏差を比較するには良い出発点となる.しかし,いくつかの弱点もある.第一に,リストが非常に長い場合に計算に時間がかかる [28].第二に,両方のリストは完全リストでなければいけないので,この測度の適用範囲を限定してしまう.いわゆる**上位 k 位のリスト** (*top-k list*) を比較することはよくあることである.例えば,BCS によって生成された大学フットボールチーム上位 10 位のリストを,本書で言及しているランキング手法の 1 つを使って作った上位 10 位のリストと比較したい場合もあるだろう.この場合,リストが部分的であるため,2 つのリストが同じ一連のチームを含んでいることはまずありえない.その結果,標準的な Kendall の測度は使えないが,そのような場合に適用する方法として,その変形がいくつか [25, 24, 47] 提案されている.実際に私たちも次の節で独自の変形を提案しよう.第三に,これは本書のスポーツランキングの問題にとくに関係があるのだが,リストの下位における不一致もリストの上位における不一致も同じだけペナルティ (penalty) が与えられるということである.ランキングをするほとんどの場合,ランキングリストの上位の要素に関心を向けるものである.つまり,リストの下位の誤差の重要性は低いのである.Kendall の τ の測度についてのこの最後の弱点は,244 ページの Spearman の物差し (footrule) の節で説明する新しい距離の測度を開発する動機付けとなった.

部分リストにおける Kendall の τ

Kendall の τ は**部分リストと長さの異なるリスト**に適用する場合にはいくらかの調整が必要である.例えば,下記の l と $\hat{l}$ を考えてみよう.

$$
\begin{array}{cc}
& l \\
1\text{位} \\ 2\text{位} \\ 3\text{位}
\end{array}
\begin{pmatrix} A \\ E \\ B \end{pmatrix}
\qquad
\begin{array}{cc}
& \hat{l} \\
1\text{位} \\ 2\text{位}
\end{array}
\begin{pmatrix} C \\ D \end{pmatrix}
$$

この場合，(A,B) の対など，一致または不一致と分類できるだけの十分な情報が足りていない対がある．そのような対のために不明 (unknown) という新しいラベルが必要である．実際に，上記の例においても，そのような分類できない対が (A,B), (A,E), (B,E) と (C,D) の 4 つ存在する．この状況に対応するために，完全リストにおける Kendall の τ の測度を，長さの異なる部分リストや引分けが入ったリストも含め，部分リストを扱えるように変更する[3]．

$$\tau_{partial} = \frac{n_c - n_d - n_u}{\binom{n}{2} - n_u} \tag{16.2}$$

この $\tau_{partial}$ の式において，n_c と n_d は従来通り（つまりそれぞれ一致している対と不一致の対の数），n は 2 つのリストの間の固有の項目の総数（つまり $|l \cup \hat{l}|$），そして n_u は分類されない対の数である．上記の例では以下の計算になる．

$$\tau_{partial} = \frac{0 - 6 - 4}{10 - 4} = -10/6 = -1.\overline{6}$$

これはこの例の偏差の上界となる．なぜなら以下の式が成立するからである．

$$\frac{-\binom{n}{2}}{\binom{n}{2} - n_u} \leq \tau_{partial} \leq \frac{\binom{n}{2}}{\binom{n}{2} - n_u}$$

$\tau_{partial}$ の利点の 1 つは，逆順の部分リストよりも互いに素な (disjoint) 部分リストに対してより大きなペナルティを与えることであり，これは直感に合っていると言える．

例 次の 4 つの部分リストについて考えてみよう．

$$
\begin{array}{cc}
& l_4 \\
1\text{番} \\ 2\text{番} \\ 3\text{番}
\end{array}
\begin{pmatrix} A \\ E \\ B \end{pmatrix}
\quad
\begin{array}{cc}
& l_5 \\
1\text{番} \\ 2\text{番} \\ 3\text{番}
\end{array}
\begin{pmatrix} B \\ E \\ A \end{pmatrix}
\quad
\begin{array}{cc}
& l_6 \\
1\text{番} \\ 2\text{番} \\ 3\text{番}
\end{array}
\begin{pmatrix} C \\ A \\ F \end{pmatrix}
\quad
\begin{array}{cc}
& l_7 \\
1\text{番} \\ 2\text{番} \\ 3\text{番}
\end{array}
\begin{pmatrix} C \\ D \\ F \end{pmatrix}
$$

修正した Kendall の測度を単純に当てはめると表 16.1 に示した値が得られる．

---

[3] 訳注：図 16.1 にあるように，l と $\hat{l}$ にそれぞれダミーノード $\{C, D\}$ と $\{A, E, B\}$ を加えて，$n = 5$．
- 一致する対はない → $n_c = 0$．
- 不一致の対は $(A, C), (E, C), (B, C), (A, D), (E, D), (B, D)$ → $n_d = 6$．
- 不明の対は $(A, B), (A, E), (B, E), (C, D)$ → $n_u = 4$．

を，式 (16.2) に代入して計算すると $\tau_{partial} = -1.\overline{6}$ を得る．

表 16.1　間違った n の数で得られた Kendall の $\tau_{partial}$[4].

リスト	n	$\tau_{partial}$
l_4, l_5	3	-1
l_4, l_6	5	$-.5$
l_4, l_7	6	$-1.\overline{6}$

l_4 と l_6 は1つしか同じ要素が無いのにも関わらず l_4 が l_5 よりも l_6 に近く見えるため，この結果はやや納得がいかないものである．この例は $\tau_{partial}$ の測度について非常に重要な注意点を強調している．2つ以上の部分リストを比較するとき，n, n_c, n_d および n_u が意味をなすのは n が**対象となるすべてのリストの中の異なる項目** (unique items) の数として定義されるときのみである．この補正を加えることで，$\tau_{partial}$ は直感に合ったものになる．したがって，l_4, l_5, l_6 および l_7 の場合，$n=6$ となり，$\tau_{partial}$ 測度の値は表 16.2 に示すものとなる．

表 16.2　正しい n の数で得られた Kendall の $\tau_{partial}$[5].

リスト	n	$\tau_{partial}$
l_4, l_5	6	$.25$
l_4, l_6	6	$-.\overline{7}$
l_4, l_7	6	$-1.\overline{6}$

完全リストがインプットとして使用された場合，分類されない不明の対の数はゼロ（つまり $n_u = 0$）であるため 242 ページの $\tau_{partial}$ の式 (16.2) は 240 ページの完全な τ の式 (16.1) の形になることに注意して欲しい．したがって，両方の場合を網羅するには次の定義で十分である．

---

[4] 訳注：ここで n は，比較している 2 つのリストによって異なる数である．
[5] 訳注：表 16.1 において $\tau_{partial}(l_4, l_6)$ を計算するには，

$$\begin{pmatrix} l_4 \\ A \\ E \\ B \\ \{C, F\} \end{pmatrix}, \begin{pmatrix} l_6 \\ C \\ A \\ F \\ \{B, E\} \end{pmatrix}$$

のように，$l_4 \cup l_6 = \{A, B, C, E, F\}$ を全体集合 ($n=5$) とする．一方，表 16.2 における $\tau_{partial}(l_4, l_6)$ を計算するには

$$\begin{pmatrix} l_4 \\ A \\ E \\ B \\ \{C, D, F\} \end{pmatrix}, \begin{pmatrix} l_6 \\ C \\ A \\ F \\ \{B, D, E\} \end{pmatrix}$$

のように，$l_4 \cup l_6 \cup \{D\} = \{A, B, C, D, E, F\}$ を全体集合 ($n=6$) とする．すると，
- 一致する対は $(A,E), (A,B), (A,D), (A,F) \to n_c = 4$.
- 不一致の対は $(A,C), (E,C), (E,F), (B,C), (B,F) \to n_d = 5$.
- 不明の対は $(E,B), (E,D), (B,D), (C,F), (C,D), (F,D) \to n_u = 6$.

となり，$\tau(l_4, l_6) = \frac{4-5-6}{\frac{6\times 5}{2} - 6} = \frac{-7}{9} = -.\overline{7}$ を得る．

> **ランキングリストを比較するための Kendall の測度 τ**
>
> $$\tau = \frac{n_c - n_d - n_u}{\binom{n}{2} - n_u}$$
>
> このとき n_c は一致する対の数, n_d は不一致の対の数, n_u は分類されない対の数, および n は比較対象の全てのリストの中で固有の項目の数である.

　私たちは Kendall の測度を完全リストにも部分リストにも適用できるように修正した. この修正による新しい定義は, 長さの違う部分リストや引分けを含んだリストなどの特殊な場合にも適用できる. しかし, まだ解決できていない問題が 1 つある. Kendall の τ はリスト間の相違をマイナス要因にする (penalize) ために, 単純なカウント (n_d と n_u) を使っている. その結果, それらの相違の相対的な位置が考慮されていない. したがって, リスト内の相違の位置によって重み付けが変わる新しい測度を次に考えてみよう. まず完全リストについて検証してから, より手強い部分リストに取り組むことにする.

完全リストについての Spearman の重み付け物差し

　本節で定義する新しい測度は, 以前からあった **Spearman の物差し測度 (*Spearman footrule measure*)** と呼ばれる, 2 つのランキングリストを比較するための測度が自然に発展したものである [41]. Spearman の物差し ρ は, 単純に k の長さを持つ 2 つのランク付けされた完全 (*sorted full*)[6] リスト l と $\tilde{l}$ の間の L_1 距離である. つまり以下の式が成り立つ.

$$\begin{aligned}\rho &= \|l - \tilde{l}\|_1 \\ &= \sum_{i=1}^{k} |l(i) - \tilde{l}(i)|,\end{aligned}$$

　ここで $l(i)$ はリスト l におけるチーム i のランキングで, $\tilde{l}(i)$ はリスト $\tilde{l}$ におけるチーム i のランキングである. 私たちがこの測度について考えた新しい測度は, それぞれの相違のマイナス要因に重み付けする修正を加えたもので, 重み付け物差し (weighted footrule) と呼ぶことにし, 式 16.3 によって定義される.

---

6) 訳注：ここでは, ランク付けされた順にソートされているので sorted full list と言っている.

2つのランキングされた完全リストを比較するための重み付けされた物差し ϕ

共に長さが k である2つのランキングされた完全リスト l と $\tilde{l}$ の間の重み付けされた物差し測度である ϕ は以下のとおりである．

$$\phi = \sum_{i=1}^{k} \frac{|l(i) - \tilde{l}(i)|}{min\{l(i), \tilde{l}(i)\}} \tag{16.3}$$

この新しい偏差の測度は次の考え方に基づくものであることに留意して欲しい．2つのランキングリストがあるときに，リスト間の上のほうの相違は，下のほうの相違よりもより重んじられるのである．その結果，偏差の測度を計算する際に，相違に対して，リストの中の位置に応じたペナルティを与えるのである．この ϕ の定義は上位にランキングされたチームの間のランクの相違に対してより大きなペナルティが与えられるようになっている．

例 仮にチーム i が l では3位で，$\tilde{l}$ では2位だったとすると，

$$min\{l(i), \tilde{l}(i)\} = 2$$

となる．一方もしチーム i が l では13位，$\tilde{l}$ では12位だったとすると，$min\{l(i), \tilde{l}(i)\} = 12$ となり，上位 k 位のリスト上の，より下位のほうで生じる相違について，ϕ の値が著しく軽減されることになる．

両方のリストに現れる全てのチーム i について，$1 \leq min\{l(i), \tilde{l}(i)\} \leq k$ であることは明らかである．また，$\phi \geq 0$ であり，ϕ が小さいほど，比較対象の2つのリストが近似しているということである．

部分リストについてのSpearmanの重み付け物差し

重み付けされた物差しの計算は完全リストの場合は簡単である．しかしここでもっと汎用的な（そしてもっと複雑な）部分リストの場合を考えなければいけない．そしてそれは同じ長さの部分リストと違う長さの部分リストという2つの問題にさらに分割される．まずは簡単なほうの問題である，長さ k を持つ2つの部分リストについて考えよう．

部分リストの分析は，1つの項目が両方のリストに現れないことがあるため，扱いにくいものである．ϕ を計算するにあたって，l と $\tilde{l}$ の両方のリストの全集合，またはそれら

の各要素集合の和集合におけるそれぞれの要素 i の寄与について検討しなければいけない．そして，それぞれの要素 i は共通集合 $l \cap \tilde{l}$ にあるか（つまり両方のリストに現れる），この補集合 $(l \cup \tilde{l})/(l \cap \tilde{l})$[7] にある（つまり片方のリストにのみ現れる）．共通集合にあるチーム i について，ϕ_i の $\phi = \sum_i \phi_i$ に対する寄与度の計算は簡単である．単純に重み付けされた公式 (16.3) を使えば良いのだ．しかし補集合における寄与度は，$l(i)$ または $\tilde{l}(i)$ のどちらか一方が不明であるため計算が難しい．仮に，例えば，チーム i がリスト l において j 位で，$\tilde{l}$ には現れていないとする．このとき $\phi_i = |j - \tilde{l}(i)|/j$[8] であり，$\tilde{l}(i)$ は明らかに情報として欠けている．これは最終的には数学的分析を用いて解明する未知の情報なので，差し当たりこの欠けている情報を x と呼ぶことにする．したがって，このシナリオでは $\phi_i = \frac{|j-x|}{j}$ となる[9]．x がわかりさえすれば，$\phi = \sum_{i=1}^{m} \phi_i$[10] という具合に，それぞれの ϕ_i のペナルティをすべて足し合わせて最終的な偏差の測度を計算する．このとき m は 2 つのリストに現れるチームの総数，つまり $m = |l(i) \cup \tilde{l}(i)|$ となる．この解釈は簡単である．ϕ が小さいほど 2 つのリストはより近似している，ということである．

では未知の数である x を見つけることで，ϕ というパズルを完成させる最後のピースを埋めよう．ここでは [47] の論理に似た数学的分析を適用する．この論理は良い測度 ϕ は次の 3 つの特性を満たさないといけないという信念 (belief) にもとづいている．

1. 全く同一の 2 つのリストは偏差の測度が 0 でなくてはいけない．つまり $\phi = 0$ である．
2. 互いに素な 2 つのリストの偏差は，この測度が許容する最大の数にならないといけない．
3. 要素の順番が完全に逆順であるが，それらの積集合が元の集合に一致する 2 つのリストの偏差は，特性 2 によって計算される偏差の半分である[11]．

この特性 2 と 3 を使って巧妙に x を解き，そのことにより**同じ長さの部分リスト**についての ϕ を計算しよう．

まず特性 2 を使ってリスト l と，それと互いに素であるリスト (disjoint partner)[12] である l^c の偏差，$\phi(l, l^c)$ を計算する．x が未知であるため，この計算は x を変数とする関数となる．l と l^c が両方とも長さ k であると仮定しよう．l と l^c には共通する要素が無いため，計算する個別の測度 ϕ_i は $2k$ 個となる．一番目のリスト l については，ϕ_i の距離は以下のようになる[13][14]．

---

7) 訳注：集合 A, B に対して A/B は $A \cap \tilde{B}$，つまり A と B の集合差を示す．
8) 訳注：より正確には，$\phi_i = |j - \tilde{l}(i)|/min\{j, \tilde{l}(i)\}$．
9) 訳注：より正確には，$\phi_i = \frac{|j-x|}{min\{j,x\}}$．ここで，$x$ は，図 16.1 のブラックホールに相当するダミーノードの（未知の）順位とする．
10) 訳注：i は番号ではなく要素（たとえば l_4 の A）なので，より正確には，$\phi = \sum_{i \in l \cup \tilde{l}} \phi_i$ である．
11) 訳注：これが正しいというより，[47] で belief といっているようにそのように考えたいの意．
12) 訳注：集合論的には，補集合 (complementary set) になっている．
13) 訳注：ϕ_i において i は l の要素なので，本章の例題では A, B, C などであり，1, 2, 3 ではない．よって，$\phi_1 = (x-1)/1$ は $\phi_{i_1} = (x-1)/1$ などと書くべきである．ここで，i_1 は l の一番目の要素という意味である．以下同様．
14) 訳注：各 $\phi_i = \frac{|j-x|}{min\{j,x\}}$ において，ダミーノードの順位 x は $x > k$ と考えられるので，$\phi_i = \frac{x-j}{j}$ となる．

$$\phi_1 = (x-1)/1$$
$$\phi_2 = (x-2)/2$$
$$\vdots$$
$$\phi_k = (x-k)/k$$

そして，l^c のリストの距離についても同じことが言える．よって以下の式が成り立つ．

$$\phi(l, l^c) = 2\sum_{i=1}^{k}(x-i)/i = -2k + 2x\sum_{i=1}^{k}1/i.$$

k と x の値に依存するこの和は，長さ k を持つ2つのリストの間の最大の距離である．結果として，後で出てくる最後のステップで，$\phi(l, l^c)$ も偏差の値を正規化するために使えることになる．要するに，この時点において，この測度によって許容される最大の偏差である特性2の値が求められたことになる．

次に特性3に移って，リスト l とその逆順のリストである l^r の間の偏差を計算する．ここでの作戦は k と x によって $\phi(l, l^c)$ と $\phi(l, l^r)$ を表す式を得て，$\phi(l, l^c) = 2\phi(l, l^r)$ の式を使って未知の x を求める，というものである．

リスト l とその逆順のリストである l^r は同じ k 個の要素を持っているため（つまり $l \cup l^r = l \cap l^r$），$\phi(l, l^r)$ は未知の x の関数にはならない[15]．その結果 $\phi(l, l^r)$ は単純な計算となる．その計算は床関数 $\lfloor\ \rfloor$[16] を使って以下の式で表される．

$$\phi(l, l^r) = 2\sum_{i=1}^{\lfloor k/2 \rfloor}(k-(i-1)-i)/i = -4\lfloor k/2 \rfloor + 2(k+1)\sum_{i=1}^{\lfloor k/2 \rfloor}1/i.$$

そして x にまつわる謎を解く最後の鍵として，$\phi(l, l^c) = 2\phi(l, l^r)$ という式を活用して，（煩雑ではあるものの）x を表す式を見つけられる．代数学を少し駆使して以下の式を導き出すことができる（これで出来上がり！）．

$$x = \frac{k - 4\lfloor k/2 \rfloor + 2(k+1)\sum_{i=1}^{\lfloor k/2 \rfloor}1/i}{\sum_{i=1}^{k}1/i}.$$

よって，例えば $k=3$ であるとき，$\phi(l, l^c) = 8$，$\phi(l, l^r) = 4$，および $x = 42/11 \approx 3.82$ となる．正規化された測度のほうが解釈し易いので，$\phi(l, l^c)$ で表される偏差の最大値で割ることで，ϕ が0から1の間になるようにする．

---

[15] 訳注：つまり，$\phi(l, l^r)$ の計算に x は現れない．
[16] 訳注：日本ではガウス記号 $[x]$（x を超えない最大整数）がよく使われる．

長さ k の部分リストを比較するための重み付け物差し測度 ϕ

2つの長さ k の部分リスト l と $\tilde{l}$ を比較する重み付け物差し測度 ϕ は，個々の ϕ_i から計算されて，$0 \leq \phi \leq 1$ となるように正規化される．ϕ が下限の0に近付くほど2つのランキングリストが近似していることになる[17]．

$$\phi = \frac{\sum_{i=1}^k \phi_i}{\phi(l, l^c)}$$

ここで

$$\phi(l, l^c) = -2k + 2x \sum_{i=1}^k 1/i$$

である．それぞれの項目 i は以下の2つのケースのいずれかになり，ϕ に寄与する ϕ_i はそのケースに応じて計算される．

- $i \in l \cap \tilde{l}$ （つまり l と $\tilde{l}$ の両方のリストに項目が入っている）の場合

$$\phi_i = \frac{|l(i) - \tilde{l}(i)|}{min\{l(i), \tilde{l}(i)\}}.$$

- $i \in (l \cup \tilde{l})/(l \cap \tilde{l})$ （つまり項目が片方のリストにしか入っておらず，一般性を失うことなくそのリストを l と仮定する）の場合

$$\phi_i = \frac{|l(i) - x|}{min\{l(i), x\}}.$$

このとき x は次のように定義される．

$$x = \frac{k - 4\lfloor k/2 \rfloor + 2(k+1) \sum_{i=1}^{\lfloor k/2 \rfloor} 1/i}{\sum_{i=1}^k 1/i}.$$

例 下に再掲した，242ページの4つのリスト l_4, l_5, l_6 および l_7 を考えてみよう．

---

[17] 訳注：次の囲み部分の最初の式の左辺の ϕ は，右辺において $\sum_{i=1}^k \phi_i$ を $\phi(l, l^c)$ で正規化した量なので，正確には ϕ^n などと別の記号を当てるべきであるが，煩雑になるので原文のままにしておく．以下の本文や表の中の ϕ は，正規化された ϕ であることに注意されたい．

$$
\begin{array}{cccc}
l_4 & l_5 & l_6 & l_7 \\
\begin{array}{c}1\text{位}\\2\text{位}\\3\text{位}\end{array}\begin{pmatrix}A\\E\\B\end{pmatrix} &
\begin{array}{c}1\text{位}\\2\text{位}\\3\text{位}\end{array}\begin{pmatrix}B\\E\\A\end{pmatrix} &
\begin{array}{c}1\text{位}\\2\text{位}\\3\text{位}\end{array}\begin{pmatrix}C\\A\\F\end{pmatrix} &
\begin{array}{c}1\text{位}\\2\text{位}\\3\text{位}\end{array}\begin{pmatrix}C\\D\\F\end{pmatrix}
\end{array}
$$

表 16.3[18]) はリスト l_4 と他のリストの間の Kendall の測度 $\tau_{partial}$ と重み付け物差し測度 ϕ を表している. 2 つの偏差の測度の間の違いはこの小規模の例では, 大規模な例の場合ほど明白ではない. 実際, 次の例では τ と ϕ の間の違いが非常に明らかになっている.

表 16.3 4 つの部分リスト l_4, l_5, l_6 および l_7 についての Kendall の τ と重み付け物差し測度.

リスト	Kendall の $\tau_{partial}$	重み付け物差し ϕ
l_4, l_5	$3/12 = .25$	$4/8 = .5$
l_4, l_6	$-7/9 = -.\overline{7}$	$29/44 = .66$
l_4, l_7	$-15/9 = -1.\overline{6}$	1

例 図 16.4 で示される, 全てが長さ 12 の 3 つのリスト l_8, l_9 および l_{10} の例を考えてみよう. 表 16.4 では $\tau(l_8, l_9) = \tau(l_9, l_{10})$ となっているものの, リスト l_8 は上位半分が l_9 とぴったり一致しているため, 明らかに l_{10} よりも l_9 に近いと考えられる. 一方, $\phi(l_8, l_9) < \phi(l_9, l_{10})$ であるので, 重み付け物差しはこの状態を捉えている.

長さの違う部分リスト

前節では, いくつかの数学的手法を駆使して, 同じ長さの部分リストに対して重み付け物差し測度を適用できることを示した. 残念なことに ϕ を長さの違う部分リストに適用できるようにするために必要な手法ははるかに複雑であり, その労力に見合うものであるとは言い難い. 現実的には 2 つの長さが異なるリストを比較するという場面にはなかなか遭遇しない. このような制限に比べると, Kendall の τ 測度は, 完全なリストだけでなく, 同じ長さの部分リスト, 可変長の部分リストなどすべてのリストに適用可能なように改造できる. 一方, l_8, l_9 および l_{10} のリストの例で示した通り, 重み付け物差し ϕ は完全リストおよびトップ k 位のリストについて Kendall の τ よりももっと直感的で適切である.

---

18) 訳注: 例えば, l_4 と l_6 の ϕ を計算してみる.
  1. 囲み部分の直前にあるように $k = 3, \phi(l, l^c) = 8, x = 42/11$ に注意する.
  2. $l_4 = \{A, E, B\}, l_6 = \{C, A, F\}$ なので $l_4 \cap l_6 = A$ に注意する.
  3. $\sum_{i \in l_4 \cup l_6} \phi_i = \phi_A + \phi_E + \phi_B + \phi_C + \phi_F = \frac{|1-2|}{min\{1,2\}} + \frac{x-2}{2} + \frac{x-3}{3} + \frac{x-1}{1} + \frac{x-3}{3} = 1 + 10/11 + 3/11 + 31/11 + 3/11 = 58/11$.
  4. $\phi(l_4, l_4^c) = \phi(l_6, l_6^c) = 8$ で正規化して $29/44$.

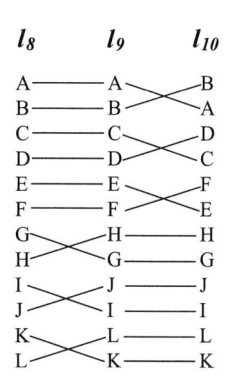

```
        l₈        l₉       l₁₀
        A ——— A        B
        B ——— B ⨯  A
        C ——— C        D
        D ——— D ⨯  C
        E ——— E        F
        F ——— F ⨯  E
        G ⨯  H ——— H
        H     G ——— G
        I ⨯  J ——— J
        J     I ——— I
        K ⨯  L ——— L
        L     K ——— K
```

図 16.4 Kendall の τ と重み付け物差し φ の間の違い．

表 16.4 3 つの部分リスト l_8, l_9, l_{10} における Kendall の τ と重み付け物差し測度．

リスト	Kendall の $\tau_{partial}$	重み付け物差し φ
l_8, l_9	.95	.02
l_9, l_{10}	.95	.09

評価指標：既知の基準との比較

　さて，2つのランキングリスト（とくにそれらが同じ長さのとき）を比較するために使うものとして非常に満足のいく測度 φ ができたので，本章の始めに提示した最初の質問に戻ってみよう．それは「具体的にどのランキングリストが一番良いのか？」というものだった．成功を評価するための指標として誰もが認めるものがあればこの質問の答えは簡単である．大学のフットボールについてもう一度考えてみよう．成功の指標としてしばしば BCS ランキングリストが使われる．この場合，BCS と任意のランキング手法の間の偏差である φ(BCS, Massey)，φ(BCS, Colley)，または φ(BCS, 任意の手法) を計算する．そして単純に BCS と比較したときの φ が最小になった手法が最善の手法ということになる．もちろんこれは BCS のリストが「正しい」ということが前提になっており，この点については，前述の通り終わり無き議論の対象となっている．BCS のように物議を醸し出しているリストを究極の基準とするのは満足がいくものではないので，もしかしたら他の別のリストのほうが究極という身分に相応しいのかもしれない．それについては次の節で深堀りしよう．

評価指標：集約されたリストとの比較

　第 14 章の集約手法の 1 つを使って作られたランキング集約されたリストは究極の基準もしくは評価指標という呼び名に相応しい候補ではないだろうか．このリストは複数の個別のランキングリストの一番良い性質を持っていて，外れ値 (outlier) の影響が除外されている．この指標を用いれば，集約された指標からの偏差が最小であるランキングリスト

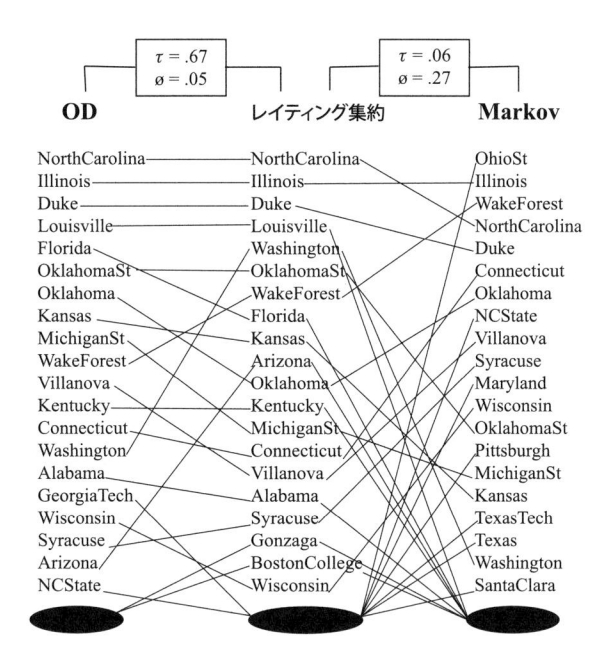

図 16.5 (OD, レイティング集約) と (Markov, レイティング集約) のそれぞれの間の距離の比較.

が最善ということになる．もちろん，239 ページの Kendall の τ か 244 の重み付け物差し ϕ を使って集約されたリストからの偏差を求めることができる．

例 図 16.5 は集約されたリストの OD リストと Markov リストからの偏差を表している．定性的な測度も定量的な測度も提示した．2 部グラフの表現方法によって，Markov リストよりも OD リストのほうが集約されたリストに近いことがわかる．この集約されたリストは 209 ページのレイティングの集約の節で説明したレイティング集約の手法で生成された．そして 2 つの数値の測度 τ と ϕ がこの定性的な所見を正確に定量化し裏付けている．Kendall の測度では τ が大きいほどリスト同士がより一致することを思い出して欲しい．一方で，重み付け物差しの測度では ϕ が 0 に近いほど 2 つのリストがより一致する．NCAA 男子バスケットボールの 2004-20005 シーズンのデータを表しているこの例では，集約されたリストに最も近いので OD 手法のほうが優れている，ということになる．

回顧的スコアリング

回顧的スコアリング (retroactive scoring) とは，過去の対戦の勝者を予測するのにランキングリストを使うやり方である．これをもとに，ランキングリストについて様々なスコアを生成することができる．例えば，予測が過去の実際の結果と一致していればそのランキング手法は 1 点獲得することとする．獲得点数が最も多い手法が勝ちとなり，その年

の最良の手法ということになる．得点差 (margin of victory) が考慮されていればスコアリングはさらに高度なものとなる．過去の対戦データが入手できる分野であれば，回顧的スコアリングはランキングリストの質を判断するための簡単な手法になる．

未来の予測

未来予測と回顧的スコアリングは考え方はよく似ている．ただし未来予測の場合はランキングリストの質は未来の試合の結果を予測できるかどうかで決まる．この場合年末トーナメントの結果を予測するためにシーズンの終わりにランキングリストを作成するというシナリオが最も一般的である．次の余談で示すように大学バスケットボールの March Madness のトーナメントはうってつけの例である．

余談：トーナメント表

毎年 3 月，NCAA 第一部の大学バスケットボールのシーズンは March Madness トーナメントで幕を閉じる．シーズン終わりに開催される，敗者復活戦のないこの勝ち抜き戦に，一部のチームが招待されるか特別枠を得て参加する．このトーナメントの最後に Final Championship の試合が行われて，その年のナショナルチャンピオンが決定されるのである．March Madness はプレス，賭博，収入，注目度，遠征，関連グッズなどの観点で，鳴り物入りで開催される．March Madness にファンが参加する方法の 1 つとして，トーナメント表 (bracketology) がある．ファンは試合が公式に開始する前にトーナメントの対戦表 (bracket) を作る．これを作るにはまず第 1 戦で勝つと思われるチームを選び出し，その後の対戦における勝者をさらに選び出し，ということを全 65 試合[19]のそれぞれの勝者を予測できるまで続けるのである．ファンはこの対戦表を職場のまとめ役 (office pool)[20] または ESPN の毎年恒例の Tournament Challenge のようなもっと大きなコンテストに応募する．ESPN Tournament Challenge では対戦表を一番正しく的中させたファンが \$10,000 の賞金を手にする．トーナメントが進むにつれて，正解した予測にはより重みが付けられる．実際，ESPN は次のようなルールを適用して投稿されたそれぞれの対戦表の点数を算出する．第 1 戦の試合の予測が正解であれば 1 試合 10 点で，第 2 戦は 20 点，第 3 戦は 40 点，第 4 戦は 80 点，第 5 戦は 120 点，第 6 戦は 160 点となる．完全に正解の対戦表は最大 1680 点獲得することになる．下記は Neil Goodson（ニール・グッドソン）と Colin Stephenson（コリン・スティーブンソン）（当時 College of Charleston の学部生だった 2 人）が 2008 年のトーナメントの際に作成して ESPN のコンテストに投稿した対戦表の例である．

この対戦表は対数による重み付けをした，第 7 章の OD モデルのランキングによって作成された．ある特定の対戦について予測をするために，彼らはそのランキングベクトルにおける 2 つのチームの位置を比較した．そして，より高い位置に付けているチームが勝ち進むと予測したのである．トーナメント終了時には Colin と Neil の対戦表は ESPN のスコアで 1450 点を獲得した．投稿された 360 万個の対戦表の中で，彼らの対戦表は 834 位となり全体の 1/100 以内に入った．この対戦表の中で不正解だった対戦は "X" の印が付いている．そして 2 つのニコちゃんマークが付いているのは番狂わせを予期して正解だった試合である．つまり，ほとんどのスポーツアナリストはそのチームが勝ち進むとは予測していなかったのである．この ESPN チャレンジには，本書で紹介している他の高性能なモデルを使ったものがいくつか投稿されており，その結果を表 16.5 に挙げた．

喜ばしいことに，Neil と Colin の対戦表があまりにもよくできていたので，全国的に驚くほど報道された．二人は NPR (National Public Radio) の "All Things Considered"[21] や CBS の "Early

---

[19] 訳注：First Four の 4 試合と the Round of 64 の 61 試合で計 65 試合．
[20] 訳注：日本でも宝くじを職場などでまとめ買いすることがあるが，そのようなもの．
[21] 訳注：米国の有名なラジオ番組．

Show"[22]にも出演した.

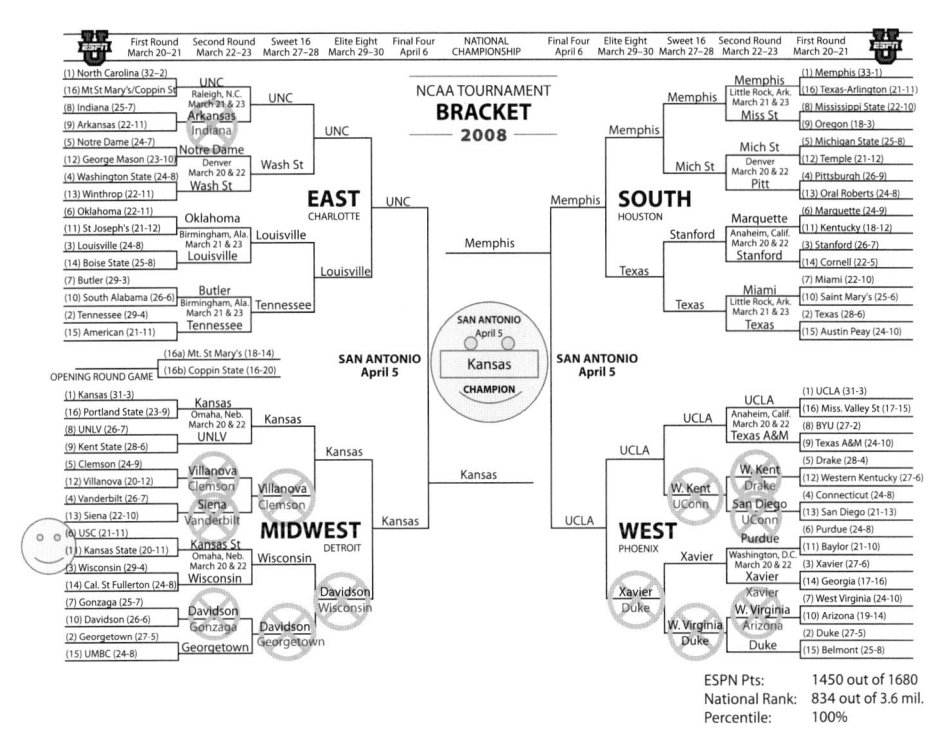

学習曲線

　ランキングリストの質を判断するためのさらにもう1つのやり方は，該当するリストを作成したランキング手法の賢さを問うものである．予測が正解するようになるまでに必要とされる準備期間が短いランキング手法は「賢い (smart)」とされる．典型的なシナリオを考えてみよう．NFL シーズンの間，毎週，友人同士がその週の対戦の勝者を当てる小規模な非公式の賭け事をする．そして毎週予測が一番正解した者がその週の掛け金を勝ち取る．もちろん勝者を予測するために本書で紹介したランキング手法を使うこともできるだろう．しかしこのシナリオでは，獲得金額を最大化するために，どのランキング手法を選ぶかは，その手法の正確さと賢さの両方を考慮しないといけない．精度の高い手法は，その予測が他の手法によるものを上回るようになるまでに何週間分ものデータを必要とする場合もあるため，必ずしも獲得金額が一番高くなるとは限らない．North Carolina State University の博士課程の生徒である Anjela Govan は博士論文として同様の実験（ただしお金は賭けずに）を行った [34]．

---

22) 訳注：朝のニューストーク番組.

表 16.5　ランキング手法と 2008 年のトーナメントにおける ESPN スコア.

手法	ESPN スコア
Massey 線形	1450
Massey 対数	1450
OD 対数	1450
Massey ステップ	1420
Massey 指数	1400
OD ステップ	1320
Massey 均一	1310
OD 線形	1310
OD 均一	1310
Colley 線形	1100
Colley 対数	1010

丘形状までの距離

ランキングリストの質を評価する最後の手段は第 8 章の再順序化を活用するものである．この場合，例えば Markov の得点差分行列 $\mathbf{V}$ のようなデータの差分行列 (data differential matrix) を対称的に再順序付けするためにランキングを使い，130 ページで説明した丘形状 (hillside form) からの距離を計算する．この距離は丘形状の制約に違反している部分を（場合によっては重み付けをして）数えることで計算できる．違反の数が少ない手法が最良の手法であると考えられる．

実際，College of Charleston の大学院生だった Kathryn Pedings は 2007-2008 の Southern Conference (SoCon) に所属する 11 のバスケットチームに対するランキング手法の比較をこのやり方で行った．Pedings は表 16.6 に示される手法のうち，レイティング差分手法と呼ばれる再順序付け手法が丘形状の制約に違反している数が最も少ないランキングを生成する，ということを見つけた．

表 16.6　ランキング手法と丘形状の制約を違反している数.

手法	# 違反
レイティング差分	265
OD	268
Massey	269
Colley	275

この手法は丘形状の制約の違反を最小化するように設計された最適化問題であることから，この結果はとくに驚くべきものではない．チームの元来の順序とレイティング差分手法で再び並び替えたデータ差分行列の cityplot view を下図に示す．

丘形状までの距離　255

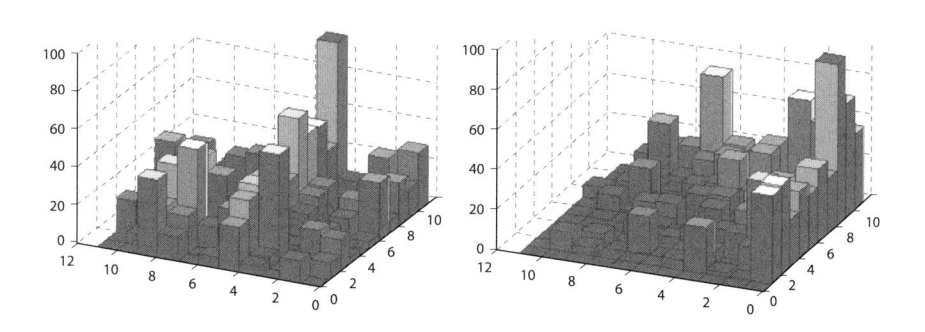

数字の豆知識—

$3,000,000,000 \leq$ NCAA 男子バスケットボールトーナメントにおける
  1 年の掛け金総額
—米国における他のどのスポーツイベントよりも
  このイベントに掛けられる金額が多い．

— *FBI estimates (Kvam & Sokol [48])*

第 17 章　データ

　本書で紹介しているスポーツのレイティングモデルはすべてその入力として特定の試合の統計データが使われることが必要とされる．インターネットの普及により，このデータを得るのは難しいことではない．しかし，それをコンピューターのアルゴリズムが解釈できる形にするのは難しい．紹介したそれぞれのレイティングモデルの中心には行列があり，まずはそれを作成してから分析する．非常に小さな例題でさえも，この行列を手作業で作成して入力するのはすぐに面倒に思えるようになる．よって，データを分析するには (a) ウェブサイトで提供されているデータをアルゴリズムが解釈できる形に自動変換するウェブスクレイピング (web scraping)[1]のプログラムを Perl などのスクリプト言語で作成するか，(b) すでに適切な形式になっているデータを見つけるかしないといけない．当然このような選択肢のもとではほとんどの人が (b) を選ぶだろう．第 2 章で紹介した Massey のモデルを作った Ken Massey のお陰で，それができるのである．これがどれほど有り難いものかというのは，これらのレイティングモデルを政治やエンターテイメント，科学などのスポーツ以外に分野に適用したときに明確になる．

Massey のスポーツデータサーバー

　Massey のモデル（第 2 章）の Ken Massey はスポーツ関連のデータを得られる素晴らしい情報源を作ってくれた．彼のウェブサイト www.masseyratings.com は膨大な量の情報を提供している．とくにデータのウェブページ www.masseyratings.com/data.php は本書で紹介しているモデルを作成するのに利用できる．このウェブページの下の方に，様々なスポーツについて，それぞれのスポーツのレベル別およびシーズン別に分類されたデータへのリンクがある．例えば現時点で Massey は野球，バスケットボール，フットボール，ホッケー，およびラクロスのデータを持っており，近々他のスポーツのデータを追加する計画もあるようだ．ほとんどのスポーツはさらに分類されている．例えば，ホッケーのカテゴリーには，ナショナルホッケーリーグ (National Hockey League)，大学男子リーグ，および大学女子リーグのデータが入っている．いくつかのカテゴリーにおいては，複数シーズンのデータが入っている．例えば，メジャーリーグ（野球）については，

---

[1] 訳注：ウェブサイト上のウェブページの HTML データを収集して，特定のデータを抽出するソフトウェア技術．

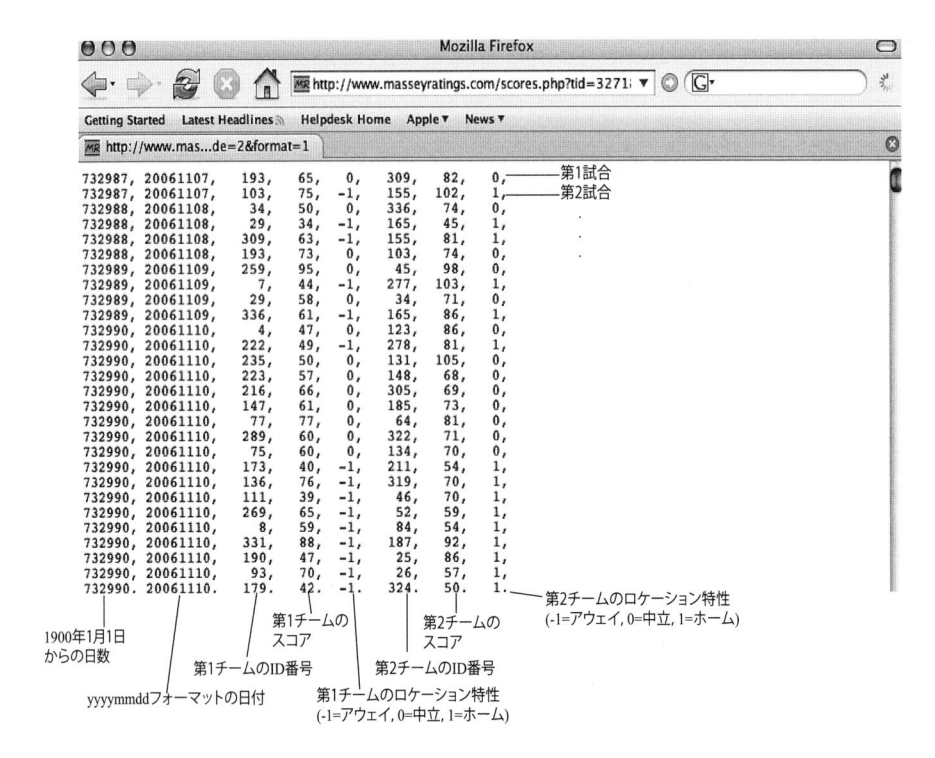

図 17.1 Masseyのスポーツデータサーバーの画面.

1990年以降のそれぞれのシーズンのデータがある．

図17.1は2007年のシーズンにおけるNCAA (National Collegiate Athletic Association, 全米大学競技協会) の男子ディビジョン1大学バスケットボールの試合についてMasseyのツールを使って取得したデータの画面である．それぞれの列が表しているデータがわかるように，図にテキストのラベルを付けた．このデータサーバーはもちろんデータをつねに同じフォーマットで提供するので，プログラムを書くのに都合が良い．Masseyのデータサーバーのもう1つの優れた点はデータの集合を指定できる数々のオプションである．たとえば，男子の大学バスケットボールの場合，NCCAA (National Christian College Athletic Association, 全米キリスト教系大学体育協会)，NJCAA (National Junior College Athletic Association, 全米短期大学体育協会)，NAIA (National Association of Intercollegiate Athletics, 大学体育協会)，および，すべてのNCAAのディビジョンから選ぶことができる（または，その年のすべての大学バスケットボールの試合を合わせたデータを得ることもできる）．もしくはNCAAのディビジョン1のNortheast Conferenceだけに限ったデータを得ることもできる．もしくはすべてのディビジョン1のカンファレンス間の試合についてのみデータを得ることもできる．もしくは．．．という具合である．Ken Masseyはほとんどすべての組み合わせに対応できるようにしており，そのシステムを検索するオプションの数には圧倒される．本書で紹介したすべてのスポーツランキングの例で使用したデータはMasseyのサーバーから得たものである．

Pomeroyの大学バスケットボールのデータ

大学バスケットボールが目的なのであれば，情報源はKen Pomeroy（ケン・ポメロイ）だ．彼は大学バスケットボールチームのレイティングを作成し，彼のウェブサイトはオフェンスおよびディフェンスのリバウンド，フリースロー，ツーポイントおよびスリーポイントシュートの確率，そしてターンオーバー[2]などの具体的な統計データを豊富に取り揃えている．Pomeroyはこれらのデータをカンマ区切りの形式のファイル (CSV) として彼のウェブサイト www.kempom.com に置いてダウンロードできるようにしている．

独自のデータをスクレイピングする

Masseyのデータサーバーを使えばいろいろなデータを取得できるものの，取得できないデータもある．例として，OD手法の高度な変形やMarkovモデルはスポーツに関する単純な点数以上のデータを必要とする．Markovモデルを例えばリバウンドについて作成する場合，Masseyのサーバー以外から情報を得ないといけない．そのようなとき，最初のうちは頑張ってこのような追加の統計情報が得られる似たようなサーバーを探し出すことに淡い期待を抱くかもしれない．そのような，すべての必要なデータを得られる完璧なサーバーがあるなどという幻想を捨てた後，追加の統計情報の重要性について検討することになる．モデルを作成するのに追加のデータが不可欠であると判断した場合，そのデータは自分自身で集めてこないといけない．そして，これこそが**独自のデータをスクレイピング (*scraping*) する技術**，つまり，求めているデータとぴったり一致したものを保持しているウェブページを見つけ出し，データをスクレイピングして，好きなフォーマットに整形するスクリプトを書く，という行為である．通常はいくつかの特定のウェブページを定期的にスクレイピングする必要があるだろう．例えばフットボールのデータを集めるのであればシーズンが進むにしたがって週に一回，という具合である．もちろんこれはスクレイピングが可能なウェブページを見つけている，ということが前提であり，それを探すのには大変な労力がかかる．しかし独自のデータをスクレイピングすることは一番自由度と柔軟性が高いやり方である．熟練したスクレイピング技術者にとって可能性は無限である．つまりこの貴重なプログラミングスキルは習得しておいて損はないのだ（つまり，これまでに習得しておけば良かったと思うのだ）．

さて，学生時代にデータスクレイピングを勉強する機会を逃してしまったのであれば，その機会を逃さなかった生徒を見つければ良い．幸運なことに私たちはそれぞれプログラミングのスキルを持った数学専攻の生徒を持っていた．North Carolina State Universityの生徒であるAnjela Govanは博士論文 [34] の一環でNFLの試合のデータをスクレイピングするPerlのスクリプトを自分で書いた．そして，College of CharlestonのRyan

---
[2] 訳注：攻撃側のミスによって攻守が入れ替わること．

Parker は文字通り（260 ページ参照），データスクレイピングのプロだ．彼は NBA のファンでありマニアである．彼は ESPN.com や NBA.com から毎晩データをスクレイピングするプログラムを書いている．Ryan は考えられるすべての統計情報を持っている．彼のデータレポジトリがどれだけ巨大か参考までに例を示すと，彼はシーズン中の 11 試合目の最初の 12 分にコートにいた選手 10 人の名前を挙げられるのである．Ryan の研究は，ボールの支配率 (possession) ごとの結果（0，1，2，3，4，または 5 点）を予測することに関係しているので，これくらいの詳細さが重要なのである．彼の研究とデータについては彼のブログ www.basketballgeek.com を参照して欲しい．要するに，NFL のデータが欲しければ，Angela Govan，NBA のデータが欲しければ Ryan に聞けば良い，ということだ．

余談：チーム「オタク」

昨今のプロスポーツのスタッフは劇的な成長を遂げた．まずコーチ陣が成長した．チームにはヘッドコーチ，アシスタントコーチ，第 2，第 3，第 4 などのアシスタントコーチ，オフェンススペシャリスト，ディフェンススペシャリスト，シュートコーチ，などなどがいる．遠征に行くにも，チームのトレーナー，管理栄養士，マッサージセラピストなど，さらに多くの人員と行動を共にする．そしてこのスタッフに最近新たに加わるようになった人達が何より私たちの血を騒がせるのである．どうやら最近の NBA の流行は，チーム「オタク」(team geek) を抱えることのようなのである．この新しいスタッフメンバーは数学と統計データを研究して，チームにとって役に立つようなトレンドや傾向を見つけ出すのである．いくつかの NBA のチームは College of Charleston の 4 年生の Ryan Parker に接触してきた．Ryan はウェブサイト www.basketballgeek.com を持っており，そこで大量の NBA データを収集したものを見せている．Ryan に聞けばどんなチームのどんな選手のどんな統計データでも，普通なら見つかりそうにないものまでメールで返してくれるのである．Ryan はこれらのデータを分析してコーチにとって役に立ちそうな情報を見つけ出すのだ．例えば，4 年生の論文の一環で，Ryan はチームのボール支配率データをもとに，試合中の最後のボール支配率の状態で，どの選手の組み合わせがスリーポイントフィールドゴールもしくはフォーポイントプレーを決められるかを分析した．試合の残り時間が少なくなった状態において，この情報はコーチにとって非常に重要なものになる．これはまだ実現していない話だが，Ryan と彼のオタク仲間にいつか起きるであろうシナリオはこうである．試合の残り時間 8 秒でチームが 3 点差で負けていて，相手チームはコートに 5 人いて，コートの真ん中辺りから自分のチームのガードがスローインしようとしている．そこでコーチがタイムをとって，Ryan にこう聞くのである．「その統計と数学的な分析から導き出される，ここでの最適な戦略は何だ？」

対の比較行列の作成

本節では比較データの種類の違いについてとくに説明する．本書で取り上げたテーマの多くはスポーツに関係している．この場合，複数チームが対戦することで，**直接的な 1 対 1 の比較** (direct pair-wise comparison) ができる．例えば 2008 年 10 月 13 日に NY Giants（ニューヨークジャイアンツ）が Cleveland Browns（クリーブランドブラウンズ）に勝った，というようにである．しかし他の場合は，このような直接的な 1 対 1 の比較が明確ではないこともある．その代わりに，元のデータから**間接的な** (*indirect*) 比較を推測するか作るかしないといけない．このようなデータの例として，会員対映画のレイテ

ィングの行列である Netflix や会員対購入製品の行列である Amazon が挙げられる．本書で紹介した手法を用いて映画のランキングリストを作るには，会員対映画のレイティングの行列を，映画を 1 対 1 で比較する行列に変換しないといけない．

第 11 章において，元の会員対映画のレイティングの行列を 1 対 1 の比較のデータにする非常に初歩的な変換を施すことで，Colley の手法を映画のランキングに適用した．例えば，会員 1 が映画 i に 5 つ星，j に 3 つ星というように，両方の映画をレイティングしたとする．このことはつまり 2 つの映画の対戦ととらえて，その結果映画 i が 2 点差で勝った，と解釈するのである．両方の映画をレイティングした会員 1 人 1 人について対戦がある，ということである．

会員対映画のレイティングデータを映画対映画のデータに変換するやり方は他にもたくさんある．両方の映画をレイティングした会員 1 人 1 人について対戦がある，と考えるよりも，すべての対戦をひとまとめにして，1 つの大きな試合 (super game) として考えることもできるだろう．ここで [33] で言及されている 3 つの変換方法を挙げよう．それぞれの映画は最多でも 1 回は他の映画と対戦するような，映画対映画の対戦データが得られるので，それを入力として，本書で紹介したランキングの手法を適用することができるのである．

1. **両方の映画をレイティングしたすべての会員の算術平均**：例えば，映画 i と j をレイティングした会員が 3 人だけいたとしよう．最初の会員は i を j よりも 2 点高くレイティングして，2 番目の会員は i を j よりも 1 点高くレイティングし，3 番目の会員は i を j よりも 1 点低くレイティングしたとする．すると映画対映画の比較行列の (i,j) の要素は $(2+1-1)/3 = 2/3$ となり，(j,i) の要素は $(-2-1+1)/3 = -2/3$ となって，歪対称の比較行列ができる．

2. **両方の映画をレイティングしたすべての会員の幾何平均**：対数幾何平均 (log geometric mean) は計算がもっと簡単だ．仮に前述の i と j の両方の映画をレイティングした 3 人の会員の例のスコアが次の通りだったとする．
   - 会員 1：映画 i-5 つ星，映画 j-3 つ星．
   - 会員 2：映画 i-5 つ星，映画 j-4 つ星．
   - 会員 3：映画 i-3 つ星，映画 j-4 つ星．

   すると映画対映画の比較行列における (i,j) の要素は $[\log(5) - \log(3)] + [\log(5) - \log(4)] + [\log(3) - \log(4)]/3 = 0.149$ となる．算術平均同様，幾何平均も歪対称の比較行列になる．

3. **i が j に勝つ確率から j が i に勝つ確率を引いたもの**：この変換は勝敗だけに着目しており，得点差は考慮していない．例えばもし 4 人の会員が i と j の両方の映画をレイティングしていて，3 人が i を好み，1 人が j を好んだとする．すると映画対映画の比較行列における (i,j) の要素は $3/4 - 1/4 = 1/2$ となる．（引分けは，考慮することも組み込むこともできる．）

余談：Netflix 関連の最後の余談：Netflix 2 コンテストの一時中断

　本書を通じて何度も余談で Netflix のデータと有名な百万ドルの賞金について取り上げてきた．それらの余談では 2006 年の 10 月に始まり 2009 年の 7 月に終わった，BellKor チームが賞金を獲得した最初の Netflix Prize コンテストについて述べてきた．Netflix はこの賞金があまりにも良い投資であると判断し，2009 年 8 月，最初のコンテストの授賞式が終わって間もなく，第 2 回目のコンテストの開催計画を発表した．賞金はやはり百万ドルで，目的はやはりこの会社によって提供されるデータを使ってレコメンデーションシステムを向上する，というものであった．ただしデータの範囲が大きく拡張されることになっていた．具体的には，ある特定の 1 日に会員が映画に付けたレイティングという簡単なリストだけではなく，Netflix 2 コンテストの参加者はそのリストの他に，会員の年齢，性別，郵便番号，ジャンル別レイティングなどの大量の属性をも手に入れられるのであった．他のデータアナリストと同じように，私達もコンテストに参加してアルゴリズムを考案しようと心待ちにしていた．しかし約 5 ヶ月後に，Netflix はこの Netflix Prize の続編を，プライバシーと法的問題を理由に止めたのである．連邦取引委員会 (Federal Trade Commission) はこのコンテストによって会員のプライバシーにどのような影響があるのか，という点について考慮するように求め，法律事務所の KamberLaw LLC は訴訟を起こした．最初にこの問題に警鐘を鳴らしたのは，ブロガーで，プライバシーの専門家であり，法律学の教授でもある Paul Ohm（ポール・オーム）だった．Ohm の不安の原点は，2000 年に，誕生日，性別および郵便番号の 3 つの情報さえあれば，米国の人口の 87% が特定できることを証明した，Latanya Sweeney（ラターニャ・スウィーニー）による統計にあった．Netflix は会員の誕生日は公表する予定ではなかったものの，Ohm は，年齢，性別および郵便番号さえあれば，ある人の身元を数百人の可能性まで絞り込むことができると主張した．

　Netflix は幸運にも厄介なプライバシーの失態を回避したといえる．一方，2006 年の AOL はそうはいかなかった．AOL は，この分野における学術的研究の発展を支援する目的で，インターネットの検索データを公開した．具体的には，そのデータはサニタイズされた 2000 万件の検索データであった．つまり，特定の AOL 会員を検索のクエリーに結びつけるような情報は，4417749 番のような会員 ID 番号に置き換えられていた．4417749 番の会員は 3 ヶ月の間，"numb fingers"（指のしびれ），"60 single men"（60 独身男性），"dog that urinates on everything"（至る所におしっこしてしまう犬），など様々な話題について数百回の検索を行った．検索クエリーには他にも "landscapers in Lilburn, Ga"（ジョージア州リルバーンの庭師），"homes sold in shadow lake subdivision gwinnett county georgia"（ジョージア州グインネット郡シャドーレイク地域の売り家）といった会員 4417749 番についての地理的な手掛かりとなるものがあった．その結果，とある記者がデータの痕跡を辿って，3 日で 4417749 番の現住所を探り当ててしまった．この記者は，AOL のデータがいかにサニタイズされているとはいえ，実はそれほど安全ではないのではないか，という勘に従って調査をしたのである．彼は興味本位で無作為に会員 4417749 番を選んで，この女性を特定できるか試してみた．3 日後，彼がある家を訪ね，Thelma Arnold（テルマ・アーノルド）と，至る所におしっこをしてしまう犬 Dudley（ダッドリー）と対面し，この何でも知っている来訪者にひとりと 1 匹がショックを受けた所で調査が完結した．AOL は即座にサイトからデータを削除し，この意図的ではないプライバシー漏洩について謝罪した．検索クエリーが明かす興味深い心理学的かつパーソナルな特徴について熟考する人は少ないだろうが，Arnold さんの話で恐ろしい事実が浮かび上がった．自分の心の奥底にある個人的な願望を，親友よりも誰よりも，お気に入りの検索エンジンが知っているかもしれない，ということである．

　そうは言うものの，Netflix はいつかまた別のコンテストで国際的な研究コミュニティーとのコラボレーションを続けたいと考えている．もちろん次はプライバシーが守られる形で．

数字の豆知識—

> 4＝一人の女性俳優による最多のアカデミー賞受賞回数
> —キャサリン・ヘップバーン（すべて主演女優賞）．
> ノミネートは 12 回．
> 4＝一人の男性俳優による最多のアカデミー賞受賞回数
> —クリント・イーストウッド．ただし演技についてではない
> （最優秀監督賞が 2 回，最優秀作品賞が 2 回）．
>
> — wiki.answers.com より

第 18 章　エピローグ

　本書を書くにあたって，私達はいくつかの決断を迫られた．中でも頻繁に決めなくてはいけなかったのは，「手法 X は本書に掲載するべきか否か」というものだった．最終的に本の執筆を終わらなければいけない，ということは，いくつかの興味深い手法を除外しなくてはいけない，ということでもある．そこで，部分的な解決方法として，このエピローグを書くことにした．したがって，下記の手法は本書には掲載されてはいないものの，さらに知識を深めたい，本書がまだ終わって欲しくない，と考えている読者の方々に勧めるものである．そうは言うものの，第二版への希望は常につきものなので，読者からの意見や提案は歓迎したい．

階層分析法

　1970 年代に Thomas Saaty（トーマス・サーティ）は，意思決定をする人達がもっと複雑で多基準の判断を行えるようにする階層分析法 (Analytic Hierarchy Process, AHP) を発明した [68, 69]．この手法が世界中の政府機関や軍隊を含め広く受け入れられたこととそのインパクトを考慮して，2008 年に INFORMS (the Institute For Operations Research and Management Science) は Saaty 博士とその AHP 手法に栄誉ある賞である Impact Prize を授与した．

　AHP 手法の根幹には**対比較の逆数からなる行列** (*reciprocal pair-wise comparison matrix*) がある．この行列の主固有ベクトル (dominant eigenvector) を計算することでレイティングベクトルが得られる．その意味では，AHP は第 4 章の Keener の手法と密接な関連がある．別の意味では，第 2 章の Massey の手法とも密接な関連がある．David Gleich は，標準的な AHP の算術平均を幾何平均で置き換えた幾何学的 AHP 手法は，Massey の手法と数学的に同等であるという賢い分析を行った [31]．AHP の手法は [11] では大学フットボールに，[71] ではイスラエルのサッカーに適用された．

Redmond の手法

2003 年の *Mathematics Magazine*[1] の記事 [61] で，Charles Redmond（チャールズ・レッドモンド）は勝敗のレーティングシステムの自然に一般化させた (natural generalization) レイティング手法を発表した．Redmond の手法は，あるチームの得点差（正の数値と負の数値の両方）を合計してそのチームが行った試合の数で割ることで得られる**平均優位性** (*average dominance*) という概念から始まる．

Redmond の手法はいくつかの興味深い線形代数を用いるものなので，この手法を除外することは苦渋の決断だった．しかしこの手法は YAMM (yet another matrix method, さらにもう 1 つの行列手法)[2] に分類されるものでもあった．その結果は他の YAMM と同じようになってしまう上に，Redmond の手法は全てのチーム（または対戦相手）が同じ試合数をこなすという条件が入るため，限定的でもある．

Park-Newman の手法

Juyong Park（ジュヨン・パク）と M. E. J. Newman（M. E. J. ニューマン）は [59] において，アメリカの大学フットボールのチームのランキングにネットワークの手法を用いた．彼らの手法はそれぞれのチームの得点と失点を計算するために，**直接的な勝利** (*direct wins*) と**間接的な勝利** (*indirect wins*) の両方を考慮している．チーム i のチーム j に対する間接的な勝利は，チーム j を破ったチーム k にチーム i が勝ったときに発生する．したがって，チーム i とチーム j が直接的な対戦は行わなくても，長さ 2 の間接的な関係からいくらかの情報が推測されるのである．長さ 3，4，およびそれよりも長い関係は，それぞれ重みが少なくはなるが，考慮することができる．Park-Newman の手法は全ての長さの関係を考慮するために非常に洗練された数学を用いている．それぞれの長さの寄与を制御する割引のパラメータ (discounting parameter) はユーザーがセットする．この手法は第 6 章の Markov の手法と第 7 章の OD 法の両方と興味深い関連がある．

ロジスティック回帰/Markov 連鎖法 (LRMC)

Sokol（ソコル）と Kvam（キュヴァム）によって開発された LRMC 法[3] [48] は大学バスケットボールチームのランキングに，得点数の情報に追加してホームアドバンテージを使うように設計されている．彼らの手法は March Madness トーナメントの試合結果の予

---
[1] 訳注：Mathematical Association of America（米国数学協会）が 2 ヶ月に 1 回発行している，主に大学の先生と生徒を対象とした数学雑誌．
[2] 訳注："yet another" とは，すでに多くの種類が出回っているものに対して，さらに別の種類があるときに使う言葉．ソフトウェアの世界では YACC (Yet Another Compiler Compiler) が有名．ここでは「すでに多くの行列手法が出回っている中の 1 つ」という意．
[3] 訳注：LRMC は Logistic Regression/Markov Chain の略．

測で成功を収め，多くのファンが同僚との賭け (office pool) に勝ったのであった．

　LRMC 法の Markov 連鎖の部分は第 6 章の Markov 法といくつかの点で似ている．最終的な目標は同じである．つまりそれは Markov 遷移行列の定常 (stationary) 状態，または，支配的な固有ベクトル (dominant eigenvector) を求めるというものである．違いは LRMC 法が Markov 遷移行列の要素を巧妙に推測するのにロジスティック回帰 (logistic regression) を使っていて，これによってホームアドバンテージを組み込んでいることである．LRMC の開発者達は，試合スケジュールの強み (strength of schedule) の視点を考慮した Colley や Massey の手法との関連についても言及している．

Hochbaum の手法

　Dorit Hochbaum（ドリット・ホッチバウム）は最適化理論のエキスパートでありネットワーク最適化の手法を用いていくつかのランキング手法を作った [2, 38, 39, 37]．Hochbaum はそれらの手法を，計算量，複雑さ，および改ざんに対する脆弱性の観点から分析した．これらの手法は，目的関数が必要に応じて調整できる場合において適合している．いくつかの性質が満たされた場合に，これらのランキングのための最適化手法のいくつかは，線形代数を基にしたランキング手法に計算時間の観点において太刀打ちできるものである．

モンテカルロシミュレーション

　シミュレーションは多くの技術者，とくに野球を分析することに興味がある者に好まれる人気のテクニックである．Accuscore.com のように商業的にスポーツ予測を行っている企業は，主なツールとしてシミュレーションを用いている．過去の業績からまとめられた統計を使って，2 つのチームによる試合をコンピューターでシミュレーションすることができる．このとき使うのが，試合中の様々な特徴（例えば特定のピッチャーが受けるヒットや，フライ，レフトにボールが飛んだ際に一塁の走者が二塁でアウトになることなど）を状態 (state) として，過去の統計から遷移確率 (transition probabilities) を計算する Markov 連鎖である．

　2 チームの間の何千もの試合をシミュレーションして結果の平均を計算するのはレイティングを作成して予測する 1 つのやり方である．シミュレーションは野球にはよく当てはまるが，他のスポーツ，とくに NFL フットボールについては，当てはまりという意味では，本書で取り上げているシミュレーションほど入りくんでいない手法と同じくらいである．シミュレーションはそれだけで本 1 冊書けるような興味深くて深みのある題材である．興味がある上級の読者はグーグルで検索すれば数多くの議論が交わされているのを見つけられるだろう．

筋金入りの統計分析

　本書では統計的手法には触れないことにした．これは多分筋金入り (hard core) の統計学者にはがっかりだったかもしれない．統計分析はとくに十分な統計データを手に入れることができる場合は実現可能なアプローチであり，大量の統計的手法を適用することができる．しかしシミュレーション同様，統計分析はそれだけで何冊も本を書ける分野であるため，この点においてはパンドラの箱を開けるようなことはしないでおくことにした．そうは言うものの，本書で触れたいくつかの代数的手法と，レイティングとランキングを生成するために観測データに分布を当てはめること (fitting) に基づくやり方とを比較するのは興味深いものである．Massey は自身のウェブサイトにて，最近は第 2 章で説明した代数的手法よりも統計学的技法をよく活用していることを示唆している．

その他いろいろ

　これまでに考案されたすべてのレーティングとランキングのモデルを説明するには何冊もの本が必要になる．フットボールだけでも圧倒的な数のモデルが存在する．下記に，David Wilson（デービッド・ウィルソン）によってまとめられた膨大な文献リストの一部を記載した．これらの手法は本書が執筆された時点で存在している[4] 下記のページに掲載されている．

　　　　http://wilson.engr.wisc.edu/rsfc/oth_sites/rate/biblio.html

- I. Ali, W. Cook, and M. Kress. On the minimum violations ranking of a tournament. *Management Science*, 32(6):660-672, 1986.
- B. Amoako-Adu, H. Marmer, and J. Yagil. The effeciency of certain speculative markets and gambler behavior. *Journal of Economics and Business*, 37, 1985.
- L. B. Anderson. Paired comparisons. *Operations Research and the Public Sector: Handbooks in Operations Research and Management Science*, S. M. Pollock, M. H. Rothkopf, and A. Barnett, eds., 6(Chapt. 17):585-620, 1994.
- David H. Annis and Bruce A. Craig. Hybrid paired comparison analysis, with applications to the ranking of college football teams. *Journal of Quantitative Analysis in Sports*, 1(1), 2005
- David H. Annis. Dimension reduction for hybrid paired comparison models. *Journal of Quantitative Analysis in Sports*, 3(2), 2007.
- David H. Annis and Samuel S. Wu. A comparison of potential playoff systems for NCAA I-A Football.
- Gilbert W. Bassett. Robust sports ratings based on least absolute errors. *The*

---

[4] 訳注：翻訳時点で，アクティブサイトが移動している．原書記載の URL は homepages.cae.wisc.edu/~dwilson/rsfc/rate/biblio.html

American Statistician, May:1-7, 1997.

- R. A. Bradley and M. E. Terry. Rank analysis of incomplete block designs: The method of paired comparisons. *Biometrika* (39):324-45, 1952. The idea is believed to have been first proposed in E. Zermelo in "Die berechnung der Turnier-Ergebnisse als ein maximumproblem der wahrscheinlichkeitsrechnung" *Mathematische Zeitschrift,* 29:436-60, 1929.
- Hans Bühlmann and Peter J. Huber. Pairwise comparison and ranking in tournaments. *The Annals of Mathematical Statistics,* 501-510, 1962.
- Thomas Callaghan, Mason A. Porter, and Peter J. Mucha. Random walker ranking for NCAA Division I-A football. Georgia Institute of Technology, 2003.
- Thomas Callaghan, Peter J. Mucha, and Mason A. Porter. The bowl championship series: A mathematical review. *Notices of the AMS* (September)887-893, 2004
- C. R. Cassady, L. M. Maillart, and S. Salman. Ranking sports teams: a customizable quadratic assignment approach. *Interfaces* 35(6): 497-510, 2005.
- P. Y. Chebotarev and E. Shamis. Preference fusion when the number of alternatives exceeds two: Indirect scoring procedures. *Journal of the Franklin Institute: Engineering and Applied Mathematics,* 336(2):205-226, 1999.
- G. R. Conner, and C. P. Grant. An extention of Zemelo's model for ranking by paired comparison. *European Journal of Applied Mathematics,* 11(3):225-247, 2000.
- W. Cook, I. Golan and M. Kress. Heuristics for ranking players in round robin tournaments. *Computers and Operations Research,* 15(2):135-144, 1988.
- Morris L. Eaton. Some optimum properties of ranking procedures. *The Annals of Mathematical Statistics,* July:124-137, 1966.
- Arpad E. Elo. *The Rating of Chess Players Past and Present,* 2nd Ed., Arco Publishing, 1986.
- L. Fahrmeir and G. Tutz. Dynamic stochastic models for time-dependent ordered pair-comparison systems. *Journal of the American Statistical Association,* 89:1438-49, 1994.
- Christopher J. Farmer. Probabilistic modelling in multi-competitor games. Univ. of Edinburgh, 2003.
- John A. Fluek and James F. Korsh. A generalized approach to maximum likelihood paired comparison ranking. *The Annals of Statistics,* 3(4)846-861, 1975.
- L. R. Ford Jr. Solution of a ranking problem from binary comparisons. *American Mathematical Monthly,* 64(8):28-33, 1957.
- Mark E. Glickman and H. S. Stern. A state-space model for National Football League Scores. *Journal of the American Statistical Association,* 93:25-35, 1998.
- S. Goddard. Ranking in tournaments and group decission making. *Management*

- *Science,* 29(12): 1384-1392, 1983.
- Clive Grafton. Junior college football rating systems. *Statistics Bureau of the National Junior College Athletic Association,* 1955.
- S. S. Gupta and Milton Sobel. On a statistic which arises in selection and ranking problems. *The Annals of Mathematical Statistics,*pp. 957-967, 1957.
- David Harville. The use of linear-model methodology to rate high school or college football teams. *Journal of the American Statistical Association.* June:278-289, 1977.
- David Harville. Predictions for NFL games via linear-model methodology. *Journal of the American Statistical Association.*September:516-524, 1977.
- David Harvilleand M. H. Smith. The home-court advantage: How large and does it vary from team to team? *The American Statistician,* 48(1):22-28, 1994.
- David Harville. College football: A modified least-squares approach to rating and prediction. *American Statistical Proceedings of the Section on Statistics in Sports,* 2002.
- David Harville. The selection and/or seeding of college basketball or football teams for postseason competition: A statistician's perspective. *American Statistical Proceedings of the Section on Statistics in Sports,* pp. 1-18, 2000.
- David Harville. The selection or seeding of college basketball or football teams for postseason competition. *Journal of the American Statistical Association,*98(461):17-27, 2003.
- Dorit S. Hochbaum. Ranking sports teams and the inverse equal paths problem. Department of Industrial Engineering and Operations Research and Walter A. Haas School of Business, University of California, Berkeley.
- Tzu-Kuo Huang, Ruby C. Weng, and Chih-Jen Lin. Generalized Bradley-Terry models and multi-class probability estimates. *Journal of Machine Learning Research,* 7:85-115, 2006.
- Peter J. Huber. Pairwise comparison and ranking: Optimum properties of the row sum procedure. *The Annals of Mathematical Statistics,* pp. 511-520, 1962.
- Thomas Jech. The ranking of incomplete tournaments: A mathematician's guide to popular sports. *American Mathematical Monthly,* 90(4):246-66, 1983.
- Samuel Karlin. *Mathematical Methods & Theory in Games, Programming, & Economics,* Dover Publications, March 1992.
- L. Knorr-Held. Dynamic rating of sports teams. *The Statistician,*49:261-76, 2000.
- R. J. Leake. A method for ranking teams: with an Application to college football. *Management Science in Sports,* ed. R. E. Machol et al., North-Holland Publishing Co., pp. 27-46, 1976.
- J. H. Lebovic and L. Sigelman., The forecasting accuracy and determinants of foot-

- ball rankings. *International Journal of Forecasting*,17(1):105–120, 2001.
- Joseph Martinich. College football rankings: Do computers know best? *Interfaces*, 32(5):85–94, 2002.
- William N. McFarland. *An Examination of Football Scores*, Waverly Press, 1932.
- David Mease. A penalized maximum likelihood approach for the ranking of college football teams independent of victory margins. *The American Statistician*, November, 2003.
- Joshua Menke and Tony Martinez. A Bradley-Terry artificial neural network model for individual ratings in group competitions. Computer Science Department, Brigham Young University, 2006.
- D. J. Mundfrom, R. L. Heiny, and S. Hoff, Power ratings for NCAA division II football. *Communications in Statistics Simulation and Computation*,34(3):811–826, 2005.
- Juyong Park and M. E. J. Newman. Network-based ranking system for U.S. college football. *Journal of Statistical Physics*, 2005.
- Michael B. Reid. Least squares model for predicting college football scores. University of Utah, 2003.
- Jagbir Singh and W. A. Thompson Jr. "A Treatment of Ties in Paired Comparisons." The Annals of Mathematical Statistics, 39(6):2002–2015, 1988.
- Z. Sinuany-Stern. Ranking of sports teams via the AHP. *Journal of the Operations Research Society*,39(7):661–667, 1988.
- Warren D. Smith. Rating systems for game players, and learning. *NEC*, July, 1994.
- M. S. Srivastava and J. Ogilvie. The performance of some sequential procedures for a ranking problem. *The Annals of Mathematical Statistics*,39(3):1040–1047, 1968.
- Raymond T. Stefani. Football and basketball predictions using least squares. *IEEE Transactions on Systems, Man. and Cybernetics*, 7, 1977.
- Raymond T. Stefani. Improved least squares football, basketball, and soccer predictions. *IEEE Transactions on Systems, Man, and Cybernetics*, pp. 116–123, 1980.
- Hal Stern. A continuum of paired comparisons models. *Biometrika*,77(2):265–73, 1990.
- Hal Stern. On the probability of winning a football game. *The American Statistician*, August:179–183, 1991.
- Hal Stern. Who's number one? - rating football teams. *Proceedings of the Section on Statistics in Sports*, pp.1–6, 1992
- Hal Stern. Who's number 1 in college football?... and how might we decide? *Chance*, Summer:7–14, 1995.
- H. S. Stern and B. Mock. College basketball upsets: will a 16-seed ever beat a

- 1-seed? *Chance* (11):26-31, 1998.
- H. S. Stern. Statistics and the college football championship. *American Statistician*, 58(3):179-185, 2004.
- H. S. Stern. In favor of a quantitative boycott of the bowl championship series. *Journal of Quantitative Analysis in Sports*, 2(1), 2006.
- Daniel F. Stone. Testing Bayesian updating with the AP top 25. John Hopkins University, October, 2007.
- I. B. Thomas. *Method of ranking college football teams*, Allen, Lane and Scott, 1922.
- Mark Thompson. On any given Sunday: Fair competitor orderings with maximum likelihood methods. *Journal of the American Statistical Association*, 70:536-541, 1975.
- Y. L. Tong. An adaptive solution to ranking and selection problems. *The Annals of Statistics*, 6(3):658-672, 1978.
- John A. Trono. Applying the overtake and feedback algorithm. *Dr. Dobb's Journal*, February:36-41, 2004.
- John A. Trono. An effective nonlinear rewards-based ranking system. *Journal of Quantitative Analysis in Sports*, 3(2), 2007.
- Brady T. West and Madhur Lamsal. A new application of linear modeling in the prediction of college football bowl outcomes and the development of team ratings. *Journal of Quantitative Analysis in Sports*, 4(3), 2008.
- R. Wilkins. Electrical networks and sports competition. *Electronics and Power*, 29(5):414-418, 1983.
- R. L. Wilson. Ranking college football teams: A neural network approach. *Interfaces*, 25(16):44-59, 1995.
- R. L. Wilson. The "real" mythical college football champion. *Operation Research / Management Science Today*, pp. 24-29, 1995.
- R. A. Zuber, J. M. Gander, and B. D. Bowers. Beating the spread: Testing the efficiency of the gambling market for National Football League games. *Journal of Political Economy*, 93, 1985.

数字の豆知識―

7.3 = White Russian というカクテルが得たレイティング（**10** 段階評価で）．
―**100** 種類のドリンクレシピの中で **1** 位で，**324** 票獲得した．

6.2 = Sex on the Beach #2 というカクテルが得たレイティング．
―**100** 種類のドリンクレシピの中で最下位（**100** 位）で，
 29 票しか獲得できなかった．

— www.drinknation.com/drinks/best

用 語 集

Arrow の不可能性定理 (Arrow's Impossibility Theorem)　すべての投票システム（よって，すべてのレイティングシステム）が満足すべき 4 つの条件についての Arrow の有名な定理．不可能性という言葉は，4 つすべての条件を同時に満たすシステムが存在し得ないという Arrow による証明に由来する．

平均ランキング (average rank)　いくつかのランキングで順序付けられたリストのランクを表す整数を平均して，1 つの集約ランキングリストを生成するようなランキング集約の技法．

オーソリティーレイティング (authority rating)　有向グラフ中のノードに与えられる，そのノードに向かっている入りリンクの質や量に基づいたレイティング．

バイアスフリー (bias-free)　強豪チームが弱小チームに大差で勝つ場合に生ずる潜在的なレイティングの問題を避ける手法についての言及．

Borda カウント (Borda count)　Jean-Charles de Borda が 1770 年代に導入した，よく知られたランキング集約技法．各候補者は，各ランキングリストにおいて彼または彼女よりランクが低い候補者の人数と等しいスコアを与えられる．各候補者について，各ランキングリストから得られたそのようなスコアを合計し，単一の数字が生成される．そして，その候補者は，その全 Borda カウントによってランキングされる．

BCS（ボウルチャンピオンシップシリーズ，Bowl Championship Series）　BCS レイティングを各チームに割り当てて，それらのレイティングに基づいてボウル参加チームを決定する，NCAA 大学フットボールの運営団体．

トーナメント表 (bracketology)　スポーツファンは，公式に試合が始まる前に，トーナメントの結果を予想したトーナメント表を完成する．

重心の手法　得点差行列の重心[1] をレイティングベクトルとする大変に安価なレイティングシステム．

---

1) 訳注：正確には，各列の重心．

Colley の手法 (Colley method)　Wesley Colley 博士によって開発されたレイティングシステム．勝率を各チームのレイティングとする最も単純かつ古いシステムを修正したもの．この旧システムへの変更点は，$r_i = (1+w_i)/(2+t_i)$ という式を中心に展開され，勝率の手法の欠点を多少は改善している．

Colley 化された Massey の手法 (Colleyized Massey method)　Massey と Colley の手法の間の関連性が認められるレイティングシステム．両手法の性質を結合していることは，$\mathbf{C} = 2\mathbf{I} + \mathbf{M}$ という式で与えられる両者の関係によって示される．

コンバイナー (combiner method)　他のリストのランキングと矛盾するように見える外れ値や異常値の効果を最小限に抑えるようなランキング集約の技法．

一致した対 (concordant pair)　2つのランキングリストが与えられたとき，両方のリストに出現する要素の対は，両リスト内で相対的なランキングが同じであれば，一致していると呼ばれる．すなわち，もし，両方のリストにおいて，要素 i が要素 j よりも上（あるいは下）にランキングされていれば，対 (i,j) は一致していると．一致している対は，Kendall のランキング相関の τ 測度の中で使われる．

コンドルセ勝者 (Condorcet winner)　第三の候補者が選挙戦から脱落した場合の勝者．たとえば，Al Gore は，2000年の大統領選でのフロリダにおけるコンドルセ勝者である．Gore は，Ralph Nader が Gore から票を奪い，George W. Bush が勝利させなかったとしたら，最終的な勝者になっていただろう．

ぶら下がりノード (dangling node)　外向きのリンクを持たないノード．スポーツの世界では，無敗チームのこと．

守備レイティング (defensive rating)　OD 手法で作られる，全てのチームがレイティングされた守備力のレイティングを含むようなベクトル．

不一致な対 (discordant pair)　2つのランキングリストが与えられたとき，両リスト中に出現する要素対は，その2つの要素の相対的ランキングが，両リスト内で一致しない場合に，不一致な対と呼ばれる．すなわち，一方のリスト内では要素 i が要素 j より上位にランキングされ，他方では下位にランキングされる場合，対 (i,j) は不一致である．不一致な対は，Kendall のランキング相関の τ 測度の構成要素である．

Elo の手法 (Elo method)　全世界のチェスプレーヤーをレイティングするために，Arpad Elo によって開発された線形の情報更新に基づいたレイティングシステム．

このシステムは，サッカーを含む他のアプリケーション用に改造されて採用されている．

進化的最適化 (evolutionary optimization)　ダーウィンの進化論の原理（最も環境に適合した個体の生き残り，つがい形成，突然変異）を使って難しい最適化問題を解く技法．

全ランキングリスト (full ranked list)　ランキングされるべき集合の中の全要素の順序付けを含むリスト．

HITS　Hypertext Induced Topic Search の頭文字をとった略語．Jon Kleinberg によって，リンクされたドキュメントをランキングするために作られた．このアルゴリズムは，ウェブページをランキングする最も有名かつ成功した手法の 1 つであり，こんにちのサーチエンジン Ask.com で使われている．

ハブレイティング (hub rating)　有向グラフ中のノードに与えられる，そのノードからの出リンクの質や量に基づいたレイティング．

無関係な選択対象からの独立性 (independence of irrelevant alternatives)　投票システムに対する Arrow の第二要件．部分集合の外側に含まれる候補者達の順番の入れ替えが，その部分集合の中に含まれる 2 人の候補者の相対的なランキングに影響を与えてはならないということを述べている．

Keener の手法 (Keener method)　James Keener によって開発されたレイティングシステム．（若干修正された可能性がある）得点差行列の支配的固有ベクトルをレイティングベクトルとして使う．

Kemeny 化 (Kemenization)　ランキング集約手続きの結果に適用して，集約されたランキングが入力ランキングに一致するように改善できるような，安価な精緻化処置方法．

Kendall の τ 測度 (Kendall tau measure)　Maurice Kendall によって発明されたランキング相関の測度 τ のこと．2 つのランキングリストの間の偏差 ($-1 \leq \tau \leq 1$) を決定する．2 つのリストが完全に一致していたら $\tau = 1$ で，一方のリストが他方のリストの逆順であれば $\tau = -1$ である．

MAD (mean absolute deviation)　シーズン中にチームが勝利したゲームの割合と

そのチームの累積失点を累積得点で割った比率の間の平均絶対偏差のこと.

Markov の手法 (Markov method) Markov 連鎖の定常ベクトルを要素のレイティングやランキングに使うレイティングシステム.

Massey の手法 (Massey method) Ken Massey によって開発されたレイティングシステム. 最小二乗法を使ってチームのレイティングやランキングを行なう. Massey の手法は, 2 チームのレイティング[2]が, 理想的には, その 2 チーム間の競技における勝利に必要な得点差 (margin of victory) を予測することを表現している $r_i - r_j = y_k$ という方程式を中心に展開している

OD の手法 (Offensive-Defensive method) 修正 HITS アルゴリズム. HITS は, 各ノードがチームを表し, リンクが 2 チーム間の相互関係を表すような有向グラフを作る. 各リンクには 2 つの解釈がある. すなわち, そのチームの攻撃力に関連した解釈と守備力に関連した解釈である.

非独裁性 (non-dictatorship) 投票システムに対する Arrow の第 4 要件. いかなる単一の投票者も, 選挙について過剰な制御をもってはならない.

攻撃レイティングベクトル (offensive rating vector) OD の手法によって作られるベクトル. レイティングされるべき全てのチームの攻撃力レイティングを含む.

PageRank Google と彼ら独自の Markov の手法によって作られた, ウェブページをランキングするためのレイティングベクトル.

Pareto の原理 (Pareto principle) 投票システムに対する Arrow の第 3 要件. 全ての投票者が A ではなく B を選べば, 適正な投票システムは, つねに, A を B より上位にランキングすべきであると述べている.

部分リスト (partial list) 検討中の要素からなる**部分集合**を含むリスト. 部分リストは, 全ての要素を含む全リストに対比される.

置換 (permutation) 1 から n までの整数を含む長さ n のベクトル. ランキングの意味では, これらの整数は, 要素のランキング位置に対応する.

---

[2] 訳注: より正確には,「2 チームのレイティングの差」

最多得票制 (plurality voting)　各投票者が最高位の選択肢に 1 票だけを投票するような投票システム．

ポイントスプレッド (point spread)　所与の対戦における 2 チーム間の得点差．

プレファレンスリスト (preference list)　投票者が，候補者のランキング順のリストを提出する投票システム．

ランキングされたリスト (ranked list)　1 から n までの整数の置換を含む n 個の要素のリスト．各整数は，対応する要素のランキングの位置を与える．

ランキング集約 (rank aggregation)　数学的な技法を用いて，複数の個別のランキングリストから，1 つの強固な集約されたリストを作る過程．

レイティングリスト (rating list)　リスト中の対応する要素のレイティングを表すスカラーのリスト．レイティングリストは，ソートされると，ランキングリストを生成する．

回顧得点 (retrodictive scoring)　さまざまなランキング手法を比較するための手法．再現得点は，手法で作られたランキングリストを用いて，過去の対戦の勝者を予測する．

賢いランキング手法 (smart ranking method)　正確な予測を開始する前の準備期間が短いランキング手法．すなわち，良い予測をする前に，大量のデータを必要としない手法のこと．

上位 k 位のリスト (top-k list)　上位 k 位の要素だけのランキング（1 番から k 番まで）を含む，長さ k の部分リスト．

定義域の非限定性 (unrestricted domain)　投票システムに対する Arrow の第 1 要件．各投票者は，好きな順番で候補者をランキングすることができなければならない．

vig　Vigorish の短縮形．ブックメーカーが彼ら自身の収入を得るメカニズム．それは，単純にブックメーカーのサービスに対する課金である．

勝率 (winning percentage)　全ての対関係の数のうち勝利した割合によって，要素をランキングする最も簡単な手法．

参考文献

[1] Ralph Abbey, John Holodnak, Chandler May, Carl Meyer, and Dan Moeller. Rush versus pass: Modeling the NFL, 2010. Preprint. Available for download from `meyer.math.ncsu.edu/Meyer/REU/REU2009/REU2009Paper.pdf`.

[2] R. K. Ahuja, Dorit S. Hochbaum, and J. B. Orlin. Solving the convex cost integer dual of minimum cost network flow problem. *Management Science*, 49:950–964, 2003.

[3] Iqbal Ali, Wade D. Cook, and Moshe Kress. On the minimum violations ranking of a tournament. *Management Science*, 32(6):660–672, 1986.

[4] Ronald D. Armstrong, Wade D. Cook, and Lawrence M. Seiford. Priority ranking and consensus formation: The case of ties. *Management Science*, 28(6):638–645, 1982.

[5] Kenneth Arrow. *Social Choice and Individual Values,* 2nd Ed. Yale University Press, 1970.

[6] James R. Ashburn and Paul M. Colvert. A bayesian mean-value approach with a self-consistently determined prior distribution for ranking of college football teams, 2006. `arxiv.org/pdf/physics/0607064`.

[7] R. Barrett, M. Berry, T. F. Chan, J. Demmel, J. Donato, J. Dongarra, V. Eijkhout, R. Pozo, C. Romine, and H. Van der Vorst. *Templates for the Solution of Linear Systems: Building Blocks for Iterative Methods*. SIAM, 2nd edition, 1994.

[8] Gely P. Basharin, Amy N. Langville, and Valeriy A. Naumov. The life and work of A. A. Markov. *Linear Algebra and Its Applications*, 386:3–26, 2004.

[9] Michael W. Berry, Bruce Hendrickson, and Padma Raghavan. Sparse matrix reordering schemes for browsing hypertext. In J. Renegar, M. Shub, and S. Smale, editors, *Lectures in Applied Mathematics (LAM)*, volume 36, pages 99–123. American Mathematical Society, 1996.

[10] Dimitris Bertsimas and John N. Tsitsiklis. *Introduction to Linear Optimization*. Athena Scientific, 1997.

[11] Vladimir Boginski, Sergiy Butenko, and Panos M. Pardalos. Matrix-based methods for college football rankings, 2005. Preprint.

[12] J. C. Borda. Mémoire sur les élections au scrutin. *Histoire de l'Académie Royale des Sciences*, 1781.

[13] R. A. Bradley and M. E. Terry. Rank analysis of incomplete block designs: The method of paired comparisons. *Biometrika*, 39:324–45, 1952.

[14] Sergey Brin and Lawrence Page. The anatomy of a large-scale hypertextual Web search engine. *Computer Networks and ISDN Systems*, 33:107–17, 1998.

[15] Sergey Brin, Lawrence Page, R. Motwami, and Terry Winograd. The PageRank citation ranking: Bringing order to the Web. Technical Report 1999-0120, Computer Science Department, Stanford University, 1999.

[16] Edward B. Burger and Michael Starbird. *The Heart of Mathematics: An Invitation to Effective Thinking*. Wiley, 2005.

[17] Thomas Callaghan, Peter J. Mucha, and Mason A. Porter. Random walker ranking for NCAA division I-A football. *American Mathematical Monthly*, 114:761–777, 2007.

[18] Timothy P. Chartier, Erich Kreutzer, Amy N. Langville, Kathryn Pedings, and Yoshitsugu Yamamoto. Mininum violations sports ranking using evolutionary optimization and binary integer linear program approaches. In Anthony Bedford and Matthew Ovens, editors, *Proceedings of the Tenth Australian Conference on Mathematics and Computers in Sport*, pages 13–20. MathSport (ANZIAM), 2010.

[19] Timothy P. Chartier, Erich Kreutzer, Amy N. Langville, and Kathryn E. Pedings. Sports ranking with nonuniform weighting. *Journal of Quantitative Analysis in Sports*, 2010.

www.bepress.com/jqas/vol7/iss3/6/.

[20] Timothy P. Chartier, Erich Kreutzer, Amy N. Langville, and Kathryn E. Pedings. Accounting for ties when ranking items, 2011. In preparation.

[21] Timothy P. Chartier, Erich Kreutzer, Amy N. Langville, and Kathryn E. Pedings. Sensitivity of ranking vectors. *SIAM Journal on Scientific Computing*, 2011. To appear.

[22] Wesley N. Colley. Colley's bias free college football ranking method: The colley matrix explained, 2002. www.Colleyrankings.com.

[23] Wade D. Cook and Lawrence M. Seiford. Priority ranking and consensus formation. *Management Science*, 24(16):1721-1732, 1978.

[24] Cynthia Dwork, Ravi Kumar, Moni Naor and D. Sivakumar. Rank aggregation methods for the Web. In *The Tenth International World Wide Web Conference*. ACM Press, 2001.

[25] Cynthia Dwork, Ravi Kumar, Moni Naor, and D. Sivakumar. Rank aggregation revisited. citeseerx.ist.psu.edu.

[26] Nadav Eiron, Kevin S. McCurley, and John A. Tomlin. Ranking the Web frontier. In *The Thirteenth International World Wide Web Conference*. ACM Press, 2004.

[27] Ronald Fagin, Ravi Kumar, Mohammad Mahdian, D. Sivakumar, and Erik Vee. Comparing and aggregating rankings with ties. www.almaden.ibm.com/cs/people/fagin/bucketwb.pdf.

[28] Ronald Fagin, Ravi Kumar, and D. Sivakumar. Comparing top k lists. In *ACM SIAM Symposium on Discrete Algorithms*, pages 28–36, 2003.

[29] William Feller. *An Introduction to Probability Theory and Its Applications,* Vol. 1, 3rd Edition. John Wiley, 1968.

[30] Joel Franklin and Jens Lorenz. On the scaling of multidimensional matrices. *Linear Algebra And Its Applications*, 114/115:717-734, 1989.

[31] David Gleich. Geometric ahp, 2010. Preprint.

[32] David Gleich, Leonid Zhukov, and Pavel Berkhin. Fast parallel PageRank: A linear system approach. In *The Fourteenth International World Wide Web Conference*. ACM Press, 2005.

[33] David F. Gliech and Lek-Heng Lim. Rank aggregation via nuclear norm minimization, 2010. Preprint, Submitted to KKD 2011.

[34] Anjela Y. Govan. *Ranking Theory with Application to Popular Sports*. Ph.D. thesis, North Carolina State University, December 2008.

[35] Anjela Y. Govan, Amy N. Langville, and Carl D. Meyer. Offense-defense approach to ranking team sports. *Journal of Quantitative Analysis in Sports*, 5(1):1-17, 2009.

[36] William H. Greene. *Econometric Analysis*. Prentice Hall, 1997.

[37] Dorit S. Hochbaum. Ranking sports teams and the inverse equal paths problem. *Lecture Notes in Computer Science*, 4286:307-318, 2006.

[38] Dorit S. Hochbaum and A. Levin. Methodologies for the group rankings decision. *Management Science*, 52:1394-1408, 2006.

[39] Dorit S. Hochbaum and E. Moreno-Centeno. Country credit-risk rating aggregation via the separation-deviation model. *Optimization Methods and Software*, 23:741-762, 2008.

[40] Roger A. Horn and Charles R. Johnson. *Matrix Analysis*. Cambridge University Press, 1990.

[41] Luke Ingram. Ranking NCAA sports teams with linear algebra. Master's thesis, College of Charleston, April 2007.

[42] James P. Keener. The Perron-Frobenius theorem and the ranking of football teams. *SIAM Review*, 35(1):80-93, 1993.

[43] Maurice Kendall. A new measure of rank correlation. *Biometrika*, 30, 1938.

[44] Maurice G. Kendall. Further contributions to the theory of paired comparisons. *Biometrics*, 11, 1955.

[45] Jon Kleinberg. Authoritative sources in a hyperlinked environment. *Journal of the ACM*, 46, 1999.

[46] Philip A. Knight. The Sinkhorn-Knopp algorithm: Convergence and applications. *SIAM Journal of Matrix Analysis*, 30(1):261-275, 2008.

[47] Ronald Fagin, Ravi Kumar, and D. Sivakumar. Comparing top-k lists. *SIAM*, 17, 2003.

[48] Paul Kvam and Joel S. Sokol. A logistic regression/Markov chain model for NCAA basketball. *Naval Research Logistics*, 53(8):788-803, 2006.

[49] Amy N. Langville and Carl D. Meyer. *Google's PageRank and Beyond: The Science of Search Engine Rankings*. Princeton University Press, Princeton, 2006.

[50] Amy N. Langville, Kathryn Pedings, and Yoshitsugu Yamamoto. A minimum violations ranking method, 2009. Preprint.

[51] Chris Pan-Chi Lee, Gene H. Golub, and Stefanos A. Zenios. A fast two-stage algorithm for computing PageRank and its extensions. Technical Report SCCM-2003-15, Scientific Computation and Computational Mathematics, Stanford University, 2003.

[52] Kenneth Massey. Statistical models applied to the rating of sports teams. Bachelor's thesis, Bluefield College, 1997.

[53] Fabien Mathieu and Mohamed Bouklit. The effect of the back button in a random walk: Application for PageRank. In *The Thirteenth International World Wide Web Conference*, pages 370-71, New York, 2004. Poster.

[54] Carl D. Meyer. *Matrix Analysis and Applied Linear Algebra*. SIAM, Philadelphia, 2000.

[55] Zbigniew Michalewicz and David B. Fogel. *How to Solve It: Modern Heuristics*. Springer, New York, 1998.

[56] Netflix.com. The netflix prize, 2006. www.netflixprize.com/rules.

[57] Alantha Newman and Santosh Vempala. Fences are futile: On relaxations for the linear ordering problem. *Lecture Notes in Computer Science*, 2081:333-347, 2001.

[58] M. E. J. Newman. The structure and function of complex networks. *SIAM Review*, 45(2):167-255, 2003.

[59] Juyong Park and M. E. J. Newman. A network-based ranking system for US college football. *Journal of Statistical Mechanics: Theory and Experiment*, October 2005.

[60] Ronald L. Rardin. *Optimization in Operations Research*. Prentice Hall, 1998.

[61] C. Redmond. A natural generalization of the win-loss rating system. *Mathematics Magazine*, 76(2):119-126, 2003.

[62] Gerhard Reinelt. *The Linear Ordering Problem: Algorithms and Applications*. Heldermann Verlag, 1985.

[63] Gerhard Reinelt, M. Grötschel, and M. Jünger. Optimal triangulation of large real world input-output matrices. *Statistical Papers*, 25(1):261-295, 1983.

[64] Gerhard Reinelt, M. Grötschel, and M. Jünger. A cutting plane algorithm for the linear ordering problem. *Operations Research*, 32(6):1195-1220, 1984.

[65] Gerhard Reinelt, M. Grötschel, and M. Jünger. Facets of the linear ordering polytope. *Mathematical Programming*, 33:43-60, 1985.

[66] Yousef Saad. *Iterative Methods for Sparse Linear Systems*. SIAM, 2003.

[67] T. L. Saaty. Rank according to Perron: a new insight. *Mathematics Magazine*, 60(4):211-213, 1987.

[68] Thomas L. Saaty. *The Analytic Hierarchy Process*. McGraw-Hill, 1980.

[69] Thomas L. Saaty and L. G. Vargas. *Decision Making in Economic, Political, Social and Technological Environments with the Analytic Hierarchy Process*. RWS Publications, 1994.

[70] Richard Sinkhorn and Paul Knopp. Concerning nonnegative matrices and doubly stochastic matrices. *Pacific Journal of Mathematics*, 21, 1967.

[71] Zilla Sinuany-Stern. Ranking of sports teams via the AHP. *Journal of Operational Research Society*, 39(7):661-667, 1988.

[72] Warren D. Smith. Sinkhorn ratings, and newly strongly polynomial time algorithms for Sinkhorn balancing, Perron eigenvectors, and Markov chains, 2005.
www.yaroslavvb.com/papers/smith-sinkhorn.pdf.

[73] George W. Soules. The rate of convergence of Sinkhorn balancing. *Linear Algebra And Its Applications*, 150:3-40, 1991.

[74] G. W. Stewart. *Matrix Algorithms*, volume 2. SIAM, 2001.

[75] William J. Stewart. *Introduction to the Numerical Solution of Markov Chains*. Princeton University Press, 1994.

[76] Gilbert Strang. *Introduction to Linear Algebra,* 4th Edition. Wellesley Cambridge Press, 2009.

[77] Marcin Sydow. Random surfer with back step. In *The Thirteenth International World Wide Web Conference*, pages 352–53, New York, 2004. Poster.

[78] John A. Tomlin. A new paradigm for ranking pages on the World Wide Web. In *The Twelfth International World Wide Web Conference*, ACM Press, 2003.

[79] Sebastiano Vigna. Spectral ranking, 2010. Preprint. Can be downloaded from the site `vigna.dsi.unimi.it/papers.php`.

[80] Philipp von Hilgers and Amy N. Langville. The five greatest applications of markov chains. In Amy N. Langville and William J. Stewart, editors, *Proceedings of the Markov Anniversary Meeting*, pages 155–368. Boson, 2006.

[81] T. H. Wei. *The algebraic foundations of ranking theory.* Ph.D. thesis, Cambridge University, 1952.

[82] Wayne L. Winston. *Operations Research: Applications and Algorithms.* Duxbury Press, 2003.

[83] Wayne L. Winston. *Mathletics: How Gamblers, Managers, and Sports Enthusiasts Use Mathematics in Baseball, Basketball, and Football.* Princeton University Press, 2009.

[84] Laurence A. Wolsey. *Integer Programming.* Wiley-Interscience, 1998.

[85] Laurence A. Wolsey and George L. Nemhauser. *Integer and Combinatorial Optimization.* Wiley-Interscience, 1999.

付表：NFL チームの本拠地

AFC

番号	チーム名	本拠地	地区
1.	Cincinnati Bengals（シンシナティ・ベンガルズ）	Cincinnati, Ohio（オハイオ州シンシナティ）	北
2.	Buffalo Bills（バッファロー・ビルズ）	Orchard Park, New York（ニューヨーク州オーチャードパーク）	東
3.	Denver Broncos（デンバー・ブロンコス）	Denver, Colorado（コロラド州デンバー）	西
4.	Cleveland Browns（クリーブランド・ブラウンズ）	Cleveland, Ohio（オハイオ州クリーブランド）	北
5.	San Diego Chargers（サンディエゴ・チャージャーズ）	San Diego, California（カリフォルニア州サンディエゴ）	西
6.	Kansas City Chiefs（カンザスシティ・チーフス）	Kansas City, Missouri（ミズーリ州カンザスシティ）	西
7.	Indianapolis Colts（インディアナポリス・コルツ）	Indianapolis, Indiana（インディアナ州インディアナポリス）	南
8.	Miami Dolphins（マイアミ・ドルフィンズ）	Miami Gardens, Florida（フロリダ州マイアミガーデンズ）	東
9.	Jacksonville Jaguars（ジャクソンビル・ジャガーズ）	Jacksonville, Florida（フロリダ州ジャクソンビル）	南
10.	New York Jets（ニューヨーク・ジェッツ）	East Rutherford, New Jersey（ニュージャージー州イーストラザフォード）	東
11.	New England Patriots（ニューイングランド・ペイトリオッツ）	Foxborough, Massachusetts（マサチューセッツ州フォックスボロ）	東
12.	Oakland Raiders（オークランド・レイダース）	Oakland, California（カリフォルニア州オークランド）	西
13.	Baltimore Ravens（ボルティモア・レイブンス）	Baltimore, Maryland（メリーランド州ボルティモア）	北
14.	Pittsburgh Steelers（ピッツバーグ・スティーラーズ）	Pittsburgh, Pennsylvania（ペンシルバニア州ピッツバーグ）	北
15.	Houston Texans（ヒューストン・テキサンズ）	Houston, Texas（テキサス州ヒューストン）	南
16.	Tennessee Titans（テネシー・タイタンズ）	Nashville, Tennessee（テネシー州ナッシュビル）	南

NFC

番号	チーム名	本拠地	地区
1.	Chicago Bears (シカゴ・ベアーズ)	Chicago, Illinois (イリノイ州シカゴ)	北
2.	Tampa Bay Buccaneers (Bucs) (タンパベイ・バッカニアーズ (バックス))	Tampa, Florida (フロリダ州タンパ)	南
3.	Arizona Cardinals (アリゾナ・カーディナルス)	Glendale, Arizona (アリゾナ州グレンデール)	西
4.	Dallas Cowboys (ダラス・カウボーイズ)	Arlington, Texas (テキサス州アーリントン)	東
5.	Philadelphia Eagles (フィラデルフィア・イーグルス)	Philadelphia, Pennsylvania (ペンシルバニア州フィラデルフィア)	東
6.	Atlanta Falcons (アトランタ・ファルコンズ)	Atlanta, Georgia (ジョージア州アトランタ)	南
7.	New York Giants (ニューヨーク・ジャイアンツ)	East Rutherford, New Jersey (ニュージャージー州イーストラザフォード)	東
8.	Detroit Lions (デトロイト・ライオンズ)	Detroit, Michigan (ミシガン州デトロイト)	北
9.	San Francisco 49ers (Niners) (サンフランシスコ・(フォーティ) ナイナーズ)	Santa Clara, California (カリフォルニア州サンタクララ)	西
10.	Green Bay Packers (グリーンベイ・パッカーズ)	Green Bay, Wisconsin (ウィスコンシン州グリーンベイ)	北
11.	Carolina Panthers (カロライナ・パンサーズ)	Charlotte, North Carolina (ノースカロライナ州シャーロット)	南
12.	St. Louis Rams (セントルイス・ラムズ)	St. Louis, Missouri (ミズーリ州セントルイス)	西
13.	Washington Redskins (ワシントン・レッドスキンズ)	Landover, Maryland (メリーランド州ランドオーバー)	東
14.	New Orleans Saints (ニューオリンズ・セインツ)	New Orleans, Louisiana (ルイジアナ州ニューオリンズ)	南
15.	Seattle Seahawks (シアトル・シーホークス)	Seattle, Washington (ワシントン州シアトル)	西
16.	Minnesota Vikings (ミネソタ・バイキングス)	Minneapolis, Minnesota (ミネソタ州ミネアポリス)	北

訳者あとがき

本書は，*Who's #1?: The Science of Rating and Ranking* の訳である．原著者は，Charleston 大学数学科准教授の Amy N. Langville と North Carolina 州立大学数学科教授の Carl D. Meyer によるものである．

近年，いたるところにレイティングやランキングがあふれている．本書で扱っているスポーツのみならず，国力，企業，サービス，商品（本，家電製品など），大学，高校，病院，医者，介護，住むところ，レストラン，業者，映画，レシピ，ブログ，旅館，航空会社，賭，チェスのプレイヤーの強さ，野球チームの強さ，人事評価，情報検索など，私たちの日常生活で，レイティングやランキングは欠かせないものになっている．これは，デジタル社会の到来とともに，情報があふれ，個人が物事の判断を完全に自分だけで行うことが量的にも質的にも困難になった背景があるだろう．また，政治や，社会生活においては，集団として何かの選択を行わなければいけない局面が多くある．最重要項目は国民投票で「国民の真意を問う」などといわれたり，総選挙を行ったり，制度設計においても国民や構成員の最も納得のいく選択を行う仕組みを作らなければならない．これが近年の社会選択理論やメカニズムデザインという分野で大いに議論されているところである．

本書は，下記の構成からなっている．まず，第 1 章で，ランキングや社会的選択理論を概観し，アローの不可能性定理を紹介している．第 2 章から第 6 章までは，いくつかの基本的なレイティング手法を扱っている．読者は，さっとこれらの手法を通読されるといいだろう．第 6 章と第 7 章は，ウェブページの代表的なランキング手法である PageRank の手法や HITS に関係の深い Markov の手法や OD 手法を扱っている．第 8 章から第 13 章までは，再順序化，ポイントスプレッド，ユーザープレファレンス，引分けの扱い，感応度などのエピソードを取り扱っている．本書で最も重要なのは，第 14 章，第 15 章，第 16 章のランキングの集約や，比較である．これらは，実生活においても，社会的選択理論においても，複数の意見（ランキング，それらが完全なものでなくても）をどのように納得のいくように一つの意見にまとめ上げるのかという理論について述べている．これらの章は，ウェブページの異なるランキングの集約であったり，選挙であったり，サイバーの世界のみならず，日常生活で現れるものである．是非，味わって欲しい．

本書を読むにあたって，注意したい点が一つある．それは，本書が主に米国のフットボールチームやバスケットボールチームを例にとってレイティングやランキング手法を実験したり説明している点である．そのため読者のなかにはあまりなじみのない世界かもしれない．その場合には，Wikipedia などを見られるとよい．本書の中で Bowl Championship Series の問題点などが何カ所かで言及されているが，その問題点のせいか，2014 年から College Football Playoff でトップを決めることになった．

本書は，幅広い層の読者にとって有益なものになるだろう．まず，ランキングやレイテ

ィングの数理そのものに興味のある学生や研究者にとっては必須の知識を提供している．また，社会的選択理論やメカニズムデザインの研究者にとっても必須であろう．さらに，スポーツファン，チェスファンならば，日々でてくるランキングやレイティングの背景を知るには最適の本である．そして，賭の世界に興味のある人，実際に行っている人にとっても必須である．昨今，ビッグデータというキーワードと共にデータ分析が注目を浴びているが，本書で述べている手法は，データサイエンティストがビジネス分析の幅広い局面で活用できる実用的なものであり，実際，訳者自身も本書で触れられている手法を現場で活用している．さらに，一般の社会人にとって，数学的な手法と現実世界がどのようにつながっているかを垣間見る上で面白い本になるだろう．本書は，ある意味，タイムリーであり，現代人の教養として必要な知識を扱っているといえるだろう．

本書の理解をより深めるためには，下記の本を併読されるといいだろう．

『Google PageRank の数理 —最強検索エンジンのランキング手法を求めて—』Amy N. Langville, Carl D. Meyer, 共立出版.

『情報検索の基礎』Christopher D. Manning, Prabhakar Raghavan, Hinrich Schutze, 共立出版.

原著では，著者達の興味の変化のせいか，ところどころ急に細かい議論に入ったり，章ごとに完結させようとしたせいか，章をまたがってみると冗長なところが見られる．また，読者に過剰な数学的な手法を強いらないようにしたためか，かえって記述や論理が曖昧になってわかりにくくなったところが見られた．そのような場合には，邪魔にならない程度にできるだけ訳注をつけ，理解の助けとした．

最後に，私たち訳者の歩みの遅さを辛抱強く待ち続け，現在の本の形にしていただいた共立出版（株）の編集者である大越隆道氏に感謝したい．また，本書を訳すという活動を支えてくれた訳者たちの会社，上司，同僚にも感謝する．なによりも，ともすると私的な時間をどんどん浸食する翻訳作業を見守り，励まし続けてくれた家族や友人に感謝する．

岩野和生，中村英史，清水咲里
2015 年 6 月

2 刷に際して

訳者の周りの輪講仲間の一人である長谷川健史氏が，本書の事例が米国のスポーツばかりなので，OD 手法を R で簡単にプログラムし，J リーグや大相撲について考察している．結構面白いので，興味があれば次のページを参考にされたい．

http://qiita.com/hasegatk/

このように，いろいろ試してみると面白いのではないだろうか．他に試された読者も出版社を通じて一報されたい．

索　引

【A】

adjacency matrix（隣接行列）　18, 112

Amazon　161, 168, 261

Analytic Hierarchy Process, AHP（階層分析法，AHP）　265

anchor text（アンカーテキスト）　195

Anderson, Jeff（アンダーソン，ジェフ）　18

antitrust and BCS（独占禁止問題と BCS）　21

AOL data（AOL データ）　262

aperiodic（非周期的）　87

archaeological dig（考古学的発掘）　229

arithmetic mean（算術平均）　261

Arrow's Impossibility Theorem（Arrow の不可能性定理）　4, 190-194, 273

Arrow, Kenneth（アロー，ケネス）　4, 273

Ashburn, James R.（アッシュバーン，ジェームス R.）　63

Ask.com　112

Atlantic Coast Conference（アトランティックコーストカンファレンス）　21

attendance, college football（観客動員数，大学フットボール）　8

authority（オーソリティー）　16, 112

authority rating（オーソリティーレイティング）　112, 273

Avatar（アバター）　32

average dominance（平均優位性）　266

average rank（平均ランキング）　198, 273

【B】

back button（BACK ボタン）　87

Ball, Barbara（ボール，バーバラ）　vii

Basabe, Ibai（バサベ，イバイ）　vii

basketball（バスケットボール）　170

BCS　7, 9, 23, 162, 193, 241, 250

BCS rating（BCS レイティング）　18

BellKor　160

Berman, Chris（バーマン，クリス）　21

betting（賭博）

　by spread（スプレッド）　137

　method（方法）　135

　over/under（オーバーアンダー賭け）　138

bias-free（バイアスフリー）　26-28, 193, 273

Big 12 Conference（ビッグ 12 カンファレンス）　21

Big East Conference（ビッグイーストカンファレンス）　21

Big Ten Conference（ビッグテンカンファレンス）　21, 22

Billingsley, Richard（ビリングスリー，リチャード）　18

binary integer linear program（2 値整数線形計画法）　220

Bing, number of Web pages（Bing，ウェブページ数）　216

bipartite graph（2 部グラフ）　238

black hole（ブラックホール）　238

Borda count（Borda カウント）　196, 198, 273

Borda count, BCS（ボルダ方式，BCS）　18

Borda, Jean-Charles de（ボルダ，ジャン＝シャル ル・ド）　4

Bowl Championship Series（ボウルチャンピオンシップシリーズ）　7, 9, 273

bracketology（トーナメント表）　252, 273

brackets, number of（トーナメント表の数）　182

Bradley-Terry model（Bradley-Terry モデル） 20

Brin, Sergey（ブリン，セルゲイ） 61

Brown, Dr. Emmett（ブラウン，Dr. エメット） 57

bubble sort（バブルソート） 240

Bush, George W.（ブッシュ，ジョージ，W.） 191, 195

【C】

Caritat, Marie Jean Antoine Nicolas（カリタ，マリー・ジャン・アントワーヌ・ニコラ・ド） 4

Carnegie classification（カーネギー分類） 92

casualty, college football（負傷者，大学フットボール） 134

Cauchy-Schwarz (or CBS) inequality（Cauchy-Schwarz あるいは CBS 不等式） 143

centroid method（重心の手法） 273

centroid rating（重心レイティング） 143

centroid rating and Markov chain（重心レイティングと Markov 連鎖） 159

Chartier, Timothy（シャルティエ，ティモシー） vii

chess rating, highest ever（チェスのレイティング，史上最高点） 78

Cholesky decomposition（コレスキー分解） 26

cityplot 120

Cleveland vs. NY Giants（Cleveland 対 NY Giants） 185

Coaches football poll（フットボールのコーチ投票） 18

cocktail, highest rated（カクテル，最高レイティング） 272

college football, attendance（大学フットボール，観客動員数） 8

college football, casualty（大学フットボール，負傷者） 134

College Ranking（大学ランキング） 8

Colley and LRMC（Colley と LRMC） 267

Colley method（Colley の手法） 23-31, 193, 273
　algorithm（アルゴリズム） 27
　connection to Massey method（Massey の手法との関連性） 27
　for ranking movies（映画のランキング） 28
　linear system（線形系） 25
　main idea（主な考え方） 24
　notation for（表記） 26
　property of（特徴） 27
　rank-one update（階数 1 の更新） 183
　running example（いつもの例） 25
　sensitivity（感応度） 183
　strength of schedule（試合日程の強度） 24
　summary of（まとめ） 26
　tie（引分け） 163, 166
　weighting by time（時間についての重み付け） 178

Colley, Wesley（コリー，ウェスリー） 18, 23

Colleyized Massey method（Colley 化された Massey の手法） 28, 274

Colvery, Paul M.（コルベリー，ポール M.） 63

combiner method（コンバイナー） 201, 274

comparison rating（比較レイティング）
　direct（直接） 155
　optimal（最適） 156

computer-generated list（コンピューターが生成したリスト） 214

concordant（一致） 240, 242

concordant pair（一致した対） 274

Condorcet winner（コンドルセ勝者） 191, 198, 274

conformity（一致） 217

conservation property（保存特性） 27

constraints in Keener method（Keener の手法にお

ける制約条件）　41
convex combination（凸結合）　86
correlation coefficient（相関係数）　55

【D】

dangling node（ぶら下がりノード）　80, 274
defensive rating（守備レイティング）　12, 95, 274
Department of Justice（司法省）　21
deviation between two ranked lists（2 つのランキングされたリストの間の数値的偏差）　237
diagonals in a matrix（行列の対角成分）　106
differential matrix（差分行列）
　rating（レイティング）　141, 143
　score（得点）　141, 143
Differential method（差分の手法）
　weighting by time（時間についての重み付け）　180
direct comparison rating（直接比較レイティング）　155
discordant（不一致）　240, 242
discordant pair（不一致な対）　274
distance measure（距離の測度）　237
dominance graph（支配グラフ）　219, 227
dominant eigenvector（支配的固有ベクトル）　81, 82
doubly stochastic matrix（二重確率行列）　106
Douglas, Emmie（ダグラス，エミー）　vii
Dovidio, Nick（ドヴィディオ，ニック）　181
drink, highest rated（ドリンク，最高レイティング）　272

【E】

Eastwood, Clint（イーストウッド，クリント）　263
eBay　161
Eduardo Saverin（エデュアルド・サベリン）　76
Elo method（Elo の手法）　274

tie（引分け）　166
Elo's system（Elo のシステム）
　for soccer（サッカーについての）　64, 66
　for the NFL（NFL についての）　68
　K factor（K 因子）　66
　rating formula（レイティングの式）　65
　the idea（着想）　63
　weighting by time（時間についての重み付け）　179
Elo, Arpad（イーロ，アルパッド）　63, 269
Emmert, Mark（エマート，マーク）　21
Ensemble team（Ensemble チーム）　160
ESPN　180
ESPN Tournament Challenge（ESPN トーナメントチャレンジ）　252
Eugeny Onegin（エフゲニー・オネーギン）　79
evolutionary algorithm（進化的アルゴリズム）　132
　Q-bert matrix（Q-bert 行列）　121
evolutionary approach（進化的アプローチ）　231
evolutionary optimization（進化的最適化）　125, 275

【F】

Facebook　76
Facemash　76
fair weather fan（お天気ファン）　81, 87, 89
FBI　256
FIDE　63
Fiesta Bowl（フィエスタボウル）　21
final four, lowest seeded winner（ベスト 4，最もシードが低い勝者）　236
Fischer, Bobby（フィッシャー，ボビー）　78
foresight（先見力）　57, 169
Frobenius norm（Frobenius ノルム）　123, 141
Frobenius, Georg（フロベニウス，ジョージ）　61
full ranked list（全ランキングリスト）　198, 240,

275
fundamental form（基本形） 130
fundamental rank-differential matrix（基本的ランキング差分行列） 118

【G】

Gauss-Markov theorem（Gauss-Markov の定理） 55
Gaussian elimination（ガウスの消去法） 26
geometric mean（幾何平均） 261
George Mason（ジョージメイソン） 180
Georgetown 236
girls, rating and ranking（女の子，レイティングとランキング） 76
Gleich, David（グライヒ，デービッド） vii, 265
Goodson, Neil（グッドソン，ニール） vii, viii, 180, 252
Google 61
Google bomb（Google 爆弾） 194
Google, number of Web pages（Google，ウェブページ数） 216
Google, revenue（Google，売上） 62
Gore, Al（ゴア，アル） 191
Govan, Anjela（ゴーヴァン，アンジェラ） 79, 111, 113, 259
and OD rating（と OD レイティング） 113
graph isomorphism（グラフの同型） 129
graph theory method of aggregation（ランキング集約のグラフ理論） 204
Grays Sports Almanac（グレイのスポーツ年鑑） 57

【H】

Harris college football poll（Harris の大学フットボール投票） 18
Harvard's hot girls（Harvard のイケてる女の子） 76

HDI 8
Hepburn, Katharine（ヘップバーン，キャサリン） 263
Hessian matrix（Hessian 行列） 143
Hester, Chris（ヘスター，クリス） 18
highest grossing movie（最高映画興行収入） 32
hillside form（丘形状） 130, 231
hindsight（後知恵） 57, 169
hindsight win accuracy（後知恵予想の精度） 147
HITS
  and OD rating（と OD レイティング） 112
  history（歴史） 7, 112
  web ranking（ウェブランキング） 205, 275
Hochbaum, Dorit（ホッチバウム，ドリット） 267, 270
hockey（ホッケー） 169
home-field advantage（ホームフィールドアドバンテージ） 145
hot girls, rating and ranking（イケてる女の子，レイティングとランキング） 76
Houston Rockets（ヒューストンロケッツ） 55
hub（ハブ） 16, 112
hub rating（ハブレイティング） 112, 275
Human Development Index（人間開発指数） 8
human-generated list（人間が生成したリスト） 215

【I】

identity property（同一性の性質） 237
IMDb 7
Impossibility Theorem（不可能性定理） 4, 273
independence of irrelevant alternative（無関係な選択対象からの独立性） 5, 190, 203, 275
induced tie（引分けの導入） 162, 170
Ingram, Luke（イングラム，ルーク） vi, 79, 100, 177, 180, 197
irreducibility（既約性）

forcing it（強いる） 45
irreducibility in Keener method（Keener の手法における既約性） 41
irreducible Markov chain（既約マルコフ連鎖） 87

【J】

James, Bill（ジェームス，ビル） 53
Justice Department（司法省） 21

【K】

Kasparov, Gary（カスパロフ，ゲイリー） 78
Keener method（Keener の手法） 33, 275
 constraints（制約条件） 41
 irreducibility（既約性） 41
 keystone equation（要めの式） 40
 least square（最小二乗法） 56
 nonnegativity（非負性） 41
 normalization（正規化） 37
 point spread（ポイントスプレッド） 58
 primitivity（原始性） 42
 strength（強さ）
  absolute（絶対的な） 39
  relative（相対的な） 39
 tie（引分け） 166
 traveling fan（旅するファン） 59
 weighting by time（時間についての重み付け） 179
Keener, James（キーナー，ジェームス） 20, 33, 61
kemenization（Kemeny 化） 275
Kendall tau（Kendall の τ） 239
 formula for（公式） 243
 full list（完全リスト） 240
 measure（測度） 275
 partial list（部分リスト） 241
Kendall, Maurice（ケンドール，モーリス） 61, 237, 239
keystone equation, Keener method（要めの式，Keener の手法） 40
Kleinberg, Jon（クラインバーグ，ジョン） 112
Knopp, Paul（クノップ，ポウル） 107
Krylov method（クリロフの方法） 26
Kvam, Paul（キュヴァム，ポール） 266

【L】

Laplace's rule of succession（Laplace の継起法則） 24, 35
least square（最小二乗法） 10, 56
leaves in the river（河のなかの葉っぱ） 60
Line Makers（ラインメーカー） 115
linear program（線形計画法） 221
link farm（リンクファーム） 194
Llull count（Llull カウント） 198
Llull winner（Llull 勝者） 198
Llull, Ramon（ラル，ラモン） 198
local Kemenization（局所 Kemeny 化） 206
logistic function（ロジスティックス関数） 64
Logistic parameter（ロジスティックスパラメーター） 66
Louisville 236
LRMC（LRMC 法） 266
 connection to Colley（Colley との関連） 267
 connection to Markov（Markov との関連） 267
 connection to Massey（Massey との関連） 267
LSU 236

【M】

MAD 53, 275
March Madness vi, 215, 234, 239
March Madness, number of brackets（March Madness トーナメント表の数） 182

Mark Zuckerberg（マーク・ザッカーバーグ） 76
Markov chain and centroid rating（Markov 連鎖と重心レイティング） 159
Markov chain and LRMC（Markov 連鎖と LRMC 法） 267
Markov chain and preference rating（Markov 連鎖とプレファレンスレイティング） 157
Markov method（Markov の手法） 79-93, 129, 276
 algorithm（アルゴリズム） 89
 connection to Massey（Massey との関係） 90
 fair weather fan（お天気ファン） 81
 main idea（主なアイデア） 79
 notation for（記法） 88
 property of（性質） 89
 running example（いつもの例） 80
 summary of（まとめ） 88
 tie（引分け） 165
 undefeated team（無敗チーム） 80, 86
 voting（投票）
  with loss（負け） 80
  with other statistics（他の統計） 84
  with point（得点） 83
  with point differential（得点差） 82, 90
 weighting by time（時間についての重み付け） 179
 yardage（ヤード数） 84
Markov voting matrix（Markov 投票行列） 119
Markov, A. A.（マルコフ，A. A.） 79
Massey
 NFL 2001-2010 rating（NFL 2001-2010 シーズンのレイティング） 146
Massey and LRMC（Massey と LRMC） 267
Massey matrix **M**（Massey の行列 **M**）
 property of（特徴） 11
Massey method（Massey の手法） 9-21, 90, 276
 advanced features of（高度な機能） 12

algorithm（アルゴリズム） 15
 for ranking movies（映画のランキング） 28
 for ranking webpages（ウェブページランキングへの応用） 16
 linear system（線形系） 10
 main idea（主な考え） 10
 notation for（表記） 14
 point spread（得点差） 13
 property of（特徴） 15
 running example（いつもの例） 11, 13
 summary of（まとめ） 14
 tie（引分け） 164
 weighting by time（時間についての重み付け） 178
Massey website（Massey のウェブサイト） 10
Massey, Kenneth（マッセイ，ケネス） viii, 9
Masseyized Colley method（Massey 化した Colley の手法） 28
MATLAB 18, 114
McConnell, John（マッコーネル，ジョン） vi, 180
McFly, Marty（マクフライ，マーティ） 57
McNeil, Charles K.（マクニール，チャールズ K.） 136
mean absolute deviation（平均絶対偏差） 53
meta-list（メタリスト） 203
meta-search engine（メタ検索エンジン） 189, 194, 206
method of comparison（比較の手法）
 yardstick for success（成功の評価指標） 249-255
Miller, John J.（ミラー，ジョン J.） 134
miserable failure（惨めな失敗） 195
Moran, Patrick（モラン，パトリック） vii
Morey, Daryl（モレイ，ダリル） 55
Morris, Ryan K.（モリス，ライアン K.） viii
movie, highest grossing（映画，最高映画興行収入）

32

MovieLens　168

multiple optimal solution（多重最適解）　222

mutually reinforcing rating system（相互に強化しあうシステム）　112

【N】

Nader, Ralph（ネイダー，ラルフ）　191

national championship game, BCS（ナショナルチャンピオンシップゲーム，BCS）　20

National Science and Technology Medals Foundation（アメリカ国立科学技術賞財団）　viii

National Science Foundation（米国科学財団）　212

NCAA brackets, number of（NCAA トーナメント表の数）　182

NCAA mens basketball, lowest seeded winner（NCAA 男子バスケットボール，最もシードの低い勝者）　236

NCAA mens basketball, total wager（NCAA 男子バスケットボール，掛け金総額）　256

Netflix　7, 28, 114, 161, 168, 261, 262

Netflix prize（Netflix 賞）　160

Newman, M. E. J.（ニューマン，M. E. J.）　266, 271

NFL　170

NFL 2009-2010（NFL 2009-2010 シーズン）

　　Elo rating（Elo のレイティング）　69

　　　　game-by-game analysis（試合ごとの分析）　74

　　　　hindsight and foresight（後知恵と先見力）　74

　　　　variable K factor（可変な K 因子）　72

　　hindsight win accuracy（後知恵予想の精度）　147

　　home-field advantage（ホームフィールドアドバンテージ）　145

　　Keener rating（Keener のレイティング）　49, 51

　　Massey rating（Massey レイティング）　146

　　OD rating（OD レイティング）　102

　　Pythagorean theorem（ピタゴラスの定理）　54

　　Sagarin rating（Sagarin レイティング）　146

　　scoring data（得点データ）　50

　　spread (or centroid) rating（スプレッドあるいは重心レイティング）　144

　　spread error（スプレッド誤差）　147

　　Vegas line comparison（Vegas line 比較）　147

NFL spread, largest ever（NFL スプレッドの過去最大）　152

NFL ties, most（NFL の最多引分け数）　174

NHL　169

NHL ties, most and fewest（NHL の最多最小引分け数）　174

non-dictatorship（非独裁性）　5, 190, 193, 203, 276

nonnegativity in Keener method（Keener の手法における非負性）　41

normal equation（正規方程式）　10, 56

normalization, Keener method（正規化，Keener の手法）　37

Notre Dame rule（Notre Dame ルール）　20

NPR　180

number line representation（数直線）　12, 239

【O】

Obama, Barack（オバマ，バラク）　21

OD method（OD の手法）　95-114, 276

　　running example（いつもの例）　99

　　tie（引分け）　165

　　weighting by time（時間についての重み付け）　179

OD rating（OD レイティング）

aggregation（集約） 99
alternating refinement（交互精密化） 98
and Anjela Govan（とアンジェラ・ゴーヴァン） 113
and HITS（と HITS） 112
Anjela Govan's work（アンジェラ・ゴーヴァンの研究） 111
convergence theorem（収束定理） 108
definition（定義） 96
forcing convergence（強制収束） 110
mathematical analysis（数学的分析） 105
NFL 2009-2010（NFL 2009-2010 シーズン） 102
scoring vs. yardage（得点とヤード数） 100
offensive rating（攻撃レイティング） 12, 95, 276
Okoniewski, Michael（オコニュースキー，マイケル） viii
optimization over a permutation space（置換空間上の最適化） 119
Orange Bowl（オレンジボウル） 21
Oscars, most won（アカデミー賞，最多） 263
outlier（外れ値） 250
overtime（オーバータイム） 170

【P】

Pacific-12 Conference（パシフィック 12 カンファレンス） 21
Page, Larry（ペイジ，ラリー） 61
PageRank 7, 16, 61, 80, 81, 91, 205, 276
pair-wise comparison（1 対 1 の比較） 261
pair-wise comparison（対の比較） 149, 161
Pareto principle（Pareto の原理） 5, 190, 193, 203, 276
Park, Juyong（パク，ジュヨン） 266, 271
Park-Newman method（Park-Newman の手法） 266
Parker, Ryan（パーカー，ライアン） vii, 181, 260
partial list（部分リスト） 241, 276
Pedings, Kathryn（ペディングス，キャスリン） vii, viii, 125, 132, 181, 254
permutation（置換） 117, 276
Perron
    value（値） 42
    vector（ベクトル） 42
Perron, Oscar（ペロン，オスカー） 61
Perron-Frobenius
    connection with PageRank（PageRank との関係） 61
    Keener method（Keener の手法） 42, 61
    theorem（定理） 42
perturbation analysis（摂動解析） 166, 183
plurality voting（最多得票制） 4, 190, 277
point differential（得点差） 12, 16
point spread（ポイントスプレッド） 83, 84, 212, 277
    definition（定義） 135
    in the NFL（NFL における） 139
    Keener method（Keener の手法） 58
    odds（オッズ） 136
    over/under betting（オーバーアンダー賭け） 138
    spread betting（スプレッド賭博） 137
    spread rating（スプレッドレイティング） 143
    to build rating（レイティングを作る） 140
    vig (or juice)（手数料あるいは暴利） 136
point spread, largest NFL（NFL での最大ポイントスプレッド） 152
possession（ボールの支配率） 260
power method（ベキ乗法） 44
predictive scoring（予想得点） 169
preference graph（プレファレンスグラフ） 157
preference list（プレファレンスリスト） 277
preference list（選好リスト） 4

preference rating（プレファレンスレイティング） 153

primitivity（原始性）
　forcing it（強いる） 45
　in Keener method（Keener の手法における） 42

privacy（プライバシー） 262

proposal rating（提案レイティング） 203, 212

Pushkin, A. S.（プーシキン，A. S.） 79

Pythagorean theorem（ピタゴラスの定理）
　baseball（野球） 53
　football（フットボール） 54
　optimal exponent（最適な指数） 55

【Q】

Q-bert matrix（Q-bert 行列） 121

qualitative deviation between two ranked lists（2 つのランキングされたリストの定性的偏差） 238

quantitative deviation between two ranked lists（2 つのランキングされたリストの定量的偏差）
　Kendall tau（Kendall の τ） 239
　　formula for（公式） 243
　　partial list（部分リスト） 241
　Spearman footrule（Spearman の物差し） 244
　　unweighted formula for full list（完全リストについての重み付けされていない公式） 244
　　weighted formula for full list（完全リストについての重み付け公式） 244
　　weighted formula for partial lists（部分リストについての重み付けされた公式） 245-249

【R】

random surfer（ランダムサーファー） 91

random walk（ランダムウォーク） 82

rank aggregation（ランキング集約） 162, 189-215, 237, 277
　by optimization（最適化による） 217-235
　　algorithm（アルゴリズム） 229, 233
　　notation for（記法） 229
　　property of（性質） 230
　　summary of（まとめ） 229
　definition（定義） 189
　method（手法） 194-209
　　average rank（平均ランキング） 198
　　Borda count（Borda カウント） 196
　　graph theory（グラフ理論） 204
　　simulated game data（模擬試合データ） 200, 202
　multiple optimal solution（多重最適解） 222
　OD 189
　refinement（改良） 206
　summary of（まとめ） 214

rank-aggregated list（ランキング集約されたリスト） 250

rank-differential matrix（ランキング差分行列） 118

rank-differential method（ランキング差分の手法） 117-129
　advanced model（高度なモデル） 127
　algorithm（アルゴリズム） 128
　notation for（記法） 128
　optimization（最適化） 121
　running example（いつもの例） 119
　summary of（まとめ） 128

rank-one update（階数 1 の更新） 167, 183

ranked list（ランキングされたリスト） 277

ranking girls（女の子をランキングする） 76

ranking U.S. colleges（米国の大学のランキング） 92

ranking, definition（ランキング，定義） 6

rating aggregation（レイティング集約） 209-215
　summary of（まとめ） 214

rating girls（女の子をレイティングする） 76

rating list（レイティングリスト） 277
rating system（レイティングシステム）
 aggregated（集約された） 209
 centroid（重心） 143
 Colley 23
 derived from spread（スプレッドから導出された） 143
 direct comparison（直接比較） 156
 Elo 63
 HITS 112
 Keener 33
 Markov 79, 157
 Massey 9
 offense-defense (OD)（攻撃・守備，OD） 95
 PageRank 16, 61, 91
 rank differential（ランキング差分） 117, 128
 user preference（ユーザープレファレンス） 153
 weighted（重み付き） 175
rating, definition（レイティング，定義） 6
rating-aggregation method（レイティング集約の手法） 251
rating-differential matrix（レイティング差分行列） 129, 141
rating-differential method（レイティング差分の手法） 129-134, 231
 algorithm（アルゴリズム） 133
 fundamental form（基本形） 130
 hillside form（丘形状） 130
 notation for（記法） 133
 optimization（最適化） 132
 property of（性質） 133
 running example（いつもの例） 131
 summary of（まとめ） 133
reciprocal pairwise comparison matrix（対比較の逆数からなる行列） 265
Redmond method（Redmondの手法） 265

Redmond, Charles（レッドモンド，チャールズ） 266
refinement after rank aggregation（ランキング集約の後の改良処置） 206
retrodictive scoring（回顧得点） 169, 277
Rodgers, Clare（ロジャース，クレア） vii
Roosevelt, Theodore（ルーズベルト，セオドア） 134
Rose Bowl（ローズボウル） 21
RPI 7, 239
rule of succession（継起法則） 35
Runyan, Bob（リュンアン，ボブ） 64

【S】

Saaty, T. L.（サーティ，T. L.） 61
Saaty, Thomas（サーティ，トーマス） 265
Sagarin, Jeff（サガリン，ジェフ） 18, 64
 NFL 2001-2010 rating（NFL 2001-2010 シーズンのレイティング） 146
SALSA 205
Saverin, Eduardo（サベリン，エデュアルド） 76
scalability（スケーラビリティ） 16
score-differential matrix（得点差行列） 141
scraping data（データのスクレイピング） 259
seed, lowest final four（最もシードの低いベスト4） 236
seed, lowest to win（最もシードの低い勝者） 236
sensitivity（感応度） 183-187
 Cleveland vs. NY Giants（Cleveland対NY Giants） 185
Sex On The Beach #2 272
Sherman-Morrison 167, 184
SIAM 91
simulated game data（模擬試合データ） 200
 property of（性質） 202
Sinkhorn, Richard（シンクホーン，リチャード） 107

Sinkhorn-Knopp theorem（シンクホーン-クノップの定理） 107
skew-symmetric（歪対称） 261
skewing function（歪み関数） 36
smart ranking method（賢いランキング手法） 253, 277
soccer（サッカー） 170
soccer, Elo's system（サッカー，Elo のシステム） 64, 66
Social Network, the movie（ソーシャルネットワーク，映画） 76
Sokol, Joel（ソコル，ジョエル） 266
Southeastern Conference（サウスイースタンカンファレンス） 21, 22
spam（スパム） 16, 194
Spearman footrule（Spearman の物差し） 244
 unweighted formula for full list（完全リストについての重み付けされていない公式） 244
 weighted formula for full list（完全リストについての重み付け公式） 244
 weighted formula for partial list（部分リストについての重み付けされた公式） 245
Spearman, Charles（スピアマン，チャールズ） 237
sports wager（スポーツ賭博） 115
spread error for NFL（NFL のスプレッド誤差） 147
spread rating（スプレッドレイティング） 140
 and home-field advantage（ホームフィールドアドバンテージ） 145
 based on win-loss（勝敗による） 149
 for NFL 2009-2010（NFL 2009-2010 シーズンの） 144
 from point spread（ポイントスプレッド） 143
 total absolute error（全絶対誤差） 145
spread, largest NFL（NFL での最大スプレッド） 152

star rated product（星獲得レイティング商品） 154
stationary vector（定常ベクトル） 81, 82
Stephenson, Colin（スティーブンソン，コリン） vii, viii, 180, 252
stochastic（確率的） 80, 86
stochastic matrix（確率行列） 106
strength（強さ）
 absolute in Keener method（Keener の手法での絶対的な） 39
 relative in Keener method（Keener の手法での相対的な） 39
strength of schedule（試合日程の強度） 24
Sugar Bowl（シュガーボウル） 21
super game（大きな試合） 261
symmetric reordering（対称的再順序化） 118
symmetry property（対称性の性質） 237

【T】

Tannen, Biff（タネン，ビフ） 57
teleportation matrix（テレポーテーション行列） 87
The Social Network（ソーシャルネットワーク） 76
tie（引分け） 29, 161-173, 197, 198, 242, 261
tie-breaking（引分け解消） 199
ties, most in NFL and NHL（NFL と NHL における最多引分け数） 174
time weighting（時間重み付け） 175-181
Titanic（タイタニック） 32
top-k list（上位 k 位のリスト） 241, 277
total absolute-spread error（全絶対差） 145
traveling fan（旅するファン） 59
traveling salesman problem（巡回セールスマン問題） 126
triangle inequality（三角不等式） 237
Tsukuba University（筑波大学） 132

【U】

U. S. Department of Justice（米国司法省） 21
UN（国連） 8
undefeated team（無敗チーム） 80, 84
United Nations（国連） 8
United States Chess Federation（USCF，米国チェス連盟） 63
unrestricted domain（定義域の非限定性） 5, 190, 277
upsets, biggest ever（番狂わせ，過去最高の） 188
upward arc（上向きの枝） 219, 227
US News 92
US News College Ranking（US News の大学ランキング） 8
USA Today 18, 64
USCF 63

【V】

Varney, Christine（ヴァーニー，クリスティーン） 21
Vegas lines, NFL 2009-2010（Vegas lines, NFL 2009-2010 シーズン） 147
vig 277
Vigna, Sebastiano（ヴィグナ，セバスティアーノ） 62
Villanova 236
voting（投票） 79

【W】

wager, NCAA mens basketball（掛け金，NCAA 男子バスケットボール） 256
wagers on sports（スポーツ賭博をする人々） 115
Web pages, Google, Yahoo!, Bing（ウェブページ，Google, Yahoo!, Bing） 216
webpage traffic（ウェブページのトラフィック） 16
Wei, T. H.（ウェイ，T. H.） 61
weighted adjacency matrix（重みつき隣接行列） 18
weighted least square（重み付き最小二乗問題） 178
weighted normal equation（重み付き正規方程式） 178
weighting away win（アウェイな場所での勝利の重み付け） 175
weighting by time（時間についての重み付け） 175-181
 Colley method（Colley の手法） 178
 Differential method（差分の手法） 180
 Elo's system（Elo のシステム） 179
 exponential（指数） 177
 Keener method（Keener の手法） 179
 linear（線形） 176
 logarithmic（対数） 177
 Markov method（Markov の手法） 179
 Massey method（Massey の手法） 178
 OD method（OD の手法） 179
 step function（階段関数） 177
weighting rivalry win（ライバル相手の勝利の重み付け） 175
Weis, Charlie（ワイス，チャーリー） 20
Wesley Colley（ウェスリー・コリー） 23
Wessell, Charles D.（ウェッセル，チャールズ D.） vii
what if...（もしも） 183-187
White Russian 272
WhyDoMath? 91
wiggle room, none for BCS（疑いの余地，BCS では皆無） 20
Wikipedia 112
Wilson, David（デービッド，ウィルソン） 268
win-loss spread rating（勝敗スプレッドレイティン

グ) 149
winning percentage（勝率） 23, 277
Winston, Wayne（ウィンストン，ウェイン） 53
Wolfe, Peter（ウルフ，ピーター） 18
World Chess Federation（FIDE，世界チェス連盟） 63
wrestling（レスリング） 192

【Y】

Yahoo!, number of Web pages（Yahoo!，ウェブページ数） 216
Yahoo! 112
Yamamoto, Yoshitsugu（山本芳嗣） viii, 181, 217
yardage（ヤード数） 84
yardstick for success（成功の評価指標） 249-255

【Z】

Zuckerberg, Mark（ザッカーバーグ，マーク） 76

【あ】

RPI (RPI) 7, 239
アウェイな場所での勝利の重み付け (weighting away win) 175
アカデミー賞，最多 (Oscars, most won) 263
Ask.com (Ask.com) 112
アッシュバーン，ジェームス R. (Ashburn, James R.) 63
後知恵 (hindsight) 57, 169
後知恵予想の精度 (hindsight win accuracy) 147
アトランティックコーストカンファレンス (Atlantic Coast Conference) 21
アバター (Avatar) 32
Amazon (Amazon) 161, 168, 261
アロー，ケネス (Arrow, Kenneth) 4, 273
Arrow の不可能性定理 (Arrow's Impossibility Theorem) 4, 190-194, 273
アンカーテキスト (anchor text) 195
Ensemble チーム (Ensemble team) 160
アンダーソン，ジェフ (Anderson, Jeff) 18
ESPN (ESPN) 180
ESPN トーナメントチャレンジ (ESPN Tournament Challenge) 252
イーストウッド，クリント (Eastwood, Clint) 263
eBay (eBay) 161
イーロ，アルパッド (Elo, Arpad) 63, 269
Elo のシステム (Elo's system)
　K 因子 (K factor) 66
　NFL についての (for the NFL) 68
　サッカーについての (for soccer) 64, 66
　時間についての重み付け (weighting by time) 179
　着想 (the idea) 63
　レイティングの式 (rating formula) 65
Elo の手法 (Elo method) 274
　引分け (tie) 166
イケてる女の子，レイティングとランキング (hot girls, rating and ranking) 76
1 対 1 の比較 (pair-wise comparison) 261
一致 (concordant) 240, 242
一致 (conformity) 217
一致した対 (concordant pari) 274
イングラム，ルーク (Ingram, Luke) vi, 79, 100, 177, 180, 197
IMDb (IMDb) 7
ヴァーニー，クリスティーン (Varney, Christine) 21
Wikipedia (Wikipedia) 112
vig (vig) 277
ヴィグナ，セバスティアーノ (Vigna, Sebastiano) 62
Villanova (Villanova) 236
ウィンストン，ウェイン (Winston, Wayne) 53
ウェイ，T. H. (Wei, T. H.) 61

Vegas line, NFL 2009-2010 シーズン (Vegas lines, NFL 2009-2010)　147
ウェスリー・コリー (Wesley Colley)　23
ウェッセル，チャールズ D. (Wessell, Charles D.)　vii
ウェブページ，Google, Yahoo!, Bing (Web pages, Google, Yahoo!, Bing)　216
ウェブページのトラフィック (webpage traffic)　16
上向きの枝 (upward arc)　219, 227
疑いの余地，BCS では皆無 (wiggle room, none for BCS)　20
ウルフ，ピーター (Wolfe, Peter)　18
AOL データ (AOL data)　262
映画，最高映画興行収入 (movie, highest grossing)　32
HDI(HDI)　8
エデュアルド・サベリン (Eduardo Saverin)　76
NHL (NHL)　169
NHL の最多最小引分け数 (NHL ties, most and fewest)　174
NFL (NFL)　170
NFL 2009-2010 シーズン (NFL 2009-2010)
　後知恵予想の精度 (hindsight win accuracy)　147
　Elo のレイティング (Elo rating)　69
　　後知恵と先見力 (hindsight and foresight)　74
　　可変な K 因子 (variable K factor)　72
　　試合ごとの分析 (game-by-game analysis)　74
　Vegas line 比較 (Vegas line comparison)　147
　OD レイティング (OD rating)　102
　Keener のレイティング (Keener rating)　49, 51
　Sagarin レイティング (Sagarin rating)　146
　スプレッドあるいは重心レイティング (spread (or centroid) rating)　144
　スプレッド誤差 (spread error)　147
　得点データ (scoring data)　50
　ピタゴラスの定理 (Pythagorean theorem)　54

ホームフィールドアドバンテージ (home-field advantage)　145
　Massey レイティング (Massey rating)　146
NFL スプレッドの過去最大 (NFL spread, largest ever)　152
NFL での最大スプレッド (spread, largest NFL)　152
NFL での最大ポイントスプレッド (point spread, largest NFL)　152
NFL と NHL における最多引分け数 (ties, most in NFL and NHL)　174
NFL の最多引分け数 (NFL ties, most)　174
NFL のスプレッド誤差 (spread error for NFL)　147
NCAA 男子バスケットボール，最もシードの低い勝者 (NCAA mens basketball, lowest seeded winner)　236
NCAA トーナメント表の数 (NCAA brackets, number of)　182
NCAA 男子バスケットボール，掛け金総額 (NCAA mens basketball, total wager)　256
NPR (NPR)　180
FIDE (FIDE)　63
エフゲニー・オネーギン (Eugeny Onegin)　79
FBI (FBI)　256
エマート，マーク (Emmert, Mark)　21
LRMC 法 (LRMC)　266
　Colley との関連 (connection to Colley)　267
　Massey との関連 (connection to Massey)　267
　Markov との関連 (connection to Markov)　267
LSU(LSU)　236
大きな試合 (super game)　261
オーソリティー (authority)　16, 112
オーソリティーレイティング (authority rating)　112, 273
OD の手法 (OD method)　95-114, 276
　いつもの例 (running example)　99

時間についての重み付け (weighting by time) 179

引分け (tie) 165

OD レイティング (OD rating)

 アンジェラ・ゴーヴァンの研究 (Anjela Govan's work) 111

 強制収束 (forcing convergence) 110

 収束定理 (convergence theorem) 108

 NFL 2009-2010 シーズン (NFL 2009-2010) 102

 交互精密化 (alternating refinement) 98

 集約 (aggregation) 99

 数学的分析 (mathematical analysis) 105

 定義 (definition) 96

 とアンジェラ・ゴーヴァン (and Anjela Govan) 113

 得点とヤード数 (scoring vs. yardage) 100

 と HITS (and HITS) 112

オーバータイム (overtime) 170

丘形状 (hillside form) 130, 231

オコニュースキー，マイケル (Okoniewski, Michael) viii

お天気ファン (fair weather fan) 81, 87, 89

オバマ，バラク (Obama, Barack) 21

重み付き最小二乗問題 (weighted least square) 178

重み付き正規方程式 (weighted normal equation) 178

重みつき隣接行列 (weighted adjacency matrix) 18

オレンジボウル (Orange Bowl) 21

女の子，レイティングとランキング (girls, rating and ranking) 76

女の子をランキングする (ranking girls) 76

女の子をレイティングする (rating girls) 76

【か】

カーネギー分類 (Carnegie classification) 92

回顧得点 (retrodictive scoring) 169, 277

階数 1 の更新 (rank-one update) 167, 183

階層分析法，AHP (Analytic Hierarchy Process, AHP) 265

ガウスの消去法 (Gaussian elimination) 26

Gauss-Markov の定理 (Gauss-Markov theorem) 55

カクテル，最高レイティング (cocktail, highest rated) 272

確率行列 (stochastic matrix) 106

確率的 (stochastic) 80, 86

掛け金，NCAA 男子バスケットボール (wager, NCAA mens basketball) 256

賢いランキング手法 (smart ranking method) 253, 277

カスパロフ，ゲイリー (Kasparov, Gary) 78

要めの式，Keener の手法 (keystone equation, Keener method) 40

カリタ，マリー・ジャン・アントワーヌ・ニコラ・ド (Caritat, Marie Jean Antoine Nicolas) 4

河のなかの葉っぱ (leaves in the river) 60

観客動員数，大学フットボール (attendance, college football) 8

感応度 (sensitivity) 183-187

 Cleveland 対 NY Giants (Cleveland vs. NY Giants) 185

キーナー，ジェームス (Keener, James) 20, 33, 61

Keener の手法 (Keener method) 33, 275

 要めの式 (keystone equation) 40

 既約性 (irreducibility) 41

 原始性 (primitivity) 42

 最小二乗法 (least square) 56

 時間についての重み付け (weighting by time) 179

正規化 (normalization) 37
制約条件 (constraint) 41
旅するファン (traveling fan) 59
強さ (strength)
　絶対的な (absolute) 39
　相対的な (relative) 39
引分け (tie) 166
非負性 (nonnegativity) 41
ポイントスプレッド (point spread) 58
Keener の手法における非負性 (nonnegativity in Keener method) 41
Keener の手法における既約性 (irreducibility in Keener method) 41
Keener の手法における制約条件 (constraints in Keener method) 41
幾何平均 (geometric mean) 261
基本形 (fundamental form) 130
基本的ランキング差分行列 (fundamental rank-differential matrix) 118
既約性 (irreducibility)
　強いる (forcing it) 45
既約マルコフ連鎖 (irreducible Markov chain) 87
キュヴァム, ポール (Kvam, Paul) 266
Q-bert 行列 (Q-bert matrix) 121
行列の対角成分 (diagonals in a matrix) 106
局所 Kemeny 化 (local Kemenization) 206
距離の測度 (distance measure) 237
Google (Google) 61
Google, ウェブページ数 (Google, number of Web pages) 216
Google, 売上 (Google, revenue) 62
Google 爆弾 (Google bomb) 194
グッドソン, ニール (Goodson, Neil) vii, viii, 180, 252
クノップ, ポウル (Knopp, Paul) 107
グライヒ, デービッド (Gleich, David) vii, 265
クラインバーグ, ジョン (Kleinberg, Jon) 112

グラフの同型 (graph isomorphism) 129
Cleveland 対 NY Giants (Cleveland vs. NY Giants) 185
クリロフの方法 (Krylov method) 26
グレイのスポーツ年鑑 (Grays Sports Almanac) 57
継起法則 (rule of succession) 35
Kemeny 化 (Kemenization) 275
原始性 (primitivity)
　Keener の手法における (in Keener method) 42
　強いる (forcing it) 45
ケンドール, モーリス (Kendall, Maurice) 61, 237, 239
Kendall の τ (Kendall tau) 239
　完全リスト (full list) 240
　公式 (formula for) 243
　測度 (measure) 275
　部分リスト (partial list) 241
ゴア, アル (Gore, Al) 191
攻撃レイティング (offensive rating) 12, 95, 276
考古学的発掘 (archaeological dig) 229
ゴーヴァン, アンジェラ (Govan, Anjela) 79, 111, 113, 259
　と OD レイティング (and OD rating) 113
Cauchy-Schwarz あるいは CBS 不等式 (Cauchy-Schwarz (or CBS) inequality) 143
国連 (United Nations) 8
コリー, ウェスリー (Colley, Wesley) 18, 23
Colley 化された Massey の手法 (Colleyized Massey method) 28, 274
Colley と LRMC (Colley and LRMC) 267
Colley の手法 (Colley method) 23-31, 193, 273
　アルゴリズム (algorithm) 27
　いつもの例 (running example) 25
　映画のランキング (for ranking movies) 28
　主な考え方 (main idea) 24
　階数 1 の更新 (rank-one update) 183

感応度 (sensitivity)　183
試合日程の強度 (strength of schedule)　24
時間についての重み付け (weighting by time)
　　178
線形系 (linear system)　25
特徴 (property of)　27
引分け (tie)　163, 166
表記 (notation for)　26
Massey の手法との関連性 (connection to Massey method)　27
まとめ (summary of)　26
コルベリー，ポール M. (Colvery, Paul M.)　63
コレスキー分解 (Cholesky decomposition)　26
コンドルセ勝者 (Condorcet winner)　191, 198, 274
コンバイナー (combiner method)　201, 274
コンピューターが生成したリスト (computer-generated list)　214

【さ】

サーティ，T. L. (Saaty, T. L.)　61
サーティ，トーマス (Saaty, Thomas)　265
SIAM (SIAM)　91
最高映画興行収入 (highest grossing movie)　32
最小二乗法 (least square)　10, 56
最多得票制 (plurality voting)　4, 190, 277
サウスイースタンカンファレンス (Southeastern Conference)　21, 22
サガリン，ジェフ (Sagarin, Jeff)　18, 64
　　NFL 2001-2010 シーズンのレイティング (NFL 2001-2010 rating)　146
サッカー (soccer)　170
サッカー，Elo のシステム (soccer, Elo's system)　64, 66
ザッカーバーグ，マーク (Zuckerberg, Mark)　76
差分行列 (differential matrix)
　得点 (score)　141, 143
　レイティング (rating)　141, 143
　差分の手法 (Differential method)
　　時間についての重み付け (weighting by time)　180
サベリン，エデュアルド (Saverin, Eduardo)　76
SALSA (SALSA)　205
三角不等式 (triangle inequality)　237
算術平均 (arithmetic mean)　261
試合日程の強度 (strength of schedule)　24
ジェームス，ビル (James, Bill)　53
時間重み付け (time weighting)　175-181
時間についての重み付け (weighting by time)
　　175-181
　Elo のシステム (Elo's system)　179
　OD の手法 (OD method)　179
　階段関数 (step function)　177
　Keener の手法 (Keener method)　179
　Colley の手法 (Colley method)　178
　差分の手法 (Differential method)　180
　指数 (exponential)　177
　線形 (linear)　176
　対数 (logarithmic)　177
　Massey の手法 (Massey method)　178
　Markov の手法 (Markov method)　179
cityplot (cityplot)　120
支配グラフ (dominance graph)　219, 227
支配的固有ベクトル (dominant eigenvector)　81, 82
司法省 (Department of Justice)　21
Sherman-Morrison (Sherman-Morrison)　167, 184
シャルティエ，ティモシー (Chartier, Timothy)　vii
重心の手法 (centroid method)　273
重心レイティング (centroid rating)　143
重心レイティングと Markov 連鎖 (centroid rating and Markov chain)　159

シュガーボウル (Sugar Bowl)　21
守備レイティング (defensive rating)　12, 95, 274
巡回セールスマン問題 (traveling salesman problem)　126
上位 k 位のリスト (top-k list)　241, 277
勝敗スプレッドレイティング (win-loss spread rating)　149
勝率 (winning percentage)　23, 277
Georgetown (Georgetown)　236
ジョージメイソン (George Mason)　180
進化的アプローチ (evolutionary approach)　231
進化的アルゴリズム (evolutionary algorithm)　132
　　Q-bert 行列 (Q-bert matrix)　121
進化的最適化 (evolutionary optimization)　125, 275
シンクホーン，リチャード (Sinkhorn, Richard)　107
シンクホーン-クノップの定理 (Sinkhorn-Knopp theorem)　107
数直線 (number line representation)　12, 239
スケーラビリティ (scalability)　16
スティーブンソン，コリン (Stephenson, Colin)　vii, viii, 180, 252
スパム (spam)　16, 194
スピアマン，チャールズ (Spearman, Charles)　237
Spearman の物差し (Spearman footrule)　244
　　完全リストについての重み付け公式 (weighted formula for full list)　244
　　完全リストについての重み付けされていない公式 (unweighted formula for full list)　244
　　部分リストについての重み付けされた公式 (weighted formula for partial list)　245
スプレッドレイティング (spread rating)　140
　　NFL 2009-2010 シーズンの (for NFL 2009-2010)　144
　　勝敗による (based on win-loss)　149

全絶対誤差 (total absolute error)　145
ポイントスプレッド (from point spread)　143
ホームフィールドアドバンテージ (and home-field advantage)　145
スポーツ賭博 (sports wager)　115
スポーツ賭博をする人々 (wagers on sports)　115
正規化，Keener の手法 (normalization, Keener method)　37
正規方程式 (normal equation)　10, 56
成功の評価指標 (yardstick for success)　249-255
世界チェス連盟 (World Chess Federation (FIDE))　63
Sex On The Beach #2 (Sex On The Beach #2)　272
摂動解析 (perturbation analysis)　166, 183
線形計画法 (linear program)　221
先見力 (foresight)　57, 169
選好リスト (preference list)　4
全絶対誤差 (total absolute-spread error)　145
米国科学財団 (National Science Foundation)　212
全ランキングリスト (full ranked list)　198, 240, 275
相関係数 (correlation coefficient)　55
相互に強化しあうシステム (mutually reinforcing rating system)　112
ソーシャルネットワーク (The Social Network)　76
ソーシャルネットワーク，映画 (Social Network, the movie)　76
ソコル，ジョエル (Sokol, Joel)　266

【た】

大学フットボール，負傷者 (college football, casualty)　134
大学フットボール，観客動員数 (college football, attendance)　8
大学ランキング (College Ranking)　8
対称性の性質 (symmetry property)　237

対称的再順序化 (symmetric reordering)　118
タイタニック (Titanic)　32
ダグラス，エミー (Douglas, Emmie)　vii
多重最適解 (multiple optimal solution)　222
タネン，ビフ (Tannen, Biff)　57
旅するファン (traveling fan)　59
チェスのレイティング，史上最高点 (chess rating, highest ever)　78
置換 (permutation)　117, 276
置換空間上の最適化 (optimization over a permutation space)　119
直接比較レイティング (direct comparison rating)　155
対の比較 (pair-wise comparison)　149, 161
対比較の逆数からなる行列 (reciprocal pairwise comparison matrix)　265
筑波大学 (Tsukuba University)　132
強さ (strength)
　Keener の手法での絶対的な (absolute in Keener method)　39
　Keener の手法での相対的な (relative in Keener method)　39
提案レイティング (proposal rating)　203, 212
定義域の非限定性 (unrestricted domain)　5, 190, 277
定常ベクトル (stationary vector)　81, 82
データのスクレイピング (scraping data)　259
デービッド，ウィルソン (Wilson, David)　268
テレポーテーション行列 (teleportation matrix)　87
同一性の性質 (identity property)　237
ドヴィディオ，ニック (Dovidio, Nick)　181
投票 (voting)　79
トーナメント表 (bracketology)　252, 273
トーナメント表の数 (brackets, number of)　182
独占禁止問題と BCS (antitrust and BCS)　21
得点差 (point differential)　12, 16

得点差行列 (score-differential matrix)　141
凸結合 (convex combination)　86
賭博 (betting)
　オーバーアンダー賭け (over/under)　138
　スプレッド (by spread)　137
　方法 (method)　135
ドリンク，最高レイティング (drink, highest rated)　272

【な】

ナショナルチャンピオンシップゲーム，BCS (national championship game, BCS)　20
二重確率行列 (doubly stochastic matrix)　106
2 値整数線形計画法 (binary integer linear program)　220
2 部グラフ (bipartite graph)　238
ニューマン，M. E. J. (Newman, M. E. J.)　266, 271
人間開発指数 (Human Development Index)　8
人間が生成したリスト (human-generated list)　215
ネイダー，ラルフ (Nader, Ralph)　191
Netflix (Netflix)　7, 28, 114, 161, 168, 261, 262
Netflix 賞 (Netflix prize)　160
Notre Dame ルール (Notre Dame rule)　20

【は】

パーカー，ライアン (Parker, Ryan)　vii, 181, 260
Harvard のイケてる女の子 (Harvard's hot girls)　76
バーマン，クリス (Berman, Chris)　21
バール，バーバラ (Ball, Barbara)　vii
バイアスフリー (bias-free)　26-28, 193, 273
パク，ジュヨン (Park, Juyong)　266, 271
Park-Newman の手法 (Park-Newman method)　266
バサベ，イバイ (Basabe, Ibai)　vii

パシフィック 12 カンファレンス (Pacific-12 Conference)　21
バスケットボール (basketball)　170
外れ値 (outlier)　250
BACK ボタン (back button)　87
ハブ (hub)　16, 112
バブルソート (bubble sort)　240
ハブレイティング (hub rating)　112, 275
Harris の大学フットボール投票 (Harris college football poll)　18
Pareto の原理 (Pareto principle)　5, 190, 193, 203, 276
番狂わせ，過去最高の (upsets, biggest ever)　188
Bing，ウェブページ数 (Bing, number of Web pages)　216
BCS (BCS)　7, 9, 23, 162, 193, 241, 250
BCS レイティング (BCS rating)　18
比較の手法 (method of comparison)
　　成功の評価指標 (yardstick for success)　249-255
比較レイティング (comparison rating)
　　最適 (optimal)　156
　　直接 (direct)　155
引分け (tie)　29, 161-173, 197, 198, 242, 261
引分け解消 (tie-breaking)　199
引分けの導入 (induced tie)　162, 170
非周期的 (aperiodic)　87
歪み関数 (skewing function)　36
ピタゴラスの定理 (Pythagorean theorem)
　　最適な指数 (optimal exponent)　55
　　フットボール (football)　54
　　野球 (baseball)　53
ビッグ 12 カンファレンス (Big 12 Conference)　21
ビッグイーストカンファレンス (Big East Conference)　21
ビッグテンカンファレンス (Big Ten Conference)　21, 22
HITS (HITS)

ウェブランキング (web ranking)　205, 275
と OD レイティング (and OD rating)　112
歴史 (history)　7, 112
非独裁性 (non-dictatorship)　5, 190, 193, 203, 276
ヒューストンロケッツ (Houston Rockets)　55
ビリングスリー，リチャード (Billingsley, Richard)　18
フィエスタボウル (Fiesta Bowl)　21
フィッシャー，ボビー (Fischer, Bobby)　78
不一致 (discordant)　240, 242
不一致な対 (disconcordant pair)　274
プーシキン，A. S. (Pushkin, A. S.)　79
Facebook (Facebook)　76
Facemash (Facemash)　76
不可能性定理 (Impossibility Theorem)　4, 273
負傷者，大学フットボール (casualty, college football)　134
2 つのランキングされたリストの間の数値的偏差 (deviation between two ranked lists)　237
2 つのランキングされたリストの定性的偏差 (qualitative deviation between two ranked lists)　238
2 つのランキングされたリストの定量的偏差 (quantitative deviation between two ranked lists)
　Kendall の τ (Kendall tau)　239
　　公式 (formula for)　243
　　部分リスト (partial list)　241
　Spearman の物差し (Spearman footrule)
　　完全リストについての重み付け公式 (weighted formula for full list)　244
　　完全リストについての重み付けされていない公式 (unweighted formula for full list)　244
　　部分リストについての重み付けされた公式 (weighted formula for partial lists)　245-249
ブッシュ，ジョージ，W. (Bush, George W.)

191, 195

フットボールのコーチ投票 (Coaches football poll) 18

部分リスト (partial list) 241, 276

プライバシー (privacy) 262

ブラウン，Dr. エメット (Brown, Dr. Emmett) 57

ぶら下がりノード (dangling node) 80, 274

ブラックホール (black hole) 238

Bradley-Terry モデル (Bradley-Terry model) 20

ブリン，セルゲイ (Brin, Sergey) 61

プレファレンスグラフ (preference graph) 157

プレファレンスリスト (preference list) 277

プレファレンスレイティング (preference rating) 153

フロベニウス，ジョージ (Frobenius, Georg) 61

Frobenius ノルム (Frobenius norm) 123, 141

平均絶対偏差 (mean absolute deviation) 53

平均優位性 (average dominance) 266

平均ランキング (average rank) 198, 273

米国司法省 (U. S. Department of Justice) 21

米国チェス連盟 (United States Chess Federation (USCF)) 63

米国の大学のランキング (ranking U.S. colleges) 92

米国立科学技術賞財団 (National Science and Technology Medals Foundation) viii

ペイジ，ラリー (Page, Larry) 61

PageRank (PageRank) 7, 16, 61, 80, 81, 91, 205, 276

ベキ乗法 (power method) 44

ヘスター，クリス (Hester, Chris) 18

ベスト 4，最もシードが低い勝者 (final four, lowest seeded winner) 236

Hessian 行列 (Hessian matrix) 143

ヘップバーン，キャサリン (Hepburn, Katharine) 263

ペディングス，キャスリン (Pedings, Kathryn) vii, viii, 125, 132, 181, 254

BellKor (BellKor) 160

ペロン (Perron)

　値 (value) 42

　ベクトル (vector) 42

ペロン，オスカー (Perron, Oscar) 61

Perron-Frobenius (Perron-Frobenius)

　PageRank との関係 (connection with PageRank) 61

　Keener の手法 (Keener method) 42, 61

　定理 (theorem) 42

ポイントスプレッド (point spread) 83, 84, 212, 277

　NFL における (in the NFL) 139

　オーバーアンダー賭け (over/under betting) 138

　オッズ (odds) 136

　Keener の手法 (Keener method) 58

　スプレッド賭博 (spread betting) 137

　スプレッドレイティング (spread rating) 143

　定義 (definition) 135

　手数料あるいは暴利 (vig (or juice)) 136

　レイティングを作る (to build rating) 140

ボウルチャンピオンシップシリーズ (Bowl Championship Series) 7, 9, 273

ホームフィールドアドバンテージ (home-field advantage) 145

ボールの支配率 (possession) 260

星獲得レイティング商品 (star rated product) 154

保存特性 (conservation property) 27

ホッケー (hockey) 169

ホッチバウム，ドリット (Hochbaum, Dorit) 267, 270

ボルダ，ジャン＝シャルル・ド (Borda, Jean-Charles de) 4

Borda カウント (Borda count) 196, 198, 273

ボルダ方式，BCS (Borda count, BCS)　18
WhyDoMath? (WhyDoMath?)　91
White Russian (White Russian)　272

【ま】

マーク・ザッカーバーグ (Mark Zuckerberg)　76
March Madness (March Madness)　vi, 215, 234, 239
March Madness トーナメント表の数 (March Madness, number of brackets)　182
マクニール，チャールズ K. (McNeil, Charles K.)　136
マクフライ，マーティ (McFly, Marty)　57
マッコーネル，ジョン (McConnell, John)　vi, 180
Massey (Massey)
　　NFL 2001-2010 シーズンのレイティング (NFL 2001-2010 rating)　146
マッセイ，ケネス (Massey, Kenneth)　viii, 9
Massey 化した Colley の手法 (Masseyized Colley method)　28
Massey と LRMC (Massey and LRMC)　267
Massey のウェブサイト (Massey website)　10
Massey の行列 M (Massey matrix M)
　　特徴 (property of)　11
Massey の手法 (Massey method)　9-21, 90, 276
　　アルゴリズム (algorithm)　15
　　いつもの例 (running example)　11, 13
　　ウェブページランキングへの応用 (for ranking webpages)　16
　　映画のランキング (for ranking movies)　28
　　主な考え (main idea)　10
　　高度な機能 (advanced features of)　12
　　時間についての重み付け (weighting by time)　178
　　線形系 (linear system)　10
　　特徴 (property of)　15
　　得点差 (point spread)　13

引分け (tie)　164
表記 (notation for)　14
まとめ (summary of)　14
MAD (MAD)　53, 275
MATLAB (MATLAB)　18, 114
マルコフ，A. A. (Markov, A. A.)　79
Markov 投票行列 (Markov voting matrix)　119
Markov の手法 (Markov method)　79-93, 129, 276
　　アルゴリズム (algorithm)　89
　　いつもの例 (running example)　80
　　お天気ファン (fair weather fan)　81
　　主なアイデア (main idea)　79
　　記法 (notation for)　88
　　時間についての重み付け (weighting by time)　179
　　性質 (property of)　89
　　投票 (voting)
　　　他の統計 (with other statistics)　84
　　　得点 (with point)　83
　　　得点差 (with point differential)　82, 90
　　　負け (with loss)　80
　　引分け (tie)　165
　　Massey との関係 (connection to Massey)　90
　　まとめ (summary of)　88
　　無敗チーム (undefeated team)　80, 86
　　ヤード数 (yardage)　84
Markov 連鎖と LRMC 法 (Markov chain and LRMC)　267
Markov 連鎖と重心レイティング (Markov chain and centroid rating)　159
Markov 連鎖とプレファレンスレイティング (Markov chain and preference rating)　157
惨めな失敗 (miserable failure)　195
ミラー，ジョン J. (Miller, John J.)　134
MovieLens (MovieLens)　168
無関係な選択対象からの独立性 (independence of

irrelevant alternative)　5, 190, 203, 275
無敗チーム (undefeated team)　80, 84
メタ検索エンジン (meta-search engine)　189, 194, 206
メタリスト (meta-list)　203
模擬試合データ (simulated game data)　200
　　性質 (property of)　202
もしも (what if...)　183-187
最もシードの低い勝者 (seed, lowest to win)　236
最もシードの低いベスト 4(seed, lowest final four)　236
モラン，パトリック (Moran, Patrick)　vii
モリス，ライアン K. (Morris, Ryan K.)　viii
モレイ，ダリル (Morey, Daryl)　55

【や】

ヤード数 (yardage)　84
Yahoo! (Yahoo!)　112
Yahoo!，ウェブページ数 (Yahoo!, number of Web pages)　216
山本芳嗣 (Yamamoto, Yoshitsugu)　viii, 181, 217
USA Today (USA Today)　18, 64
USCF (USCF)　63
US News (US News)　92
US News の大学ランキング (US News College Ranking)　8
UN (UN)　8
予想得点 (predictive scoring)　169

【ら】

ライバル相手の勝利の重み付け (weighting rivalry win)　175
ラインメーカー (Line Makers)　115
Laplace の継起法則 (Laplace's rule of succession)　24, 35
ラル，ラモン (Llull, Ramon)　198
Llull カウント (Llull count)　198

Llull 勝者 (Llull winner)　198
ランキング，定義 (ranking, definition)　6
ランキング差分行列 (rank-differential matrix)　118
ランキング差分の手法 (rank-differential method)　117-129
　　いつもの例 (running example)　119
　　高度なモデル (advanced model)　127
　　アルゴリズム (algorithm)　128
　　記法 (notation for)　128
　　最適化 (optimization)　121
　　まとめ (summary of)　128
ランキングされたリスト (ranked list)　277
ランキング集約 (rank aggregation)　162, 189-215, 237, 277
　　OD (OD)　189
　　改良 (refinement)　206
　　最適化による (by optimization)　217-235
　　　　アルゴリズム (algorithm)　229, 233
　　　　記法 (notation for)　229
　　　　性質 (property of)　230
　　　　まとめ (summary of)　229
　　手法 (method)　194-209
　　　　グラフ理論 (graph theory)　204
　　　　平均ランキング (average rank)　198
　　　　Borda カウント (Borda count)　196
　　　　模擬試合データ (simulated game data)　200, 202
　　多重最適解 (multiple optimal solution)　222
　　定義 (definition)　189
　　まとめ (summary of)　214
ランキング集約されたリスト (rank-aggregated list)　250
ランキング集約の後の改良処置 (refinement after rank aggregation)　206
ランキング集約のグラフ理論 (graph theory method of aggregation)　204

ランダムウォーク (random walk)　82
ランダムサーファー (random surfer)　91
リュンアン，ボブ (Runyan, Bob)　64
リンクファーム (link farm)　194
隣接行列 (adjacency matrix)　18, 112
Louisville (Louisville)　236
ルーズベルト，セオドア (Roosevelt, Theodore)　134
レイティング，定義 (rating, definition)　6
レイティング差分行列 (rating-differential matrix)　129, 141
レイティング差分の手法 (rating-differential method)　129-134, 231
 アルゴリズム (algorithm)　133
 いつもの例 (running example)　131
 丘形状 (hillside form)　130
 記法 (notation for)　133
 基本形 (fundamental form)　130
 最適化 (optimization)　132
 性質 (property of)　133
 まとめ (summary of)　133
レイティングシステム (rating system)
 Massey　9
 Elo　63
 重み付き (weighted)　175
 Keener　33
 攻撃・守備, OD (offense-defense (OD))　95
 Colley　23

重心 (centroid)　143
集約された (aggregated)　209
スプレッドから導出された (derived from spread)　143
直接比較 (direct comparison)　156
HITS (HITS)　112
PageRank (PageRank)　16, 61, 91
Markov (Markov)　79, 157
ユーザープレファレンス (user preference)　153
ランキング差分 (rank differential)　117, 128
レイティング集約 (rating aggregation)　209-215
 まとめ (summary of)　214
レイティング集約の手法 (rating-aggregation method)　251
レイティングリスト (rating list)　277
レスリング (wrestling)　192
レッドモンド，チャールズ (Redmond, Charles)　266
Redmond の手法 (Redmond method)　265
ローズボウル (Rose Bowl)　21
ロジスティックス関数 (logistic function)　64
ロジスティックスパラメーター (Logistic parameter)　66
ロジャース，クレア (Rodgers, Clare)　vii

【わ】

ワイス，チャーリー (Charlie Weis)　20
歪対称 (skew-symmetric)　261

訳者紹介

岩野和生（いわの かずお）

1975年，東京大学理学部数学科卒業．1987年，米国プリンストン大学コンピューターサイエンス学科 Ph.D. 取得．1975年から2012年まで，日本アイ・ビー・エム株式会社，2012年から2015年まで，三菱商事株式会社，2015年より非常勤で，国立研究開発法人科学技術振興機構，三菱商事株式会社勤務．現在に至る．著訳書に，『大規模データのマイニング』（共訳，共立出版，2014），『アルゴリズム・イントロダクション 第3版総合版』（共訳，近代科学社，2013），『情報検索の基礎』（共訳，共立出版，2012），『アルゴリズムの基礎—進化するIT時代に普遍な本質を見抜くもの（情報科学こんせぷつ4）』（朝倉書店，2010），『Google PageRankの数理—最強検索エンジンのランキング手法を求めて』（共訳，共立出版，2009），『新訳 データ構造とネットワークアルゴリズム』（翻訳，毎日コミュニケーションズ，2008）など．

中村英史（なかむら ふさし）

1992年，東京大学大学院理学系研究科博士課程終了，理学博士（物理，流体力学）．1992年から1993年，法政大学工学部非常勤講師．1993年から2008年，日本アイ・ビー・エム株式会社東京基礎研究所勤務，コンピュータ・グラフィックスのアーキテクチャのシステムの研究開発に従事したあと，基礎研究所企画部を経て，コンサルティング部門に出向し先進技術のビジネス・アウトを模索する．基礎研究所帰任後，IBMサービス・サイエンス・イニシアティブに参画．1998年から日本大学文理学部数学科非常勤講師，コンピュータリテラシーの講義や，C/OpenGLによる数学の可視化プログラミングのゼミを担当．2010年よりウルフラム・リサーチ・アジア・リミテッド勤務．2014年より，リージョナル・オフィス・マネジャー．現在に至る．

清水咲里（しみず さり）

1993年，東京大学農学部農業工学科卒業（環境調節工学研究室）．1993年から2006年まで，日本アイ・ビー・エム株式会社，ソフトウェア開発研究所にてアーキテクト／テクニカルリーダーとしてトランザクション管理やビジネス統合のIBMソフトウェア製品の開発に従事，その後ソフトウェア研究所所長補佐および戦略部門スタッフとして，組織戦略の策定と実践に伴う情報収集，計画，展開などの職務を担当．2007年より株式会社AbacusTechnologies勤務．現在同社代表取締役．経済産業省認定ITストラテジスト／システム監査技術者．2012年より，データ分析および活用のコンサルティング業務に従事．これまでに大手商社における業務データ分析，ファストフードチェーンにおける顧客来店行動分析，大手旅行サイトにおける顧客予約行動分析およびデータ活用コンサルティングなどに従事．現在に至る．訳書に，『Eclipseモデリングフレームワーク』（共訳，翔泳社，2005），『MDAモデル駆動アーキテクチャ』（共訳，エスアイビーアクセス，2003）．

レイティング・ランキングの数理	訳 者	岩野和生
―No.1 は誰か？		中村英史 © 2015
		清水咲里
（原題：*Who's #1?: The Science of*	発行者	南條光章
Rating and Ranking）		
2015 年 7 月 25 日　初版 1 刷発行	発行所	共立出版株式会社
2016 年 1 月 15 日　初版 2 刷発行		
		〒 112-0006
		東京都文京区小日向 4 丁目 6 番 19 号
		電話 (03) 3947-2511 番（代表）
		振替口座 00110-2-57035 番
		URL　http://www.kyoritsu-pub.co.jp/
	印　刷	大日本法令印刷
	製　本	ブロケード

一般社団法人
自然科学書協会
会員

検印廃止
NDC 007

ISBN 978-4-320-12390-8　　Printed in Japan

[JCOPY] <出版者著作権管理機構委託出版物>
本書の無断複製は著作権法上での例外を除き禁じられています．複製される場合は，そのつど事前に，出版者著作権管理機構（ＴＥＬ：03-3513-6969，ＦＡＸ：03-3513-6979，e-mail：info@jcopy.or.jp）の許諾を得てください．

大規模データを扱うための指針！

MMD
Mining of Massive Datasets

Anand Rajaraman・Jeffrey David Ullman [著]
岩野和生・浦本直彦 [訳]

　本書は、コンピューターサイエンスの発展とビジネスへの応用に大きな足跡を残しているA.ラジャラマンとJ.ウルマンによって書かれた『Mining of Massive Datasets』の邦訳である。大規模データをどのように処理し解析するかについて様々な手法をとり上げ、それらの特徴や適用範囲が豊富な例とともに解説されている。マップレデュース、様々な類似度や距離尺度を用いた探索、ストリームマイニング、リンク解析、相関ルール発見、クラスタリングなど、大規模データを処理するための基本的な手法を学ぶとともに、Web上での広告モデル、推薦システムなどの応用例についても触れられている。

　本書の類書と異なる特色は、本質的な意味で大規模データを扱うためにはどうしたら良いかについて指針を与えてくれるということである。データが大規模になってくると、メモリー上で高速に処理することが不可能になってくる。また、ストリームデータをリアルタイムに処理する場合、データのすべてが利用可能であるわけではない。そのような状況において、どのようにしてデータの本来の性質を失うことなく近似するのかについて、本書は多くの選択肢を教えてくれる。

▽ CONTENTS ▽

1. データマイニング
2. 大規模ファイルシステムとマップレデュース
3. 類似したアイテムを探す
4. データストリームのマイニング
5. リンク解析
6. 頻出アイテムセット
7. クラスタリング
8. ウェブ上での宣伝
9. 推薦システム

【B5判・上製・370頁・定価（本体5,500円＋税）】

共立出版

http://www.kyoritsu-pub.co.jp/
https://www.facebook.com/kyoritsu.pub

（価格は変更される場合がございます）

大規模データのマイニング